MÉDIAS, TECHNOLOGIES ET RÉSEAUX

de la *camera obscura* aux balises de l'inforoute

MÉDIAS, TECHNOLOGIES ET RÉSEAUX
de la *camera obscura* aux balises de l'inforoute

Michel Sénécal

Télé-université
Québec (Québec) Canada
2003

Collection COMMUNICATION ET SOCIÉTÉ

dirigée par Kevin G. Wilson, professeur à la Télé-université

Ouvrages déjà parus

UNE INTRODUCTION À LA COMMUNICATION
Danielle Charron

THÉORIES DE LA COMMUNICATION Histoire, contexte, pouvoir
Paul Attallah

THÉORIES DE LA COMMUNICATION Sens, sujets, savoirs
Paul Attallah

UNE HISTOIRE DES MÉDIAS DE COMMUNICATION
Sylvie Douzou et Kevin Wilson

LA COMMUNICATION MASS-MÉDIATIQUE AU CANADA ET AU QUÉBEC
Un cadre socio-politique
Alain Laramée

DU MONOPOLE À LA COMPÉTITION : LA DÉRÉGLEMENTATION
DES TÉLÉCOMMUNICATIONS AU CANADA ET AUX ÉTATS-UNIS
Kevin G. Wilson

COMMUNICATION ET MÉDIAS DE MASSE Culture, domination et opposition
Michèle Martin

COMMUNICATION INFORMATISÉE ET SOCIÉTÉ
Michèle Martin

MÉDIAS,TECHNOLOGIES ET RÉSEAU De la camera obscura aux balises de
l'inforoute
Michel Sénécal

UNE TÉLÉVISION MISE AUX ENCHÈRES Programmations, programmes, publics
Michèle Martin et Serge Proulx

L'ÉDUCATION CRITIQUE AUX MÉDIAS
Alain Laramée

Ce document est utilisé dans le cadre du cours *Médias, technologies et réseaux*
(COM 3020) offert par la Télé-université.

© Télé-université, 1996

ISBN 2-7624-0899-7 (réimpression 2003)

Dépôt légal — 1er trimestre 1996

Bibliothèque nationale du Québec
Bibliothèque nationale du Canada

Imprimé au Québec, Canada

Édité par :   Distribué par :
Télé-université   **Presses de l'Université du Québec**
455, rue de l'Église   Delta 1, 4e étage
C. P. 4800, succ. Terminus   2875, boulevard Laurier
Québec (Québec) Canada   Sainte-Foy (Québec) Canada
G1K 9H5   G1V 2M2
                                           Tél. : (418) 657-4399
                                           Télécopieur : (418) 657-2096

REMERCIEMENTS

Un ouvrage de ce genre et de cette ampleur ne se fait jamais totalement seul même si l'on doit en assumer la responsabilité finale. Aussi, je m'en voudrais de ne pas remercier un certain nombre de personnes dont la contribution s'est avérée déterminante dans sa réalisation.

D'abord, ceux et celles qui, à titre d'auxiliaires de recherche, ont participé à la quête de documentation : Julie Brault, Dominique Jutras et Bernard Vallée. J'aimerais remercier plus spécialement Isabelle Gusse et Philippe Marx qui ont respectivement travaillé à l'élaboration des chapitres 8 et 9.

Ma gratitude va aussi à mes collègues Jean Décarie, professeur au Département des communications de l'Université du Québec à Montréal et Yves Bertrand, professeur à l'UER Communications de la Télé-université, qui ont agi comme lecteurs critiques d'une version préliminaire du manuscrit.

J'aimerais souligner également l'indispensable collaboration de Gisèle Tessier à la révision linguistique et de Bernard Lépine à la conception graphique de ce document.

Je m'en voudrais d'oublier tous ceux et celles dont je fais mention au fil de ce livre et qui, par la voie de leurs recherches, réflexions et publications ont été autant une source de documentation que d'inspiration.

Que toutes ces personnes soient chaleureusement remerciées.

Michel Sénécal
professeur

TABLE DES MATIÈRES

CHAPITRE 3

LES TECHNIQUES DE TRANSMISSION DU SON :
DE LA TSF À LA RADIODIFFUSION

CHAPITRE 4

LA TRANSMISSION À DISTANCE DES IMAGES
ANIMÉES : LES FONDEMENTS DE LA TÉLÉDIFFUSION

CHAPITRE 8

VERS LE TOUT NUMÉRIQUE : DU DISQUE COMPACT À LA TÉLÉVISION HAUTE DÉFINITION

CHAPITRE 9

LA CONVERGENCE DES TECHNOLOGIES MÉDIATIQUES : DE L'INTÉGRATION VERTICALE AU BALISAGE DE L'INFOROUTE

LISTE DES TABLEAUX ET DES FIGURES

Note. – Dans ce document, le générique masculin est utilisé sans discrimination, dans le seul but d'alléger le texte.

INTRODUCTION GÉNÉRALE

La présence des technologies médiatiques dans les pays industrialisés n'est plus tellement à démontrer tant elles balisent la vie quotidienne de millions de gens. Nombreux sont ceux qui, au cours d'une même journée, à leur domicile comme au travail, vont écouter la radio, regarder la télévision, visionner un vidéo, parler au téléphone, expédier une télécopie, naviguer sur les réseaux, etc. Mais, aussi dissemblables puissent-elles nous paraître à première vue, les technologies médiatiques relèvent toutefois de découvertes parentes et leur histoire témoigne en ce sens.

Dans cet ouvrage, nous faisons justement l'inventaire et la généalogie des grandes catégories de technologies médiatiques : des premières technologies d'enregistrement sonore et visuel aux plus récentes avancées dans le domaine de la transmission numérique. En plus de faire la genèse de ces technologies, nous interrogeons comment elles ont été développées au cours du XXe siècle, suivant différents champs d'application.

Une ligne de temps qui traverse l'ensemble du XXe siècle permet de situer les paradigmes techniques et scientifiques qui sont autant d'étapes clés dans le développement des technologies médiatiques. L'avantage d'une telle perspective historique se situe à deux niveaux. D'une part, en échelonnant sur un long terme toutes ces générations technologiques, on en voit mieux leur imbrication, leur interrelation et leur intégration. D'autre part, elle nous évite de tomber à pieds joints dans le piège de la nouveauté technologique et nous aide ainsi à mieux discerner comment les technologies sont à chaque nouvelle génération l'objet d'enjeux de société.

D'ailleurs, toute présentation des origines des technologies médiatiques est d'autant plus délicate que « les découvertes et la mise au point des appareils n'ont pas obéi à une chronologie logique mais furent l'aboutissement de recherches menées simultanément, et dans des perspectives diverses, par des équipes dispersées dans le monde entier : les résultats de leurs travaux, échecs, semi-réussites ou succès, s'entremêlèrent et se conjuguèrent[1] ».

---

1. Pierre Albert, André-Jean Tudesq, *Histoire de la radio-télévision*, Paris, Presses universitaires de France, « Que sais-je? », n° 1904, 1981, p. 7.

Nous avons donc écarté l'idée de particulariser les technologies médiatiques en raison de leur caractère de nouveauté, pour la simple et bonne raison qu'elles ont toutes été, un jour ou l'autre, nouvelles en leur temps en regard de celles qui existaient déjà au moment de leur apparition. En fait, la promotion d'une technologie nouvelle s'articule très souvent sur celles qui l'ont précédée et dont les caractéristiques novatrices se présentent pour la plupart sous forme de performance accrue (rapidité, quantité, qualité, fiabilité, etc.) des modes de conservation ou de transmission de l'information.

Dans ce sens, et nous serons à même de le montrer au fil de cet ouvrage, l'innovation technologique n'est pas le fruit d'une généra-tion spontanée. Elle appartient à un développement technologique et scientifique guidé en grande partie par les forces économiques tout en répondant aussi à des impératifs éminemment politiques voire militaires. Car qui dit nouvelles technologies, dit nouveaux marchés et qui dit nouveaux marchés, dit obsolescence et, tôt ou tard, remise à jour du parc technologique.

Par conséquent, l'une des caractéristiques propres à la mise en place de nouveaux médias est celle de vouloir éclipser les médias alors dits traditionnels et les applications développées en fonction de ceux-ci. L'effet de la nouveauté technique est repérable non seulement du côté du progrès technique mais aussi dans la ma-nière d'oublier si facilement les questionnements entourant l'appropriation et l'usage de médias jadis tout aussi novateurs. Une articulation entre la technique et le social s'avère donc indis-pensable pour comprendre l'évolution des technologies médiatiques.

Du reste, le phénomène technique[2] se trouve au coeur de la ré-flexion qui a donné naissance à la science des communications. L'histoire et l'épistémologie de cette science démontrent l'influence considérable de l'évolution des techniques et de leur impact socioculturel sur son élaboration théorique. On pourrait même dire que, si la technologie moderne est impensable sans la science moderne, la science des communications est impensable sans le développement des techniques modernes de communication. Dès

---

2. La définition du phénomène technique va au delà de la seule référence à une série d'objets matériels. La technique suppose un savoir, par son invention comme son utilisation, et de ce fait est intimement liée à l'ensemble du corps des connaissances de la société où elle prend place. Bien plus, l'instrument technique ne se cantonne pas dans un univers purement utilitaire, il fait l'objet d'une activité symbolique qui lui attri-bue une valeur débordant largement les fonctions qu'il remplit : que l'on pense à l'automobile ou à la télévision.

lors, l'idéologie de la communication ne peut être dissociée de l'idéologie de la science et de la technique[3].

Mais le jeu des inter-influences entre le phénomène technique et l'univers socioculturel qui l'englobe reste complexe. Les divers objets techniques ne s'additionnent pas pêle-mêle, les uns aux autres, même si une observation superficielle peut le laisser croire. Le phénomène technique répond lui aussi aux rationalités et aux intérêts des acteurs sociaux en interaction. En fait, on assiste à un véritable entrelacement du technique et du social. « Si l'on entend par médium tout moyen de produire une opinion ou de transmettre un discours, c'est-à-dire de susciter ou de modifier une croyance collective, on comprend que le médium dominant d'une époque soit l'enjeu d'un rapport de forces politiques[4]. » Aussi, l'implantation d'une technologie s'explique souvent par l'existence et le façonnement d'une demande sociale clairement exposée au jeu d'intérêts de certains acteurs sociaux.

L'évolution des technologies médiatiques à laquelle nous convie le présent ouvrage est donc un mélange complexe et parfois déroutant aussi bien d'aspects scientifiques et techniques que d'aspects sociaux et politiques. Car on peut certainement dire que chaque innovation majeure dans le domaine médiatique a assuré la suprématie de certains acteurs sociaux par rapport à d'autres. Ce qui s'est traduit notamment par un déséquilibre, à la fois local et international, dans l'appropriation sociale des moyens de communication.

Un retour à l'étymologie

Ce préambule sur l'importance de lier le phénomène technique et le social nous amène dans un second temps à la difficulté de réunir dans une seule définition les multiples réalités que recouvre le terme médias. En effet, selon l'angle d'observation choisi, le phénomène peut être envisagé tantôt comme institution sociale, tantôt comme activité industrielle tantôt comme dispositif technique.

Même dans cette dernière acception, on attribue au terme médias une définition passablement extensive incluant aussi bien la presse imprimée, la télévision par satellite, l'affiche publicitaire que le

---

3. À cet effet, consulter l'ouvrage de Serge Proulx et Philippe Breton, *L'explosion de la communication*, Paris et Montréal, La Découverte et Boréal, 1989.

4. Régis Debray, *Cours de médiologie générale*, Paris, Gallimard, 1991, p. 313.

magnétoscope ou le disque compact. Aussi, était-il important de s'entendre dès le début sur une définition tenant compte de l'étymologie du mot. Bref, il importe de retracer le sens premier de ces *moyens techniques* que sont les médias et de les considérer dès lors comme des intermédiaires, des outils de médiatisation.

Pour ce faire, on retiendra la définition empruntée à Francis Balle : « un média est un équipement technique permettant aux hommes de communiquer l'expression de leur pensée, quelles que soient la forme et la finalité de cette expression[5] ». Ainsi, selon l'époque, les formes les plus diverses d'applications se prêtent à la médiatisation, qu'il s'agisse de textes, de sons, de graphiques, de données, d'images (fixes, animées ou sonorisées). Les messages sont de la sorte conservés et véhiculés, dans le temps et l'espace, par différents dispositifs techniques.

Cette définition rejoint l'expression de « machines à communiquer », créée au début des années 1970 sous la plume de Pierre Schaeffer[6]. Cette dénomination générique recouvre également une multiplicité d'instruments technologiques et des champs d'application divers tels que l'écrit, le son et l'image. Elle constitue en quelque sorte un contrepoint à la dénomination usuelle de « moyens de transports ». Dans le langage de tous les jours, l'expression « machine à » renvoie à une panoplie d'instruments qu'on manie dans l'exécution de différentes tâches quotidiennes à la maison comme au travail : de la machine à laver à la machine à polycopier.

Cette expression rejoint la fonction même des technologies médiatiques qui implique, d'une part, la captation et la reproduction des sons et des images et, d'autre part, la diffusion des messages à travers l'espace et le temps vers toutes sortes de populations. Suivant cette approche, les technologies médiatiques sont caractérisées par quatre fonctions principales soit la captation, la lecture, le stockage et la transmission des informations. Ainsi, elles sont définies par les caractéristiques techniques de divers modèles de médiatisation. Aussi, c'est pour cela que tout au long de cet ouvrage nous privilégierons l'expression *technologies médiatiques*, en ce qu'elle permet de garder le cap sur l'évolution technologique des divers dispositifs de médiatisation mis en œuvre.

Par conséquent, reprenant la classification établie par Francis Balle, nous retrouverons dans le cadre de cet ouvrage trois grandes

---

5. Francis Balle, *Médias et société*, Presse, audiovisuel et télécommunications, Paris, 6ᵉ édition, Montchrestien, 1992, 735 p., p. 50 et 51.

6. Pierre Schaeffer, *Les machines à communiquer*, Paris, Le Seuil, 1972.

catégories de médias ou plus précisément de technologies médiatiques, suivant les techniques de base et les modalités d'accès : les *médias autonomes*, de *diffusion* et de *communication*. Même si cette classification n'a pas servi explicitement à découper la matière de ce livre, elle peut néanmoins aider le lecteur à mieux s'y retrouver et, le cas échéant, à produire sa propre grille d'interprétation. Car cette classification a l'avantage, d'une part, de dresser un inventaire des médias sans pour autant faire de discrimination entre les techniques qu'elles soient anciennes ou d'apparition récente et, d'autre part, de rendre compte de la diversité des modalités dans la mise en circulation des produits médiatiques ainsi que dans la constitution des réseaux d'échanges.

Sommairement, on peut dire que les médias *autonomes* reposent sur les technologies médiatiques qui peuvent être utilisées de façon isolée, sans apport technique extérieur. Cette catégorie regroupe donc tous les supports médiatiques sur lesquels sont inscrits des messages et qui ne requièrent de raccordement à aucun autre équipement technique appartenant à une infrastructure de réseau. Ainsi en va-t-il de tous les produits médiatiques édités tels que les disques microsillons, disques optiques compacts, cassettes audio et vidéo, logiciels, jeux vidéo, etc.

Les technologies médiatiques propres au domaine de la *diffusion* à distance sont, elles, nécessairement dépendantes d'une infrastructure de réseau. Le propre des médias de diffusion ou de distribution élémentaire, c'est qu'ils véhiculent des messages à sens unique, du diffuseur vers le récepteur, il n'existe donc pas de voie de retour. Il s'agit d'une technologie unidirectionnelle comme l'a été traditionnellement la radiodiffusion.

Enfin, l'appellation médias de *communication* est réservée ici aux technologies bidirectionnelles, multidirectionnelles et de nature interactive qui permettent une relation à distance et à double sens. Les télécommunications sont l'exemple type de cette classe de technologies de médiatisation.

Cette catégorisation nous renvoie en quelque sorte à la distinction historique des trois grands secteurs de l'industrie médiatique : soit les secteurs de l'édition électronique, de la radiodiffusion et des télécommunications. Mais il s'agit d'un cloisonnement qui est de moins en moins étanche. En effet, si ces technologies étaient à l'origine spécialisées, destinées à véhiculer des messages de nature spécifique (écrit, son, image), elles connaissent, en cette fin de siècle, une hybridation et tendent même à l'intégration comme le démontre le développement rapide du multimédia ou encore le déploiement des inforoutes.

Messages, supports et infrastructures

Si, à première vue, certaines technologies médiatiques apparaissent similaires, il peut cependant y avoir tout un monde entre elles. Ainsi, on ne peut comparer un système complexe de communication tel que la téléphonie avec une technologie de l'enregistrement audiovisuel telle que le magnétoscope. Téléphone et magnétoscope nous sont familiers au point d'être dans la plupart des foyers, servant à médiatiser des messages sous des formes particulières, cependant l'une et l'autre de ces technologies ont des caractéristiques propres, cela tant du point de vue strictement technique qu'économique, sans oublier les aspects juridiques et culturels qui en conditionnent le développement et l'appropriation.

Par exemple, on peut dire que le magnétoscope est, comme le lecteur de disques compacts ou d'audiocassettes, un équipement électronique grand public pouvant être choisi par l'usager selon ses goûts et ses besoins et qui lui permettra de lire les enregistrements vidéo qu'il saura retrouver dans les magasins de location. L'infrastructure téléphonique, elle, exige des équipements beaucoup plus spécialisés et plus coûteux. De surcroît, l'industrie de la téléphonie est soumise à une réglementation compte tenu que, jusqu'ici, le téléphone a été considéré comme un service public dit universel. Ainsi, les effets sociaux et les cadres administratifs de développement ne sont pas nécessairement les mêmes pour chaque technologie.

Même si on ne peut faire de ce constat une règle générale, on doit reconnaître que la lourdeur de certaines infrastructures explique en partie pourquoi des technologies pénètrent plus lentement le marché que d'autres. Par exemple, en Amérique du Nord, pourquoi le téléphone a-t-il pris plus de temps que la radio à s'installer dans les foyers? Pourquoi le taux de pénétration du magnétoscope arrive-t-il maintenant à surclasser celui du câble dans un délai si court?

Plus l'infrastructure de réseau est lourde, sur le plan des exigences économiques, technologiques et juridico-politiques, plus son déploiement risque d'être retardé. Alors qu'une fois qu'un équilibre est assuré entre les produits édités et les équipements de lecture, comme ce fut le cas des magnétoscopes et des lecteurs de disque compact, le marché se développe de manière exponentielle. Pourtant, et c'est l'exception qui confirme la règle, un réseau comme Internet a vu son achalandage décupler en très peu de temps car justement il a pu profiter des infrastructures déjà mises en place pour se développer.

Dans ce sens, on peut certainement dire que le support et l'équipement sont aux médias autonomes ce que l'infrastructure est aux réseaux. On définit en effet un média autonome par le support, un moyen matériel, par exemple le disque ou la vidéocassette, etc., qui permet d'emmagasiner des signaux sonores et visuels afin de les reproduire.

Par ailleurs, outre les acceptions sociale, humaine, géographique et autres qui définissent à leur manière le terme réseau, l'usage classique du mot réseau est largement lié aux infrastructures urbaines. En ce sens, on parle de réseau technique qui englobe autant les chemins de fer, l'électricité, la navigation, le transport routier, que le téléphone, les télécommunications mobiles, la radiodiffusion, le câble ou le satellite. On parle même aujourd'hui d'architecture des réseaux, un terme qui a émergé au cours des années 1980. Aussi, le réseau se définit en fonction de son étendue géographique, de ses particularités et de ses capacités techniques de même que par le type d'information transportée.

Le réseau a une dimension spatio-temporelle qui se caractérise par la répartition territoriale, aussi bien locale que mondiale, ainsi que par l'efficacité, la rapidité et la fiabilité de la circulation des informations d'un point à l'autre. À mesure que les réseaux se diversifient, se multiplient, se densifient et s'accélèrent, cela a pour conséquence de transformer considérablement les rapports au temps et à l'espace. L'immédiateté d'un coup de fil à l'autre bout du monde en est un bon exemple.

Du côté des réseaux médiatiques, c'est donc l'infrastructure mise en place pour acheminer des signaux sonores et audiovisuels jusqu'au domicile des usagers qui sert d'abord à les définir : réseau téléphonique, réseau câblé, réseau hertzien, etc. Ces réseaux sont constitués d'équipements d'émission (fil téléphonique, antenne, câble, satellite) et de réception (terminal téléphonique, récepteur radio, terminal de visualisation, téléviseur).

Mais les médias, nous aurons amplement le loisir de le constater, ne sont pas de même nature technologique et ce, en dépit du fait qu'aujourd'hui, à l'aube du XXIe siècle, il est de plus en plus question d'une *convergence* quasi incontournable des technologies et des réseaux médiatiques. Ce sont ces natures et par conséquent les usages des technologies médiatiques que nous tentons de distinguer dans cet ouvrage, à partir de leurs diverses caractéristiques. Une différenciation établie non seulement en regard de critères techniques, mais aussi en regard des dimensions industrielle et sociale qu'elles comportent.

Les technologies de l'enregistrement du son et de l'image

1.1 Introduction

Parallèlement au développement des techniques de radiodiffusion et de télécommunication, autant de dispositifs qui rendront possible la transmission à distance des messages sous diverses formes (écrite, sonore et audiovisuelle), on assiste, et ce, à partir de la fin du XIXe siècle, à l'invention de machines à reproduire l'image et le son. D'ailleurs, ces technologies médiatiques ne cesseront d'évoluer au cours du siècle suivant. C'est en quelque sorte aux origines des médias autonomes que nous renvoient les technologies de l'enregistrement, du traitement et de la restitution de l'image et du son. Très rapidement, elles seront associées au souvenir, à la conservation du passé. D'ailleurs, grâce à elles, ont survécu des archives sonores et visuelles appartenant tant à la mémoire collective qu'à l'histoire individuelle.

Ainsi tandis que l'on tentera de *transmettre à distance de l'information*, se développent des expériences essayant de *reproduire* la réalité et de la *conserver* à travers le temps. L'invention de la photographie et simultanément celle du phonographe, puis du cinématographe, seront dans les domaines de l'image et du son autant d'étapes décisives. Ils imposeront des principes techniques de base qui, pour la plupart, ont encore aujourd'hui toute leur pertinence. De plus, les concepts et principes techniques, hérités de la mise au point de ces dispositifs d'enregistrement de l'image et du son, serviront en quelque sorte de patrimoine technique et artistique dans le développement ultérieur des moyens de diffusion comme la radio et la télévision.

Certes avec l'évolution des composants électroniques, les moyens techniques d'enregistrement du son et de l'image vont se multiplier et se banaliser, tant l'usage du magnétophone, de l'appareil photographique, du camescope, sont devenus accessibles. Mais, chose à retenir, si ces dispositifs sont devenus ce qu'ils sont aujourd'hui, c'est qu'ils appartiennent à une longue histoire d'innovations façonnée par des intérêts économiques, des considérations esthétiques, des préoccupations sociales, faisant en sorte que les technologies médiatiques ne peuvent être envisagées isolément. Aussi, est-ce pour cela qu'il est nécessaire de revenir à la genèse de certaines de ces technologies pour mieux en comprendre les incidences actuelles. D'ailleurs, à l'instar de Fernand Braudel, faut-il rappeler qu'« une innovation ne vaut jamais qu'en fonction de la poussée sociale qui la soutient et l'impose[1] ».

---

1. Fernand Braudel, *Civilisation matérielle, économie et capitalisme XVe-XVIIIe siècles*, Paris, Colin, tome I, 1979, p. 379.

Aussi, penchons-nous sans plus tarder sur la première de ces innovations, la photographie. Une invention contemporaine du télégraphe qui précède de quelques décennies à peine l'invention du phonographe, et qui sera l'une des pièces maîtresses dans l'essor du cinématographe. Comme le lecteur le constatera, il s'agit moins de faire l'historique intégral de chacun de ces médias, mais de montrer comment les technologies médiatiques sont arrimées entre elles et qu'elles appartiennent à une dynamique sociale et historique, qui se présente difficilement de manière essentiellement chronologique et linéaire. Il faut donc saisir ces médias comme autant de nouveautés technologiques d'une époque donnée, que l'amorce de nouvelles industries et par conséquent, la création de nouveaux marchés.

1.2 Capter la réalité et la reproduire

La photographie peut se présenter comme une habile combinaison de la *camera obscura* et de la découverte des effets chimiques de la lumière sur les sels d'argent. D'un côté, il existe un dispositif de captage et de traitement de la lumière, de l'autre, une surface sensible qui fixe la lumière traitée[2]. Sans l'un et l'autre de ces éléments constitutifs, le dispositif photographique est inopérant.

Camera obscura, en latin, signifie chambre noire. Dans sa forme la plus élémentaire, ce procédé « consiste à se servir d'un panneau opaque, percé d'un trou, derrière lequel on place un écran, l'image de l'objet observé venant se poser à la surface de celui-ci[3] ». Afin d'éviter que l'observation soit perturbée par la lumière ambiante, l'étape suivante est d'aménager une pièce parfaitement close dans le mur de laquelle, un trou est percé. Il permet ainsi d'obtenir des images virtuelles des objets à partir de la lumière du soleil projetée sur un écran. Mais cette image est totalement renversée par rapport à la réalité captée à l'extérieur.

La connaissance d'un tel dispositif remonte à l'Antiquité. Quatre siècles avant notre ère, Aristote s'en serait servi pour effectuer ses

---

2. Qu'il s'agisse de la photographie, du cinéma ou de la vidéo, l'appareil de saisie et d'enregistrement de l'image est appelée caméra. Seules la surface sensible et les procédures d'enregistrement différencient ces technologies. Par exemple, dans le cas de la vidéo, c'est un système d'analyse et d'enregistrement électronique de la lumière qui remplace la pellicule.

3. R. Chesnais, *Les racines de l'audiovisuel*, Paris, Anthropos, 1990, p. 52.

travaux sur les éclipses qui lui permirent de démontrer la sphéricité des astres. Après un parcours historique qui amena les Grecs, les Arabes, puis les Espagnols à l'expérimenter, le dispositif est, dès le XIIIᵉ siècle, utilisé à des fins de recherche sur la vision humaine par le franciscain anglais Roger Bacon, considéré comme l'un des fondateurs de la science expérimentale occidentale.

Par la suite, près de deux siècles plus tard, elle retient enfin l'attention des artistes. En effet, dans la première moitié du XVᵉ siècle, peintres, sculpteurs et architectes florentins « cherchaient à définir des règles rationnelles de figuration de l'espace, avec la volonté de s'appuyer sur un fondement scientifique aussi rigoureux que possible à partir du concept de perspective[4] ».

Aussi il n'est pas étonnant que le procédé soit utilisé et perfectionné par Léonard de Vinci (1452-1519) qui donne des indications sur les conditions de son expérimentation dans des notes qu'il destinait à un grand traité sur la peinture. C'est donc à partir de ce procédé que lui-même et d'autres représentants de la Renaissance italienne fonderont leurs recherches sur la nouvelle perspective, sachant maintenant reproduire le plus exactement possible ce que l'œil perçoit, qu'il s'agisse de celui du peintre ou du spectateur. Vinci insistera particulièrement sur l'ajout d'un miroir qui servira à réduire et à inverser l'image captée. À peine un demi-siècle plus tard, la caméra moderne avec tous ses éléments constitutifs est créée. En effet, en 1558, Giovanni Battista della Porta non seulement utilise un miroir pour redresser l'image et en améliorer la qualité mais y ajoute une objectif sous forme d'une lentille convexe de même qu'un diaphragme.

À partir du XVIIᵉ siècle, la *camera obscura* est un appareil courant dans la plupart des ateliers de peintres. Mais elle sera surtout utilisée par les amateurs et les artisans plus ou moins anonymes qui représentent une grande partie de ceux qui pratiquent la profession de peintre à l'époque. Son usage est jugé quelque peu honteux, comme s'il était l'indice d'un manque de compétence ou un défaut de formation.

D'ailleurs, il n'est pas rare de rencontrer l'expression « peindre avec la lumière » pour évoquer le médium photographique. Cependant, plus qu'un appareil de captation de la réalité, la *camera obscura* jalonnera donc toutes les recherches sur la conception et la reproduction de l'espace dont celle sur la perspective « correcte ».

---

4.   R. Chesnais, *op. cit.*, p. 53.

En quelque sorte, le dispositif de la *camera obscura* tel qu'il était déjà au XVIIe siècle, donnera naissance à la caméra photographique comme nous la connaissons encore aujourd'hui. Mais la seule chose qui lui manque, c'est une surface sensible capable de fixer de façon durable l'image. Pour cela, il faudra attendre Niepce et ses successeurs.

1.3 Niepce, Daguerre et les autres

Le français Joseph Nicéphore Niepce (1765-1833) est sans conteste l'inventeur de la photographie. Bien que les exemples connus de la production photographique de Niepce datent de 1826, c'est semble-t-il aux environs de 1816 que Niepce produit sa première « photographie[5] ». Il est le premier à proposer un composé argentique déposé sur une plaque d'étain pour enregistrer une image, après huit longues heures d'exposition à la lumière.

À travers son initiation à la lithographie, importée en France depuis 1814, Niepce essaie d'automatiser la copie et la reproduction des dessins ou des gravures, avec l'action de la lumière en chambre noire, ce qui débouchera sur le principe de l'héliographie. Niepce définit ainsi le système héliographique : « fixer l'image des objets par l'influence chimique de la lumière; fixer cette image d'une manière exacte, sauf la diversité des couleurs et [...] la transmettre à l'aide de l'impression, par des procédés connus de la gravure ». Niepce, conseillé par Louis-Jacques Mandé Daguerre (1787-1851) avec qui il s'est associé, voudra perfectionner son dispositif en vue de « fixer les vues qu'offre la nature sans avoir recours à un dessinateur[6] ».

Après la mort de Niepce, le 5 juillet 1833, Daguerre passera un contrat avec le fils de Niepce, Isidore, qui a reçu pour seul héritage la propriété de l'invention. Ils exploiteront ensemble cette découverte[7]. Ainsi, Daguerre, lui-même peintre, ayant, avec son invention du diorama, étudié les effets de la lumière, reprend le dispositif développé par Niepce en vue de le perfectionner. Il lui donne son

---

5. « Les premières images héliographiques de Niepce sont perdues. Le document le plus ancien qui nous soit parvenu date de 1826. On considère parfois à tort ce document comme la première photographie. » Patrice Flichy, *Une histoire de la communication moderne*, Paris, La Découverte, 1991, p. 88.

6. Patrice Flichy, *loc. cit.*

7. Gisèle Freund, *Photographie et société*, Paris, Éditions du Seuil, 1974, p. 26.

propre nom : daguerréotype. Il réussit à enregistrer des images sur une plaque de cuivre argentée, mais celles-ci constituent des exemplaires uniques, n'étant pas reproductibles et par conséquent multipliables.

La même année, Daguerre mettra son invention sur le marché. Daguerre donne une première utilisation à son invention soit l'enregistrement de monuments, de natures mortes, de portraits, ce qui correspondait à un marché immédiat, un marché qui était alors le lot des artistes peintres. Daguerre ne brevète pas son invention. Comme Chappe le fait 50 ans auparavant avec son télégraphe optique (voir chapitre 3), il l'offre plutôt à l'État français dans « l'intérêt des sciences et des arts[8] » en échange d'une rente viagère de six mille francs pour lui-même et quatre mille pour le fils de son ancien collaborateur[9].

À partir de ce moment, la photographie devient en France un bien collectif et ceux qui tenteront de faire respecter les brevets déposés pour d'autres types de procédés photographiques auront la tâche difficile. Par contre, cette situation de quasi « monopole étatique » de la photographie favorise l'innovation de Daguerre qui s'adresse aux professionnels et aux amateurs « sérieux ». Déjà en 1846, rappelle Patrice Flichy, les ventes annuelles à Paris sont de 2 000 appareils et 500 000 plaques de daguerréotypes[10]. Ce procédé sera le premier « standard » en matière de photographie à être largement commercialisé. D'ailleurs, il dominera pendant près de 30 ans le marché de la photographie professionnelle et des amateurs avertis.

Mais le daguerrotype demeure limitatif, il est à exemplaire unique et ne peut être reproduit. C'est alors que l'on assiste à des expériences qui viseront à développer un procédé photographique permettant non plus une seule et unique reproduction (épreuve à la pièce) de la réalité enregistrée par l'appareil, mais aussi la multiplication en plusieurs exemplaires d'une même prise de vue.

Comme c'est le cas de l'invention de la plupart des machines à communiquer, plusieurs inventeurs sont en lice pour réclamer la paternité de procédés tout aussi innovateurs les uns que les autres compte tenu de l'état balbutiant de la photo. D'ailleurs, les procédés de multiplication des images seront le point de départ de l'« édition photographique » et de l'utilisation du support papier pour la reproduction des images.

---

8. Patrice Flichy, *op. cit.*, p. 89-90.
9. Gisèle Freund, *op. cit.*, p. 27.
10. Patrice Flichy, *op. cit.*, p. 91.

Pendant que le dispositif de Daguerre rencontre un certain succès, de son côté, un autre inventeur français, Hippolyte Bayard, met au point en 1839 un procédé de photographie positive directement sur papier. Il s'agit d'une émulsion à l'iodure d'argent couchée cette fois sur du papier plutôt que sur une plaque argentée comme c'est le cas du daguerréotype. Pourtant il a la même caractéristique finale que ce dernier : l'unicité de l'image. Toutefois, le procédé de Bayard ne sera pas largement diffusé.

La même année, les efforts de l'Anglais William Henry Fox Talbot débouchent sur le tirage des épreuves positives à partir d'un cliché négatif, appelé calotype, utilisant cette fois le chlorure d'argent[11]. Il s'agit de produire une image négative en utilisant un papier transparent recouvert de sels d'argent. L'avantage réside dans la reproductibilité de l'image. Selon l'historien Pascal Griset, le calotype sera proposé sur le « marché » seulement à partir de 1841 et « bien que permettant la reproduction de l'image en plusieurs exemplaires, ne peut rivaliser commercialement avec le procédé de Niepce et Daguerre, en raison de sa trop grande complexité[12] ».

Par ailleurs, on peut également attribuer l'insuccès de Talbot, et des autres inventeurs de la photographie, au choix que la France a fait en consacrant la photographie « bien collectif ». Patrice Flichy souligne en effet que Talbot, en dépit des brevets qu'il possède, ne réussira pas à faire respecter ces droits sur le territoire français. Même situation en Angleterre, pourtant le pays d'origine de Talbot[13].

Par la suite, deux autres inventeurs français, A. Poitevin (1848) et Niepce de Saint-Victor, neveu de Nicéphore (1853) développent des procédés analogues à celui de Talbot : la photolithographie et l'héliogravure. Mais encore là, le daguerréotype, libre de brevet, profite d'une diffusion qui dépasse de loin les frontières de l'Hexagone.

Samuel Morse, que nous retrouverons plus loin dans le cadre de ses travaux sur le télégraphe, est considéré par Steven Lubar[14], conservateur du Musée Smithsonian à Washington, comme l'un des premiers photographes américains. Il aurait rencontré Daguerre à Paris durant les années 1840, ce qui l'amènera à travailler la

---

11. Talbot emploie ici la racine grecque *kalos* qui signifie « beau » pour donner un nom à son invention.

12. Pascal Griset, *Les révolutions de la communication XIXe-XXe siècle*, Paris, Hachette, 1991, p. 8.

13. Patrice Flichy, *op. cit.*, p. 91.

14. Steven D. Lubar, *InfoCulture*, Houghton Mifflin Company, Boston, New York, 1993.

technique du daguerréotype. Déjà, en 1850, ce procédé photographique fait sensation aux États-Unis avec pas moins de 3 millions de daguerréotypes vendus. En 1853, il y avait déjà près d'une centaine de « daguerréotypistes » à New York, demandant 2,50 $ le portrait[15].

Devant le succès du procédé de Niepce et Daguerre, il n'est donc pas étonnant de constater que la photographie tend désormais à reprendre la fonction sociale de la peinture et même à certains égards à la déclasser. Par exemple, selon Flichy, déjà vers la fin du XIXᵉ siècle, à Marseille, une corporation de 40 à 50 photographes produit de 40 000 à 60 000 portraits photographiques par an, surclassant les peintres d'avant[16]. La conservation du souvenir n'est donc plus seulement l'apanage des peintres. En très peu de temps, les professionnels de la photographie, qui les auront progressivement en partie remplacés, seront eux-mêmes doublés par un nombre de plus en plus grand d'amateurs que la démocratisation marchande de la photographie entraînera dans son sillage.

1.4 L'essor de la photographie grand public

Le daguerréotype connaît donc à l'époque un énorme succès commercial et devient le médium photographique par excellence, en dépit de la lourdeur et de la grosseur des équipements requis. Sans oublier les problèmes de la préparation et du développement des plaques qui doivent être effectués immédiatement avant et après la prise de vue. Celle-ci demande aussi un temps de pose considérable. Le procédé de Daguerre, peu commode et s'adressant aux professionnels et aux amateurs chevronnés, perdra toutefois de plus en plus d'adeptes au cours des années 1850 et ce, au fur et à mesure que de nouveaux procédés plus performants et plus versatiles feront progressivement leur apparition et seront adoptés par un nombre croissants d'utilisateurs. Jusqu'à ce que le modèle de masse de la photographie s'impose définitivement grâce à certaines innovations techniques qui la rendront davantage « conviviale », pour reprendre un terme propre à notre temps.

Il y aura d'abord le négatif sur verre au collodion humide initié en 1851 par l'Anglais Frederick Scott Archer. Ce procédé connaîtra plusieurs variantes dont celle du Bostonien James Ambrose Cutting,

---

15. Steven D. Lubar, *op. cit.*, p. 52.
16. Patrice Flichy, *op. cit.*, p. 108.

procédé connu sous le nom américain de *ambrotype*. Ce dernier procédé sera à son tour remplacé par l'impression à l'albumine d'argent, inventée par Louis-Désiré Blanquart-Évrard et qui deviendra, de la moitié des années 1850 à la moitié des années 1890, l'un des procédés les plus communs. Mais, de nouveau, ce procédé, aussi populaire soit-il, cédera sa place à une autre innovation, cruciale cette fois. En effet, ce sera l'étape décisive entre toutes, de la mise au point de plaques de gélatine sèche. Contrairement à l'émulsion au collodion humide qui perd sa photosensibilité aussitôt qu'elle sèche et qui exige donc de l'artisan photographe une préparation de la plaque juste avant la prise de vue, la gélatine sèche, elle, peut se conserver des mois avant d'être utilisée.

Cette émulsion, à base d'halogénure d'argent, sera très rapidement diffusée un peu partout en Angleterre, en France et aux États-Unis, au cours des années 1870. C'est Richard Leach Maddox, en 1871, qui invente la plaque de gélatine sèche. Elle sera perfectionnée par C. E. Bennet, en 1878. Ces surfaces sensibles modifient grandement le travail des photographes qui n'ont plus à préparer eux-mêmes leurs plaques. Cette découverte sera aussi à la base de la première production industrielle des technologies photographiques : construction d'appareils, substances chimiques, plaques, papiers spécialisés, etc. Dès 1879, le procédé sera diffusé en France par Auguste Lumière tandis que George Eastman en fera de même aux États-Unis[17] à partir de 1881.

Hormis l'amélioration des surfaces sensibles, le médium photographique est également modifié par l'apparition de nouveaux boîtiers et surtout d'optiques plus performants, notamment en provenance des deux principaux fabricants d'objectifs, C. Chevalier à Paris et F. Voightlander à Vienne, ce qui aura aussi une incidence directe sur le temps d'exposition. En 1839, le temps d'exposition d'une plaque sensible était de quinze minutes sous un soleil éblouissant, alors qu'à peine cinq ans plus tard, cette durée est réduite à environ 20 à 40 secondes. L'apport de l'éclairage artificiel évolue également. Dès les années 1880, sont utilisés des flashes à poudre inflammable, faits d'un mélange de magnésium et de chlorate de sodium.

Jusque-là, les innovations photographiques demeurent toutefois le privilège des amateurs avertis et fortunés tandis qu'elles donnent aux professionnels les moyens de parfaire leur pratique et d'améliorer leur produit. Il faudra attendre le concept du marché grand public de l'Américain G. Eastman pour que la photographie

---

17. Pascal Griset, *loc. cit.*

se popularise. Eastman, amateur averti, connaît assez bien la forme artisanale de la photographie pour avoir lui-même préparé ses plaques, ce qui l'amena à déposer, dans différents pays, le brevet d'une machine permettant d'enduire de façon continue des plaques de verre avec une émulsion sensible. Grâce aux fonds qu'il tire de la vente de ses brevets, il réussit à fonder, en 1881, avec H. Strong, un industriel local, sa propre entreprise.

Durant les années 1880, la jeune firme George Eastman, établie à Rochester, aux États-Unis, prend rapidement de l'expansion sur le marché des produits photographiques. Dans un premier temps, elle crée le film souple en lisière et mis en rouleau qui fut, dit-on, à ses tous débuts un échec de mise en marché. Malgré des qualités équivalentes aux plaques photographiques, les photographes ne semblent pas en vouloir, du moins très peu l'adoptent. C'est ainsi que l'entreprise Eastman se donne comme objectif d'atteindre une autre catégorie de clients, susceptibles de lui assurer des ventes massives. La stratégie exige la transformation du produit et surtout une manière de fidéliser la clientèle par le renouvellement du mode de commercialisation. À l'inverse des innovateurs précédents qui, après avoir trouvé un nouveau procédé, cherchaient à lui procurer un clientèle, Eastman planifiera un nouveau mode de consommation de la photographie auquel il adaptera ses recherches technologiques visant non seulement à automatiser le processus mais aussi à l'industrialiser.

Suivant cette perspective, l'entreprise Eastman se propose de lancer sur le marché un système complet, incluant un appareil photo simple à manier, un film en rouleau ainsi que le service de développement et de tirage. Pour ce faire, Eastman devait maîtriser les trois éléments de base de ce système soit le mécanisme d'avancée du film, la fabrication du film et les machines de production. Ce qui fut fait dès 1884, avec pour résultat le dépôt de brevets pour chacun de ces éléments, aux États-Unis comme dans plusieurs pays de l'Europe de l'Ouest. La marque Kodak est adoptée en décembre 1887.

C'est ainsi qu'en 1888, Eastman lance sa fameuse caméra Kodak, la première caméra dite bon marché et d'usage facile. Le slogan publicitaire de Kodak, « Vous pressez le bouton, nous faisons le reste » (*You press the button, we do the rest*), donna le ton à la démocratisation marchande de la photographie qui prendra alors son essor. Du même coup, la photographie ne s'adressait plus seulement à quelques initiés mais à un plus large public d'amateurs, n'ayant nul besoin de comprendre la complexité des procédés et pour lesquels la photographie allait vite devenir un hobby.

Cette stratégie fera la force des entreprises Eastman. Si l'innovation des premiers procédés contribuèrent à développer le domaine de l'édition photographique des professionnels et des amateurs avertis, l'Américain George Eastman inventera pour ainsi dire « la photographie de masse ».

Ainsi Eastman s'avère davantage un maître de la mise en marché qu'un inventeur, n'hésitant pas à utiliser et à combiner les innovations photographiques de son époque. En fait, le procédé Kodak repose fondamentalement sur les travaux ayant conduit au développement d'une surface sensible souple à support celluloïd. Le mécanisme d'obturation de l'appareil photographique est simple et robuste. L'objectif est le produit des établissements Baush et Lomb. Chaque caméra Kodak coûte environ 25 dollars et est fournie avec un film d'une centaine de poses que l'acheteur renvoie à l'usine de Rochester, une fois le rouleau terminé. Là, pour la somme de 10 $, le développement du film est effectué, des épreuves tirées et l'appareil chargé d'une nouvelle pellicule, puis retourné à l'amateur. Déjà, en 1899, la compagnie Kodak affiche des ventes de 2,3 millions de dollars. Elles ne cesseront de croître durant la décennie suivante[18] et atteindront facilement les 9,7 millions en 1909.

Eastman, en mettant sur pied ce système de développement et de tirage à une échelle industrielle, s'inscrira dans une tendance de production et de consommation de masse qui commence alors à se dessiner aux États-Unis, où s'effectue le passage d'une société agricole à une société industrielle avec l'apparition de nouvelles méthodes de fabrication en série, l'augmentation du réseau de chemin de fer, etc.

Avec les innovations techniques et les nouveaux modes de commercialisation, c'est aussi l'usage de la photographie qui prend une autre allure. Après avoir été l'instrument de la démocratisation du portrait, réservé jusque-là à l'élite bourgeoise et essentiellement sous une forme picturale, la photo devient dès lors le support par excellence de la mémoire. Le souvenir se standardise, on conserve les portraits des aïeux et les images de voyages, de paysages, de monuments. On capte ainsi le temps qui passe, le confiant à l'album familial. L'engouement du public pour la photographie s'explique aussi par l'importance prise par le phénomène des cartes postales : la reproduction mécanique se conjugue désormais avec la commercialisation de l'image.

---

18. Steven D. Lubar, *op. cit.*, p. 61.

En effet, l'essor de l'image carte postale a fortement contribué, dès 1890, à l'augmentation de l'usage personnel de la photographie. Si plusieurs décrièrent cette pratique comme du vulgaire picturalisme, alors que les gens envoyaient des cartes postales ou leurs propres instantanés au lieu d'écrire, elle devint extrêmement populaire. D'ailleurs, à partir de 1906, Kodak offrait pour quelques sous de plus le développement des photographies en format carte postale. En 1903, près de 800 millions de cartes postales avaient été postées aux États-Unis. Trois ans plus tard, le nombre atteignait le 1,2 milliard[19].

1.5 La photographie prend des couleurs

Le film couleur connut ses premiers développements dans le dernier tiers du XIXe siècle. À la fin des années 1840, C. Becquerel avait entrepris des travaux sur la couleur qui toutefois ne dépassèrent guère le stade de l'expérimentation. Plus tard, en 1869, deux inventeurs français, L. Ducos du Hauron et C. Cros proposent, chacun de leur côté, des solutions similaires. Le principe repose sur la prise de trois clichés, chacun réalisé dans l'une des trois couleurs de base : rouge, jaune et bleu. De la superposition des trois prises en résulte une photographie en couleur[20].

Mais le seul prototype d'appareil capable de produire une photographie à partir de ce principe fut mis au point par L. Ducos du Hauron. Un appareil à trois objectifs, dont le jeu de miroir permet de prendre en une seule fois trois clichés identiques et donc superposables, ce que l'on appellera des « héliochromies ». Des émulsions de gélatine à base de colorants naturels sont utilisés. Même si le résultat est satisfaisant, donnant des images aux tons assez fidèles des scènes originelles, le procédé est trop compliqué pour être facilement manipulé et ne connaîtra pas de succès commercial.

En 1905, Louis Lumière, peintre et photographe, qui, avec son frère Auguste, seront les pères du cinématographe, commercialise un procédé photographique couleur sous forme de plaque autochrome, qui dominera pendant 30 ans les autres procédés d'enregistrement photographique des couleurs.

---

19. Steven D. Lubar, *loc. cit.*
20. L'idée de superposer des clichés réalisés dans les trois couleurs de base est reprise dans la décomposition des signaux de l'image télévision en couleur et dans le procédé du film technicolor.

Si le premier film commercial couleur est effectivement mis en vente en 1907, il faudra toutefois attendre encore une trentaine d'années avant l'introduction du film couleur en rouleau. « Ce n'est qu'en 1937 que Kodak vendit pour la première fois le Kodachrome et Agfa l'Agfacolor. Très peu d'amateurs les utilisaient à cette époque, car les films étaient beaucoup plus chers que la pellicule noire. Il fallait acheter en plus un projecteur pour les visionner, car c'était des diapositives[21]. »

La pratique de la photographie couleur engendre alors d'autres problèmes, notamment la duplication des images sur papier dont le coût est exorbitant et qui est alors disponible seulement en Amérique et en Angleterre. Par ailleurs, les professionnels eux-mêmes n'utilisent que rarement la couleur, compte tenu que les revues et magazines ne possèdent pas encore les rotatives nécessaires à l'impression de la couleur. D'ailleurs, ce n'est que dans l'Après-Seconde Guerre, soit vers la fin des années 1940, que les revues adoptent la couleur et contribuent ainsi à stimuler l'attrait du public pour ce nouveau matériau.

Aussi, il n'est pas étonnant que la compagnie Kodak lance sur le marché un film négatif couleur à la même période. Le Kodacolor fait son apparition en Amérique en 1949, puis en France en 1952. Il permet le tirage d'épreuves de qualité satisfaisante et de surcroît bon marché. L'empire mis sur pied par G. Eastman lançait, 60 ans après la mise au point de son appareil Kodak, une nouvelle vogue et avec elle, toute une gamme de produits capables de maintenir sa prédominance sur le marché photographique. Les liens entre les innovations techniques et la maîtrise des marchés apparaissent encore une fois de façon évidente.

Le cas de la mise en marché de l'appareil Instamatic de poche développé par Kodak à partir de 1972 en est un très bon exemple. Cet appareil est beaucoup plus petit que les formats des appareils Instamatic ordinaires, ceux-là mis sur le marché à partir de 1963, et par conséquent contient une pellicule environ 30 % plus petite. Ce qui signifie pour l'entreprise une économie significative du tiers de la matière première nécessaire. Cependant Kodak continuera à vendre au public le film au même prix, augmentant du même coup ses profits et sa prédominance sur l'industrie photographique. Facile de manipuler ainsi le marché pour une firme comme la

---

21. Gisèle Freund, *op. cit.*, p. 195.

Eastman Kodak qui se trouve alors le plus grand producteur de pellicules photographiques aux États-Unis et qui n'est pas loin de retirer de sa vente 80 % de ses bénéfices. D'ailleurs, selon Gisèle Freund, la stratégie de la *photographie de poche* de Kodak porta fruit. « Dès l'annonce des appareils de poche et des profits supplémentaires qu'ils promettent, la bourse de New York, baromètre des entreprises industrielles américaines réagit. Durant les premiers mois de 1972, les actions de Eastman Kodak montent de 72 à 113,5 points[22]. »

Ainsi, le milieu du XXe siècle sera un point tournant dans l'évolution technologique de la photographie. La pellicule est plus sensible, moins granuleuse et avec un meilleur rendu chromatique. Les caméras s'améliorent et les lentilles permettent des longueurs de pose moins longues. Alors qu'une lentille typique en 1908 est d'une ouverture maximale de f6,8, seulement 30 ans plus tard, une caméra de qualité offrira une ouverture de f2,8. Même amélioration du côté de la vitesse d'obturation qui allait passer de 1/25 de seconde à un temps aussi court de 1/500 de seconde. Cela signifie une réduction significative des temps de pose ainsi qu'une capacité accrue de saisir des sujets en mouvement.

Pour ce qui est de l'éclairage artificiel, la poudre inflammable pour le flash, introduite dans les années 1880, pour les prises de vue en pleine nuit ou à l'intérieur, fait place en 1929 au flash à bulbe électrique, permettant de faire des photographies de nuit ou à grande vitesse. Puis il y eut toute une suite de nouveautés : en 1924, le premier appareil 35 mm, le Leica, lancé commercialement avec succès; l'apparition du premier posemètre photoélectrique; la caméra instantanée Polaroid inventée par Edwin Robert Land et commercialisée pour la première fois en 1946. Plus près de nous ce sera l'ajout de l'électronique aux appareils photo. Canon introduit, en 1976, le premier contrôle automatique du système d'exposition à l'aide d'un microprocesseur tandis que Honeywell invente le foyer automatique électronique dont la firme Konica munira pour la première fois en 1976 certains de ses appareils.

Depuis les premiers pas tracés par Niepce jusqu'aux nouveautés toujours plus sophistiquées dans le domaine de la photographie, les principes de base sont restés sensiblement les mêmes. Ils s'avéreront d'une grande contribution au développement de l'image en mouvement, c'est-à-dire du cinématographe.

---

22. Gisèle Freund, *op. cit.*, p. 196.

1.6 Le phonographe, la chambre noire du son

Pendant que se multipliaient les tentatives de reproduction de l'image photographique, naissait tout un mouvement de recherche concernant la conservation et la reproduction sonore. C'est Félix Tournachon, mieux connu sous le pseudonyme de Félix Nadar, lui-même photographe réputé de son époque, qui, en 1856, pense à « un daguerréotype acoustique reproduisant fidèlement à volonté tous les sons soumis à son objectivité[23] ». Nadar décrit son concept de phonographe comme étant « une boîte dans laquelle se fixeraient et se retiendraient toutes les mélodies ainsi que la chambre noire surprend et fixe les images[24] ».

L'intention première de la création du phonographe réside donc dans le désir de préserver la voix des disparus, tout comme la photographie le fait avec leur image. Et comme le dit si bien Jacques Perriault : « socialement le phonographe est bien la chambre noire du son ». Ce désir amène donc un besoin de défier les années, et par le fait même amène une nouvelle conception du temps qui passe, comme le télégraphe, développé durant la même période, provoquera une nouvelle appréhension du temps et de l'espace (voir chapitre 3).

C'est Léon Scott de Martinville, un Français, qui, le premier, ouvre la voie à l'exploration des machines à reproduire le son[25]. En 1857, il expérimente son « phonotaugraphe », un dispositif d'enregistrement « graphique » du son, qui produit en quelque sorte une empreinte sonore[26]. En effet, le dispositif trace sur du papier des vagues produites par les sons, ceux-ci pouvant alors être « vus ». En parlant dans la partie élargie d'un cône, le son de la voix fait vibrer un diaphragme auquel est attachée une pointe métallique. Sous l'action du diaphragme qui agit comme le tympan d'une oreille, la pointe trace et reproduit graphiquement les « vagues de son » sur une plaque de verre fumée. L'Américain Alexander Graham Bell a bien tenté d'explorer ce principe graphique pour reproduire des sons, mais son modèle s'est avéré impraticable. Cependant, comme nous le verrons plus loin, ce ne sera que partie remise.

---

23. Patrice Flichy, *Une histoire de la communication moderne*, p. 92-93.
24. Patrice Flichy, *ibid.*, p. 93.
25. Jacques Perriault, *La logique de l'usage, Essai sur les machines à communiquer*, Paris, Flammarion, 1989, p. 39.
26. Approximativement à l'image de celle, plus sophistiquée, qu'on est en mesure de produire aujourd'hui à l'aide d'un oscilloscope : petit écran cathodique branché à un lecteur d'ondes sonores.

Ce sont finalement Thomas Edison, aux États-Unis, et Charles Cros, en France, qui continuent à poursuivre la création d'un machine parlante. En effet, tous deux entrevoient d'y ajouter la « restitution de l'enregistrement ».

Charles Cros aura moins de succès qu'Edison, bien qu'il ait au même moment que lui déposé l'état de ses travaux sur une machine parlante auprès de l'Académie des Sciences, en 1877, et qu'il y fit une communication intitulée « Procédé d'enregistrement et de reproduction des phénomènes perçus par l'ouïe ». Patrice Flichy écrit à ce sujet que, contrairement à l'Américain qui dispose de l'un des premiers laboratoires de recherche à l'époque, Cros n'avait aucun moyen financier non plus que le goût ni l'ambition de construire lui-même un prototype.

Edison dépose d'abord le 3 février 1877 un brevet pour un répéteur télégraphique. Déjà la description de ce dispositif préfigure la forme physique et mécanique que prendra plus tard le gramophone et après lui, le tourne-disque. Il s'agit d'« un disque recouvert de papier [qui] tourne sur un plateau, un stylet graveur suspendu à un bras marque une suite de points et de traits disposés en spirale[27] ». Plus tard, l'équipe de recherche d'Edison, dont les laboratoires sont établis depuis 1876 à Menlo Park, découvre que la vitesse de rotation du plateau a une incidence directe sur la production et l'émission des vibrations qui rappellent la voix humaine. C'est ainsi qu'après cette découverte du 17 juillet, un premier croquis du phonographe est dessiné le 12 août suivant et que le 4 décembre un premier prototype est construit.

Le premier prototype fonctionnel du phonographe était donc produit par Edison en 1877. Il écrira d'ailleurs dans le *Scientific American* du 17 novembre 1877 qu'il vient de mettre au point « une invention merveilleuse, la parole susceptible de répétitions infinies, grâce à des enregistrements automatiques ».

Les principes de base sont sensiblement les mêmes que ceux du répéteur télégraphique. Le support d'enregistrement est devenu un cylindre recouvert d'une mince feuille d'étain sur lequel le signal sonore est gravé de manière « spiralique ». La pointe de métal trace sur le cylindre un sillon qui correspond aux vibrations sonores captées par le diaphragme. Le cylindre est mû par une simple manivelle, donc actionnée à la main. Pour reproduire les sons, la pointe parcourt le sillon tracé sur le cylindre et les sons sont restitués par la voie du même diaphragme[28].

---

27. Patrice Flichy, *op. cit.*, p. 93.
28. Pascal Griset, *op. cit.*, p. 9.

Edison destine alors son invention au travail de bureau, voulant en faire un dictaphone plutôt qu'un moyen d'enregistrement de la musique, essentiellement vouée au divertissement. « Je ne veux pas que le phonographe soit vendu à des fins d'amusement. Ce n'est pas un jouet », disait-il[29]. Edison songe alors davantage à fabriquer une espèce de répondeur-enregistreur, une première tentative d'articulation entre les technologies du phonographe et du téléphone. D'ailleurs, nous le verrons, Edison développera, à l'instar de Alexander Graham Bell, un modèle téléphonique concurrent.

La qualité sonore des premiers enregistrements laisse à désirer, mais le procédé de remplacement de la feuille d'étain par une couche de cire, développé par Chicester Bell (cousin de Alexander Bell) et Charles Summer Tainter l'améliora considérablement. En effet, en 1881, Bell et son assistant, Tainter, déposent le brevet du « graphophone »[30]. Le produit d'Edison comme celui de Chicester Bell consistera en des enregistrements gravés sur cylindre.

Le cylindre de carton enduit de cire est jugé plus pratique et surtout moins coûteux. De plus, le stylet est modifié afin qu'il puisse plus facilement « flotter » sur le cylindre et suivre plus aisément les subtiles fluctuations des ondes sonores enregistrées. D'autres améliorations sont ajoutées : « le système de réception des ondes sonores fut doté d'une membrane en mica tandis que le mécanisme de restitution du son était séparé de celui de l'enregistrement. Enfin, la régularité de la rotation était assurée par une pédale de machine à coudre dotée d'un régulateur à inertie[31] ».

En revanche, d'après Andrew F. Inglis, à moyen terme, le cylindre s'avérera moins pratique et de ce fait plus coûteux pour la production en série et la création d'un marché de masse. Ce qu'allait permettre par contre le disque imprimé développé un peu plus tard[32]. Cependant, malgré sa fragilité et son encombrement, le cylindre survivra jusqu'en 1919.

---

29. « I don't want the phonograph sold for amusement purposes. It is not a toy » *in* Andrew F. Inglis, *Behind the Tube, A History of Broadcasting Technology and Business*, Stoneham, MA, Focal Press, Butterworth Publishers, 1990, p. 20 (notre traduction).

30. Mario d'Angelo, *La renaissance du disque*, Paris, La documentation française, notes et études documentaires, no 4890, 1989, p. 9.

31. Pascal Griset, *loc. cit.*

32. Andrew F. Inglis, *Behind the Tube, A History of Broadcasting Technology and Business*, p. 20.

Longtemps, Edison refuse de commercialiser son instrument comme outil de divertissement, il préfère croire que celui-ci est indispensable pour les milieux des affaires. Pour lui, la principale utilisation du phonographe est de permettre d'écrire des lettres, de dicter des textes. C'est dans ce but, écrira-t-il, qu'il a été construit. C'est pourquoi la commercialisation de ces appareils pour fins d'enregistrements sonores musicaux prendra encore quelques années, avec la création, en 1887, de la Edison Phonograph Cie, puis en 1888, de la Colombia Graphophone Cie. Edison décide toutefois en 1894 de définitivement commercialiser son invention à titre d'objet de divertissement, en mettant sur le marché des cylindres préenregistrés.

La pénétration du phonographe sur le marché domestique sera rapide mais il faudra attendre la technique du pantographe puis du moulage (1901) pour résoudre le problème de la duplication industrielle et ainsi élargir l'offre des produits sonores enregistrés[33]. Jusque-là, chaque cylindre était un enregistrement original. Il n'existait alors qu'un nombre infime d'exemplaires d'un même cylindre, produit à l'unité.

C'est ainsi que de 1900 à 1920, le phonographe pénètre rapidement sur le marché domestique : on peut évaluer à 500 000 en 1900, à 2,5 millions en 1910 et à 12 millions le nombre d'appareils en 1920 dans les foyers américains. En outre, de 1914 à 1921, le ratio d'enregistrements vendus passe de 6 à 8 unités par appareil existant[34].

Le brevet du phonographe et de son cylindre déposé par Edison exerça un quasi-monopole mondial jusqu'en 1894, année où le graphophone de Bell et Tainter, une version améliorée du phonographe, apporta une certaine concurrence dans le monde des machines parlantes et par conséquent, une diversité de nouveaux produits enregistrés[35].

1.7 Le gramophone prend la relève

Emile Berliner (1851-1929) est un ingénieur allemand émigré aux États-Unis à l'âge 19 ans. Comme Edison, il a la bosse de l'invention. D'ailleurs, il inventera deux types de microphones et

---

33. Patrice Flichy, *op. cit.*, p. 97.
34. Patrice Flichy, *ibid.*, p. 105.
35. Mario d'Angelo, *op. cit.*, p. 9.

un moteur d'avion qui sera notamment utilisé dans les avions de chasse durant la Première Guerre mondiale. Et c'est le même Berliner qui, dans les années 1920, introduira l'utilisation de tuiles acoustiques dans les studios d'enregistrement.

En 1888, il invente une nouvelle machine parlante, le gramophone, qui utilise cette fois un disque de zinc. Après avoir fait des essais sur cylindre, avec une gravure latérale, il en vient aux mêmes conclusions que ses prédécesseurs au sujet de ce procédé : la difficulté de produire des copies. Il utilise en remplacement un disque gravé en spirale. Le premier prototype est construit en 1887, puis, l'année suivante, il se met à vendre des disques en quantité. Mais encore là, subsiste un obstacle à la pénétration massive de cet appareil dans les foyers : la nécessité d'utiliser une manivelle pour faire tourner le disque.

La rencontre d'Emile Berliner et d'Eldrige Johnson (1867-1945), aussi habile ingénieur en mécanique qu'homme d'affaires averti, permit de résoudre ces problèmes d'utilisation et de rapidement faire du gramophone un objet convoité par le public. L'alliance entre les deux hommes, qui avait commencé par une rencontre à l'occasion de la réparation d'un gramophone de Berliner à l'atelier de Johnson, aboutit à la constitution d'une entreprise qui deviendra rapidement fort lucrative, la Victor Talking Machine Company.

Contrairement aux prétentions d'Edison, Berliner conçoit d'emblée son gramophone dans le but d'un usage domestique, axé sur la diffusion de pièces musicales.

Sur le plan mécanique, Johnson fait des modifications qui rendront l'appareil de Berliner plus facile à manier. Il ajoute un moteur à ressorts, ce qui évite de devoir continuellement tourner la manivelle pour actionner la marche de l'appareil, puis développe un procédé qui permet de produire des copies maîtresses de métal à partir d'enregistrements originaux sur support de cire.

Qu'il s'agisse du phonographe (cylindre) ou du gramophone (disque), les deux types d'appareils fonctionnent mécaniquement soit à l'aide d'une manivelle, soit par l'ajout d'un mécanisme à ressorts qu'il faut remonter. Il n'y a aucune amplification, c'est uniquement l'oscillation du stylet dans la gravure du disque accentuée par le système d'audition à cornet caractérisant à l'époque ces appareils qui reproduisent le son. Compte tenu qu'il est plus « facile » de reproduire la voix humaine que de la musique, les premiers enregistrements privilégient les grands interprètes de l'époque dont Enrico Caruso. Ce n'est que plus tard, avec la venue de l'enregistrement électronique et donc, de l'amplification du signal gravé sur le disque, que se développera toute une série d'améliorations de la reproduction sonore.

Il faut dire toutefois que le gramophone permet de reproduire le son avec un volume plus fort que le dispositif à cylindre. Ce qui en fait un appareil davantage approprié pour la reproduction musicale et surtout l'écoute en famille. En outre, la duplication du disque est plus facile. Un maximum d'une douzaine de cylindres pouvaient être enregistrés à la fois, ce qui impliquait que les musiciens devaient jouer leur pièce à de nombreuses reprises. Tandis qu'à partir d'un seul disque maître, un grand nombre de disques peuvent être dupliqués en même temps.

Outre la différence du support d'enregistrement, cylindre *versus* disque, le phonographe était un appareil *réversible* permettant simultanément d'enregistrer et d'écouter des sons. Au contraire, le gramophone perd cette caractéristique technique. En effet, il ne fait que « lire ». « En vente dès 1878, le phonographe d'Edison permettait l'enregistrement. Dix ans plus tard, on retira cette fonction des appareils, car personne ne la réclamait. Les usagers n'avaient pas suivi les propositions des techniciens : ils n'apprenaient pas les langues, ils ne s'entraînaient pas à l'art oratoire, ils n'enregistraient pas leurs vieux parents. Non, ils écoutaient tout simplement des chansons[36]. » Il faudra attendre, plusieurs décennies plus tard, l'arrivée du magnétophone et de l'enregistrement sur support magnétique pour retrouver le principe de la *réversibilité*.

Du côté affaires, la compagnie fondée en 1901 conjointement par Berliner et Johnson permet de résoudre les problèmes de brevet qui persistaient alors entre eux. Cependant la Gramophone Company Ltd d'Angleterre et la Columbia Company (USA)[37] détiennent toujours elles aussi les droits de production du brevet Berliner. La première ne compte pas faire des affaires aux États-Unis tandis que la seconde ne peut vraiment pas concurrencer l'administration de la compagnie Victor[38].

Johnson deviendra aussi une des figures dominantes de cette industrie naissante de l'édition sonore. À partir de ce moment, Johnson acquiert de la compagnie Gramophone les droits pour les

---

36. Jacques Perriault, *op. cit.*, p. 126.

37. Celle-ci deviendra plus tard la Colombia Records, maintenant rachetée par le géant de l'électronique Sony. Cette compagnie a aujourd'hui pris la dénomination de Sony Music.

38. Andrew F. Inglis, *op. cit.*, p. 23.

USA de la marque de commerce « La voix de son maître » (*His Master Voice*). Et l'on verra apparaître à travers le monde entier la célèbre image du chien fox terrier écoutant un gramophone – une peinture originale de François Barraud achetée par la Gramophone – à laquelle sera désormais associée la compagnie Victor, puis, plus tard, la RCA qui rachètera, à la fin des années 1920, la compagnie Victor.

Avec la compagnie Victor dont l'usine se situe alors à Camden au New Jersey, Johnson allie la fabrication des appareils de reproduction sonore et l'édition de produits sonores enregistrés. Comme Henry Ford l'avait fait dans le domaine de l'automobile, Johnson croit à l'intégration verticale. En effet, il veut contrôler toutes les étapes du processus de production : de la construction du cabinet de bois accueillant le mécanisme du gramophone jusqu'à la qualité de la reproduction sonore des disques pressés. Johnson va également s'assurer d'endisquer les plus grands noms de la chanson de l'époque, dont évidemment le célèbre Caruso, mais plusieurs autres, en leur offrant d'importants droits d'enregistrement. En contrôlant ainsi la fabrication autant du contenu que de l'équipement, Johnson allait en aval comme en amont orienter le marché et s'en accaparer une large part. Cette double stratégie d'articulation du *contenant* et du *contenu* va s'imposer comme une tendance lourde du développement des industries dans le secteur des technologies médiatiques tout au long du XXe siècle.

Entre-temps, en 1888, la Gramophone Company rachète les brevets d'Edison et de Bell dans le but de commercialiser la machine parlante dans l'univers du commerce et des bureaux d'affaires, mais, semble-t-il, sans succès retentissant. Par contre, ce qui deviendra fort populaire, c'est la commercialisation, dès 1890, du phonographe comme outil de divertissement public. Des phonographes sont alors équipés d'un système de péage (à pièce) et placés dans des hôtels et des arcades. Les gens déboursent quelques sous pour écouter une pièce de musique de leur choix[39]. Ainsi, dès 1891, ces machines, sortes de juke-box munis d'un seul disque par machine, s'avèrent une véritable manne pour les promoteurs. Le même modèle de commercialisation sera repris par Edison pour la diffusion de son kinétoscope.

Par ailleurs, on peut certes dire qu'à partir de 1890, « l'ensemble des fabricants de phonographes et de gramophones proposent un

---

39. Patrice Flichy, *op. cit.*, p. 95.

appareil à usage domestique[40] ». Suite logique à la pénétration importante des machines parlantes dans l'univers domestique, l'édition sonore et la création de catalogues. Ainsi, fin XIXᵉ, début XXᵉ siècle, on crée des catalogues de musique classique, et on expérimente les premiers enregistrements de voix, en particulier des chanteurs d'opéra. Du même coup, la Gramophone Company commence à promouvoir une politique de vente s'appuyant sur le vedettariat, en lançant « la sélection la plus enchanteresse des plus grands chanteurs du monde ». Puis, en 1914, le premier catalogue de jazz fait son apparition, et c'est une véritable révolution de la danse. La danse amène ainsi le phénomène de la mode, de l'activité promotionnelle et le phénomène du tube l'emporte progressivement sur le catalogue[41].

Malgré les innovations techniques apportées au gramophone qui font rapidement son succès, Edison a longtemps continué à croire dans son prototype, et dans l'enregistrement sur cylindre, jusqu'à ce qu'il abandonne l'idée de la supériorité du cylindre et qu'il commence en 1912 à lui-même introduire son propre *phonographe à disque.*

À la fin du XIXᵉ siècle, on assiste donc, avec la commercialisation du gramophone, au développement du premier marché de masse d'une machine à communiquer. Si les innovations expliquent en partie la « domestication des machines parlantes », d'autres facteurs doivent également être pris en considération. C'est la notion d'espace familial, la transformation de la vie privée, qui favorise l'implantation du phonographe dans les mœurs. Le foyer devient le « home sweet home », le refuge contre l'expansion de la société industrielle capitaliste. La musique en famille fait son apparition par l'intermédiaire du piano d'abord, puis c'est au tour de l'édition des feuilles de musique « chanson à royalties » à prendre une place considérable dans les foyers : de 1900 à 1910, 100 partitions se vendent à plus d'un million d'exemplaires aux États-Unis. L'édition de partitions est ainsi devenue une véritable industrie de masse, connexe à celle des « boîtes à musique ».

C'est dans ce contexte que le phonographe fera son entrée dans l'univers domestique. L'insertion du phonographe au milieu familial ira d'ailleurs de pair avec son adaptation aux décors et son intégration aux mobiliers, soit sous formes de meubles stylisés. Ce

---

40. Patrice Flichy, *op. cit.*, p. 104.
41. Patrice Flichy, *ibid.*, p. 106.

faisant, au lendemain de la Première Guerre mondiale, le phono-graphe domestique sera devenu le premier média de masse après la presse écrite. En effet, le résultat d'une production et d'une consommation de masse du phonographe au début du XXe siècle ne tarda pas.

1.8 L'enregistrement sonore : une suite d'innovations

Le cylindre phonographique, malgré ses faiblesses, persistera donc jusqu'à la fin des années 1910. Le disque prendra progres-sivement sa place, améliorant de façon significative les conditions de duplication et de restitution du son. Ainsi, le disque, de même que le tourne-disque, qu'on surnommera souvent de son nom américain « pick-up », vont faire leur apparition dans la première décennie du XXe siècle. L'apport de l'énergie électrique permettra de remplacer peu à peu les procédés purement mécaniques (ma-nivelle, mécanisme à ressorts, etc.), ce qui aura pour effet de produire une rotation du disque à vitesse constante grâce à l'utilisation d'un moteur électrique, évitant ainsi les altérations dans la reproduction sonore. D'autres ajouts viennent compléter l'amélioration du tourne-disque. Il suffit de penser à la prise de son à l'aide de microphones toujours plus sophistiqués ou encore à l'amplification électrique qui permettra l'élargissement des bandes passantes et, par conséquent, un meilleur enregistrement de l'en-semble des ondes sonores perceptibles. De plus, avec l'introduction du disque à double face, la durée de l'enregistrement s'accroît, donnant ainsi naissance au « 78 tours ».

Vers 1945, les progrès conjugués des industries chimique et élec-trique vont stimuler le remplacement du disque « 78 tours » par le microsillon. C'est l'Américain Peter Goldmark (1906-1977) qui fa-brique le premier disque microsillon. Ce dernier, fait de vinyle, relativement souple et peu cassant contrairement aux disques précédents, est gravé à une vitesse de 33 tours par minute, per-mettant d'obtenir une durée approximative de 30 minutes par face[42].

Les progrès de l'électronique qui traversent l'ensemble des sec-teurs industriels reliés au domaine des médias et des communica-tions, l'évolution des appareils et concurremment l'amélioration

---

42. Francis Balle, *Introduction aux médias*, Paris, PUF, 1994, p. 18-19.

de la qualité des enregistrements sonores conduisent à la création de l'électrophone, puis à celle de la chaîne Hi-Fi (*high fidelity* pour haute fidélité). Ce genre de matériel électronique ne cessera donc d'évoluer au gré d'un marché prenant de plus en plus d'ampleur et des innovations technologiques faisant de l'obsolescence la règle numéro un de toute forme de commercialisation des appareils électroniques grand public. Ainsi, se succéderont des appareils toujours plus compacts, toujours plus portables, offrant d'innombrables caractéristiques, et que vient aujourd'hui plus que jamais transformer de façon radicale l'arrivée des technologies numériques, par exemple le lecteur de disques audionumériques (voir chapitre 8). Par ailleurs, il ne faudrait pas passer sous silence l'apport de l'enregistrement magnétique qui concourt à élargir le marché des produits offerts dans le domaine de la reproduction sonore.

Alexander Graham Bell fut un des premiers à avoir émis l'idée de l'enregistrement magnétique, bien qu'il ait songé d'abord à un système électromécanique. Puis, c'est au tour de l'Américain Oberlin Smith, un ingénieur en mécanique, de faire valoir, dans un texte publié en 1888, les avantages et le fonctionnement de ce type de procédé. Mais il revient au Danois Valdemar Poulsen de démontrer pour la première fois qu'un son peut être enregistré sur un fil métallique en changeant le champ magnétique. Son appareil, nommé télégraphophone, présenté en 1898, connut certaines utilisations à titre de dictaphone, mais le volume de l'enregistrement n'était pas suffisant pour une usage domestique.

Par la suite, en Allemagne, en 1929, le Dr Fritz Pfleumer réalise des enregistrements magnétiques sur des supports de papier enduits d'oxydes métalliques finement divisés. Quelques années plus tard, en 1935, le premier appareil d'enregistrement magnétique est commercialisé en Allemagne sous le nom de « magnétophone ». Il fut d'abord utilisé comme dictaphone puis, pendant et après la Seconde Guerre mondiale, il fut utilisé à des fins de radiodiffusion et d'édition de masse. De magnétophone à bobines qu'il était à l'origine, il évoluera avec la miniaturisation des composantes électroniques jusqu'à être progressivement remplacé par le magnétophone à cassettes qui, lancé par la compagnie Philips en 1963, envahira le marché sous différents formats.

L'occasion d'y revenir plus en détail se présentera au chapitre 7, compte tenu que l'enregistrement magnétique sonore servira de préambule aux recherches sur l'enregistrement audiovisuel qui aboutissent dans les années 1950 à la mise au point du magnétoscope.

1.9 La reproduction du mouvement, un nouveau défi

L'idée de reproduire la réalité avait connu des résultats prometteurs dans le domaine de l'image photographique et des machines parlantes. Il restait cependant la *reproduction du mouvement*. C'est ainsi que photographes et autres expérimentateurs, provenant en particulier du domaine sonore, vont s'intéresser aux moyens de traduire le mouvement. D'ailleurs, les progrès réalisés dans la fabrication des surfaces sensibles (pellicules photographiques) et les améliorations apportées à l'optique seront parmi les jalons nécessaires.

On peut dire, à l'instar de Jacques Perriault, que le cinématographe, tout comme les autres procédés d'enregistrement observés jusqu'à présent, est le « résultat » d'une longue suite d'expérimentations étalées sur les siècles précédents. En effet, toute une série d'inventions et de découvertes allaient solutionner l'une après l'autre les trois principaux problèmes de l'étude du mouvement, de son enregistrement et enfin de sa reproduction sur un écran.

Étrangement, c'est le dernier problème qui trouva le premier une solution approximative. D'abord avec la lanterne magique, un dispositif que l'on dit remonter à l'Égypte des Ptolémée. Il s'agit d'un appareil permettant la projection d'images fixes auxquelles certains subterfuges et truquages donnaient l'apparence de mouvement. Au XVIIᵉ siècle, Athanase Kircher améliora grandement la projection de ce dispositif avant que Gaspard-Étienne Robert dit Robertson (1763-1837) mette au point son phantascope, une lanterne magique montée sur roue, qui crée une illusion de mouvement par le grossissement des images projetées, grossissement produit grâce au déplacement de l'appareil.

Il faut également inclure le Théâtre optique du Français Émile Reynaud dont il donnera des représentations au musée Grévin[43] à partir de 1892. La simulation du mouvement est créée ici par une

---

43. « Constitués tout d'abord d'un nombre fixe d'images positionnées sur un disque ou un tambour, ces dispositifs connurent en 1888 une évolution conceptuelle décisive avec le « théâtre optique » de É. Reynaud. En utilisant comme support de ces images un bande de papier continu, l'inventeur français était en mesure de projeter une succession presque infinie d'images préfigurant ainsi l'utilisation de la pellicule souple et plus directement encore le dessin animé. » *In* Pascal Griset, p. 12. Impossible de produire un tel effet de défilement et de remplacer les dessins par des plaques photographiques faites de verre sans l'arrivée d'une surface photosensible souple. En attendant, divers dispositifs sont proposés pour la reproduction du mouvement, ou du moins en donner l'illusion.

combinaison ingénieuse d'une lanterne magique perfectionnée et de jeux de miroirs. De petites bandes de dessins, projetées sur un écran, se succèdent de manière à produire l'illusion du mouvement. Ce théâtre optique est créé grâce à un appareil qu'il a breveté en 1877, du nom de praxinoscope. Les améliorations qu'il apporte à son procédé amènent Reynaud à utiliser une bande de papier continue afin de prolonger la durée de ces présentations, préfigurant ainsi l'utilisation de la pellicule souple. Même si le Théâtre optique de Reynaud est une attraction à grand succès durant les années de 1892 à 1900, donnant plus de 10 000 représentations, il devra toutefois abdiquer devant l'engouement du public pour l'arrivée du cinématographe.

Si la projection sur écran est relativement concluante, reste cependant, d'une part, à inventer un appareil capable d'enregistrer une série d'images successives recomposant un mouvement, ce qui se réalisera à partir de l'invention de la photographie, et, d'autre part, à comprendre les principes scientifiques sur lesquels repose la reproduction de ce mouvement.

La découverte du principe scientifique des vues animées remonte à 1828 (1829 selon certains) grâce aux travaux du physicien liégeois Joseph Plateau. Celui-ci formule le principe de la persistance des impressions visuelles, dit de la « persistance rétinienne ». Plateau fixe la durée de cette persistance à un dixième de seconde : c'est-à-dire qu'une sensation lumineuse a une durée d'environ un dixième de seconde sur la rétine après la suppression de l'excitation lumineuse. Cependant, avec le temps, on établira plus précisément que l'œil ne peut pas vraiment distinguer deux illuminations successives espacées de moins de 1/20 de seconde. Ainsi, pour que le cerveau ait l'impression d'un mouvement continu, il faut que les images enregistrées par l'œil se succèdent au moins à la vitesse de vingt images à la seconde[44]. Plateau se servira lui-même de ce principe pour la mise au point de son phénakistiscope, qui simule de mieux en mieux le mouvement. Un cylindre creux, percé d'une série de fentes régulièrement espacées, tourne autour d'un axe vertical. En regardant à travers les fentes, on peut voir s'animer les figurines disposées à l'intérieur du cylindre. Les images se succédant à une vitesse trompant la persistance rétinienne, le procédé

---

44. Les frères Lumière fixeront à 16 images à la seconde le nombre d'images que leur appareil devait enregistrer par seconde pour reproduire un mouvement « normal ». Par la suite, avec le développement du cinéma sonore, le rythme d'enregistrement se transforme pour des raisons techniques et le nombre originel de 16 images à la seconde est porté à 24 images à la seconde.

simule le mouvement[45]. On passe ainsi de l'image fixe à l'image « saccadée », donnant à l'œil l'illusion d'un mouvement, certes quelque peu haché mais davantage animé que la succession de clichés fixes de la lanterne magique.

Des appareils similaires se succéderont, tout au long de la seconde moitié du XIXe siècle. Ils seront certes de plus en plus perfectionnés, mais surtout, dans les nouveaux appareils, les photographies remplaceront les bandes dessinées, ces images coloriées à la main d'abord sur verre – sorte de diapositive de l'époque – puis sur papier comme c'est le cas dans le Théâtre optique de Reynaud.

1.10 La photographie s'anime

Ainsi, d'un côté la projection sur écran est solutionnée grâce à la lampe, et, de l'autre, le principe de la persistance rétinienne s'impose comme fondement scientifique de la reproduction du mouvement. Reste alors à produire un enregistrement continu du mouvement. Ce à quoi s'emploieront certains scientifiques et photographes, mais de prime abord dans l'étude du comportement humain et animal.

Le photographe d'origine britannique Eadweard Muybridge (1830-1904) utilise en 1872 une série de caméras prenant chacune un cliché à des moments distincts du galop d'un cheval. Il s'agit de décortiquer tous les détails du mouvement afin de pouvoir le reconstituer par la suite à l'aide de la succession des images captées. Cette technique fut rapidement utilisée dans l'étude du mouvement humain et animal. Par ailleurs, Muybridge insère ses photographies dans un appareil qu'il appellera zoopraxiscope, qui lui permet de reproduire la séquence du mouvement en les faisant se succéder.

Le même type d'expériences est envisagé par le physiologiste français Étienne-Jules Marey (1830-1904) dans l'étude du mouvement des oiseaux en vol, d'abord avec son fusil photographique (1882), puis son chronophotographe à pellicule (1888). Ce dernier dispositif fixe sur une pellicule de celluloïd une série d'instantanés photographiques successifs, séparés l'un de l'autre par un intervalle régulier d'un douzième de seconde, c'est-à-dire à raison de 12 clichés par seconde. L'appareil de Marey est, selon certains

---

45. Jacques Perriault, *op. cit.*, p. 36.

analystes, le proche ancêtre de la caméra de cinéma. Comme ce fut le cas des premières recherches entreprises au sujet de l'enregistrement du son, ces études sur l'image animée revêtent *a priori* un caractère purement scientifique.

Même si, à cette époque, partout, on se mettra assez rapidement à réfléchir sur la façon d'« animer une image » à des fins de divertissement et de spectacle, il faudra cependant construire caméras et appareils de projection ainsi que trouver une pellicule capable de résister à la chaleur et à la répétition des séances de projection. Aussi, plusieurs brevets seront déposés par plusieurs chercheurs répartis, un peu partout, en Europe et en Amérique du Nord.

En 1889, George Eastman fabrique une pellicule souple et transparente à base de nitrate de cellulose. Le film 35 mm est très rapidement fabriqué et commercialisé par les usines d'Eastman. Mettant à profit cette innovation, Edison, secondé de son principal collaborateur, l'Écossais William K. Laurie Dickson, dépose en juillet 1891 le brevet du kinétoscope. Il permet de représenter, pendant un court moment, des « vues animées » à partir d'une succession de clichés photographiques. Cependant, bien que le rendu du mouvement soit tout à fait correct, le procédé d'Edison ne comporte aucun mécanisme de projection des images. « La mécanique feuillette rapidement des centaines de photos prises en séquences, le rendu est analogue à celui d'un film, mais le procédé est pesant[46]. » L'appareil d'Edison, qui se situe dans la lignée des dispositifs de photographie animée, permet seulement de visionner individuellement un court « film » en boucle, enfermé dans une boîte en bois muni d'un oculaire par lequel le spectateur regarde.

Même si plusieurs inventeurs vont se pencher en même temps sur la nouvelle machine à images, celle d'Edison n'aura guère de compétiteur immédiat. S'inspirant de la mise en marché de son phonographe, Edison installe à partir de 1894 des kinétoscopes payants, une sorte de machine à sous visuelle, dans des boutiques qui prendront le nom de *penny arcade*. Une première salle est ouverte en avril 1894, à New York, en plein Broadway, et d'autres seront inaugurées dans la plupart des grandes villes américaines. L'invention d'Edison devient ainsi une attraction prisée dans les foires et les expositions, notamment l'Exposition universelle de Chicago de 1893.

Même si Edison s'était d'abord formellement opposé à la commercialisation de son phonographe, il devient par contre fort intéressé

---

46. Jacques Perriault, *op. cit.*, p. 37.

à maintenir son monopole naissant et fort lucratif sur le monde des images animées. D'ailleurs, dès 1894, certains exploitants de kinétoscopes souhaitent projeter des images. Edison s'y oppose car il craint de tuer la poule aux œufs d'or. Il est contre une machine à écran qui, selon lui, gâcherait tout. La fabrication du kinétoscope se fait en quantité et il est vendu avec un confortable bénéfice. Par contre, en commercialisant une machine à écran, la vente se limiterait à une dizaine d'exemplaires pour la totalité des États-Unis. Et ces quelques exemplaires, disait-il, suffiraient pour que tout le monde voit les images et ainsi ce serait fini du monopole qu'il exerce alors.

Pendant ce temps, plusieurs inventeurs vont travailler à une « machine à écran », tels Le Roy, Latham (eidoloscope), Francis C. Jenkins et Thomas Armat (avec leur phantascope Armat) aux États-Unis, et du côté allemand avec Ottman Anschütz (et son tachyscope) et Max Skladanowsky (avec son bioskope), pour ne nommer que ceux-là. Mais l'image souffre d'un problème de netteté causé en grande partie par l'instabilité de la pellicule au moment de la prise de vue et qui, par conséquent, se répercute également au moment de la projection.

1.11 Le cinématographe des frères Lumière

Il faudra attendre 1895 et l'invention du *cinématographe* par les frères Louis (1864-1948) et Auguste (1862-1954) Lumière, eux-mêmes à la tête d'une entreprise de produits photographiques, pour résoudre ce problème technique. Louis était peintre et photographe, il connaissait donc très bien les innovations en ce domaine. Aussi, pour réaliser leur nouvelle machine, les Lumière adoptent le principe de la pellicule souple mis au point par Eastman dont ils seront d'ailleurs les premiers à commercialiser en France le nouveau procédé. En plus d'utiliser la pellicule souple, les frères Lumière développent un nouveau mécanisme d'entraînement pour leur caméra.

Louis Lumière réalise en quelque sorte la fusion de la technique de la lanterne magique et celle de la chronophotographie en fabriquant un appareil plus léger et plus compact que ses prédécesseurs, servant à la fois de caméra et de projecteur[47]. La pellicule est évidemment développée avant d'être projetée avec le même

---

47. Comme avec le phonographe, l'appareil sert alors à enregistrer et à reproduire.

appareil. L'avance intermittente du film est assurée à l'aide d'un ingénieux mécanisme à griffe inspiré du pied-de-biche de la machine à coudre. On obtient donc un défilement saccadé de la pellicule, dont l'arrêt est synchronisé avec l'ouverture d'un obturateur. L'enregistrement se fait image par image, à raison de 16 images à la seconde.

Au moment de la projection, la pellicule étant perforée sur chacun de ses bords, une griffe l'entraîne et la fait passer entre la lumière de projection et l'objectif de la caméra. Ainsi stabilisé, le défilement assure une image plus nette que les dispositifs précédents. C'est le même principe de système mécanique, mais plus sophistiqué, il va sans dire, qui est encore utilisé aujourd'hui. Toutefois, la caméra et le projecteur de cinéma sont depuis des équipements indépendants quoique leurs évolutions soient toujours interreliées.

Le cinématographe Lumière est breveté le 13 février 1895, ce qui aujourd'hui fait du cinéma une technologie médiatique centenaire[48]. Il s'agit là moins de l'invention comme telle d'un dispositif, que d'une amélioration notoire des prototypes de l'époque. Le cinématographe n'est donc pas le phénomène d'une génération spontanée, au contraire. Et, comme le note avec pertinence Patrice Flichy, « l'apport technique des frères Lumière reste modeste. Comme Cooke ou Berliner, ils améliorent une invention, mais surtout ils créent un système de communication, un nouveau média[49] ». Les appareils développés par les frères Lumière représentent non seulement un saut qualitatif majeur en regard des technologies similaires, mais aussi une porte ouverte sur un secteur industriel qui exigera pour croître des investissements considérables.

En effet, le développement du cinématographe ne pourra se faire sans des assises financières fortes. D'ailleurs, Pascal Griset soulève cette question en citant A. Londe, un concurrent malheureux des frères Lumière, qui s'exprimait ainsi au Congrès des sociétés de photographie de juin 1895 : « La mise en œuvre de la synthèse du mouvement par la photographie est des plus coûteuses, car il s'agit de dépenser en quelques secondes des bandes pelliculaires d'un prix très élevé. Il faut le dire franchement, les simples particuliers,

---

48. Le terme « cinématographe » fut inventé par le Français Léon Bouly. Par ailleurs, certains attribuent la paternité du Septième Art au Français Auguste Le Prince qui aurait entre 1886 et 1890 non seulement conçu et fabriqué la première cinécaméra mais aussi tourné trois films qu'il a projetés en 1890 sur le premier projecteur fonctionnel qu'il aurait évidemment lui-même inventé.

49. Patrice Flichy, *op. cit.*, p. 111.

les laboratoires mêmes de l'État ne peuvent s'engager dans cette voie grosse de dépenses [...] ». Londe attribue de surcroît le succès de son rival à « [...] une réclame habilement faite par des capitalistes intéressés à la réussite d'une affaire qui est, avant tout, financière[50] ». Cette critique, bien que s'adressant à un compétiteur immédiat, fait ressortir l'une des contradictions de l'industrie naissante du cinéma et qui tendra à se confirmer plus tard lorsque les industriels tenteront de maîtriser l'intégralité du processus de production, de distribution et d'exploitation des films.

Contrairement au kinétoscope d'Edison, dont le visionnement du « film » restait individualisé, le cinématographe est comme le théâtre et autres spectacles de la scène, une expérience collective avec sa projection sur grand écran. Après avoir fait, le 22 mars, une première projection privée pour les membres de la Société d'encouragement pour l'industrie nationale, les frères Lumière font, le 28 décembre 1895, une projection considérée comme la première exploitation cinématographique publique, un événement désormais historique, au sous-sol du Grand Café, du 14 boulevard des Capucines à Paris. Ils ont bien accumulé une centaine de films (des petites bandes de 16 mètres chacune) qu'eux-mêmes, ou les opérateurs qu'ils ont formés à cette fin, ont tournés depuis le dépôt de leur brevet.

« Les premiers films tournés en plein air ne comportent guère de scénario ou de véritables mise en scène. Il s'agit principalement de reportages (*La Sortie des usines Lumière*, *Arrivée du train en gare de La Ciotat*, *L'Incendie d'une maison*), de documentaires sur des scènes de la vie quotidienne (*Un jardinier arrosant son jardin*, *Une Scène de baignade au bord de la mer*, *Le Déjeuner de bébé*, *Une Partie de piquet...*) et d'images de l'actualité (*Le Roi et la reine d'Italie montant en voiture*, *Le Couronnement du roi Nicolas*)[51]. »

La première projection au Canada a lieu le 27 juin 1896, au Café Palace, situé dans l'édifice Robillard, au sud du boulevard Saint-Laurent à Montréal. La séance est présentée par un Français, Louis Minier, qui était concessionnaire du cinématographe Lumière, et Louis Pupier son assistant. Ils damèrent le pion aux frères Holland d'Ottawa, concessionnaires du kinétoscope Edison qui tardèrent trop à présenter au public canadien le vitascope, un appareil de projection lancé par Edison aux États-Unis en avril 1896. À partir de ce moment, les machines à vues

---

50. Pascal Griset, *op. cit.*, p. 43.
51. Patrick J. Brunet, *Les outils de l'image : du cinématographe au camescope*, Montréal, Presses de l'Université de Montréal, 1992, p. 25.

concurrentes se multiplient dans les salles de Montréal, prenant les noms de animatographe, théâtroscope, phantascope, cinématoscope[52], etc.

À peine une décennie plus tard, Léo-Ernest Ouimet mettait au point, en 1904, le ouimetoscope, un appareil qui améliore grandement la qualité de projection. En 1906, il ouvre une première salle de cinéma, puis une deuxième, plus grande, l'année suivante. Ouimet traduit lui-même en canadien-français les inter-titres des films qu'il projette. De plus, il tourne et développe ses propres films, pointant sa caméra sur la vie quotidienne de ses compatriotes, faisant de lui, pour ainsi dire, un des pionniers du cinéma direct au pays.

1.12 Une nouvelle industrie du spectacle est née

Suivant la tradition des premiers systèmes d'animation de dessins tels que le zootrope de l'Américain Horner (1834) ou le praxinoscope du Français Reynaud (1877), Edison tourne des scènes sans décors avec des personnages blancs qui se détachent sur fond noir. D'ailleurs, l'intérieur du modeste studio qu'il a installé à West Orange, dans l'État du New Jersey, est peint complètement en noir. Tandis que les frères Lumière, eux, vont tourner des scènes en extérieur, documentant ainsi la vie quotidienne publique ou privée (cortèges officiels, sortie d'usine, arrivée d'un train, etc.).

Comme l'ont fait avant eux les Américains Eldrige R. Johnson dans le domaine de la reproduction sonore et George Eastman Kodak, dans celui de la photographie, Edison ainsi que les frères Lumière vont se préoccuper autant du contenu (*software*) que des machines pour l'enregistrer et le reproduire (*hardware*), ce qui fera leur force. D'ailleurs, la dynamique entre ces deux composantes de l'industrie audiovisuelle sera déterminante dans l'avenir. Aussi, même au stade artisanal, ils s'employèrent à mettre en place toutes les composantes d'une industrie cinématographique que sont la fabrication de l'équipement et de la pellicule, le tournage des films ainsi que l'établissement de circuits de distribution et d'exploitation.

---

52. Germain Lacasse, *Histoire des scopes* (le cinéma muet au Québec), Montréal, La Cinémathèque québécoise, 1988, p. 5-6.

Les Lumière allaient donc se préoccuper de l'effet « spectacle » de la représentation visuelle. Dans ce sens, le cinéma se développera en intégrant la tradition de la carte postale et du spectacle scénique. Il découvre son public comme attraction dans les foires. Son usage social est alors produit par des entrepreneurs soucieux des programmes, ce qui fera leur supériorité par rapport à Edison[53].

Certains auteurs prétendent toutefois que les frères Lumière ne croient pas plus qu'il faut à l'exploitation commerciale du cinématographe, ayant davantage considéré ce nouveau dispositif comme une curiosité scientifique. Les pères du cinématographe refusèrent de vendre des équipements, préférant établir un système de concessions un peu partout dans de nombreux pays. Et puis, le monopole qu'ils avaient momentanément constitué ne soutiendra pas longtemps la concurrence qui se dessine déjà à l'horizon du côté d'entrepreneurs et industriels aguerris.

En effet, très rapidement certains entrepreneurs du monde du spectacle y verront une occasion unique de faire des affaires. L'un d'eux, Georges Mélies (1861-1938), reconnu aujourd'hui comme le premier metteur en scène du cinéma, conçoit le cinéma comme faisant partie du double domaine artistique et commercial. Lui-même prestidigitateur et directeur du petit théâtre Robert Houdin, il est à proprement parler l'inventeur du spectacle cinématographique. De 1895 à 1914, il réalise un nombre impressionnant de films dont plusieurs de sept cents mètres (*Le Voyage dans la lune*, 1902, *Le tunnel sous la manche*, 1907, *La conquête du pôle*, 1912)[54]. Mélies construit son propre studio, le premier de ce type au monde, où il imagine et met au point des procédés qui figureront parmi les bases techniques du cinéma : surimpressions, ralentis, fondus, etc. Substituant l'imagination et la magie au réalisme des pionniers du cinématographe, son cinéma est pure fiction où sont mêlés les premiers effets spéciaux. Certaines images seront même coloriées[55].

Entre 1896 et 1913, Mélies réalise dans son studio de la Starfilm, à Montreuil-sous-bois, plus de 150 films dont six longs métrages. Après avoir tenté, non sans un certain succès, de commercialiser ses films à l'étranger, notamment aux États-Unis, où il avait installé une succursale à New York, ou encore en Angleterre, en

53. Patrice Flichy, *Les industries de l'imaginaire : pour une analyse économique des médias*, Grenoble, Presses universitaires de Grenoble, 1980, 2e édition, 1991, p. 25.

54. Patrick J. Brunet, *loc. cit.*

55. L'enregistrement et la reproduction d'images couleurs débuteront en 1911.

Allemagne, en Espagne où il avait soit une agence soit des représentants, Mélies subit les contrecoups de la crise qui affecte, en 1907, la jeune industrie du cinéma. Celle-ci frappera plus durement les entreprises qui, comme la sienne, n'ont pas de structures financières adéquates, capables d'assurer à long terme le financement d'une production coûteuse. La concurrence dans l'industrie naissante est de toute provenance, des États-Unis comme de l'Europe et s'avère d'autant plus difficile à contrer. Trop, peut-être, pour un Mélies qui, ruiné, finira sa vie comme vendeur dans une boutique de jouets, après avoir produit plusieurs centaines de films répertoriés.

Les règles du jeu se sont vite transformées et les petits entrepreneurs indépendants doivent laisser peu à peu leur place aux grandes corporations qui envahissent tranquillement l'industrie en devenir. Plusieurs grands entrepreneurs s'engagent donc au début du siècle dans la production de films, tandis que la distribution et l'exploitation du cinéma se transforment conséquemment. Jusqu'aux environs de 1908, l'exploitation du cinéma est presque exclusivement assurée par des forains.

Charles Pathé qui, à l'exemple d'Edison, est à la fois éditeur de cylindres phonographiques[56] et possède, depuis 1900, sa propre maison de production de films, située à Vincennes, en banlieue de Paris, veut, autour de 1905, se lancer dans ce qui va devenir l'une des composantes majeures de l'industrie cinématographique, c'est-à-dire l'exploitation des salles de projection. « Pathé fabrique le matériel de prise de vue et de projection ainsi que la pellicule. Il crée une usine pour le traitement du film (laboratoire sensitométrique et de développement, salle de tirage, etc.). Il installe des studios et organise la distribution des films et l'installation des salles de projection[57]. »

Pour Pathé, qui aimait dire « Je n'ai pas inventé le cinéma, mais je l'ai industrialisé », il s'agit en quelque sorte de contrôler toutes les étapes de la vie d'un film : de la production jusqu'à la diffusion et ainsi posséder toutes les informations nécessaires pour mieux organiser et orienter la production. Ce qui est devenu depuis lors une stratégie classique dans le contrôle de l'exploitation cinématographique.

---

56. Pathé avait d'ailleurs bâti sa fortune sur l'importation en France des phonographes d'Edison. Voir Pascal Griset, p. 47.
57. Patrick J. Brunet, *loc. cit.*

Même stratégie du côté de l'industriel Léon Gaumont qui, à l'instar de Pathé, développe une société commerciale de production de films destinés à l'exploitation en salle, en plus d'être fabricant d'appareils de prise de vue et de projection. Jusqu'au début de la Première Guerre mondiale, le nombre de succursales de la société ne cessera de croître et de s'étendre mondialement[58].

Le contrôle monopoliste de Pathé se fait de plus en plus sentir lorsqu'il imposera, à partir de 1907, le système de location de films. Pour reprendre l'expression de Pascal Griset, ce geste est perçu par l'industrie comme un véritable « coup d'État ». Il vient bouleverser toutes les règles du jeu entre les producteurs et les distributeurs. À l'ancien système de vente de copies à des exploitants qui les projettent jusqu'à usure complète, succède la concession temporaire du droit de projection à des exploitants de salle. D'où une meilleure rentabilisation du produit associée à la capacité pour les entreprises de contrôler l'ensemble des opérations en aval comme en amont.

D'ores et déjà, étaient mis en place les principes de base de la commercialisation qui persistent jusqu'à ce jour : un système en trois temps et autant de types de partenaires que sont les producteurs, les distributeurs et les exploitants. Tout en devenant une industrie à part entière, le cinéma devenait l'objet d'une production et d'une exploitation de masse, faisant de lui un média à part entière. « Un média apparaît donc bien comme un système ayant trois composantes : un contenant, un contenu, un dispositif de commercialisation qui permet non seulement de marchandiser la culture mais qui constitue également la base d'un contrat qui unit les partenaires. Ce contrat est essentiel car un média nécessite l'articulation au sein d'un même système de plusieurs acteurs économiques. Si ce dispositif de collaboration est inadéquat, le nouveau média ne réussit pas à démarrer[59]. »

C'est ainsi qu'en France, avec Pathé et Gaumont, et aux États-Unis, avec la Motion Picture Patents Company, impliquant de nouveau Edison, s'installe une forme de monopole vertical : de la production à l'exploitation des films en salle. En effet, Edison, fort d'une somme de brevets, dont celui du phantascope Armat – qu'il rebaptise le vitascope Edison pour les États-Unis et le biograph pour le marché européen –, bénéficie d'associations avec d'autres

---

58. En 1914, la société Gaumont compte 52 succursales réparties dans plusieurs pays.
59. Patrice Flichy, *op. cit.*, p. 112.

grands producteurs de films, puis de l'apport d'Eastman, seul et unique fabricant américain de pellicule. Exploitant à fond la position stratégique que lui procurent ses nombreux brevets, il quitte l'idée de commercialiser davantage son kinétoscope pour structurer un véritable « trust » capable de contrôler l'industrie naissante du cinéma américain. D'ailleurs, le pouvoir de la Motion Picture Patents Company est tel, qu'il est impossible de produire ou de distribuer un film sans s'engager à lui verser une redevance. En fait, tous les brevets de quelque nature et de quelque origine qu'ils soient étaient réunis sous l'unique bannière du trust qui s'est bâti à coup de procès : une guerre de brevets qui engendrera pas moins de 502 procès[60] entre 1897 et 1906.

Au contraire des États-Unis, en France, là où la concurrence est plus ouverte et sans entrave juridique, l'image animée s'est vite vue prise en charge par différents entrepreneurs qui ont chacun leurs intérêts particuliers dans le développement d'une « industrie » cinématographique. En dépit des différences de perspectives, les Louis et Auguste Lumière, Georges Méliès, Charles Pathé, Léon Gaumont feront du cinéma français celui qui dominera la production mondiale jusqu'à la guerre de 1914-1918. « De 1908 à 1914, on assiste à l'essor du cinéma « spectacle », avec une mise en images du théâtre. À cette époque, en effet, le cinéma prend pour référence l'expression théâtrale et attire l'attention des milieux littéraires et bourgeois. Notons, à cet égard, la réalisation de Calmettes et Le Bargy, *L'Assassinat du Duc de Guise* (1908)[61]. »

Le passage de l'artisanat à l'ère industrielle du cinéma s'effectue rapidement. En l'espace d'une décennie, le cinéma est venu d'abord dès 1896 augmenter l'éventail des attractions foraines, avant de devenir, avec la prolifération des salles de projection, un produit dont la commercialisation est prise en charge et orchestrée systématiquement. « Dès 1900, les deux premiers théâtres cinématographiques fixes furent ouverts en Allemagne. Ils devaient se multiplier très rapidement et se répandre dans toute l'Europe. L'Amérique, de son côté, a ouvert son premier cinéma fixe en 1902, à Los Angeles. En 1908, on compte plus de 8 000 salles aux États-Unis[62]. »

---

60. René Jeanne, Charles Ford, *Histoire illustrée du cinéma 1, le cinéma muet*, Marabout université, Éditions Robert Laffont, Paris, 1947, Éditions Gérard et Cie, Verviers, 1966, p. 55-56.

61. Patrick J. Brunet, *op. cit.*, p. 26.

62. Francis Balle, *op. cit.*, p. 37.

Partout, l'établissement de salles fixes consolide l'exploitation du cinéma sur une base commerciale stable permettant de recueillir une plus large part du prix d'entrée. Du côté américain, la chaîne des « Nickelodeons »[63] est un bon exemple de la mise en place d'un tel système. D'ailleurs, dès 1910, il y avait pas moins de 10 000 salles de cinéma un peu partout aux États-Unis, la plupart nichés dans des quartiers populaires.

Ce type d'organisation industrielle du cinéma aura des conséquences directes autant sur la facture des films que sur leurs conditions de fabrication. Dès 1905, les magasins de caméra peuvent contenir 120 mètres de pellicule. Il est donc possible de tourner des films d'une durée plus longue et ainsi d'offrir un spectacle en salle plus consistant[64].

1.13 L'émergence des *majors* du cinéma

À peine 20 ans après ses débuts, le cinéma est devenu affaire d'argent. La concurrence s'est vite étendue à l'échelle internationale. Le premier conflit mondial viendra bousculer les petits empires qui s'étaient rapidement constitués, tant en Europe qu'aux États-Unis, suivant des stratégies comme celles des Pathé, Gaumont ou encore Edison.

Ainsi, pendant la Première Guerre mondiale, la production française est en chute libre : Pathé vend son usine à Kodak, firme américaine concurrente, et la plupart des exploitants doivent se résigner à importer des films étrangers, en l'occurrence américains[65]. Tandis qu'aux États-Unis, à la fin des années 1910, la venue de producteurs indépendants plus novateurs va passablement entamer la position de force du monopole d'Edison et donner lieu à la création de studios que l'on connaît aujourd'hui comme les *majors* d'Hollywood[66].

C'est d'ailleurs en 1919 que quatre grands professionnels du cinéma d'Hollywood, Charlie Chaplin, D. W. Griffith, Mary Pickford et Douglas Fairbanks, s'associent pour fonder la compagnie

---

63. Le nom vient de *nickel*, soit cinq cents, à cette époque le prix d'une entrée au cinéma.
64. Patrick J. Brunet, *op. cit.*, p. 26.
65. Patrick J. Brunet, *ibid.*, p. 26.
66. Patrice Flichy, *op. cit.*, p. 113.

cinématographique « United Artists Corporation[67] ». Les créateurs de contenus et les interprètes sont ainsi à la base d'une nouvelle génération d'entreprise cinématographique, alors que la précédente émergeait de la sphère technicienne et industrielle. De 1914 à 1926, le cinéma américain connaîtra une période d'expansion fulgurante. La croissance des maisons de production se conjuguera avec l'intervention du capital bancaire et l'intégration verticale de la profession cinématographique.

À preuve ces chiffres, empruntés à l'ouvrage de L. Moussinac, *L'Âge ingrat du cinéma*, paru en 1946, et repris par l'historien Pascal Griset. Alors qu'en 1914, 90 % des films projetés dans le monde sont des films français, en 1928, soit à peine une décennie passée, 85 % des films projetés dans le monde sont cette fois américains. Du capital mondial investi alors dans l'industrie cinématographique, plus de la moitié appartient aux États-Unis. La production de films met en lumière cette tendance à la monopolisation du marché mondial par les Américains : Amérique 850 films, Allemagne 200 films, France 90 films, et URSS 140 films[68].

Autour de 1916, le cinéma américain a presque atteint la structure industrielle qu'il gardera jusque dans les années 1950. Sept des huit *majors companies* existent déjà : Paramount, Metro-Goldwyn-Mayer, Fox, Warner, Universal, United Artists et Columbia[69].

Ainsi, comme ce fut le cas du son avec le gramophone et celui de l'image avec la photographie, l'image animée prend, avec le cinéma des années 1920, l'allure d'un véritable loisir de masse, lequel s'impose déjà comme une importante « industrie culturelle[70] ». En fait, s'il fut d'abord lié au domaine de la photographie, le cinéma devint ensuite de façon fulgurante un média de masse. D'ailleurs l'incapacité de rejoindre un vaste auditoire n'aurait pas permis de couvrir les lourds investissements qu'exige de plus en plus l'élaboration de produits cinématographiques.

D'autre part, faisant écho au mode de pénétration massive du média photographique, dès les années 1920, les formats 16 mm ainsi que le 9,5 et le 8 mm sont commercialisés afin d'encourager l'usage amateur[71]. Cependant, l'enregistrement et la reproduction

---

67. Patrick J. Brunet, *op. cit.*, p. 26.
68. Pascal Griset, *op. cit.*, p. 21.
69. Patrice Flichy, *Les industries de l'imaginaire*, p. 26.
70. Patrice Flichy, *Une histoire de la communication moderne*, p. 216.
71. Patrice Flichy, *Les industries de l'imaginaire*, p. 93.

des images en couleur ne débutent qu'en 1911 et il faudra attendre 1927 pour voir l'avènement des premiers longs métrages parlants.

1.14 **Et la parole vint au cinéma**

Ce n'est que vers la fin des années 1920 que le son fait une apparition concluante au cinéma. Non pas que le projet de synchronisation du son et de l'image n'ait fait avant l'objet de recherche mais il semble que les possibilités techniques de l'époque ne le permettaient pas. Ces moult tentatives n'ont pas eu tout de suite raison des pianiste, orchestre, commentateur, bonimenteur, bruiteur, jusque-là seuls compléments musicaux et sonores du spectacle cinématographique, qui tentent de donner une vie sonore à ces images muettes en noir et blanc. Et les tentatives de combiner l'utilisation du phonographe et du film connurent autant d'insuccès, le gramophone, un équipement domestique, n'ayant pas alors l'amplification nécessaire pour propager une musique audible par le public d'une salle de cinéma.

En 1885, le premier appareil destiné à sonoriser des images animées est conçu par Edison, mais il ne synchronisait pas le son avec l'image. Puis d'autres appareils de synchronisation sont brevetés mais sans grande satisfaction. Par exemple, en 1898, Auguste Baron conçoit son gramoscope (appareil de synchronisation du son à l'image), puis entre 1904 et 1907, il y a la création d'un procédé d'enregistrement synchrone du son sur film à côté de l'image et, ensuite, en 1910, l'invention du chronophone de Léo Gaumont (appareil de synchronisation du son à l'image)[72].

Ces tentatives seront toutes dépassées par les expériences menées par des ingénieurs travaillant dans les télécommunications, entre autres par des radioélectriciens de RCA et d'ATT. Les laboratoires respectifs de ces deux imposantes compagnies mettent au point un procédé de cinéma parlant s'appuyant sur des découvertes récentes dans le domaine de la radiocommunication. C'est la création du dispositif de l'enregistrement sur pellicule qui fera toute la différence.

Jusque-là, les premiers films sonorisés de la Warner avaient un accompagnement musical sur disque synchronisé avec le projecteur grâce au procédé vitaphone plutôt que sur pellicule comme

---

72. Patrick J. Brunet, *op. cit.*, p. 28-29.

cela se fera avec le système movietone de Fox ou le phonotone de la Western Electric-RCA.

Le premier film avec accompagnement vitaphone (musique et bruitage), présenté par les frères Warner, fut *Don Juan* du réalisateur Alan Crosland en 1926. Mais le cinéma parlant ne fait réellement son apparition qu'à partir de 1927. En effet, le 6 octobre 1927 est présenté à New York, par les frères Warner, le premier film sonore et parlant d'Alan Crosland, d'après un scénario de Samson Raphaelson, intitulé *Le chanteur de Jazz.* Rappelez-vous cette scène dans laquelle le comédien Al Jonson, un blanc au visage ciré de noir chante et danse. Le cinéma parlant allait prendre son envol.

Le procédé vitaphone fut toutefois abandonné au profit de procédés plus performants d'encodage du son soit optique (sur pellicule) soit magnétique (sur ruban). C'est l'Américain T. W. Case qui mis au point le premier système complet de synchronisation du son et de l'image au cinéma. Le procédé se dénomme le Fox Movietone. Le système consiste à inscrire l'image et le son sur le même support, c'est-à-dire la pellicule. Cette transduction du son en impulsions lumineuses pouvant être ensuite transcrites sur le film était rendu possible grâce l'invention d'un nouveau tube électronique par De Forest, appelé le « photion[73] ». Adoptant ce nouveau système d'enregistrement sur pellicule, la Warner présente le 8 juin de l'année suivante (1928) le premier film entièrement parlant : *Les lumières de New York.*

Déjà au tournant des années 1930, le procédé se diffuse rapidement, au point de supplanter carrément le film muet. En effet, l'engouement pour le cinéma parlant fut tel, qu'à peine deux ans plus tard, c'était la mort du cinéma muet. Outre la concurrence économique qu'allait entraîner cette innovation, la mutation technologique eut des répercutions particulières sur les modes d'expression et de créativité développés jusque-là, provoquant même un bouleversement des codes esthétiques sur lesquels s'était établi le cinéma muet. « L'une des grandes mutations techniques fut l'apparition du son et sa reproduction. Le son changea radicalement les données artistiques. D'une image muette construite à partir d'une contrainte technique, à savoir la non-reproduction du son, le cinéma est passé à une image signifiante non seulement par sa composition mais aussi par le son qu'elle porte. Sur le plan artistique, cette mutation fut considérable car elle ouvrait des perspectives tout à fait nouvelles. Certains cinéastes et acteurs du

---

73. Pascal Griset, *op. cit.*, p. 17.

muet, tel Charlie Chaplin, ont d'ailleurs mal franchi cette étape ou n'ont pas réussi à la franchir du tout[74]. »

1.15 Conclusion

Avec l'évolution des technologies permettant d'emmagasiner et de restituer les sons et les images allait se développer toute une industrie de l'édition sonore et audiovisuelle, c'est-à-dire la reproduction de masse d'œuvres phonographiques et cinématographiques. L'essor de ce type d'édition trouve ses origines dans « la mise au point de méthodes de reproduction en série » qui va de pair avec l'industrialisation des sociétés nord-américaines et européennes.

Si, au début du XXᵉ siècle, les supports de cette reproduction étaient peu nombreux et d'une qualité perfectible, ils ne cesseront de croître et de s'améliorer tout au long des décennies. Les cylindres enregistrés sont les premiers supports médias offerts à une échelle commerciale. Il était devenu possible d'écouter de la musique tout en restant chez soi, ainsi, pour la première fois, la musique pénétrait l'univers domestique. Une fois une matrice réalisée, elle permettait ensuite l'impression de nouveaux cylindres identiques.

Puis le disque remplace progressivement le cylindre. Le disque, fabriqué avec des matériaux de mieux en mieux adaptés, allait offrir nombre d'avantages (qualité, fiabilité, production en série, faible coût) dont celui d'être associé à l'élaboration d'appareils de reproduction dont les fonctions mécanique et acoustique furent grandement améliorées. De plus, dès les années 1910, il était possible d'enregistrer sur les deux faces d'un disque.

Du côté du cinéma, l'intégration verticale de l'édition, de la distribution et de l'exploitation en salle sera chose courante et devenue la caractéristique d'un domaine déjà, dès le début du siècle, largement monopolisé par quelques grands studios d'Hollywood que l'on nommera aussi « *majors* ».

Par ailleurs, l'association de plus en plus étroite du son et de l'image, l'articulation fine des contenus et des supports ainsi que le décloisonnement des technologies sont déjà des signes de leur enchevêtrement contemporain. En fait, tout est en place pour que s'installent les industries du divertissement qui allaient tôt ou tard être rejointes par l'instauration des médias de masse.

---

74. Patrick J. Brunet, *op. cit.*, p. 27.

L'essor des technologies de télécommunication

2.1 Introduction

Le XIXᵉ siècle n'est pas seulement le siècle de l'invention des supports médiatiques autonomes comme ceux que nous avons vus jusqu'à maintenant et qui appartiennent au domaine de l'édition et des équipements domestiques. Il donne lieu aussi à un contexte d'où émergera « un ensemble d'inventions techniques » permettant de développer de « nouveaux réseaux de communication ». Ce contexte voit donc apparaître des projets d'utilisation des techniques marqués sous le sceau des intérêts que portent les grands acteurs sociaux en présence. Ainsi, « le XIXᵉ siècle prépare une lente émergence d'un nouveau mode d'échange et de circulation des biens, des messages et des personnes ainsi que d'un nouveau mode d'organisation de la production[1] ».

Parmi les technologies annonciatrices de l'orientation que prendront les différents médias de communication au cours du siècle suivant figurent les premiers réseaux de télécommunication qui, même avant la découverte de l'électricité, avaient tracé la voie à la transmission de messages à distance.

Pourtant, le mot « télécommunication » n'a pas encore cent ans. Il ne date en effet que de 1904 et fut inventé par le Français Edouard Estaunié, ingénieur des Postes et Télégraphes de France. Également romancier et académicien, celui-ci était par ailleurs directeur de l'École supérieure des PTT. Le terme ne s'imposera cependant de manière définitive et avec une utilisation courante qu'à partir de 1932, lors de la conférence de Madrid (Espagne), tenue au moment de l'assemblée plénière de l'Union internationale des télécommunications (UIT).

Une première définition y est alors retenue, qui sera ensuite reconduite et légèrement modifiée en 1947 à la conférence d'Atlantic City (États-Unis). Une télécommunication désigne « toute transmission, émission ou réception de signes, de signaux, d'écrits, d'images, de sons ou de renseignements de toute nature, par fil, radioélectricité, optique ou autres systèmes électromagnétiques ». Selon cette définition relativement globalisante, le « contenu » de la télécommunication importe peu. Celle-ci est davantage définie par le moyen technique de médiatisation et de transmission.

Alors que la consécration du terme tarde à venir, divers dispositifs de télécommunication sont cependant d'ores et déjà développés et propagés à travers le monde depuis presque un siècle. On peut

---

1. Armand Mattelart, *La communication-monde*, Paris, La Découverte, 1992, p. 11.

même dire qu'il existe depuis près de 200 ans des réseaux organisés de télécommunication utilisant divers supports et infrastructures et qu'ils font aujourd'hui partie de notre réalité quotidienne. L'évolution de ces dispositifs montre les progrès parcourus et la transformation des systèmes qui s'appuieront successivement sur les découvertes de l'électricité, puis de l'électronique et maintenant du numérique.

2.2 Les premières quêtes de la communication à distance

S'il existe une constante dans l'histoire des machines à communiquer, c'est bien cette quête continue et toujours renouvelée de les perfectionner dans le but d'augmenter la distance, la vitesse, la fidélité et la confidentialité de la transmission de l'information. C'est ainsi que le codage de l'information, c'est-à-dire sa transposition sur un autre support matériel, voire un autre système de signes, fut depuis des temps immémoriaux, à la fois l'un des problèmes et l'un des défis majeurs de la communication à distance.

Lorsqu'on songe à une certaine préhistoire de la communication à distance, la plupart du temps sont aussitôt évoqués les coursiers à pied ou à cheval, sans oublier les fameux pigeons voyageurs; en fin de compte des moyens jugés parfois trop lents et peu sûrs pour transmettre des messages, en général d'une importance toute militaire. En effet, les délais trop longs dans la transmission des messages rendaient souvent caduc leur contenu. Mais d'autres moyens, non plus de transport terrestre mais de « transmission dans l'espace », seront également mis à contribution pour véhiculer les messages.

Selon Patrice Carré, les tout premiers modes de transmission à distance employés peuvent être globalement divisés en deux grands groupes : la transmission des signaux sonores et des signaux visuels[2]. Ces deux vecteurs, l'un acoustique, l'autre optique, feront partie prenante de l'évolution des machines à communiquer.

Ce fut d'abord la voix humaine qui servit de moyen de transmission. Celle-ci a par contre des limites physiques, même relayée d'un point à un autre, elle ne peut parcourir de grandes distances. Sans compter que ce type de transmission est sujet aux mésinterprétations,

---

2. Patrice Carré, *Du tam-tam au satellite*, La Villette, Cité des sciences et de l'industrie, Presses pocket, 1991, p. 12.

modifications, falsifications ou indiscrétions. C'est en partie pour ces raisons que certains peuples anciens substituent divers instruments sonores à la voix humaine : tambours, clochettes, flûtes et plus tard, cloches ou canons. « Les Gaulois, les Carthaginois, les Romains, les Byzantins et les Chinois, ils ont tous, à un moment ou à un autre, utilisé soit la voix, au moyen de gammes de sons transmis et répétés de proche en proche, la course à pied, le cavalier, le feu, la fumée, la couleur ou une combinaison de ces moyens pour faire circuler sur de vastes étendues des messages importants[3]. »

Ainsi, il est possible de couvrir de plus longues distances entre les relais humains de retransmission et d'assurer cette fois la fiabilité et la confidentialité des messages grâce à un codage compris par les utilisateurs. Par exemple l'utilisation du tam-tam qui donna lieu à la création d'un véritable alphabet sonore.

Si le codage est une façon efficace de contrer l'interception des messages, restent néanmoins les questions de vitesse et de distance. C'est ainsi que la communication sonore sera remplacée par des moyens de communication optique. En effet de tous temps et toutes latitudes confondues le feu et un dérivé, la fumée, ont joué un rôle essentiel.

Parmi les premiers moyens de transmission à distance figurent les signaux optiques comme les phares chez les Grecs et les Phéniciens, les feux de résine et les lanternes accrochées à des cerfs-volants chez les Chinois, la fumée des feux chez les Amérindiens. Ils servaient tous et chacun à transmettre des informations tantôt pour orienter les bateaux vers les ports, tantôt pour signaler les positions de l'envahisseur, tantôt encore pour ultimement développer un code de communication interactif afin de remplacer les messagers.

Dans toutes les sociétés traditionnelles, le *temps* et l'*espace* ont certainement été les obstacles les plus difficiles à surmonter. L'information circulait plutôt mal et sa rotation était très lente. Hormis la mise en place de dispositifs visuels et sonores qui ne constituent pas à proprement parler des réseaux de télécommunication, et ce, malgré une relative efficacité, la vitesse de communication est toujours calculée en fonction du temps pris par le courrier, le coureur à pied ou le coursier à cheval pour arriver à destination. Elle dépendra de surcroît de l'état des chemins, de la modernisation des moyens de locomotion ou bien encore des routes maritimes. D'ailleurs, la vitesse de communication deviendra

---

3. Gilles Willett, *De la communication à la télécommunication*, Québec, Presses de l'Université Laval, 1989, p. 95.

rapidement un enjeu fondamental dans le développement du capitalisme commercial. Des efforts seront donc déployés afin de systématiser davantage la vitesse et la fiabilité des réseaux.

À compter de la formation des premières cités antiques, il faudra attendre plusieurs siècles c'est-à-dire jusqu'à la fin du XVIIIe siècle, période de la Révolution française, pour que voit enfin le jour un véritable réseau organisé, hiérarchisé et permanent de télécommunication. Dorénavant la transmission de l'information ne sera plus tributaire de la voix et du feu ou encore des divers moyens de locomotion, ce sont les messages eux-mêmes qui transiteront à travers l'espace et le temps. Toutefois, il faut rappeler que de tous les moyens antiques de transmission de messages, la poste demeure le seul à être encore très utilisé aujourd'hui et qu'à Babylone, il existait déjà un service postal 3800 ans avant notre ère.

Les premières expériences de « télécommunication optique ou sonore » vont profiter d'une systématisation du code utilisé par l'émetteur et le récepteur pour en faire non pas seulement un avertisseur d'un danger ou d'une menace (communication univoque), mais bien un mode de communication à double voie, de type interactif c'est-à-dire sous forme dialoguée. En plus de la maîtrise d'un codage systématique, entre en jeu l'invention du télescope, cet instrument qui permettra non seulement de voir et d'observer au loin, mais également de communiquer à distance.

2.3 Le télégraphe optique, « machine à télécommuniquer »

Il faut retourner en 1684 pour retrouver la première description technique d'un dispositif de transmission de signaux à distance à l'aide du sémaphore, présenté par l'astronome anglais Robert Hooke. Il le décrit alors comme un « moyen de *faire connaître sa pensée* à grande distance[4] ». Et c'est vers 1690 que la première expérience de communication par sémaphore est réalisée par le physicien français Guillaume Amontons dans les jardins du Luxembourg à Paris.

Après ces premières expériences de la fin du XVIIe siècle, il faudra patienter jusqu'à la période de la Révolution française pour que le dispositif d'un *télégraphe optique* (connu également sous la dénomination de télégraphe aérien ou de télégraphe à bras) s'implante

---

4.   Patrice Flichy, *Une histoire de la communication moderne*, p. 17.

grâce à Claude Chappe, un jeune physicien de l'époque. Il s'agit en fait du premier système organisé reconnu pour le *codage* et la *transmission* efficace de l'information. En effet, ce dispositif satisfait toutes les caractéristiques de base d'un système de télécommunication, c'est-à-dire un réseau permanent et de plus en plus étendu, opéré par un corps de spécialistes techniques et capable de supporter la transmission rapide des informations codées selon un langage normalisé.

En effet, même si ce système télégraphique ne contient aucune nouveauté technique à proprement parler, en reprenant simplement le principe du sémaphore, il a en revanche l'avantage de proposer un code composé de signaux combinés assurant discrétion et rapidité de la communication, en s'affranchissant du même coup des contraintes d'espace (distance) et de temps (vitesse) que connaissent les autres dispositifs sonores et visuels anciennement développés. Avec ce dispositif, nous remontons à l'origine des systèmes de télécommunications modernes qui naîtront dans le sillage de la révolution industrielle.

En 1790, Claude Chappe (1763-1805), qui a déjà à son compte plusieurs expériences sur l'électricité, définit un nouveau projet technique sous le nom de télégraphe optique, proposant de : « mettre le gouvernement à même de transmettre ses ordres à une grande distance dans le moins de temps possible ». La première expérience de transmission télégraphique se déroulera ainsi dans la Sarthe[5] le 2 mars 1791.

La nouvelle technique de transmission semble toutefois susciter un certain scepticisme car, en fait, de Louis XIII à Louis XV, soit pendant près d'un siècle, la France avait suffisamment investi pour l'amélioration du réseau routier et de la circulation des « malles-postes », pour qu'il soit jugé inconcevable qu'un mode de transmission, même infiniment plus rapide, puisse détrôner le réseau postal. Néanmoins, les troubles politiques et sociaux qui agitent la France à cette époque militeront en faveur de l'expérimentation du télégraphe optique.

Le 1er avril 1793, la Convention, sur rapport du mathématicien et député Charles Romme (1759-1795), approuve la mise à l'essai du télégraphe aérien de Chappe considérant qu'il allait être « un instrument précieux, bouleversant l'art de faire la guerre et de gouverner. La transmission des ordres (et l'assurance de leur exécution) entre le pouvoir central et ses envoyés, civils ou militaires,

---

5. Patrice Flichy, *op. cit.*, p. 18.

gagnait en rapidité et en efficacité[6] ». La première ligne de télégraphie aérienne entre Paris et Lille aura un parcours de 230 km[7]. Le 1er septembre de cette année-là, on assiste à la première dépêche, transmise de Lille à Paris. Puis ce fut la ligne Paris-Strasbourg avec ses cinquante postes de relais. Le système de messagerie entre Paris et Toulon sera constitué de 120 tours de guet distantes l'une de l'autre d'environ 5 à 10 kilomètres.

Mais qu'est-ce au juste que ce dispositif? Le réseau de télégraphie optique est composé d'un ensemble de stations dont deux terminales. Les stations intermédiaires sont disposées, selon le relief, de 10 à 30 kilomètres les unes des autres sur des édifices ou des points géographiques élevés. Une station est en fait une tour munie de bras articulés ayant à leur extrémité de petites barres. À chaque lettre ou signe à transmettre correspond une position particulière et spécifique des bras, actionnés par des leviers. On peut transmettre jusqu'à 192 signes différents. Des guetteurs installés au sommet de chaque tour observent à l'aide de télescopes les signaux transmis par sémaphore en provenance du poste précédent afin de les relayer au suivant et ainsi de suite. Dans la mesure où le temps est clair, la technique est fonctionnelle, mais le brouillard, la pluie, la neige ou la tombée de la nuit empêchent souvent la transmission du message, par manque de visibilité[8].

FIGURE 2.1 **Le télégraphe de Chappe**

---

6. Patrice Flichy, *op. cit.*, p. 19.
7. Francis Balle et Gérard Eymery, *Les nouveaux médias*, Paris, Presses universitaires de France, « Que sais-je? », n° 2142, 1990, p. 14.
8. Gilles Willett, *op. cit.*, p. 97.

Ce système permet à l'époque la transmission d'environ 50 messages à l'heure, soit une vitesse de transmission 90 fois supérieure à celle des messagers à cheval[9]. Malgré la lenteur relative de ce système mécanique, un message est tout de même transmis en 20 minutes sur une distance d'environ 1 000 km.

Autre exemple, le 30 août 1794, un message devenu célèbre annonce la reprise de Condé-sur-l'Escaut (ville reprise aux mains des Autrichiens) par les armées de la République. Le message ne mit environ que 30 minutes pour parvenir à Paris alors qu'un messager aurait pris au moins 24 heures. Ce n'est pas à proprement parler le premier message transmis par le télégraphe optique, il était cependant le premier à prouver l'efficience du système.

À l'image du réseau routier et plus tard du réseau de chemin de fer français, le système de Chappe est d'abord construit sur une structure analogue à « l'étoile de Legrand », soit des lignes qui partent toutes d'un point central, c'est-à-dire Paris, pour aller vers des points éloignés en province. Ces rayons divergents, qui ne permettent aucune communication entre eux, devront attendre jusqu'en 1835 pour se voir reliés par des « lignes de jonction », selon le principe du réseau maillé. Cette forme de réseau apparaît aussi dans d'autres réseaux urbains, comme le réseau de distribution d'eau, lequel, construit sur une base arborescente, évoluera avec l'ajout d'interconnexions des branches[10] vers 1820.

Le système de Chappe est d'abord exploité sur un code à base de 10, pour ensuite passer, en 1800, à un système de 92 signaux élémentaires permettant l'utilisation d'un vocabulaire de 8 464 mots. Grâce à ce nouveau moyen de communication, la France s'assurait d'une avance stratégique et allait devenir le point de mire des autres pays européens. Le télégraphe aérien allait, en effet, se développer pendant un demi-siècle avant que le télégraphe électrique ne prenne le relais. En 1844, en France, 5 000 km desservent 29 villes; le délai de transmission d'un message entre Paris et Toulon est de 20 minutes : 116 relais fonctionnant 6 heures par jour.

De nouvelles lignes sont construites, d'autres sont prolongées au gré des besoins militaires et politiques. L'usage du télégraphe en dehors du domaine militaire est très restreint. En 1801, le Consulat permet cependant la diffusion des résultats de la loterie nationale,

---

9.   H. Inose et J. R. Pierce, *Information technology and Civilization*, New York, W. H. Freeman and Company, 1984.

10. Patrice Flichy, *op. cit.*, p. 46-47.

mais refuse toutefois qu'on transmette le cours des changes et l'annonce de l'arrivée des bateaux. Règles du marché obligent.

Partout, dans d'autres pays européens, au cours des années 1820-1830, l'exploitation du système optique de Chappe suit le « rythme de l'activité militaire » et se plie à la raison d'État. Le télégraphe est la propriété de l'État, géré par les militaires ou par des ingénieurs des travaux publics. Il sert d'abord et avant tout d'outil de communication destiné à renforcer l'unité nationale et à assurer le pouvoir de l'État. D'ailleurs, en raison du caractère « secret » de la transmission d'informations de nature militaire ou politique, les systèmes de codage sont différents d'un pays à l'autre, faisant en sorte que toute communication est exclusivement nationale. Les pays européens ne peuvent pas alors communiquer entre eux à l'aide de ce système.

L'extension étatique et militaire du système de Chappe trouvera ses limites dans l'insuffisance d'une demande de la transmission de données à distance. « Les raisons de l'échec de l'extension des usages du télégraphe sont plutôt à chercher du côté des insuffisances de la demande. La révolution industrielle est encore balbutiante en France, la demande de transmission rapide d'informations industrielles et commerciales est restreinte[11]. »

Selon Édouard Gerspach : « L'idée qui présida à l'adoption de la télégraphie fut donc toute militaire. Chappe, la Convention, le Comité de salut public, ne virent, avant tout, dans les télégraphes, que des instruments de guerre ». Flichy, qui cite cet auteur, prétend au contraire que la décision motivant la construction du télégraphe optique ne fut pas que militaire. L'utilisation du télégraphe a aussi permis d'abattre les contraintes temps et espace. D'ailleurs, Chappe disait lui-même de son invention : « Le télégraphe abrège les distances et réunit en quelque sorte une immense population sur un seul point[12] ».

Du point de vue idéologique, le télégraphe (créé par un Français) et développé durant la période de la Révolution française (1789), correspond bien aussi au mouvement d'idées qui prônent l'universalité, au même titre que les aspirations utopiques poussant la France à vouloir redécouper l'espace, le temps, instaurer une nouvelle unité de mesure ainsi qu'une langue universelle sur son territoire en réduisant les régionalismes. On ne peut que souscrire

---

11. Patrice Flichy, *op. cit.*, p. 33.
12. Patrice Flichy, *ibid.*, p. 20-21.

à la pensée de Patrice Flichy qui démontre que « l'innovation de Chappe s'inscrit dans un contexte idéologique qui dépasse très largement les usages cibles (militaires et politiques) de l'appareil. La Révolution est l'époque d'une restructuration de l'espace national[13] ».

Ainsi, au-delà de la fonction communicationnelle, le télégraphe optique se retrouve parmi divers autres moyens de baliser le territoire, de créer une dimension nationale. D'ailleurs, ce dispositif de transmission à distance de l'information se situe dans la perspective technique du développement des moyens de transports comme le chemin de fer et la genèse des réseaux techniques. Ainsi la France va-t-elle entretenir un discours socio-technique pour préserver le monopole d'État du télégraphe optique, assurant ainsi la communication marchande (information boursière), tandis que l'Angleterre (1797) sous l'initiative privée, comme aux États-Unis (1800), ouvrira les lignes télégraphiques aériennes à la commercialisation.

Du côté de ce qui allait devenir le Canada, furent inaugurées deux lignes de sémaphore : la première entre Halifax et Annapolis, en Nouvelle-Écosse, sur une distance de 210 km, la seconde entre Saint-Jean et Fredericton, au Nouveau-Brunswick, sur près de 130 km. Ici aussi l'origine de ces dispositifs est militaire. D'ailleurs, il s'agit d'une période « où les corsaires de la jeune République française faisaient peser une certaine menace sur les établissements britanniques d'Amérique du Nord[14] ». Les coûts prohibitifs, les difficultés d'assurer la visibilité à travers les forêts, puis la nécessité d'un service permanent d'opérateurs, empêchèrent d'envisager d'autres trajets, notamment celui de relier la ville de Québec. Le télégraphe optique eut non seulement de la difficulté à s'imposer, mais il eut également une vie assez courte.

Somme toute, le télégraphe de Chappe donne déjà un bon exemple du contrôle administratif (étatique) sur la communication à distance naissante ainsi qu'un portrait évocateur des acteurs et des enjeux en présence. Le système de Chappe, tout en constituant le premier réseau de télécommunication réellement organisé, aura tout de même quelques difficultés à s'imposer comme moyen de transmission fiable et permanent, compte tenu qu'il ne peut fonctionner que le jour et du fait qu'il coûte excessivement cher en personnel. Par exemple, la ligne Moscou-Varsovie, ouverte en 1838, comportait 220 stations et nécessitait pas moins de 1 320 opérateurs, ayant été spécialement formés au maniement des machines sémaphores.

---

13. Patrice Flichy, *op. cit.*, p. 21.
14. Jean-Guy Rens, *L'empire invisible*, tome I, p. 7.

À partir de 1830, en France comme en Angleterre, l'utilisation marchande du télégraphe donnera lieu à la création de réseaux distincts des réseaux d'État. C'est donc le libéralisme marchand qui poussera l'épanouissement du télégraphe et qui préfigure de l'implantation pressante du télégraphe électrique.

2.4 La télécommunication à l'ère de l'électricité

L'électricité constitue un vecteur technique de première importance dans le développement des technologies de transmission de l'information sur support autonome comme à distance. La découverte de l'électricité sera d'ailleurs au point de départ des premières hybridations de technologies médiatiques qui jusque-là étaient étrangères au phénomène électrique. Par exemple, sans l'invention de la photographie, du cinématographe et du phonographe, qui à l'origine n'avaient pas recours à l'électricité, des découvertes comme le télégraphe, la radio et plus tard la télévision qui, elles, nécessitent des sources d'énergie électrique, n'auraient pu voir le jour.

Si le télégraphe optique s'est inscrit dans la réorganisation des réseaux routiers et de la constitution de réseaux techniques, le télégraphe électrique se verra tributaire des recherches sur l'électricité et suivra, au sens propre comme au figuré, les voies ouvertes par le chemin de fer dans la conquête du temps et de l'espace. À l'instar de Pascal Griset, on peut considérer le télégraphe électrique comme « le premier outil de transmission instantanée de l'information » dont se sont dotées les sociétés industrielles.

Il est vrai que durant le XVIIIe siècle, grâce au chemin de fer et à la navigation maritime, le commerce se développe rapidement et nécessite des outils de transmission de l'information qui correspondent au moins, sinon plus, à la rapidité des nouveaux moyens de transport terrestre et marin. En effet, à une époque où les trains roulent déjà à près de 50 km/h, la mise en place d'un moyen de transmission plus rapide est nécessaire. Faisant suite au système mécanique de Chappe, la rapidité de la transmission n'aura d'égale que l'extraordinaire vitesse de l'électricité, phénomène qui frappera l'esprit et l'imagination des chercheurs de cette période.

Le télégraphe électrique découlera, bien entendu, de la recherche entourant la découverte et la maîtrise de l'électricité. Même si l'on connaissait depuis l'Antiquité le phénomène de l'électricité électrostatique (par exemple en frottant certains corps, ceux-ci se chargent électriquement et attirent des morceaux de papier), ce n'est qu'à partir du XVIIIᵉ siècle qu'on pensera à l'utiliser concrètement dans la transmission de l'information.

Jusqu'au XVIIIᵉ siècle donc, les phénomènes électriques ne sont que de simples curiosités. Mais à la fin de ce siècle, l'électricité est devenue pour ainsi dire un domaine de connaissance « à la mode », alors que toute une génération de scientifiques va en faire son principal objet de recherche. L'invention du télégraphe électrique ne sera donc pas le fait d'un chercheur isolé, cette technologie appartiendra à un contexte riche en théories, découvertes et expérimentations pratiques. D'ailleurs, l'historien anglais Robert Sabine écrivait déjà en 1867 : « Le télégraphe électrique n'a pas, à proprement parler d'inventeur. Il a grandi petit à petit, chaque inventeur ajoutant sa part, pour avancer vers la perfection[15] ».

À la suite de l'invention par Leyden, en 1745, d'un condensateur, aussi nommé « bouteille de Leyden », capable de fournir une source puissante de décharges électriques, une foule d'appareils sont expérimentés essayant de transmettre électriquement les lettres de l'alphabet. Les résultats innovateurs en matière d'électricité sont notamment repérables dans la production des premières piles électriques et l'application de l'électromagnétisme.

Luigi Galvani (1737-1798), professeur d'anatomie à l'université de Bologne et Alessandro Volta (1745-1827), titulaire de la chaire de physique à l'université de Pavia, en Italie, figurent parmi les pionniers de la recherche sur l'électricité. Volta et Galvani ont entre autres découvert un type d'électricité dont la caractéristique est un courant élevé et une faible tension.

Volta construit aux environs de 1800 une *pile électrique*, appelée voltaïque ou pile chimique, qui deviendra la source énergétique privilégiée de la télégraphie. La pile est en fait un générateur susceptible de fournir à volonté des courants électriques. Cette innovation est sans contredit le réel point de départ des techniques électriques et ne cessera de faire l'objet de recherches et de perfectionnements.

La pile est certes un élément essentiel dans l'histoire de la télégraphie, mais la découverte fondamentale, celle qui fut le pivot de la télégraphie électrique, fut celle de l'électroaimant (1820). On doit principalement cette découverte à trois chercheurs : le

---

15. Cité par Patrice Flichy, *op. cit.*, p. 55.

physicien danois Oersted (1777-1851) et les physiciens français André-Marie Ampère (1775-1836) et François Arago (1786-1853).

En 1819, au Danemark, Hans-Christian Oersted découvre qu'un fil métallique parcouru par un courant électrique mis à proximité d'une boussole en fait dévier l'aiguille aimantée : il en déduit que tout courant électrique crée un champ magnétique. Il fait alors la relation immédiate entre l'électricité (courant) et le magnétisme (aimant), ce qui le conduira au phénomène de l'*électromagnétisme*. André-Marie Ampère poursuit l'étude du phénomène et établit, l'année suivante, les lois selon lesquelles l'électricité agit sur les aimants : il démontre que les aimants sont composés de courants électriques circulaires. Le principe de l'électroaimant est par ailleurs découvert par William Sturgeon, en 1825, à Woolwich en Angleterre et aboutit à la création de l'électroaimant comme tel en 1828 par l'Américain Joseph Henry, de l'Albany Institute à New York.

Parallèlement aux recherches sur l'électromagnétisme, des travaux se poursuivent afin d'augmenter la durée d'utilisation des piles ou encore d'en assurer une plus grande fiabilité. En 1828, les recherches du physicien français Antoine Becquerel (1788-1878) permettent d'augmenter la charge électrique utile des piles.

En 1836, le physicien britannique John Frederic Daniell (1790-1845) met au point une pile beaucoup plus fiable et efficace que les précédentes. Elle constituera le premier générateur de courant électrique présentant des caractéristiques constantes. Cette dernière portera le nom de *pile Daniell* et sera utilisée dans le cadre des premières transmissions télégraphiques. L'invention du télégraphe est une application, la première semble-t-il, des lois de l'électromagnétisme.

2.5 Le télégraphe à aiguilles : une application concluante

Très tôt les expériences autour du télégraphe électrique prirent une dimension internationale. Partout, en France, en Allemagne, en Angleterre ou en Russie, aussi modestes soient-elles, des expérimentations et des applications de ce nouveau dispositif technique voient le jour. Par contre, certaines résistances à l'innovation transpirent encore. Par exemple, Francis Ronalds avait mis au point, dès 1816, en Angleterre, ce qui se rapproche le plus du modèle typique du télégraphe électrique. Pourtant, l'Amirauté britannique lui renvoie alors une réponse dilatoire, le télégraphe optique répondant déjà amplement aux besoins de communications de l'État. De plus, le modèle de la communication marchande n'existe pas encore, or l'État demeure le seul pôle de développement des techniques de la télécommunication[16]. En revanche, l'Angleterre deviendra tout de même le premier pays à dépasser le stade de l'expérimentation du télégraphe et dont l'application mènera à l'élaboration d'un système étendu.

Un première génération de télégraphie est expérimentée, celle du télégraphe électrique à aiguilles aimantées. Plusieurs chercheurs travailleront dans cette voie. Déjà, Ampère et Arago, précurseurs de l'utilisation de l'énergie électrique, en développeront un prototype. En voici le principe : « Sur une tablette, une série d'aiguilles articulées sur un pivot devant une lettre de l'alphabet sont reliées chacune à un fil électrique qui conduit à l'aiguille correspondante, fixée sur la tablette réceptrice. L'émetteur envoie un courant électrique selon les lettres des mots de son message. À l'autre bout, les aiguilles adoptent les mêmes positions devant les lettres et le message peut ainsi être transcrit. Il faut autant d'aiguilles que de fils et de lettres de l'alphabet. Le système est donc difficilement utilisable[17] ».

Il y aura aussi un diplomate russe du nom de Schilling qui, utilisant le principe du magnétisme, invente un autre type de télégraphe à aiguilles, c'est-à-dire « un télégraphe basé sur le déplacement d'une aiguille à la réception, sous l'action du courant transmis. Les lettres de l'alphabet étant codées par la position de l'aiguille[18] ». Plusieurs chercheurs fabriqueront des appareils à aiguilles aimantées produisant des signaux cette fois inspirés du code sémaphorique.

C. F. Gauss et W. Weber, en Allemagne (1838), conçoivent un télégraphe à aiguilles qu'ils installent à Göttigen. Cette expérience sera reprise par Steinheil, qui crée un système télégraphique à galvanomètre et découvre que la Terre peut servir de lien de retour[19]. Il seront bientôt suivis par De Foy et L. Bréguet en France (1844). Ces appareils sont toutefois essentiellement conçus pour la lecture directe, aucun d'eux n'inscrit le message.

---

16. Patrice Flichy, *op. cit.*, p. 51.
17. Patrice Carré, *op. cit.*, p. 26.
18. Marianne Bélis, *Communication : des premiers signes à la télématique*, Paris, Eyrolles, 1988, p. 137.
19. Gilles Willett, *op. cit.*, p. 98.

Entre-temps, en 1837, les physiciens anglais William Cooke (1806-1879) et Charles Wheatstone (1802-1875) décident de perfectionner le télégraphe développé par Schilling, avec l'aide de Joseph Henry. Ils déposent le brevet de leur système de télégraphe à aiguilles. Le fonctionnement de ce télégraphe est encore complexe, mais le système en soi s'avère plus simple et donc plus opérationnel que ceux présentés jusque-là. Ce télégraphe est constitué d'un disque à cinq aiguilles aimantées; celles-ci s'orientent successivement vers chacune des lettres qui y sont représentées, en fonction des impulsions électriques données par l'émetteur. Les mots envoyés sont recomposés lettre par lettre. Le système ne comporte plus que cinq fils. L'amélioration du système mènera à l'utilisation d'une seule aiguille.

Et, à peine deux ans plus tard, soit en 1839, on procède en Angleterre à l'installation de la première ligne de télégraphe électrique de Cook et Wheatstone le long d'une ligne de chemin de fer. Le système de Cooke-Wheastone s'est très vite répandu. À partir de cette date, le télégraphe électrique s'imposa en Angleterre.

C'est en 1842 qu'il y a en Angleterre un élargissement, de l'utilisation ferroviaire du télégraphe électrique, à l'utilisation privée. Le télégraphe est d'abord installé sur la voie ferrée Liverpool-Manchester et ensuite sur celle de Londres-Birmingham.

Cooke et Wheatstone créèrent aussitôt, en 1846, la société Electric Telegraph Company. Ce réseau est initialement financé par les compagnies de chemin de fer : le système télégraphique, en 1850, atteint 3 563 kilomètres contre 11 634 kilomètres pour le réseau ferroviaire, avec un débit moyen de 17 mots par minute.

2.6 Le télégraphe selon Samuel Morse

Lors d'un voyage en Europe en 1832, Samuel Finley Morse (1791-1872), peintre et professeur d'histoire de l'art à l'université de New York, prend connaissance des travaux d'Ampère, d'Arago et de Henry sur les propriétés des électroaimants. Une fois de retour aux États-Unis, il délaisse ses activités pédagogiques pour se consacrer à l'invention de son télégraphe dont il tire un prototype en 1837. Paradoxalement, la même année, les États-Unis, avec un retard de quelques décennies sur l'Europe, lançaient un appel d'offres pour la construction d'une ligne de télégraphe optique.

Samuel Morse s'associe à un de ses collègues universitaires, Leonard Gale, qui connaît bien les travaux de Joseph Henry sur l'électromagnétisme, et à Alfred Vail, le mécanicien de l'équipe. Morse déposera le brevet de son télégraphe électromagnétique à Paris, en 1838, puis aux États-Unis[20], en 1840. Il avait bien l'intention de faire breveter son appareil en Angleterre, mais Cooke possédait déjà une longueur d'avance.

Deux idées relativement simples, dont la combinaison est toutefois indispensable, sont à l'origine du dispositif télégraphique de Morse. D'une part, Morse s'appuie sur un système de codage des 26 lettres de l'alphabet à l'aide de traits et de points. Il s'agit d'un code binaire qui préfigure le code informatique actuel. Une fois le message transmis, ces traits peuvent être de nouveau traduits en lettres obtenant ainsi un message en clair.

D'autre part, l'appareillage technique est aussi d'une simplicité qui peut apparaître aujourd'hui déconcertante. Le dispositif est fondé sur la production d'un courant électrique en continuité grâce à une pile, qui peut être interrompu momentanément à l'aide d'un levier à ressort actionné à la main – une sorte d'interrupteur –, pour une durée donnée soit brève soit longue, suivant le codage du message. La modulation (ouvert-fermé) correspondant aux signaux codés émis par le poste transmetteur est instantanément reproduite de façon identique au poste récepteur. Des électroaimants, réagissant à cette modulation électrique, actionnent et font monter ou descendre un stylet qui, appuyé sur un ruban de papier en déroulement continu, y inscrit un trait ou un point selon la durée du signal. Le courant est commandé par un manipulateur et la liaison entre les stations se fait par un seul conducteur, la terre étant utilisée comme fil de retour.

Le code est donc composé seulement de deux éléments, un signal court et un signal long, la combinaison de quatre d'entre eux suffisant pour constituer l'ensemble des lettres de l'alphabet. Les signes les plus simples sont attribués aux lettres les plus fréquentes. Ainsi, le codage par la représentation d'une série de traits et de points constitue en fait ce qu'on appellera le code morse[21].

Selon Andrew F. Inglis, le plein développement de la télégraphie tient également à l'invention du relais répétiteur (*relay repeater*)[22]. Le relais répétiteur est un amplificateur électromagnétique. Jusqu'à

---

20. Patrice Flichy, *op. cit.*, p. 54-55.
21. Jean Guy Rens soutient que c'est Alfred Vail, un associé de Morse, qui mettra au point le code qui portera par la suite son nom. *In L'empire invisible*, tome I, p. 11. Cette information est confirmée par Steven Lubar, dans son livre *InfoCulture*.
22. Andrew F. Inglis, *Behind the Tube : A History of Broadcasting Technology and Business*, Boston, Focal Press, Butterworth Publishers, 1990, p. 29.

l'invention de ce procédé, la communication télégraphique était limitée à une trentaine de kilomètres ou moins, compte tenu de la résistance électrique produite par le fil. L'utilisation de relais à intervalles réguliers allait permettre d'étendre de façon presque infinie le signal électrique, tandis que le code morse allait de son côté permettre la transmission des données alphanumériques, aussi bien des lettres de l'alphabet que des chiffres, dans un seul et même circuit[23].

FIGURE 2.2 **Le code de Morse**

A = · —	M = — —	Y = — · — —
B = — · · ·	N = — — —	Z = — — · ·
C - — · — ·	O = — — —	1 = · — — — —
D = — · ·	P = · — — ·	2 = · · — — —
E = ·	Q = — — · —	3 = · · · — —
F = · · — ·	R = · — ·	4 = · · · · —
G = — — ·	S = · · ·	5 = · · · · ·
H = · · · ·	T = —	6 = — · · · ·
I = · ·	U = · · —	7 = — — · · ·
J = · — — —	V = · · · —	8 = — — — · ·
K = — · —	W = — · · —	9 = — — — — ·
L = · — · ·	X = — · · —	0 = — — — — —

2.7 L'expansion territoriale du système de Morse

En Europe, la télégraphie ira de pair avec la mise en place d'un autre réseau technique : le chemin de fer. En effet, l'invention du télégraphe électrique suscite immédiatement l'intérêt des compagnies ferroviaires. Dans la première moitié du XIXe siècle, l'Angleterre possède une réelle avance sur le reste du monde en matière de chemins de fer. Son réseau est toutefois confronté à des problèmes d'exploitation, de régulation et de sécurité. Aussi l'Angleterre opte très tôt pour cette technique de transmission qui servira d'abord les circuits ferroviaires et évoluera avec eux. En effet, dès 1839,

23. Andrew F. Inglis, *loc. cit.*

« les premiers clients des systèmes de télégraphie électrique sont les chemins de fer, inaugurés en 1825, qui communiquent de gare en gare encore à partir de signaux à la main[24] ». Une meilleure communication permet notamment d'éviter les collisions sur les voies uniques et d'assurer la régulation du trafic.

Le système s'est à ce point bien implanté qu'en 1847, l'Amirauté britannique décidera de fermer définitivement le circuit de télégraphe optique. En 1852, l'Angleterre, est déjà dotée du réseau ferré le plus dense du monde, comptant 6 500 kilomètres de lignes télégraphiques. Suivant la tradition du monopole étatique qui semble, à l'époque, commun au continent européen, l'État britannique nationalise l'industrie télégraphique à partir de 1870.

Très rapidement, le développement et l'exploitation du télégraphe électrique, sous ses différents modèles (Cooke, Morse, Stenheil), ne cesseront de croître de par le monde. D'abord en suivant le réseau du chemin de fer, puis il permettra en moins de 20 ans de relier les continents. Le télégraphe devient ainsi une véritable innovation sociale. En fait, dès 1844, il remplace rapidement le télégraphe optique. Il sera d'ailleurs implanté en France de façon définitive vers 1845.

En effet, c'est au tour de la France, qui, selon Armand Mattelart[25], est « un des derniers à adopter le système Morse – lui préférant une version électrique du Chappe, le Foy-Bréguet », de construire en 1845 une première ligne télégraphique électrique entre Paris et Lille[26], à l'instar de la première ligne du télégraphe optique. Ce retard s'explique aussi par le démarrage plus lent du réseau ferré français : la grande période de construction ferroviaire date de 1842 seulement. De plus, l'adoption de la télégraphie électrique en France se heurta à de fortes résistances. Alors que la technique du télégraphe optique était du domaine de la mécanique, visible et contrôlable, tel n'était pas le cas de l'électricité qui inspirait plutôt de la méfiance. Elle menaçait, dit-on, des intérêts acquis et un pouvoir administratif conservateur.

Mais, peu à peu, les résistances s'affaiblissent et les lignes de télégraphe optique sont remplacées par des lignes électriques. Il faut noter qu'en France, une loi de 1837 avait fait du télégraphe un monopole d'État. Le texte principal de cette loi dit : « Quiconque transmettra sans autorisation des signaux d'un lieu à un autre,

---

24. Armand Mattelart, *La communication-monde*, p. 15.
25. Armand Mattelart, *L'invention de la communication*, Paris, La Découverte, 1994, p. 150.
26. Patrice Flichy, *op. cit.*, p. 64.

soit à l'aide de machines télégraphiques, soit par tout autre moyen, sera puni ». L'idée du télégraphe comme instrument administratif et militaire et de son corollaire le monopole étatique, est si fortement ancrée en France que le public et les commerçants n'accéderont à la télégraphie qu'à compter du 1er mars 1851, soit 14 ans après la promulgation de la loi du monopole d'État.

En effet, à partir de 1850, les choses changèrent rapidement, notamment sous la pression des milieux d'affaires qui se fit de plus en plus vive. Par ailleurs, Louis-Napoléon Bonaparte, ouvert aux nouvelles techniques, est décidé à favoriser le développement du capitalisme en France. La loi du 29 novembre 1850 donna enfin aux personnes privées l'accès au réseau télégraphique.

En 1849, on avait remarqué en France que seul un dixième du temps durant lequel la ligne était en fonction était occupé. Aussi on proposa l'année suivante l'élargissement de l'utilisation, soit en permettant que les neuf-dixièmes du temps soient utilisés pour les rapports industriels et commerciaux et les « relations ordinaires ». Le gouvernement accepta que le télégraphe puisse servir à l'utilisation privée. On prévoit cependant une priorité pour les dépêches gouvernementales. Aussi, pour éviter tout complot, toute personne doit établir son identité, et le directeur du poste peut refuser d'expédier des dépêches ou de les distribuer à l'arrivée[27].

Ce n'est pas seulement en France que le système se répand. Il s'est vite propagé en Amérique, puis en Europe et en Asie, grâce à ses nombreux avantages : transmission rapide sur de grandes distances, indépendance par rapport aux conditions physiques ou géographiques externes, capacité de transmettre des informations à caractère secret. Aussi, est-ce pour cela que les premières institutions à l'adopter sont les ministères de guerre, les compagnies de chemins de fer et des entreprises de presse écrite.

En raison de la variété des modèles télégraphiques proposés, il y eut toutefois une période de flottement au cours des années 1840-1850, particulièrement en France. L'appareil mis au point par Alfred Vail et Samuel Morse ne tarde pas cependant à s'imposer sur sa terre d'origine comme ailleurs dans le monde. Même si Morse a su démontrer avec succès l'efficacité de son dispositif télégraphique, le Congrès américain ne votera des crédits pour établir une ligne expérimentale qu'en mars 1843. En effet, le Congrès des États-Unis lui concède une somme de 30 000 $ pour la construction d'une ligne expérimentale entre Baltimore et Washington.

---

27. Patrice Flichy, *op. cit.*, p. 66-67.

Une entente entre les promoteurs du projet et la Baltimore and Ohio Railroad permit d'inaugurer, le 24 mai 1844, la première ligne « longue distance » entre la Cour suprême, à Washington, et la gare de Baltimore située à 50 kilomètres environ. « Auparavant, Morse avait démontré la faisabilité de son système, mais le Congrès américain considérait qu'il s'agissait d'un merveilleux jouet dépourvu d'utilité pratique. Mais le premier mai 1844, il télégraphie en deux minutes, sur la moitié du tronçon réalisé, la liste des candidats désignés par les libéraux à la Convention nationale de Baltimore. Par train, cette liste arrivait deux heures plus tard. Avec un tel écart, ces deux moyens ne soutenaient plus la comparaison[28]. »

Après avoir pu profiter d'une aide gouvernementale temporaire et le gouvernement ne voyant pas encore l'utilité et surtout, n'entrevoyant pas encore la faisabilité d'un projet plus vaste, Morse se tourne alors vers des intérêts privés[29]. De toute façon, le ministère des Postes voyait d'un mauvais œil la concurrence que pourrait représenter le télégraphe pour le trafic postal. Ce qui fait dire à certains observateurs que c'est à partir de ce moment qu'aux États-Unis, les télécommunications commencèrent à être exclusivement entre les mains des entreprises privées[30]. En somme, les hommes d'affaires flairent rapidement que la machine de Morse peut constituer un marché fort lucratif. Ils s'engagent donc dans la construction des premières grandes lignes de télégraphie.

C'est ainsi que dès le début des années 1850, une vingtaine de sociétés se livrent une réelle concurrence. Peu à peu, se distinguent les deux plus importantes : l'American Telegraph et la Western Union. Le 12 janvier 1866, ces deux sociétés fusionneront et prendront le nom de Western Union.

Toujours aux États-Unis, il faudra en revanche attendre jusqu'en octobre 1861, soit huit ans avant l'achèvement du premier chemin de fer transcontinental, pour qu'une ligne reliant la côte Est à la côte Ouest soit ouverte. Il fallait à cette époque environ 23 jours en diligence pour couvrir les 4 500 kilomètres entre les villes de Saint-Louis et de San Francisco. Huit compagnies télégraphiques s'unirent pour parvenir à cette fin. À la veille de la guerre de Sécession, les lignes de télégraphie sillonnent 53 000 kilomètres, en 1870, elles s'étendent sur 100 000 kilomètres. Comme le chemin de fer, le

---

28. Gilles Willett, *op. cit.*, p. 98.
29. Andrew F. Inglis, *loc. cit.*
30. Jean-Guy Rens, *op. cit.*, p. 12.

télégraphe électrique constitue un réseau indispensable au développement économique de l'Union.

Malgré un certain engouement des gouvernements et du monde des affaires en général, le public ne semble pas saisir très bien l'utilité, voire la nécessité d'un telle découverte, et il ne l'utilisera guère à ses débuts. En dépit de l'échec commercial que connut la première ligne Morse, elle démontra toutefois l'efficacité et la fiabilité des techniques employées.

Des années plus tard, le télégraphe électrique prendra toutefois une réelle envergure aux États-Unis, soit à la fin de la guerre de Sécession en 1865 avec la constitution de la Western Union Company alors que l'exploitation du télégraphe devient commerciale. « Un autre fait d'armes du télégraphe électrique est la guerre de Sécession des États-Unis entre 1861 et 1865. Ce conflit dopa pour ainsi dire la construction des réseaux : 24 150 kilomètres en quatre ans et plus de 6,5 millions de télégrammes[31]. » Comme la plupart, sinon l'ensemble des innovations techniques notamment dans le domaine des communications, l'impératif de la guerre stimula le développement du réseau télégraphique.

Toujours, de ce côté-ci de l'Atlantique, en 1846, au Canada, une première ligne est installée entre Toronto et Hamilton soit sur une distance de 143 km. Elle appartient à la Toronto, Hamilton, Niagara and St. Catharines Electrical Magnetic Telegraph Company. Avec ses dix à douze dépêches par jour, le télégraphe n'est pas à l'origine conçu pour le grand public. Il sert davantage à alimenter les journaux de Toronto avec les dernières nouvelles venant des États-Unis ou les dernières cotes de la bourse céréalière américaine.

Montréal qui est alors la métropole financière et industrielle de l'Amérique du Nord britannique ne tarda pas à entamer le pas et même à dépasser assez rapidement l'expérience de Toronto, avec la création de la Montreal Telegraph Company. Fin 1847, la firme avait déjà installé pas moins de 870 km de fils et véhiculé 33 000 messages, ce qui représente deux fois plus qu'en Grande-Bretagne en 1851. D'ailleurs, Montreal Telegraph Company deviendra, en 1858, soit à peine une décennie après sa fondation, l'acteur le plus important de la télégraphie dans la région centrale du Canada, notamment dans l'axe Toronto et Montréal.

La rapidité de cette technique de transmission notamment pour la diffusion des résultats de la bourse ou des nouvelles en provenance de l'étranger a certainement influencé un développement rapide

---

31. Armand Mattelart, *La communication-monde*, p. 16.

du télégraphe ici comme en Europe. D'ailleurs, le fait que les agences de presse, comme Havas en France, commencent, dès les années 1840 à remplacer leurs pigeons voyageurs en faveur du télégraphe démontre un intérêt marqué pour un usage commercial et privé de ce système. Alors que les progrès de l'imprimerie avaient permis un considérable essor de la presse, l'usage progressif de la télégraphie électrique favorisa de son côté l'accélération de la diffusion des nouvelles.

Les agences de presse seront donc parmi les premiers clients des réseaux[32]. Il s'ensuivra un réel bouleversement de la presse. La rapidité de transmission de l'information provoque une chasse à la nouvelle, au « scoop ». Et dès cette époque, apparaît la notion d'envoyé spécial qui couvre tel ou tel événement dans le but de le faire connaître le plus tôt possible, préférablement dans la journée même, comme le montre l'expansion des journaux quotidiens faisant leur réputation sur la diffusion de nouvelles « fraîches du jours » (*daily news*).

« Le pourcentage de nouvelles télégraphiques, quel que soit leur contenu, devient un argument de vente et le public s'habitue ainsi à prendre connaissance de nouvelles qui ne le concernent pas mais qui lui parviennent rapidement. La rapidité se substitue à la pertinence comme critère d'intérêt et l'on doit cela au télégraphe qui donnait une légitimité à une information dépouillée de son contexte[33]. »

2.8 Codage et multiplexage, deux techniques majeures

Le système de Morse s'est certainement imposé par sa maniabilité et sa rapidité mais il comportait deux types de problèmes : le *codage des messages* et le *débit des lignes de transmission*. Au contraire des systèmes à cadran ou à aiguilles, le dispositif de Morse n'exigeait pas qu'un opérateur recopie le message sur une

32. La plupart des agences sont créées avant la mise en place des réseaux. Dès 1835, Charles-Louis Havas avait déjà fondé la première agence de presse en France. S'appuyant sur des correspondants permanents, son succès fut rapide. Deux d'entre eux fondèrent leur propre entreprise. En 1849, Bernard Wolff à Berlin et en 1851 Julius Reuter à Londres ouvrirent des agences de presse. Peu de temps après, six quotidiens de New York s'associent pour former l'Associated Press.

33. Jacques Perriault, *La logique de l'usage, Essai sur les machines à communiquer*, Paris, Flammarion, 1989, p. 90.

feuille de papier. Par contre, l'opérateur devait tout de même décoder la suite des tirets et des points, traduire en quelque sorte le message afin de le rendre intelligible pour le client. Le dispositif comporte un autre problème, plus technique cette fois. L'envoi d'un message « bloque » littéralement la ligne, l'opérateur doit donc attendre la fin du premier message pour en envoyer un second. Ce sont ces problèmes qui animeront les recherches à venir. Comment, sur une même ligne, plusieurs messages peuvent-ils être véhiculés en même temps?

Aussi, tandis que l'exploitation de la télégraphie ne cesse de croître dans tous les pays, plusieurs perfectionnements sont apportés au système de Morse, notamment en ce qui concerne la simplification de l'écriture et la vitesse de transmission. Le code est remplacé par des lettres dans la variante élaborée par House en 1846 mais surtout suivant celle de l'Américain David Hughes (1831-1900). Le système Hughes, breveté en 1855, consiste, à l'émission, d'un clavier semblable à celui d'un piano, sur lequel l'opérateur rédige directement son message. Le débit moyen s'éleva alors à 45 mots à la minute contrairement aux 25 mots/minute du procédé Morse[34]. À la réception, le dispositif imprimait sans intermédiaire le message. Ce qui permit de supprimer l'opération de décodage et de rendre plus efficace et rentable l'exploitation des bureaux. On parlait alors de télégraphie à impression, une espèce d'ancêtre éloigné du téléimprimeur. Le message est alors livré dans une forme identique à celle de son expédition et ce, en deux fois moins de temps.

Par ailleurs, Charles Wheatstone avait inventé la bande de papier perforée et la transmission automatique. En introduisant la bande perforée dont les trous reproduisent le code Morse, il augmente la vitesse de transmission mais un décodage est toujours nécessaire. Cette invention est en quelque sorte l'ancêtre de machines plus modernes comme le téléscripteur. Quoiqu'il en soit, l'augmentation du rendement des circuits demeure toujours un problème.

Compte tenu que le débit limité des lignes de transmission influence directement la quantité d'information transportée, il est difficile de répondre à la demande croissante et aux besoins de plus en plus pressants des usagers du télégraphe. Certes, il aurait été possible d'augmenter le nombre de fils et de lignes télégraphiques mais cette solution aurait exigé des investissements trop considérables. À défaut de pouvoir multiplier le nombre de lignes, il fallait donc trouver une façon de transmettre plusieurs communications à la fois dans un même et seul fil.

---

34. Pascal Griset, *Les révolutions de la communication XIXe-XXe siècle*, p. 7.

Les travaux des Américains J. B. Stearns et Thomas Edison seront d'un grand secours. De son côté, Stearns introduit en 1873 le système duplex, permettant l'envoi, en même temps, de deux messages dans des sens opposés. Edison, l'année suivante, développe avec succès le système quadruplex dont il cédera les droits à la Western Union pour 30 000 $. Cela signifie que plusieurs messages pourront désormais circuler en même temps dans les deux directions d'une ligne électrique. On peut ainsi transmettre simultanément deux télégrammes en sens contraire (duplex) ou bien quatre (quadruplex). Grâce aux travaux parallèles qui se développent alors dans le domaine naissant de la téléphonie, le nombre de communications put être augmenté en envoyant chaque message sur une fréquence différente ce qui fut nommé le multiplexage par répartition en fréquence (*frequency division multiplexing*).

Mais, c'est un télégraphiste français, Émile Baudot, qui a l'idée de tirer parti de la différencé de vitesse entre les mécanismes émetteurs et récepteurs et la transmission du courant. En effet, compte tenu que la vitesse du courant électrique transportant le message est de beaucoup supérieure à l'action de l'opérateur de l'appareil télégraphique, il y a donc forcément des blancs, des temps morts, dans la communication. Baudot utilisera en quelque sorte ces « pauses » entre l'émission des lettres pour transmettre, en temps partagé, plusieurs messages sur le même fil. Le tout s'opère à une vitesse trop rapide pour être perceptible par l'humain.

Baudot fut le premier à réaliser, en 1877, un système opérationnel permettant à trois opérateurs d'émettre simultanément sur une même ligne, mais il suivait la voie déjà tracée par Stearns et Edison. Baudot adopta le principe de la division du temps : c'est-à-dire que la ligne est partagée par les différents émetteurs avec une alternance très rapide. Chaque émetteur dispose ainsi de la ligne cinq fois en une seconde. Le débit d'une seule ligne peut être ainsi porté à une vitesse de 90 mots à la minute[35].

Il s'agit du premier multiplexage à répartition des voies dans le temps, principe qui, de tout nouveau qu'il était à l'époque, est aujourd'hui largement utilisé. Baudot réalise son système multiplex en 1874. Plusieurs stations sont reliées au même conducteur, un distributeur assurant le synchronisme des processus d'émission et de réception. Le système basé sur le principe du temps partagé (ou du multiplexage dans le temps), permet d'augmenter la vitesse

35. Pascal Griset, *loc. cit.*

de transmission à 400 lettres par minute, soit près de 60 mots à la minute. Baudot dépose un brevet, sous l'appellation de système de télégraphie rapide. Baudot perfectionnera son système et, en juillet 1877, le procédé fut installé avec succès sur la ligne Paris-Bordeaux. Cet appareil sera par la suite en usage sur toutes les grandes liaisons en France et avec l'étranger[36].

Baudot innovera encore en substituant un alphabet binaire au code alphabétique de Hughes. Les signaux sont composés de cinq moments successifs d'égale durée. Chaque lettre de l'alphabet correspond à une combinaison différente; c'est-à-dire que pour chaque lettre, cinq impulsions sont transmises sur la ligne télégraphique; ces impulsions actionnent sur le poste récepteur un jeu de cinq électroaimants, selon les mêmes combinaisons de codes.

Chacune de ces innovations non seulement amélioreront le système télégraphique mais l'entraîneront de plus en plus rapidement vers l'automatisation, ce qui aboutira au système téléscripteur, alors qu'un clavier de type dactylo remplace l'interrupteur télégraphique et augmente de cette façon la rapidité d'expédition et de réception.

2.9 Télégraphier au-delà des mers et des océans

Grâce aux améliorations techniques du télégraphe électrique, la transmission de messages est de plus en plus rapide, efficace, et sur de longues distances, suivant les nombreuses voies ferrées qui commencent à quadriller systématiquement les territoires nationaux. Cependant, elle allait être confrontée à une nouvelle limite et du même coup à un nouveau défi technologique : la séparation des continents. L'interconnexion des réseaux au delà des mers et des océans devenait ainsi le nouvel enjeu.

Avec la mise en place du réseau de télégraphie sous-marine, le monde allait de plus en plus rétrécir. En effet, à la veille de la Première Guerre mondiale, la planète sera parcourue par un très important réseau de câbles sous-marins. L'Angleterre s'y taillera la part du lion. Avec la pose des câbles sous-marins, les grandes puissances sont motivées par des raisons beaucoup plus

---

36. Selon Patrice Carré, cet appareil sera utilisé en France, jusqu'à la fin des années 1940, avant d'être progressivement remplacé par le réseau télex.

stratégiques et politiques qu'économiques. ce qui fait dire à Armand Mattelart que « l'extension internationale du câble est ponctuée par la rivalité des empires anglais et français qui s'intensifie[37] à partir de 1870 ».

À compter de 1840, on évoquait déjà sérieusement en Angleterre la construction d'un câble sous-marin sous la manche qui relierait Douvres à Calais. De son côté, Samuel Morse procédera à la pose d'un câble dans le port de New York. Sa tentative s'avère vaine tant les problèmes d'isolation et de fragilité du conducteur ainsi que d'installation du câble sont nombreux. En effet, les premiers conducteurs électriques en usage dans l'établissement des lignes terrestres sont des fils métalliques sans isolation et qui plus est, deviennent inutilisables une fois plongés dans l'eau.

Mais, au cours des années 1840, la télégraphie électrique pourra enfin franchir les mers. Grâce à la découverte d'une substance isolante et imperméable, la gutta-percha[38], il est enfin possible d'assurer l'étanchéité des gaines protégeant les conducteurs électriques immergés et de procéder à l'installation des premiers câbles sous-marins. Très vite, tant des chercheurs que des industriels saisirent l'importance de la vertu isolante de la gutta-percha. Par exemple, dès 1843, l'ingénieur et industriel allemand Werner von Siemens (1816-1892) fabrique une presse servant à envelopper un conducteur en cuivre d'une couche étanche de gutta-percha.

En 1850, au moment où les projets plus fous les uns que les autres de ponts et de tunnels se multiplient pour relier l'Angleterre au continent, l'ingénieur Jacob Brett supervise l'installation du premier câble de télégraphie électrique sous-marin. Et ce, quelques décennies avant même que Blériot devienne le premier aviateur à traverser la Manche dans son engin volant. L'ingénieur Brett travaille pour la English Channel Submarine Telegraph Company spécialement créée pour l'exécution de ce grand projet qui suscite autant l'intérêt des techniciens que des financiers. Une première liaison trans-Manche est donc établie entre Douvres et Calais mais pour une courte durée, la gutta-percha n'ayant pas la résistance nécessaire. En effet, la petite histoire dit qu'« un pêcheur

---

37. Armand Mattelart, *op. cit.*, p. 23.
38. La gutta-percha partage quelques caractéristiques communes avec le caoutchouc. Elle est une sorte de gomme obtenue par solidification du latex de certains arbres appartenant à la famille des sapotacées (plantes à fleurs) existant principalement en Malaisie. D'ailleurs, il s'agit d'un mot anglais tiré du malais.

de Boulogne, pensant avoir trouvé une algue au cœur rempli d'or arracha le câble posé[39] ».

L'année suivante, soit le 13 novembre 1851, Brett fait un nouvel essai, cette fois réussi. Il utilise des conducteurs gainés de caoutchouc et armés de plomb. Ces câbles allaient ainsi offrir un résistance supérieure au bris, le revêtement étant plus efficace. C'est à partir de cette date importante dans l'histoire des télécommunications que les câbles sous-marins commenceront à se multiplier. L'année suivante sont réalisées les premières liaisons télégraphiques entre la France et l'Algérie, l'Angleterre et la Belgique, l'Italie et la Corse, le Ceylan et l'Inde, la Crimée et Varna.

La pose du premier câble sous-marin entre l'Europe et l'Amérique est considérée comme une étape cruciale, le début d'une nouvelle ère dans le développement des télécommunications internationales. Dès lors commença une épopée, parfois digne de la science-fiction, qui durera pas moins d'une dizaine d'années.

En 1856, l'Atlantic Telegraph Company est fondée par le financier américain Cyrus Field, auquel s'associera l'Anglais John Brett. L'entreprise commence à poser le premier câble transatlantique d'une longueur prévue de 3 200 km. Réunissant financiers et industriels, l'entreprise est à la fois subventionnée par le gouvernement américain et celui de la Grande-Bretagne, dans le but évident d'interconnecter l'Amérique du Nord et l'Europe par-delà l'Atlantique. Après deux tentatives au cours desquelles les câbles sont rompus, la première liaison télégraphique est établie entre l'Irlande et Terre-Neuve le 4 août 1858. Le chef du projet est le Britannique William Thomson, un expert scientifique de l'électricité, qui sera consacré par la suite lord Kelvin par la reine Victoria.

Le système fonctionne un mois, puis les signaux s'affaiblissent et le réseau devient silencieux. Pour contrer l'affaiblissement des signaux, on avait trop augmenté la tension électrique. Résultat : la ligne fut brûlée à peine quelques semaines après l'inauguration. 400 messages purent tout de même être transmis avant que l'on constate que le câble était électriquement mort.

Il faudra patienter encore jusqu'en 1866, soit après une interruption entre 1861 et 1865 causée par la guerre de Sécession, pour qu'un nouveau câble amélioré soit immergé au fond de l'Atlantique et ainsi assister à la reprise les liaisons télégraphiques transatlantiques. Cyrus Field, secondé de Thomson, trouvent des variantes

---

39. Marianne Bélis, *op. cit.*, p. 139.

au projet initial pour achever l'installation définitive. Outre les questions de financement, il y avait parmi d'autres problèmes techniques encore une fois des problèmes de transmission qu'on régla grâce à l'utilisation de fils de cuivre hautement conductibles et à des appareillages de détection ultrasensibles[40].

Ainsi, après une cinquième tentative, le 27 juillet 1866, est acheminé le message qui allait inaugurer définitivement l'ère des télécommunications outre-Atlantique. Cependant, les premières applications du câble intercontinental demeure l'exclusivité des communications d'affaires et d'État. Avec un tarif de 100 dollars US pour les premiers dix mots, on comprend pourquoi les gouvernements, les entreprises de presse et les grandes corporations en sont les principaux sinon quasi les seuls utilisateurs assidus. La vitesse d'émission est alors de huit mots à la minute, elle atteindra un peu plus tard, les 15 mots à la minute. Entre-temps, en 1860, avait eu lieu une première liaison Londres-Inde. Londres était rapidement devenu un des nœuds centraux de l'important réseau de télégraphie électrique internationale qui se met lentement en place.

2.10 L'interconnexion des réseaux télégraphiques

Dès la seconde moitié du XIXᵉ siècle, pendant que les télécommunications s'internationalisent, s'affranchissent des distances et se jouent des obstacles physiques, les frontières politiques deviennent plus perméables. En effet, les gouvernements doivent s'entendre pour réguler, normaliser enfin rendre possible la circulation et l'échange d'informations d'un pays à l'autre. Les procédures sont lourdes et complexes. Il suffit de penser que les lignes télégraphiques s'arrêtaient net aux frontières et que les dépêches devaient être remises de main à main, c'est-à-dire d'une localité à l'autre à travers la frontière, pour pouvoir être acheminées plus loin. En outre, le texte devait être écrit dans la langue du pays qui transmettait le message. Autant de stations frontalières, autant d'étapes et, aussi, de possibilités d'erreurs et de délais.

Ainsi, on assiste dès 1849 au début de l'interconnexion des réseaux nationaux soit entre la Prusse et la Russie. Puis, dès 1851, les États membres de l'Union télégraphique austro-allemande décident d'interconnecter leurs lignes télégraphiques et d'employer l'appareil Morse sur toutes les lignes internationales, un autre

---

40. Andrew F. Inglis, *loc. cit.*

indice que le code morse est réellement devenu un langage universel. Et dès 1852, la Prusse, la France et la Belgique signent une importante convention dans laquelle les trois gouvernements s'engagent à construire des lignes télégraphiques sans interruption aux frontières. Cette décision nécessita un grand nombre d'accords bilatéraux. Bientôt, la plupart des États sentirent le besoin de réglementer, par des accords intergouvernementaux, les conditions dans lesquelles le service télégraphique international devait fonctionner.

Les nombreux problèmes techniques, financiers et politiques soulevés par le développement rapide du télégraphe entraînèrent l'appel d'une conférence à Paris destinée à réglementer les échanges télégraphiques sur le plan international. Vingt et un pays européens y participent et signent, le 17 mai 1865 la première Convention télégraphique internationale, adhérant du même coup à l'Union télégraphique internationale, considérée comme la première instance internationale de l'ère moderne de régulation d'un réseau technique. Elle conservera ce nom jusqu'en 1932, pour prendre celui de l'Union internationale des télécommunications.

Presque au même moment, un vent de nationalisation de la télégraphie souffle sur l'Europe, d'abord en Angleterre (1868), puis en France (1873). Du côté américain, en 1866, c'est désormais l'entreprise privée qui oriente le développement de la télégraphie : la compagnie Western Union unifie le réseau américain qui fait alors 37 000 milles et comprend déjà 22 000 bureaux télégraphiques.

C'est ainsi qu'à partir du milieu du XIXe siècle, l'utilisation du réseau est en grande partie occupée par la transmission des cotes boursières, et des liens étroits se développent entre le télégraphe et la bourse, car le télégraphe, par sa rapidité à communiquer l'information, multiplie l'activité boursière. Le télégraphe devient rapidement indispensable à l'investisseur. Le commerce local est par le fait même inséré dans des ensembles plus larges au niveau régional ou national.

Aussi, avec la nationalisation du télégraphe électrique, on assiste, un siècle après l'invention de Chappe, à un équilibre entre communication d'État et communication de marché. Mais le modèle français semble être l'exception : « Les réseaux du câble qui maillent le globe sont alors majoritairement entre les mains du secteur privé. Sur une longueur de câbles de 104 000 milles, pas plus de 10 % appartiennent aux administrations gouvernementales[41] ».

---

41. Armand Mattelart, *op. cit.*, p. 23-24.

Par ailleurs, le télégraphe électrique devient une arme technologique de premier plan de cette période que l'historien britannique Eric Hobsbawn présente comme l'« ère des empires » (1875-1914)[42]. D'ailleurs, Mattelart, à qui l'on doit cette référence, poursuit à soulignant qu'« avec le changement de vitesse des mutations techniques et le décollage des métropoles impériales, l'écart se creuse entre le « monde développé » et ce qui deviendra plus tard le « tiers monde ». En 1800, les écarts[43] du produit national brut par tête étaient insignifiants; ils étaient de 2 à 1 en 1880, ils seront de 3 à 1 en 1913 et atteindront 7 à 1 en 1970 ».

Alors que la télégraphie prend une tournure internationale et joue un rôle d'une importance économique et politique indéniable, d'autres technologies médiatiques ne tardent pas à suivre cette voie. Ce sera le cas du téléphone, la technologie qui allait enfin permettre la transmission à distance de la voix.

2.11 Les prémices de la téléphonie

Quel que soit le système et le dispositif technique mis en place pour télécommuniquer, une spécificité demeure commune à l'ensemble des premiers types de réseaux de communication, celle d'une émission-réception bidirectionnelle, dont l'exemple idéal et l'aboutissement sera sans aucun doute le réseau téléphonique. L'histoire de l'invention et du développement du téléphone ne peut être rendu dans le cadre de cet ouvrage, mais s'il n'y avait qu'une chose à retenir de l'évolution de ce réseau technique, ce serait le nombre important de chercheurs et d'expériences menées pour conduire à cette invention qui deviendra au cours du vingtième siècle un enjeu industriel crucial.

En effet, dès 1850, les résultats probants du télégraphe électrique stimulèrent des efforts pour tenter de communiquer des sons sur une longue distance. Plusieurs inventeurs tentent d'appliquer le principe premier du télégraphe, soit l'alternance entre l'ouverture et la fermeture d'un circuit électrique, pour la transmission des sons. Et comme de nombreuses innovations techniques de cette période, le téléphone est le résultat de recherches cumulatives, complémentaires et finalement convergentes, prenant toutes appui sur la découverte de l'énergie électrique.

---

42. E. Hobsbawn, *L'ère des empires* (1875-1914), Paris, Fayard, 1990.
43. Armand Mattelart, *op. cit.*, p. 21.

La démonstration du phénomène physique fondamental sur lequel reposera l'invention du téléphone revient au physicien britannique Michael Faraday (1791-1867) qui découvre en 1831 l'« induction électromagnétique ». C'est sur la base de ce principe que se feront les premières tentatives de Charles Bourseul en France (1854), de Philippe Reis en Allemagne (1860), et de Charles Grafton Page et Joseph Henry aux États-Unis (1839). Ils réussiront à partir d'expériences sur les phénomènes électriques et magnétiques à transmettre des sons.

En France, Charles Bourseul (1820-1912), polytechnicien et fonctionnaire des Postes et Télégraphes, formula dès 1854 l'idée du principe du téléphone, en remplaçant « le contacteur du télégraphe électrique par une membrane vibrant sous l'effet de la voix, à l'émission, et par un électroaimant à la réception : le micro et l'écouteur étaient nés[44] ». Bourseul se heurta toutefois à un scepticisme général.

Un professeur de physique et de musique allemand, Philip Reis réussira à transmettre, en 1861, une mélodie au moyen d'un dispositif qu'il nomme « téléphone ». Si les tentatives peuvent convenir à la transmission de sons musicaux, elle ne semble pas adéquate pour la transmission de la parole, le timbre et la tonalité de la voix ne pouvant être reproduits par les systèmes proposés[45].

Bourseul et Reis notamment partent de la technique de codage du télégraphe, principe du signal électrique interrompu (*make/break*), pour transmettre la voix. À l'instar de Andrew F. Inglis, on peut dire que c'était là une tentative rudimentaire de transmission de la voix par l'utilisation d'une technique qui, avec ses pulsations arrêt/marche (*on/off*), pourrait se rapprocher de la reproduction sonore grâce à l'actuel codage numérique (*digital*)[46].

Au cours des années 1870, plusieurs efforts sont déployés aux États-Unis afin de découvrir un moyen de transmettre des sons à distance, et particulièrement la parole. Deux chercheurs, Alexander Graham Bell (1847-1922) et Elisha Gray (1835-1901) participeront, mais chacun de leur côté – ils ne se connaissent pas – à ce

---

44. Francis Balle, *Introduction aux médias*, p. 33.

45. « Reis avait réalisé dans sa classe une première transmission électrique de musique (avec un violon). Sur un cône imitant l'oreille humaine, il avait tendu une membrane à laquelle il avait fixé un fil de platine qui faisait partie d'un circuit alimenté par une batterie d'accumulateurs. De l'autre côté, des conducteurs arrivaient à une bobine enroulée autour d'une aiguille à tricoter dont les modifications de l'état magnétique reproduisait les sons », *In* Carré, p. 52.

46. Andrew F. Inglis, *op. cit.*, p. 30.

mouvement. Le 14 février 1876, à Washington, Bell dépose, au Patent Office des États-Unis, quelques heures à peine avant Gray, une demande de brevet pour son invention. Bell dépose le brevet du « télégraphe harmonique », qui allait devenir par la suite le téléphone[47].

« Il s'agissait de la description d'un appareil constitué d'un aimant entouré d'un fil électrique devant lequel pouvait vibrer une membrane en fer; les vibrations communiquées par la parole à la membrane du transmetteur entraînaient des variations du flux magnétique d'un barreau aimanté placé devant, ce qui provoquait des courants électriques (ces courants étant induits par les variations, on parle alors de courants d'induction). Ces courants, recueillis par la bobine du récepteur, modifiaient le champ créé par l'aimant et faisaient, à leur tour, vibrer la membrane du récepteur en accord avec celle de l'émetteur[48]. »

Graham Bell obtient un brevet américain le 7 mars 1876 pour l'invention de son téléphone, malgré un avis d'opposition déposé en justice par son concurrent dont la description de l'appareil est similaire à celui de Bell. Dès lors allait naître la controverse entourant l'attribution du titre de premier et véritable inventeur de l'appareil capable de transmettre la voix humaine. « Par la suite, ce brevet est étendu au monde entier. Mais Bell doit faire face à près de 600 procès en matière de brevets, et certains de ceux-ci doivent être tranchés par la Cour suprême des États-Unis[49] ».

D'ailleurs, cette controverse pourrait s'étendre à rebours aux différents principes ayant mené à la mise au point « finale » du téléphone de Bell. D'autres chercheurs ont probablement simultanément découvert, comme Bell, la possibilité de transmettre la voix humaine. Pourtant l'histoire officielle ne retiendra que le nom de Bell, oubliant des chercheurs importants comme Gray ou encore Edison, dont certains de ses contemporains estimaient qu'il avait, en 1871, imaginé un système analogue[50].

Par ailleurs, dès 1854, Charles Bourseul n'avait-il pas, lui aussi, établi le principe d'utilisation d'une plaque suffisamment souple et mobile pour être sensible aux vibrations de la voix? Puis, à l'aide de l'énergie électrique d'une pile, il établit ou interrompt la communication, transmettant à distance les vibrations, captées par

47. Francis Balle, *loc. cit.*
48. Patrice Carré, *op. cit.*, p. 53-54.
49. Gilles Willett, *op. cit.*, p. 104.
50. Patrice Flichy, *op. cit.*, p. 116.

la plaque sensible, sous forme d'impulsions électriques. Ces impulsions circulent à travers un câble, jusqu'à une autre plaque qui calque les vibrations, reproduisant du même coup la voix. C'est Bourseul qui en quelque sorte esquissa le micro et l'écouteur du téléphone, des éléments indispensables à la réalisation du téléphone de Bell.

Graham Bell est né à Édimbourg le 3 mars 1847. D'origine écossaise, il fait des études à Londres et à Édimbourg. Après un bref passage avec son père au Canada en 1870, il s'installe au États-Unis en 1871 et devient en 1875 professeur, physiologiste du langage et de l'ouïe à l'université de Boston, suivant les traces d'un père faisant autorité dans la phonétique et les problèmes de diction[51]. Les questions relatives à l'acoustique et à la parole ne cesseront de l'animer, intéressé qu'il est par la rééducation des sourds. Sa femme était d'ailleurs sourde. Bell baignera dans le contexte technologique que lui procure le célèbre Massachusetts Institute of Technology (MIT), là où on retrouve entre autres des chercheurs de renom travaillant sur les phénomènes électriques.

Au cours de l'année 1875, Bell construit et expérimente, avec l'aide de son assistant Thomas A. Watson, un appareil rudimentaire basé sur le principe de l'électromagnétisme, incluant un transmetteur et un récepteur reliés entre eux par un circuit comprenant une pile électrique. Toutefois, les signaux transmis demeurent trop faibles. C'est le 10 mars 1876, soit trois jours après l'obtention de son brevet, que Bell réussit à transmettre de la voix pour la première fois de manière intelligible. La première phrase fut prononcée par Bell à son assistant par le biais d'un prototype : « Monsieur Watson, venez ici, j'ai besoin de vous ». Lors de la première expérience, il n'y avait que quelques mètres entre le transmetteur et le récepteur.

Bell fait sa première démonstration officielle au mois de juin de la même année (1876), lors de l'exposition du Centenaire de Philadelphie, et obtient un succès retentissant. William Thomson, le chef technique du projet du câble transatlantique, aurait alors dit au moment de la présentation : « Nous pouvons être sûrs que lorsque monsieur Bell aura perfectionné son système et aura réalisé des appareils plus puissants, nous pourrons transmettre la voix humaine à des centaines de kilomètres, par l'intermédiaire d'un fil électrique[52] ».

---

51. Andrew F. Inglis, *op. cit.*, p. 31.
52. Marianne Bélis, *op. cit.*, p. 141.

Si plusieurs chercheurs avaient ouvert le chemin à Graham Bell, il fut toutefois le premier à énoncer le principe *analogique* de la transmission de la voix par un signal électrique continu, et non pas interrompu comme cela se produit dans le dispositif télégraphique. Le principe de Bell consiste à moduler le courant électrique suivant les variations de l'air que produit l'émission de sons. Ce principe représente à l'époque une percée du côté de la transmission sonore.

Bell reprend la possibilité de reproduire les vibrations sonores à l'aide de membranes élastiques tel que l'avait avancé le Français Bourseul. Le principe est relativement simple, du moins il apparaît tel avec le recul du temps. D'ailleurs, qui n'a pas joué un jour à fabriquer un « téléphone à ficelle » : les vibrations transmises par la voix à une membrane, un cône de papier par exemple, sont transmises à l'aide d'une ficelle jusqu'à une autre membrane réceptrice. C'est la vibration de la voix de l'émetteur qui est ainsi transmise jusqu'à l'oreille du récepteur par l'entremise de la ficelle.

De plus, Bell avance l'idée originale d'utiliser le principe de l'induction. Une plaquette de métal reliée à une membrane actionnée par la voix vibre devant un électroaimant et produit un courant électrique ayant des caractéristiques d'amplitude et de fréquence analogues. Ce courant – de fréquence sonore – est alors transmissible par l'intermédiaire d'un conducteur électrique. À l'autre bout du fil, au poste récepteur, un dispositif analogue à celui du poste émetteur reproduit les caractéristiques de la voix.

L'appareil téléphonique fonctionne donc au moyen de l'électricité. Sans un lien électrique entre les deux pôles d'émission et de réception, la liaison téléphonique est impossible. Comme le télégraphe, le téléphone a besoin de l'électricité et confirme l'entrée définitive des technologies de communication dans l'ère électrique.

2.12 Les débuts de l'industrie de la téléphonie

Déjà au début de 1877, Bell avait construit et vendu plus de 1 000 appareils. Sillonnant la Nouvelle-Angleterre en compagnie de Watson, il publicise son invention en faisant des conférences, à mi-chemin entre l'exposé scientifique et le spectacle de magie. En effet, le téléphone apparaît souvent comme un objet magique, surtout pour une population qui n'a pas encore totalement accès à l'électricité[53].

Rapidement, Bell crée sa propre entreprise en 1877, dans le but de perfectionner et de commercialiser son appareil. En effet, en 1877, grandement soutenu par des gens de la finance dont fait parti son beau-père Gardiner Hubbard ainsi que Thomas Sanders, Bell fonde la Bell Telephone Company, pour exploiter ses brevets et construire un système téléphonique commercial. Celle-ci deviendra plus tard, soit en 1885, à la suite de complexes transactions, l'American Telephone & Telegraph Company (AT&T). Au cours du XXe siècle, l'AT&T deviendra, grâce à son quasi-monopole privé, la compagnie dominante de l'industrie des réseaux de télécommunications aux États-Unis, avec Bell Laboratories, sa branche de recherche.

Au Canada, les droits de l'appareil sont cédés à Alexander Melville Bell, le père du concepteur, qui fonde à son tour la compagnie Bell Canada, une concurrente immédiate de la Montreal Telegraph Company qui tentera de commercialiser au pays le modèle téléphonique développé par Thomas Edison.

Dès la naissance du téléphone, Bell voulut ajouter, à la tradition de la conquête du temps et de l'espace, l'idée d'un moyen de communication individuel et privé, et, selon Flichy, en faire un : « instrument de communication à distance sans intermédiaire[54] ». Dans ce sens, Willett ajoute : « Cette nouvelle technique permet à toute personne d'établir et de maintenir des relations et de faire circuler des messages indépendamment du temps, de l'espace et des pouvoirs[55] ». Il s'agira d'une première dans l'histoire des technologies de communication. En effet, « un premier modèle du téléphone privé apparaît ainsi, celui de l'ubiquité ». Mais l'ubiquité coûte cher, de 25 à 50 dollars de frais annuels. Ce qui fait que le service résident est quasi inexistant. Il est vrai que le prix d'un appel est de 5 cents soit, à l'époque, le prix d'une demi-livre de beurre. L'usage régulier est réservé aux notables et est devenu un signe de pouvoir.

D'ailleurs, le téléphone s'implante tout d'abord dans les habitudes domestiques comme un outil permettant de transmettre des ordres. L'homme d'affaires, de sa résidence, donne des ordres à ses

---

53. Par exemple, en 1910, il n'y avait que 15,9 % des foyers américains qui étaient branchés au réseau électrique. Imaginez 25 ans plus tôt!

54. Patrice Flichy, *op. cit.*, p. 119.

55. Gilles Willett, *op. cit.*, p. 103.

employés, et la maîtresse de maison entre en contact instantanément avec son boulanger, son boucher, etc. En plus de l'usage
professionnel, s'imposera lentement un usage privé et familial, en
particulier aux États-Unis et en Grande-Bretagne. Il lui faudra
cependant du temps pour que soient exploitées toutes les possibilités que nous lui connaissons aujourd'hui.

« Les exploitants du téléphone, comme les premiers promoteurs
du phonographe, pensaient tout d'abord au marché de l'entreprise,
quand, dans les dernières années du XIXe siècle, ils commencent
à s'intéresser au marché des ménages, ils appréhendent l'usage
du téléphone sur le même modèle : envoyer des commandes, des
invitations et non comme un moyen de sociabilité à distance[56]. »

Ainsi, le téléphone qui, selon Bell, se voulait avant tout un outil
conversationnel, prendra d'abord son essor dans les communau-
tés de commerçants et de professionnels et ce, malgré un accord
signé en 1879 avec la compagnie télégraphique Western Union.
Cette entente départageait les secteurs d'activités que chacune
des techniques pouvait couvrir : la télégraphie se réservait le domaine commercial donc les transmissions d'affaires, les cotes
boursières, etc., tandis que la téléphonie devait se limiter aux
conversations dites personnelles. D'ailleurs, sur 300 lignes installées à Pittsburgh en 1879, 294 appartiennent à des professionnels
et 6 autres à des entrepreneurs. Dans le Rhode Island, en 1897,
11 % des lignes seulement étaient à usage résidentiel[57].

Avant la naissance du téléphone, le domaine financier et commercial avait déjà fait le passage du message télégraphique à la conversation télégraphique. On avait vu apparaître des réseaux télégraphiques en 1867 à Philadelphie et en 1869 à New York. Suivant
cette lignée d'usage, le premier réseau téléphonique est construit
à Boston en mai 1877, reliant entre eux cinq banquiers. Le téléphone offre les mêmes usages que le télégraphe mais s'avère par
contre plus rapide et plus efficace.

Aussi, tout comme dans le cas du télégraphe, les marchés bancaires et boursiers s'emparent de ce nouvel outil. Seulement sur Wall
Street, il y a 640 cabines téléphoniques permettant les liaisons
directes avec les agents de change au début du XXe siècle. En
Angleterre, en 1911, un réseau privé remplace petit à petit le
réseau télégraphique et comprend déjà 400 abonnés.

---

56. Patrice Flichy, *op. cit.*, p. 126.
57. Patrice Flichy, *ibid.*, p. 121.

La tendance est donnée, le téléphone pénètre tant l'univers public que l'univers privé. La notion d'abonné, peu importe qu'il s'agisse d'un usage commercial ou d'un usage domestique, semble déjà s'imposer. D'ailleurs, Théodore Vail, directeur alors d'AT&T, présente le téléphone comme un « système capable d'assurer la communication avec tout correspondant possible, à tout moment[58] ».

2.13 Innover et perfectionner l'invention de Bell

Le téléphone de Bell, bien que concluant sur le plan de la transmission du message lui-même, comporte néanmoins un inconvénient majeur. Les sons à la réception sont faibles, ce qui est dû à la faiblesse d'intensité des courants d'induction transmis à travers les fils. L'apport d'un microphone au charbon améliorera la qualité et la puissance du son tout en permettant ainsi d'augmenter la distance entre les postes.

En 1877, l'ingénieur américain Hugues, connu pour ses travaux sur la télégraphie, réalise un transmetteur à charbon, autrement appelé microphone. « Il utilise un crayon de charbon taillé en pointe placé verticalement entre deux plaquettes de charbon : la sensibilité du système aux variations de pression acoustique était remarquable et le moindre souffle provoquait une vibration. Ce fut le point de départ de toutes les autres recherches effectuées[59]. » En Angleterre, le pasteur Humming (1878) et en France, l'ingénieur Louis Berthon (1879), améliorent le système et réalisent les premiers microphones dits à « coke pulvérisé » ou à « grenaille de charbon ».

Mais c'est surtout l'Américain Thomas A. Edison (1847-1931) qui perfectionne le microphone et en augmente la capacité par la réalisation de son microphone à résistance variable. « Ce transmetteur à charbon est basé sur le principe de la résistance d'une couche de charbon en granules placée entre un contact fixe et un contact vibrant sous la pression des ondes acoustiques. Ce principe est repris par Antony C. White en 1890 et appliqué au récepteur de l'appareil[60]. » L'auteur Andrew F. Inglis[61], quant à lui, attribue également à Émile Berliner l'invention d'un transmetteur à carbone en 1877.

---

58. Patrice Flichy, *op. cit.*, p. 133.
59. Patrice Carré, *op. cit.*, p. 54.
60. Gilles Willett, *op. cit.*, p. 108.
61. Andrew F. Inglis, *op. cit.*, p. 31.

Quoi qu'il en soit, il s'agit ici d'un pas majeur dans la poursuite de la technologie du téléphone, surtout que l'invention permet de produire un signal d'une plus grande intensité, davantage que le système électromagnétique de Bell, car il est beaucoup plus sensible aux variations. Une adaptation de ce microphone sera utilisée dans les premières années de la radiodiffusion mais il ne suffira plus à la demande de qualité technique qu'exige la reproduction sonore. En revanche, la performance de ce type de transmetteur est à ce point satisfaisante pour la téléphonie qu'il a été le standard des microphones des appareils téléphoniques jusqu'à aujourd'hui. Par la suite, Charles A. MacEvay et G.E. Pritchett disposeront le microphone et le récepteur sur le même socle, et ce sera la création du combiné téléphonique[62].

Entre-temps, Bell donne comme instruction à ses agents commerciaux « de faire le maximum d'efforts pour introduire le téléphone dans les zones couvertes par le service d'appel télégraphique[63] » confirmant la nette intention des entreprises Bell de concurrencer sur son propre terrain le monopole de la télégraphie. Mais en 1879, Bell devra tout de même signer un accord avec la Western Union, mettant ainsi fin à une longue saga juridique, qui reconnaît finalement les brevets de Bell sur la téléphonie, mais qui en retour soutient que l'usage du téléphone doit se limiter aux « conversations personnelles » et ne doit pas servir les communications reliées aux affaires, c'est-à-dire toutes communications qui pourraient entrer en concurrence avec la Western Union[64].

Dans cette ère de concurrence, les progrès techniques se succéderont pour multiplier l'efficacité des systèmes téléphoniques et ainsi accroître la guerre commerciale qui s'amorce définitivement avec le télégraphe.

2.14 La commutation : la constitution d'un réseau « intelligent »

L'invention de la télégraphie a permis l'émergence de la télécommunication électromagnétique. Mais avec la téléphonie, la télécommunication s'installe, s'étend et se ramifie. Toutefois, l'implantation et la ramification du réseau téléphonique n'auraient

---

62. Gilles Willett, *op. cit.*, p. 108.
63. Patrice Flichy, *op. cit.*, p. 124.
64. Patrice Flichy, *op. cit.*, p. 121.

pu se développer aussi efficacement sans l'indispensable commutation réalisée à partir des centraux téléphoniques. Ces centres de commutation constituent autant de points de triage, de contrôle et d'acheminement des liaisons téléphoniques entre les usagers, branchés à un véritable système de télécommunication bidirectionnelle et instantanée. L'automatisation des réseaux téléphoniques fut donc la première solution envisagée pour accélérer le procédé d'interconnexion. Cette automatisation correspond à la mise en place de systèmes de commutation qui vont considérablement accroître leur performance.

Avec la télégraphie, il est question de liaisons point à point, entre un nombre limité de postes émetteurs et de postes récepteurs reliés entre eux par un seul fil. Le réseau est en quelque sorte centralisé et les liaisons techniques se font d'un bureau de télégraphie à un autre et ne sont pas encore disponibles dans le domaine privé, soit le foyer. Ainsi, pendant longtemps, le télégraphe fut, en termes d'usage, une sorte de « courrier postal par l'électricité[65] ».

Au tout début de la téléphonie, il en sera de même, les premiers postes de téléphone sont loués par paire et les liaisons avec d'autres postes que ceux d'une même paire sont impossibles. Dans le langage d'aujourd'hui, ce système pourrait être comparé à un dispositif d'interphone (intercom) où deux combinés téléphoniques sont utilisés en circuit fermé. En revanche, contrairement à une communication télégraphique qui n'a qu'une seule direction, le téléphone nécessite deux fils pour une même liaison, la communication devenant du même coup interactive permettant un dialogue constant grâce à l'interchangeabilité des rôles des interlocuteurs tantôt émetteurs, tantôt récepteurs. Ces deux fils sont habituellement appelés « paires téléphoniques ». Ce type d'interconnexion obligea la création d'un réseau tout à fait nouveau, le réseau télégraphique n'étant plus en mesure de répondre aux exigences techniques : il ne possède pas la capacité de véhiculer les variations constantes et sensibles de la téléphonie.

Toutefois, le problème technique de l'interconnexion duale handicapera pendant un moment l'industrie naissante de la téléphonie. Comment interconnecter l'ensemble des postes de téléphone tout en limitant le nombre de fils utilisés par le réseau? Il était alors impossible, tant du point de vue technique qu'économique, de reproduire la logique du point à point télégraphique dans l'interconnexion de deux espaces privés quelconques. Par exemple, en multipliant le nombre de postes émetteurs, le nombre de postes

---

65. Patrice Flichy, *op. cit.*, p. 120.

récepteurs était du même coup multiplié, et par conséquent, le nombre de communications potentielles. Or il était irrationnel d'interrelier chaque installation entre elles par des fils, ce qui aurait abouti à un couplage pour le moins inutile et coûteux.

Ainsi, avant même de penser pouvoir transmettre et gérer l'ensemble des communications du réseau, il faudra trouver le moyen de résoudre le problème de liaison entre un nombre croissant d'abonnés au réseau téléphonique. À défaut de régler ce problème, il aurait été difficile de justifier l'utilité d'un poste téléphonique qui pouvait être calculée proportionnellement en regard du nombre d'abonnés avec qui il était possible de communiquer.

Le problème majeur du téléphone s'avérait l'ingénierie des échanges qui sont en nombre et d'une durée variables entre les points du réseau : c'est-à-dire que la communication ne peut qu'être en mode différencié et de manière discontinue. En effet, les abonnés d'un réseau ne peuvent être continuellement en communication avec tous les abonnés à la fois.

La solution technique pour établir ces liaisons entre abonnés sera d'avoir recours à la *commutation*, c'est-à-dire aiguiller les communications entre les abonnés. Cette technique consiste à interconnecter temporairement deux appareils à partir d'un standard téléphonique, nœud du réseau assurant l'opération de commutation. Ainsi, la constitution du réseau commuté allait se traduire par la multiplication des connexions et, par conséquent, de l'augmentation de l'utilisation du téléphone.

Le standard téléphonique manuel constitue le premier type de commutation. Le premier central téléphonique manuel fut mis en service le 28 janvier 1878 à New Haven au Connecticut, reliant alors 21 postes. Dans les mois qui suivirent, ce type de central se multiplia à travers l'Amérique du Nord : deux ans plus tard, il y avait 138 centraux aux États-Unis, en 1881, il y en avait 408. Au Canada, le premier central de ce type fut mis en service en juillet 1878 par Hugh Baker, à Hamilton, Ontario. Six communications pouvaient être établies simultanément.

Le téléphone sortait ainsi de sa période artisanale et expérimentale, pour entrer définitivement dans une ère industrielle et commerciale. Les lignes d'abonnés sont reliées au central et aboutissent à un système de commutation manuelle opérée par un corps de téléphonistes alors composé majoritairement de femmes. À l'aide d'un système à fiches, les téléphonistes peuvent relier entre eux les téléphones de tous les abonnés. L'image est devenue un classique de l'histoire des télécommunications. Il suffit de se rappeler ces opératrices munies d'un casque et d'un microphone devant un grand tableau vertical sur lequel chaque ligne apparaît sous la forme d'une prise et d'une lampe d'appel. Les opératrices doivent effectuer manuellement toutes les opérations de commutation et de taxation.

Aussitôt qu'un abonné décroche son combiné, un voyant lumineux s'allume et indique à l'opératrice qu'il désire établir une communication. Celle-ci se branche sur la ligne de l'abonné et note le numéro demandé. Ce numéro indiquant une destination sur le réseau, elle se met en contact avec l'opératrice du central auquel est raccordé l'abonné appelé. Une fois, le destinataire de l'appel localisé, les deux opératrices effectuent les connexions des lignes par des cordons ou discordes. La conversation terminée, les opératrices déconnectent les lignes et l'opératrice de l'appelant note le coût de la communication à facturer[66].

Ce système de commutation manuelle comportait toutefois, selon Gilles Willet, plusieurs inconvénients : « la possibilité d'erreur d'interconnexion; l'écoute des conversations téléphoniques par les téléphonistes et les rumeurs qui ne manquent pas de s'ensuivre et de circuler ensuite de bouche à oreille; le nombre restreint de lignes; la lenteur du service[67] ». Dans un système de commutation manuelle, la téléphoniste agit elle-même comme mécanisme de commande tandis que les boucles d'abonnés, les lignes de téléphone, les cordons, les fiches et le tableau du standard constituent l'infrastructure de connexion.

La commutation manuelle permettait certes d'augmenter le nombre de communications possibles, mais il en allait de même pour le nombre de téléphonistes nécessaires pour en assurer les liaisons. Ainsi, en milieux urbains particulièrement, les centraux prennent des proportions imposantes avec, pour corollaire, des problèmes accrus de fiabilité d'exploitation et de sécurité. Si la commutation manuelle avait réussi à résoudre momentanément et en partie les problèmes quantitatifs de liaisons entre abonnés, il n'en demeure pas moins qu'une nouvelle fois, le système semble bloqué, et en particulier questionné quant à la fiabilité et à la confidentialité des communications.

C'est d'ailleurs ce doute vis-à-vis la confidentialité des communications qui animera progressivement la recherche d'un système, sans doute quantitativement plus performant, mais aussi

66. Patrice Carré, op. cit., p. 60.
67. Gilles Willett, op. cit.

permettant d'éliminer, autant que possible, toute intervention humaine dans la commutation.

2.15 **Strowger et la commutation automatique**

En 1889, l'Américain Almon B. Strowger, un entrepreneur de pompes funèbres de Kansas City, au Missouri, voyant ses affaires décliner, se mit à soupçonner les opératrices des standards de transférer, volontairement ou par mégarde, les appels de ses clients à ses concurrents. C'est du moins ce qu'en dit la petite histoire. Pourtant, le soupçon se transforme en une besoin trivial d'inventer un système de commutation plus fiable. Strowger déposera le brevet du premier système de *commutation automatique*.

Le dispositif électromécanique de Strowger a pour but évident de sauvegarder le caractère confidentiel des conversations téléphoniques mais en même temps il permet d'accroître la rapidité et la fiabilité du service, en reproduisant un à un les gestes des téléphonistes. Très vite, le principe d'une automatisation des centraux va s'imposer. Après avoir subi des refus de tous les grands fabricants de téléphone, Strowger fonde en 1891 sa propre compagnie qui s'appellera successivement Strowger Automatic Exchange, puis Automatic Electric.

L'installation du premier système d'autocommutation[68] aura lieu dans la ville de La Porte, à proximité de Chicago, en Indiana, le 3 novembre 1892, soit 14 ans après la première commutation manuelle. Dans le système Strowger, un mécanisme de sélection situé au central est affecté à chaque usager. « Le mécanisme se compose d'un cylindre fixe creux autour duquel sont disposés des contacts représentant toutes les lignes accessibles. Les cent contacts des lignes d'une même centrale sont disposés régulièrement sur une même section circulaire. Disposé dans l'axe du cylindre, un arbre entraîne un bras porte-balais relié électriquement au fil téléphonique du demandeur[69]. »

Avec l'innovation de Strowger, le système de commutation automatique se substitue à l'action manuelle. Mais pour être complètement automatisé, le système Strowger nécessite la mise au point

---

68. Ce système d'autocommutation demeurera, jusque dans les années 1960, date d'arrivée des centraux électroniques, la base de tous les centraux téléphoniques automatiques.
69. Patrice Carré, *op. cit.*, p. 62.

d'un dispositif permettant à l'usager de transmettre directement au centre de commutation le numéro de l'abonné qu'il désire rejoindre. Il faut attendre l'invention du cadran téléphonique à dix chiffres en 1896 par deux ingénieurs de la firme Strowger. Avec ce système à rouages, lorsqu'un numéro est composé, un nombre d'impulsions électriques correspondant au numéro déclenche automatiquement les mécanismes de commutation. Ce système est d'ailleurs désigné sous l'appellation de commutation « pas à pas ».

La réalisation des centraux automatiques vont permettre aux abonnés de communiquer entre eux sans aucune intervention de l'opérateur. Par l'intermédiaire du cadran, l'abonné appelant envoie un signal composé de chiffres au central, ces chiffres correspondant à un nombre d'impulsions lesquelles vont aiguiller en quelque sorte les sélecteurs du central vers l'abonné désiré.

Contrairement à la France où le système Strowger ne sera installé qu'à partir de 1913, les progrès de la commutation font une progression rapide États-Unis et par conséquent, le réseau téléphonique connaît une extension correspondante. Par contre, au Canada, le système Strowger eut un succès moindre. C'est le système canadien développé par Romaine Callender, et, plus tard, mis au point par les frères Lorimer qui s'imposa à partir du début du siècle. Fondant l'American Machine Telephone Company, ces derniers réalisent un système de commutation automatique améliorant considérablement les performances du Strowger. En effet, le premier commutateur commercial canadien sera un système Lorimer. La valeur du dispositif est reconnue lorsque AT&T achète en 1903 le brevet Lorimer et décide d'en faire un produit commercial. Deux systèmes, le « panel » et le « rotary » en découleront.

Le système « rotary » fut destiné à l'exportation. Il sera diffusé en Europe, plus particulièrement en France. Il sera d'ailleurs installé sur le réseau téléphonique parisien[70] en 1926. Les mécanismes de commutation se font dorénavant au moyen de roues dentées actionnées par un moteur. C'est en raison du principe de mouvement rotatif permanent du moteur que ce système fut baptisé « systèmes rotatifs » d'où le « rotary ». À partir de 1915, le système « panel » fut exclusivement installé aux États-Unis, réservé au réseau AT&T, et en 1955, encore sept millions d'abonnés américains étaient raccordés à un central de type « panel ». À partir de la fin des années 1950, il sera peu à peu remplacé par le système « crossbar ».

---

70. Pascal Griset, *op. cit.*, p. 14.

Étrangement, autant pour des raisons de conservatisme technologique que de rentabilisation du réseau, la compagnie Bell Telephone conservera, au Canada, des systèmes entièrement manuels jusqu'en 1924. D'ailleurs, une organisation du travail fondée sur le taylorisme (gestes répétitifs et minutés) compte sur des téléphonistes-femmes, considérées à l'époque, par les dirigeants de Bell, comme une main-d'œuvre bon marché, docile et surtout non syndiquée[71]. Elle constituera, à elle seule, 60 % de l'ensemble des téléphonistes, peu avant la Première Guerre mondiale.

Dans la lignée des inventions qui renouvelleront sinon modifieront particulièrement le système de commutation automatique, notons qu'en 1919, deux ingénieurs suédois, Nils Palmgren et G.A. Betulander, inventent le système « crossbar », dont nous parlions plus tôt, lequel est mis en opération en 1926 à Sundsvall (Suède), et sert 3 500 abonnés[72]. Ce système de commutation comporte un sélecteur à barre transversale et il est plus rapide et plus précis que celui de Strowger ou de ses versions améliorées.

La commutation téléphonique automatique connaîtra donc trois grands procédés : les systèmes à contacts glissants et organes tournants du type « rotary »; les systèmes à barres croisées et enfin, plus près de nous, les systèmes électroniques.

2.16 Innovations techniques et expansion des réseaux téléphoniques

L'invention de Graham Bell sera très rapidement diffusée à travers le monde. Dès 1880, la plupart des pays industrialisés ont déjà entrepris la mise en place des premiers réseaux téléphoniques et, en 1896, à peine 20 ans après le dépôt du brevet de Bell, on trouve un million de postes dans le monde, dont la moitié en Europe, 400 000 aux États-Unis et le reste ailleurs. Trois ans plus tard, ce nombre avait doublé[73].

Malgré cette forte pénétration du téléphone, la transmission des informations sur de plus vastes échelles pose problème, tant le signal s'affaiblit tout au long de son parcours dans les circuits

---

71. Michèle Martin, *Hello Central? : Gender, Technology and Culture in the Formation of Telephone Systems*, McGill-Queen's University Press, Montréal et Kingston, 1991, 219 p.
72. Gilles Willett, *op. cit.*, p. 111.
73. Daniel Parrochia, *Philosophie des réseaux*, Paris, Presses universitaires de France, 1993, p. 127.

téléphoniques. Aussi les premières liaisons téléphoniques transmettant la voix humaine d'un point à un autre ne dépassent guère le cadre urbain, parcourant de courtes distances d'à peine quelques kilomètres. De plus, les réseaux sont encore de faible densité. D'ailleurs, lorsque des liaisons interurbaines sont expérimentées dans les années 1880, elles sont d'une qualité sonore assez pauvre, pour ne pas dire médiocre.

Cette période constituera en fait le début de l'ère de l'interurbain. D'ailleurs, dès 1880, on assiste à la première liaison interurbaine entre Boston et Providence (50 km), puis, en 1883, à la liaison entre Providence et New York (300 km). Mais l'industrie naissante de la télécommunication voit grand et pense déjà international. En 1885, AT&T indique que des liaisons seront construites entre les villes des États-Unis, du Canada et du Mexique. Le géant des télécommunications prévoit déjà des interconnexions avec tout le reste du monde.

Mais il faut d'abord améliorer considérablement la portée de même que la densité du réseau. En 1885, il y a d'une part la découverte des circuits fantômes qui permettent d'augmenter de 50 % les capacités de transmission. Puis, en 1920, la découverte aux États-Unis des systèmes à courant porteur permettant de réaliser des multiplexages téléphoniques. Ou encore, en 1936, l'installation du premier câble coaxial, entre New York et Philadelphie[74].

Entre-temps, il faudra aussi lutter contre l'affaiblissement du signal en augmentant le diamètre des fils : c'est-à-dire que plus la distance est longue, plus le diamètre du conducteur devrait être augmenté. À partir d'une certaine distance, la quantité de cuivre utilisée rend cependant prohibitif le coût de ce type de transmission. D'ailleurs, on estime qu'en 1900 le cuivre accaparait le quart du capital investi dans les réseaux de télécommunications[75]. Sans compter l'encombrement que de tels fils provoquent, interdisant en cela la construction de réseaux interurbains constitués d'un trop grand nombre de circuits.

C'est l'innovation proposée par un physicien d'origine serbe, Michael Idvorsky Pupin (1885-1935), professeur de physique mathématique à l'université de Columbia qui allait solutionner une partie de ces problèmes d'affaiblissement du signal et de la dimension des câbles téléphoniques. Son système s'appuie sur l'insertion de

74. Patrice Flichy, *op. cit.*, p. 181-182.
75. Jean-Guy Rens, *op. cit.*, p. 233.

bobines d'inductance (*self-induction*) appelées aussi « bobines à charge » ou « bobines de Pupin » à des intervalles d'environ 1,5 km. Ce qui allait permettre de réduire de la moitié le diamètre des conducteurs téléphoniques. En augmentant le voltage sur la ligne, cette technique permet de réduire l'affaiblissement subi par les courants téléphoniques lorsqu'ils sont relancés et améliore ainsi sensiblement la portée de la transmission. Il breveta son invention[76] en 1900. Preuve que l'innovation est d'une importance significative, l'AT&T achète pour la somme de 185 000 $, plus 15 000 $ pour chaque année d'application du brevet, les droits du procédé de Pupin. Il fut généralisé à partir de 1910 dans l'installation des lignes souterraines[77].

Il faut dire que l'innovation de Pupin avait une certaine incidence économique. Si cette technique qui, dans le jargon des télécommunications devint la « pupinisation », permit d'obtenir une nette réduction de l'affaiblissement sur les circuits téléphonique, elle entraîna du même coup une diminution du diamètre des conducteurs. Ce qui aida, quelque temps avant le premier grand conflit mondial, à la mise en place de réseaux à longue distance.

Malgré la découverte de Pupin et toutes les autres tentatives de réduire l'affaiblissement des signaux électriques dans les circuits de transmission, le problème d'une intensité soutenue demeure. C'est grâce à l'invention de la triode en 1906 par l'Américain Lee De Forest qu'émergent les solutions les plus concluantes concernant les problèmes de transmission de la voix.

En effet, il faut patienter jusqu'en 1913 pour que soit réglée de manière efficace la perte d'intensité du signal sur les lignes téléphoniques. S'appuyant sur le principe de la lampe triode, un tube électronique d'amplification conçu par De Forest, des ingénieurs fabriqueront des répéteurs qui ont pour double fonction d'amplifier les signaux et de les maintenir à une intensité constante sur toute la ligne[78].

Les droits d'utilisation des brevets de De Forest seront également rachetés par AT&T en 1913, pour la somme de 50 000 $. Sur la base du principe d'amplification, les ingénieurs d'AT&T font, en

---

76. Marianne Bélis, *op. cit.*, p. 142.

77. Steven Lubar, *InfoCulture*, p. 128.

78. En 1935, la durée de vie d'une triode est de 90 000 heures, soit plus de dix ans, et l'on réduit par un facteur dix, par rapport à 1917, la puissance nécessaire pour échauffer ses filaments. Tout cela contribue à l'accroissement de la fiabilité du système téléphonique. Gilles Willett, *op. cit.*, p. 109.

1915, la démonstration d'une ligne téléphonique transcontinentale utilisant des tubes électroniques d'amplification et des répéteurs (relais). Dans cette foulée, ils parvinrent à développer la plupart des tubes électroniques qui seront nécessaires à la radiocommunication, puis à la radiodiffusion[79]. Nous y revenons plus loin. L'invention de De Forest est capitale. Comme la découverte de l'électricité, elle ouvre la voie au développement d'un nouveau paradigme technique, d'une nouvelle ère technologique pour les machines à télécommuniquer, c'est-à-dire l'ère de l'*électronique*.

Le service automatique local se généralisera assez rapidement. Il faudra toutefois l'accumulation de plus de quatre décennies d'innovations techniques et d'investissements pour réussir à mettre au point l'interurbain automatique c'est-à-dire un service automatique capable de relier entre eux de façon automatisée d'abord les centraux et les villes, puis les pays et les continents. Cela exigera « le perfectionnement des systèmes de commutation, l'automatisation de la facturation, la croissance de la qualité des circuits disponibles, ainsi qu'un plan mondial de numérotage et d'acheminement des appels[80] ».

Ce qui veut dire qu'il y aura une période intermédiaire pendant laquelle l'interurbain semi-automatique sera mis en service. La première utilisation de ce procédé aura lieu, en 1911, entre Los Angeles et San Diego, Californie. Une fois la commutation faite au central local, une téléphoniste fait l'interconnexion directe avec le réseau de destination et s'occupe de la facturation.

« Qu'il s'agisse de commutation locale, interurbaine, régionale, nationale ou internationale, les principes de base sont les mêmes. Il faut, d'une part, une infrastructure de connexions entre chaque téléphone et les commutateurs du centre de commutation et, d'autre part, un mécanisme de commande déterminant le trajet pour l'acheminement de l'appel et le maintien de la liaison pendant toute la durée de l'appel[81]. »

Ainsi, peu à peu, des réseaux locaux se développent et s'associent constituant des compagnies régionales. Ces réseaux sont ensuite interconnectés par des circuits à grande distance, et l'interurbain peut enfin s'étendre progressivement de pays à pays, puis de continent à continent.

---

79. Andrew F. Inglis, *op. cit.*, p. 32.
80. Gilles Willett, *op. cit.*, p. 110.
81. Gilles Willett, *ibid.*

Mais les promoteurs du téléphone éprouvent des problèmes techniques auxquels le télégraphe avait déjà été confronté. D'ailleurs, les innovations qui voient le jour dans l'un et l'autre de ces secteurs technologiques vont transiter entre les deux. Cela s'explique certainement par le fait que la compagnie AT&T y joue un rôle décisif dans l'orientation de la recherche et l'achat de brevets parfois concurrents.

D'ailleurs, ce qui incite les entrepreneurs à améliorer leur système, c'est la quête des économies qu'ils peuvent ainsi réaliser. Par exemple, on l'a dit, le coût du fil télégraphique ou du téléphone est prohibitif. La première ligne transcontinentale américaine avait, à elle seule, demandé 1 200 tonnes de cuivre. Aussi est-ce pour cela qu'on tenta vite de maximiser techniquement la capacité de transmission des conducteurs. Le multiplexage par répartition en fréquence se présente, dès 1918, comme la solution. Il s'agissait de superposer le signal de la voix à un signal électrique d'une fréquence plus élevée que la voix humaine. Cette technique du signal porteur (*carrier*) de différentes fréquences ne cessera d'être perfectionné, tout comme le multiplexage par répartition dans le temps. D'ailleurs, ces deux types de multiplexage seront désormais des techniques centrales de l'augmentation du débit téléphonique, autant pour ce qui est du nombre d'appels que de la rapidité de transmission.

Ainsi, avec le téléphone, la communication est donc interactive, analogue au mode conversationnel direct. Ces transformations iront dans le sens d'une abstraction et d'une complexité toujours plus grandes de la fonction de commutation. Les perfectionnements du modèle téléphonique ne cesseront de se multiplier, tout en conservant les paramètres de rapidité, de fiabilité, de quantité, de confidentialité qui le caractérisent.

2.17 Conclusion

Il suffit de constater comment les entreprises négocient les droits des innovations techniques pour déduire aisément que l'industrie des télécommunications est vite devenue une affaire de gros sous. Dès le départ, les communications téléphoniques et télégraphiques sont en effet devenues l'enjeu d'un monopole. La stratégie monopoliste d'AT&T se solde d'ailleurs – en 1909 – par le rachat de la Western Union, la compagnie télégraphique américaine avec laquelle, à la suite d'un procès, la compagnie Bell avait dû établir un compromis commercial.

« À la fin du XIXe siècle, les États-Unis sont donc largement en tête avec un coefficient d'un appareil pour 60 habitants. Ce sont aussi leurs fabricants de matériel téléphonique qui tissent le premier réseau multinational de production et de ventes. L'International Western Electric, filiale de Western Electric, elle-même propriété d'AT&T, s'installe en Grande-Bretagne, en Belgique, en Espagne, en France, aux Pays-Bas, en Italie, en Norvège, en Pologne, en Australie, en Chine et au Japon. (En 1925, à la suite d'une action anti-trust, elle cédera ce réseau à International Telegraph & Telephone, ITT, fondée en 1920; elle ne reprendra pied à l'étranger qu'en 1982 à la faveur précisément de la déréglementation[82].) »

Mais, il ne faudrait pas croire que le taux de pénétration et le développement des usages des machines à communiquer sont, à travers le monde, partout pareils. Par exemple, il y a un fort contraste entre les pays industrialisés et les pays dits en développement. De même, au sein des pays industrialisés, il existe des différences notables, des différences qui remontent parfois au tout début de l'histoire des machines à communiquer. L'exemple du téléphone est parmi les plus probants. « Alors que les États-Unis possédaient déjà 31 000 postes au début des années 1880, l'Europe dans son ensemble n'atteignait pas les 2 000 unités, la France n'en possédant aucun[83]. »

Le téléphone est, dès ses origines, un indice du déséquilibre qui se précise dans le développement des technologies médiatiques et du type d'appropriation sociale qui se met en place. De manière générale, deux groupes de pays se distinguent, l'un réunissant les États-Unis, le Canada et la Suède où le téléphone a une bonne longueur d'avance, distançant nettement la France et la Belgique, tandis que la Grande-Bretagne, l'Allemagne et la Suisse conservent une position médiane. Des choix politiques, surtout dans le cas de la France et de l'Angleterre qui préfèrent les postes et le télégraphe, expliquent cette carte qui ne semble pas avoir de lien direct avec la répartition des richesses à l'époque. Elle démontre bien le clivage existant entre, d'une part, la domination de l'entreprise privée aux États-Unis, au Canada et en Suède et, d'autre part, l'Europe où l'État garde encore un contrôle serré sur les appareils de communication et qui semble ainsi privilégier l'écrit à la parole. D'ailleurs, l'expansion réelle en Europe devra attendre les années 1950, car le téléphone n'y est pas indispensable comme outil social ni pour le commerce[84].

---

82. Armand Mattelart, *op. cit.*, p. 21-22.
83. Pascal Griset, *op. cit.*, p. 18.
84. Patrice Flichy, *op. cit.*, p. 131.

Mais il ne s'agit ici que de pays industrialisés. Le téléphone ne sortira guère de l'Amérique du Nord et de l'Europe avant longtemps. Contrairement au téléphone, la technologie des pays industrialisés, le télégraphe pénètre rapidement le tiers monde en suivant les routes de la colonisation. La carte de la téléphonie mondiale montre déjà comment les technologies médiatiques sont loin d'être également réparties, mais aussi comment elles sont déjà l'instrument de l'exploitation de nations plus démunies. De plus, on assiste déjà à la création de monopoles tantôt industriels tantôt étatiques ou encore à une répartition géographique des marchés entre plusieurs monopoles. En effet, dès le début des réseaux de télécommunications, on constate que « les formes historiques d'implantation selon lesquelles chacun de ces nouveaux circuits d'échange va s'insérer dans les diverses sociétés sont annonciatrices de questions qui se prolongeront le siècle suivant[85] ».

En fait, les télécommunications sont déjà un bon indicateur du déséquilibre mondial qui ne cessera de s'accroître tout au long du XXᵉ siècle dans l'appropriation des technologies médiatiques.

---

85. Armand Mattelart, *op. cit.*, p. 11.

Les techniques de transmission du son : de la TSF à la radiodiffusion

3.1 Introduction

Il a été dit que les recherches sur les débuts du cinéma parlant avaient trouvé leur origine du côté des expériences menées dans le cadre de la radiocommunication et en particulier, de la radiodiffusion. Lorsqu'on délaisse le cinéma sonore de la fin des années 1920 pour regarder cette fois du côté de la radiodiffusion, on se trouve en effet face à un phénomène qui a déjà pris une ampleur considérable. Non seulement s'agit-il là d'une rapide progression des technologies de la transmission du son dans le prolongement des recherches sur le téléphone, mais aussi des débuts d'un nouveau média de masse : la radio.

Le télégraphe électrique a profité des nombreuses recherches sur l'électricité, puis les expérimentations sur le télégraphe ont mené par des chemins divers à la création de la téléphonie. Il en est pour ainsi dire de même pour ce qui est du télégraphe sans fil (TSF) puis, de la radiotélégraphie et enfin, de la radiophonie, résultats d'une longue lignée de recherches techniques qui allaient peu à peu affranchir la télégraphie des contraintes matérielles et terrestres des fils, et de surcroît lui donner la parole. La radiophonie, et plus tard la télévision, se présente d'ailleurs comme une synthèse de plusieurs découvertes de la seconde moitié du XIXe siècle, en fait plusieurs expérimentateurs de divers horizons de la sphère technicienne internationale convergent vers une même invention, celle de la transmission de la voix sans fil.

Mais nul n'aurait pu alors prédire de quelle façon les paroles allaient se déplacer dans l'espace. Pour ce faire, il faut attendre le tournant du XXe siècle et l'une des découvertes scientifiques les plus marquantes de l'histoire des technologies médiatiques, soit la propagation des ondes électromagnétiques et leurs applications en radiotélégraphie, en radiotéléphonie puis, plus tard, en radiodiffusion.

Le principe fondamental de la radiodiffusion repose donc sur l'existence d'ondes électromagnétiques. Celles-ci se propagent dans l'air sur de grandes distances et sont susceptibles d'être captées grâce à des radioconducteurs. Les travaux de Heinrich Hertz, d'Edouard Branly, de James Maxwell, et de plusieurs autres chercheurs scientifiques sont à l'amorce de l'évolution de cette nouvelle technologie médiatique.

3.2 Genèse de la TSF : la découverte des ondes électromagnétiques

La technologie de la télégraphie sans fil (TSF) prend naissance au sein même de la recherche scientifique. Comme nous l'avons déjà vu dans le contexte des recherches sur le télégraphe, les apports de chercheurs dont Oersted, Ampère, Faraday et d'autres, dans l'expérimentation et la compréhension du phénomène de l'électricité, sont sans aucun doute décisifs dans la mise au point d'un système capable de transmettre à distance, sans l'aide de fils, des informations.

Le physicien et chimiste anglais Michael Faraday démontra que si un courant électrique peut créer des effets magnétiques, à l'inverse un aimant est en mesure de produire un courant électrique. Il est donc envisageable d'induire un courant dans un circuit en déplaçant, par rapport au premier, un autre circuit lui-même parcouru par un courant[1].

Puis, suivant les traces de ses précurseurs, dont Faraday, le mathématicien anglais James Clerk Maxwell (1831-1879), professeur à Cambridge, découvre, durant les années 1860, le rayonnement des ondes électromagnétiques, en cherchant notamment à comprendre pourquoi les lignes télégraphiques accusent une perte de courant en fonction de la distance.

Maxwell propose, en 1864, une théorie générale de l'électromagnétisme, en démontrant mathématiquement, dans son célèbre ouvrage *La théorie dynamique du champ électromagnétique*, l'existence des ondes électromagnétiques dont il prouve la parenté avec la lumière et par conséquent avec les « ondes lumineuses » qui se propagent dans l'espace à la vitesse de 300 000 km à la seconde. Il suggère qu'il peut y avoir des rayonnements de même nature, mais de longueur d'onde appartenant à la gamme du spectre électromagnétique invisible à l'œil.

Cette théorie d'ensemble du champ électromagnétique présente l'existence d'ondes de force électrique et une théorie électromagnétique de la lumière. Ces thèses sont fondamentales et paradigmatiques de la physique du XIXᵉ siècle. Il écrira sa théorie sur le caractère ondulatoire de la lumière et celle sur l'électricité et le magnétisme.

---

1. Par ailleurs, ses recherches le conduiront à construire entre autres le premier moteur électrique.

Mais il revient au physicien allemand Heinrich Hertz (1857-1894) de mettre en évidence les ondes électromagnétiques. En effet, sur la base des théories de Maxwell, Hertz réussit, en 1887, à les produire et à les détecter. Tout en confirmant leur existence, il en retrace les propriétés, « pareilles à celles des ondes lumineuses : interférence, réflexion, réfraction, polarisation, diffraction[2] ». Ainsi, était-il prouvé que l'électricité, tout comme la lumière, pouvait se déplacer dans l'atmosphère. Ces ondes électromagnétiques, qu'on appellera d'ailleurs plus tard les *ondes hertziennes*, Hertz n'a pourtant jamais eu l'idée de les utiliser pour la transmission de signaux de communication.

FIGURE 3.1 **Le spectre électromagnétique**

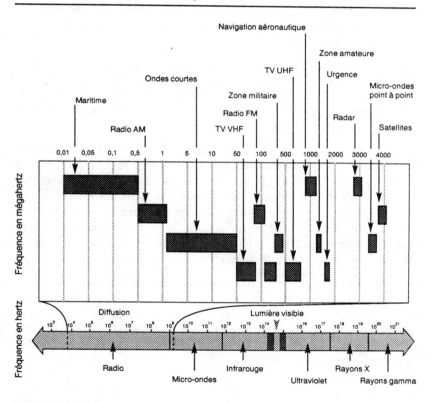

Source.– D'après Lubar, *InfoCulture*, p. 238.

---

2. Marianne Bélis, *Communication : des premiers signes à la télématique*, p. 143.

Une fois que l'existence des ondes électromagnétiques fut prouvée mathématiquement, il faut non seulement trouver le moyen de les détecter, mais aussi s'appliquer à les utiliser, c'est-à-dire à construire les instruments capables d'émettre et de capter ces vibrations à longue distance.

Le premier détecteur d'ondes électromagnétiques appelé « cohéreur », aussi connu sous le nom de radioconducteur, est réalisé en France, en 1890, par Édouard Branly (1844-1940), professeur de physique à l'Institut catholique de Paris. Le cohéreur est composé d'un tube de verre contenant deux électrodes. Celles-ci sont séparées par un peu de limaille de fer mis sous tension électrique, dans ce cas-ci il est relié à une pile. Cet ensemble se comporte normalement comme une résistance. Toutefois, sous l'influence des ondes électromagnétiques, la cohésion des particules métalliques contenues dans le cohéreur se modifie et entraîne la variation du courant qui le traverse.

Le phénomène produit fait en sorte que chaque grain de limaille semble se souder l'un à l'autre sous l'effet des étincelles microscopiques provoquées entre ceux-ci par les ondes électriques. Ainsi, sous l'effet d'une étincelle électrique, le tube à limaille devient alternativement conducteur et isolant[3].

Branly effectue plusieurs expériences avec ce tube à limaille, et démontre que ce dispositif peut être sensible à l'action d'étincelles électriques sur une vingtaine de mètres et même à travers les murs de son laboratoire. Le détecteur d'ondes mis au point par Branly est pendant bon nombre d'années un élément essentiel des expérimentations à venir. En 1892, le physicien William Crookes confirme que les vibrations électromagnétiques ont la propriété de traverser divers milieux tels que les murs ou le brouillard.

Si l'effet Branly n'a pas aidé à approfondir les connaissances en physique et n'a pas servi directement à la confection d'un instrument de mesure, il sera en revanche très utile aux expériences du physicien anglais Lodge. En 1894, Sir Oliver Lodge (1851-1940), professeur à l'université de Liverpool, invente un récepteur d'ondes hertziennes avec un tube à limaille qu'il appelle lui aussi cohéreur, en améliorant le dispositif de Branly. Il utilise le mouvement d'horlogerie d'un enregistreur morse afin de supprimer périodiquement la conductibilité du tube acquise sous l'effet des ondes hertziennes. Le récepteur de Lodge n'a d'autres fonctions que

---

3. Marianne Bélis, *loc. cit.*

pédagogiques, afin d'illustrer de façon claire l'existence des ondes hertziennes. Par ailleurs, Lodge fut « le premier à percevoir les ondes électromagnétiques en laboratoire à une distance[4] de 34 m en 1894 ». Lodge élucide ainsi le fonctionnement des ondes électromagnétiques, montrant notamment le parti qu'on peut tirer de la syntonie, c'est-à-dire l'accord des longueurs d'onde entre un émetteur et un récepteur, dispositif qui améliorera grandement la réception.

Par la suite, en 1895, le Russe Alexandre Stepanovich Popov (1852-1906), professeur de physique à l'école supérieure de Kronstadt, part, lui aussi, du cohéreur de Branly pour entreprendre ses expériences. Il présente devant la société russe de physique et de chimie « un appareil constitué par un cohéreur propre, lié à un paratonnerre (la première antenne de réception), un relais, une batterie électrique et une sonnerie ». Appelé par Popov « enregistreur de perturbations atmosphériques », il est pour ainsi dire le premier récepteur d'ondes électromagnétiques. En effet, il peut détecter les décharges électriques produites dans l'atmosphère à de grandes distances, ce qui constitue en soi un bon moyen de déceler les orages électriques[5].

Le physicien russe réalise de très courtes transmissions et conçoit une antenne extrêmement simple, un câble tendu dans une position surélevée dont l'une des extrémités était reliée au cohéreur, l'autre à la terre. En 1896, dans l'amphithéâtre de physique de l'université de Petersbourg, Popov fait la démonstration de son dispositif. Il transmet alors par télégraphie sans fil à 250 m, les mots « Heinrich Hertz », en code morse. À peine un an plus tard, le physicien réussit à transmettre des signaux par télégraphie sans fil entre deux bateaux situés à une distance de 5 km l'un de l'autre[6].

En définitive, tous les éléments nécessaires pour la radiotransmission sont en place dès la fin du XIXᵉ siècle : la découverte de l'existence des ondes électromagnétiques ainsi que les moyens de les produire et de les capter sur une base expérimentale. Il s'agissait dès lors de produire une installation de télégraphie sans fil, à partir de ces éléments certes précieux mais encore trop disparates, et de la commercialiser en constituant des réseaux. Ce à quoi s'appliquera l'Italien Guglielmo Marconi.

4. Pierre Albert et André-Jean Tudesq, *Histoire de la radio-télévision*, p. 8.
5. Marianne Bélis, *op. cit.*, p. 144.
6. Marianne Bélis, *ibid.*

3.3 La découverte de Marconi : le produit d'une synthèse

Dès la fin du XIXe siècle, les principes de la télégraphie sans fil sont ébauchés. La démonstration par Hertz de l'existence des ondes électromagnétiques est accomplie en laboratoire sur une distance de quelques mètres à peine entre l'émetteur et le transmetteur. Même chose avec Popov dont les expérimentations s'établissent sur de courtes distances, déjà plus appréciables. Prenant connaissance des travaux de Hertz, Branly et Lodge de même que de la théorie de Maxwell, Guglielmo Marconi (1874-1937) tente de rassembler les résultats de ces expérimentations et d'en faire la synthèse pour développer son propre appareil, mais cette fois en visant de plus longues portées de transmission.

Marconi, né en 1874 à Bologne, de père italien et de mère irlandaise, étudia à Bologne, à Florence et à Livourne. Il voulut mettre en pratique la communication sans fil, en utilisant un transmetteur, un récepteur et une antenne afin de raccorder ces deux appareils par l'intermédiaire de l'éther. Probablement la découverte la plus importante fut justement ce raccordement d'un fil entre une borne du transmetteur et une antenne.

Durant l'année 1894-1895, le jeune Marconi, encore étudiant, parvint à démontrer la possibilité d'établir des liaisons au moyen des ondes hertziennes, en transformant celles-ci selon les caractéristiques de l'alphabet du code morse, qui est devenu alors d'usage universel dans le domaine de la télégraphie. À la Villa Grifone, la résidence de ses parents, il réussit à transmettre sans fil des signaux en morse sur une distance de 2 400 mètres. Son objectif est de construire un dispositif capable d'accroître la distance de propagation des ondes.

Mais un problème persiste. Comment faire en sorte que le récepteur puisse distinguer les ondes électromagnétiques provenant simultanément de plusieurs stations émettrices et maintenir son raccordement? La solution vient d'Angleterre. Sir Oliver Lodge développe au même moment le principe de la « syntonie » : il s'agit d'accorder le poste récepteur sur la fréquence désirée à l'aide d'un circuit formé d'un condensateur et d'une bobine. L'importance de l'invention fut immédiatement saisie par Marconi qui l'intégra à son installation.

Marconi, aidé de sa famille, voit très rapidement à la commercialisation de son équipement. Sa mère, d'origine écossaise-irlandaise, vient d'une prospère famille de brasseurs. Elle vit tout de suite le potentiel commercial de la communication sans fil. Les Marconi s'adressent d'abord au gouvernement italien qui ne démontre aucun intérêt pour l'invention. Puis, ils se tournent vers la Grande-Bretagne où Marconi s'installera en 1896.

Dès son arrivée à Londres, Marconi prononce une première conférence publique sur la transmission sans fil de signaux. Il fit une démonstration concluante devant le ministre des postes et du service télégraphique du General Post Office. Aussi, le 2 juin 1896, Marconi dépose son premier brevet pour la création d'un système de télégraphie sans fil. Afin de prouver définitivement le fonctionnement de son système, il se rend ensuite à Salisbury Plain, monte une antenne sur un cerf-volant et réalise une transmission sur une distance d'environ sept kilomètres[7]. En 1897, Marconi reprend l'expérience au-dessus du canal de Bristol et réussit à établir une liaison d'une quinzaine de kilomètres.

Entre-temps, la démonstration de la TSF fut suffisamment convaincante pour que le British Post Office, responsable de la télégraphie par fil, se dise très intéressé par le dispositif de Marconi et propose d'en acheter les droits. Mais, trouvant l'offre du gouvernement britannique peu satisfaisante, Marconi fonde à Londres, le 20 juillet 1897, une compagnie privée, la Wireless Telegraph and Signal Company, à partir de fonds ramassés avec l'aide de sa famille. En mars 1900, cette compagnie est rebaptisée la Marconi's Wireless Telegraph Company. Marconi lui vend alors ses brevets et en devient l'ingénieur en chef.

Toujours en Angleterre, dès 1896, à la demande de l'Amirauté britannique, le capitaine Henry Jackson met lui aussi sur pied un système de TSF destiné à la navigation. L'année suivante, Marconi et Jackson ne tardent pas à unir leurs efforts pour construire des équipements radio adaptés aux communications maritimes[8].

En 1898, Marconi établit la première liaison « across the English Channel » et commence à équiper des bateaux avec l'appareillage de TSF. À l'instar des divers autres modèles de télégraphie, la TSF suscite rapidement l'intérêt des militaires. D'ailleurs, la même année, l'armée britannique commande un premier équipement à Marconi, dans le cadre de la guerre des Boers. Dès 1903, l'Amirauté signe avec lui un contrat de coopération lui permettant d'avoir accès à l'ensemble des brevets de Marconi. Par la suite, en 1909, celui-ci s'attèle à la construction du réseau de l'Empire

---

7. Gilles Willett, *De la communication à la télécommunication*, p. 101.
8. Patrice Flichy, *Une histoire de la communication moderne*, p. 141 et 142.

britannique : un réseau composé de dix-huit stations très puissantes implantées dans différents lieux stratégiques[9].

Toutefois, Marconi ne se borne pas à l'usage militaire de la TSF. L'usage marchand l'intéresse et avec raison. En 1900, Marconi avait formé une nouvelle compagnie, la Marconi International Marine Communications. Il élabore un système de transmission sans fil répondant à la demande de la compagnie d'assurance maritime Lloyds de Londres à partir de 1901, faisant ainsi de la transmission entre navires le premier usage social de la TSF. Finalement, en 1907, toutes les grandes lignes maritimes transatlantiques de la Lloyds sont équipées de radios Marconi. « En passant de la communication maritime à la communication terrestre, la TSF passe d'un domaine où elle est le seul média possible à un secteur où elle est une alternative à une technique plus ancienne, le câble sous-marin[10] ». En 1901, 100 stations radio fonctionnaient déjà, les deux tiers issues des ateliers de la marine à partir des plans de Jackson, et un tiers de la compagnie Marconi[11].

Toujours, en 1901, Marconi établit enfin le premier contact transatlantique grâce à la technologie de la TSF. Un message traverse pour la première fois l'Atlantique entre Saint-Jean, Terre-Neuve, au Canada, et Poldhu, à la pointe sud-ouest de Cornouailles en Angleterre[12]. Comme dans ses autres expérimentations, Marconi utilise une antenne de réception composée d'un fil de 120 m de long attaché à un cerf-volant. « Marconi et son assistant ont attendu des heures, scrutant l'horizon, la venue des trois signaux, représentant en code morse, la lettre S. Enfin, à midi trente, à la date mémorable du 12 décembre 1901, Marconi a entendu dans un casque téléphonique, les trois signaux attendus. La transmission avait eu lieu sur la longueur d'onde[13] de 1 000 m. »

Du côté canadien, Marconi Wireless Telegraph Company, qui deviendra par la suite Marconi Canada, réussit à obtenir le monopole complet de la TSF au Canada. Et en décembre 1902, un service transatlantique commercial entre en fonction[14]. Il faut cependant attendre 1907 pour la création d'un service régulier « grand public »

---

9. Patrice Flichy, *op. cit.*, p. 142 et 145.
10. Patrice Flichy, *op. cit.*, p. 145.
11. Patrice Flichy, *op. cit.*, p. 142.
12. Gilles Willett, *op. cit.*, p. 37.
13. Marianne Bélis, *op. cit.*, p. 146.
14. Jean-Guy Rens, *L'empire invisible*, tome I, p. 287-288.

entre l'Irlande et le Canada. Cette liaison permanente sera étendue ensuite vers l'Europe, les États-Unis et l'Australie[15].

En plus de relier les deux continents, l'expérience de Marconi déjoue, sur le plan scientifique, la théorie selon laquelle la rotondité de la Terre empêcherait l'émission de messages sur de longues distances. L'expérience permet en effet de faire la preuve que les ondes électromagnétiques ne se propagent pas uniquement en ligne droite et qu'elles peuvent suivre la courbe terrestre. C'est d'ailleurs à peine un an plus tard, soit en 1902, que presque simultanément deux physiciens, l'Anglais Oliver Heaviside et l'Américain A. E. Kennely, avancent l'hypothèse de l'existence de l'ionosphère, fondée sur l'étude des transmissions transatlantiques de Marconi. Cette couche de la haute atmosphère est remplie d'ions – des molécules chargées électriquement sous l'action des rayons du Soleil – et elle réfléchit les ondes radioélectriques comme un miroir, permettant ainsi un large rayon d'action avec des puissances faibles à l'émission[16].

Une autre amélioration importante voit le jour à la même époque, il s'agit de l'invention par le physicien allemand Braun du détecteur à cristal pour la démodulation des oscillations de haute fréquence, ainsi que des circuits améliorés pour l'accord[17]. Marconi et Braun reçoivent simultanément le prix Nobel de physique en 1909 pour leur contribution au développement de la TSF.

Par ailleurs, très tôt, la firme Marconi établit son monopole sur la TSF dans plusieurs pays, là en fait où la télégraphie sans fil est particulièrement installée dans les communications maritimes. De plus, tant en Amérique du Nord qu'en Angleterre, les sociétés de télégraphie sans fil, filiales de la Marconi, tentent de développer le marché d'installation de postes mobiles sur les navires commerciaux. En effet, l'année précédente, en novembre 1899, avait été créée la Marconi Wireless Telegraph Company of America. Rapidement, d'autres filiales de la Marconi furent ouvertes en France, Argentine, Russie, Espagne, Australie, etc. Comme ce fut le cas dans les autres domaines vus jusqu'ici, l'industrie naissante de la TSF devient vite affaire de monopole. D'ailleurs, en 1912, soit après avoir créé sa filiale américaine, l'American Marconi achète

---

15. Pierre Albert et André-Jean Tudesq, *op. cit.*, p. 9.

16. Marianne Bélis, *loc. cit.*

17. Marianne Bélis, *ibid.*

l'United Wireless, sa principale concurrente, acquérant définitivement une position monopoliste[18].

L'entreprise voit aussi à élargir son marché et surtout à renforcer son monopole en fabriquant elle-même les appareils, en construisant ses propres stations d'émission terrestres, enfin, en assurant la transmission des messages, les marconigrammes, en plaçant ses propres opérateurs sur les navires équipés de son système. Marconi devient ainsi l'exploitant d'un véritable réseau. « En 1903, son réseau comptait 45 stations côtières couvrant la terre entière et trois stations à grande puissance en Grande-Bretagne, aux États-Unis et au Canada (station de Glace Bay), ce qui ne comprenait pas les installations militaires[19]. »

Le monopole mondial de Marconi sur TSF était tel, dans la marine marchande en particulier, que « tout navire en perdition signalant sa position au moyen d'appareils non construits par la Marconi se voyaient opposer une fin de non-recevoir... » Cet abus de monopole prit le nom de « marconisme[20] ». Aussi, le monopole de Marconi, qui a permis à ses entreprises d'étendre et de consolider leur marché, semble de plus en plus remis en cause compte tenu de l'importance que prend la TSF en regard de la sécurité maritime.

Une conférence tenue à Berlin en octobre-novembre 1906, réunissant les représentants de 29 pays, décréta « la fin du marconisme ». Il fut en fait décidé que tous les postes, quel que soit l'équipement utilisé, devaient pouvoir correspondre entre eux, et ce, à partir du 1er juillet 1908. Il s'agit d'une date marquante pour la coopération internationale dans le domaine de la radiotélégraphie. Ce consensus est à l'origine de l'Union radiotélégraphique internationale et de la signature d'une convention régissant principalement les questions d'interférences et de répartition du spectre électromagnétique. D'ailleurs, c'est lors de cette conférence que sont choisies les lettres SOS – en morse : trois points, trois traits, trois points – pour la signalisation d'un appel de détresse[21].

Mais la radiotélégraphie, comme d'autres technologies avant elle, ne demeure pas à l'usage exclusif des militaires et des marchands. Par exemple, en 1913, il existe déjà, en Europe, « 330 stations de TSF ouvertes au public, pour l'envoi de radiogrammes

18. Patrice Flichy, *op. cit.*, p. 145.
19. Jean-Guy Rens, *op. cit.*, p. 288.
20. Patrice Carré, *op. cit.*, p. 72.
21. Jean-Guy Rens, *ibid.*, p. 289.

aux bateaux ou pour relier des régions isolées aux réseaux télégraphiques classiques[22] ».

3.4 De la radiotélégraphie à la radiotéléphonie

Pendant que l'on transpose soit des messages écrits par télégraphe avec ou sans fil, soit des sons par l'entremise du téléphone, l'espoir persiste toujours de pouvoir un jour transmettre des sons sans la contrainte des fils. Ce sont des chercheurs du nom de Fessenden et de De Forest qui continueront à expérimenter la radiotéléphonie et surtout à lui donner l'essor technologique qui lui était indispensable.

Reginald Fessenden (1866-1932) est d'origine canadienne. Émigré aux États-Unis, il travaille au laboratoire d'Edison mais est remercié lors d'une réorganisation de l'entreprise en 1890. Pendant les dix années suivantes, il est consultant pour la compagnie Westinghouse, enseigne le génie électrique à l'université de Pittsburg, avant de travailler pour le Bureau de la météo du ministère de l'Agriculture américain, pour lequel il tente d'établir un système de communication sans fil pour la livraison des bulletins météorologiques. C'est dans le cadre de ce dernier travail que Fessenden développe sa plus importante contribution à la technologie de la communication sans fil et ultimement de la radiodiffusion en général. Il démontre la supériorité des ondes continues (*CW*) sur les oscillations produites par les transmetteurs à étincelles (*spark transmitters*) employés jusque-là pour émettre des signaux[23].

En 1902, ayant laissé le Bureau de la météo, il fonde sa propre compagnie, la NESCO (National Electric Signalling Company) avec l'appui de deux financiers de Pittsburg. La compagnie aura une vie relativement courte, minée par une mauvaise administration et la difficulté de Fessenden et de ses partenaires à s'entendre sur une stratégie commerciale. Si cette compagnie avait été d'abord fondée pour la radiotélégraphie, l'universitaire canadien et ancien collaborateur d'Edison expérimente également la radiotéléphonie et même la radiodiffusion.

La veille de Noël 1906, utilisant l'alternateur d'Alexanderson, un alternateur de haute puissance, il réussit à transmettre la lecture qu'il fait d'un poème puis un solo de violon qu'il exécute lui-même,

---

22. Pierre Albert et André-Jean Tudesq, *op. cit.*, p. 10.
23. Andrew F. Inglis, *Behind the Tube*, p. 49.

à partir d'une station émettrice située à Brant Rock au Massa-chussets, en direction de bateaux légèrement au large. Cette trans-mission sur 18 km fait de Fessenden le premier homme dont la voix transita par les ondes. Cette première émission radiophoni-que surprit sûrement les opérateurs de Marconi à bord des navi-res, habitués qu'ils étaient à recevoir dans leurs écouteurs uni-quement des signaux composés de points et de traits. Il répétera l'essai, en juillet 1907, lors d'une transmission[24] sur 300 km.

Il restait toutefois à améliorer la précision des ondes électroma-gnétiques pour en accroître la portée. Ce que rendra possible la *solution électronique*. En effet, dans les premières années de la TSF, les inventions se succèdent rapidement afin d'améliorer et perfectionner le système d'émission et de réception du dispositif Marconi. La télégraphie sans fil profite, comme le téléphone, des percées en matière d'électronique, notamment la fabrication des lampes à vide, premiers composants électroniques. C'est la dé-monstration de l'existence du « rayonnement cathodique » qui est à la base des travaux ayant mené à la création d'un tube électro-nique capable de produire un courant électrique et d'en assurer l'amplification.

D'ailleurs, le point tournant de l'évolution de la radiocommunication est sans aucun doute l'invention des lampes à tube. D'abord, Ambrose Fleming développe la lampe à deux électrodes, puis c'est au tour de l'Américain Lee De Forest d'inventer la triode.

L'ingénieur anglais John Ambrose Fleming (1849-1945), profes-seur d'université et conseiller de Marconi, fut au nombre des cher-cheurs qui permirent la réalisation de ces composantes en recher-chant un détecteur plus sensible des signaux radio. Pour cela, il s'inspire d'anciens travaux menés par Edison qui, en 1884, tra-vaillant sur les lampes à incandescence, avait mis en évidence l'effet thermoélectrique.

Fleming réalise vers 1904 un tube électronique doté de deux élec-trodes : une diode destinée à remplacer le cohéreur comme détec-teur d'ondes électromagnétiques. Une cathode, échauffée par le passage d'un courant électrique émet des électrons : ce qui pro-duit l'effet Edison. En ajoutant une deuxième électrode, une pla-que de métal, il dirige le flux d'électrons de la cathode vers la plaque, lorsque celle-ci est chargée positivement. Il est possible d'interrompre le flux, cette fois en chargeant la plaque négativement.

---

24. Pierre Albert et André-Jean Tudesq, *op. cit.*, p. 9.

La diode se présente donc comme une sorte de porte ou de valve (*Fleming valve*) laissant passer, ou au contraire interrompant, le flux électronique[25]. Ce tube a la capacité de détecter des ondes électromagnétiques.

Quelques années plus tard, l'Américain Lee De Forest (1873-1961) met au point, en 1906, la triode ou « Audion » – un tube à trois électrodes, une de plus que la lampe de Fleming. Il crée ainsi un dispositif de réception du signal électrique qui, placé avec des circuits appropriés, permet de construire un oscillateur haute fréquence, un amplificateur et un modulateur. Enfin, sont réunis tous les éléments constitutifs d'un émetteur ou d'un récepteur radio. Désormais, il remplacera l'arc à étincelles comme générateur d'ondes électromagnétiques, permettant ainsi de transmettre la voix sur les ondes.

De Forest marque la véritable naissance de l'ère électronique. Selon Griset, l'invention de la triode est l'élément clé du développement de la technologie de la radio et des télécommunications et elle valut à De Forest le titre de l'« un des innovateurs les plus importants du siècle[26] ». Il déposa le brevet de la triode le 29 janvier 1907. Même si Lee De Forest est une figure marquante de ce début de siècle dans le domaine de la communication sans fil, contrairement à Marconi, il ne conçoit pas de stratégie de mise en marché et le développement de la radio lui échappera.

Il a pourtant fondé l'American De Forest Wireless Telegrah Company en 1901 avec l'homme d'affaires Abraham White. Malgré quelques succès au départ, la compagnie s'avère à la longue peu ou pas rentable. Comme nous l'avons souvent constaté, la guerre des brevets demeure un phénomène récurrent dans l'évolution des technologies médiatiques. D'une part, Fleming avec son brevet déposé en 1904 et De Forest, en 1906, vont rivaliser à coup de procès, retardant ainsi pendant plusieurs années un véritable essor industriel de la production de ces composants électroniques[27]. D'autre part, De Forest est accusé d'utiliser des procédés copiés sur les brevets de Marconi. Ne pouvant trouver les sommes qu'il avait été condamné à verser, il s'enfuit d'abord au Canada pour être ensuite exclu de sa propre compagnie une fois de retour à New York[28].

---

25. Pascal Griset, *Les révolutions de la communication XIXᵉ-XXᵉ siècle*, p. 12.
26. Pascal Griset, *ibid.*, p. 13.
27. Pascal Griset, *ibid.*, p. 13.
28. Patrice Carré, *op. cit.*, p. 74.

Par la suite, il essaie de nouveau de se lancer en affaires mais cette fois dans le domaine de la radiodiffusion. De Forest est probablement le premier à considérer sérieusement l'utilisation de la communication sans fil pour transmettre des programmes directement vers la population en général. En 1907, il forme la Radio Telephone Company qui s'engage dans une forme embryonnaire de radiodiffusion. Grâce aux relations de la famille de sa femme, il trouve des commanditaires en France, et il est en mesure en 1908 d'installer une antenne sur la tour Eiffel pour la radio-transmission d'un programme de musique, une liaison entre la tour Eiffel et Villejuif, une banlieue de Paris.

Plus tard, il retransmet une série d'émissions à partir du Metro-politain Life Insurance Tower à New York, dans lesquelles on peut entendre le célèbre chanteur italien Caruso. Sa nouvelle compagnie fait faillite en 1909, mais il se jette de nouveau dans l'aventure commerciale avec la North American Wireless. Il tente, en 1910, de faire une transmission en direct du Metropolitan Opera House de New York afin de promouvoir l'achat d'actions de son entreprise, mais en vain. Il devient salarié de la Federal Telegraph Company. En 1915, il retouche à la radiodiffusion, s'adressant cette fois plus particulièrement aux amateurs. L'entrée en guerre des États-Unis met toutefois un terme à son entreprise car ces derniers sont priés de cesser toute opération de radiotransmission dès 1917.

En 1918, l'ingénieur américain invente le principe de la super-hétérodyne, mécanisme qui permet le changement de fréquence et qui se retrouvera dans tous les récepteurs. C'est également lui qui explore en radiocommunication la « modulation de fréquence » qui améliore la qualité de la transmission[29].

Finalement, même si l'invention de Lee De Forest est capitale pour le passage de la télégraphie sans fil à la radiocommunication, il n'aura pas le même succès que Marconi qui, fort du capital familial, avait réussi à faire lui-même, avec succès, la mise en marché de son invention.

3.5 De la radiocommunication à la radiodiffusion

Les nouvelles technologies qui allaient transformer la radio-communication en radiodiffusion étaient enfin disponibles. En 1906, Fessenden diffusait de la voix et de la musique à partir d'un

---

29. Marianne Bélis, *op. cit.*, p. 147.

transmetteur sans fil utilisant des ondes continues. Dans la même année, Lee De Forest inventait son « audion » qui permet de puissantes transmissions et une réception radio à domicile.

Dorénavant, il est impossible d'aborder la radiodiffusion sans faire un lien entre la mise en place de ce type de réseau technique et le développement des premières technologies électroniques. La radiodiodiffusion devient une réalité le jour où la performance des tubes à vide est acquise, dans les années 1920, période durant laquelle les premières stations de radio commenceront à émettre sur une base régulière. Ces inventions allaient d'une certaine manière paver la voie à la radiodiffusion commerciale.

Si, jusque-là, la radiocommunication s'est calquée sur les modèles de la télégraphie puis du téléphone quant à l'utilisation de la bidirectionnalité des systèmes d'émission et de réception, la technologie de la radiophonie allait, elle, créer une rupture de ce modèle, avec la mise en place de liaisons essentiellement unidirectionelles. Ainsi, l'histoire des télécommunications par ondes et celle de la radiodiffusion commencent à diverger à partir du début[30] des années 1920. Contrairement au domaine de la téléphonie qui pris un certain temps à se démocratiser, ayant été à ses débuts un phénomène réservé aux couches sociales les plus fortunées, la radiophonie fera une percée massive dans la population, en affichant un taux de pénétration constant.

Même si la radiodiffusion est encore souvent considérée comme un moyen de communication, il s'agit davantage d'un moyen de diffusion. Les technologies médiatiques de la radiodiffusion que sont la radio et la télévision appartiennent, comme le terme l'indique, à la catégorie des moyens de diffusion. C'est-à-dire que la transmission des signaux se fait par voie hertzienne et est à sens unique, d'un émetteur vers un récepteur ou un ensemble de récepteurs. La radiophonie regroupe des techniques de diffusion d'émissions destinées à être reçues directement par des personnes ou des groupes de personnes au moyen d'appareils récepteurs.

Déjà, en 1881, le théâtrophone de Clément Ader préfigure le modèle de la radiodiffusion : « [...] quelques théâtres étaient reliés, par fils, à des récepteurs qui furent installés, d'abord, dans certains lieux publics, et ensuite chez des particuliers[31] ». Cette invention, présentée à l'Exposition d'électricité de Paris, est en quelque sorte l'ancêtre de la radiodiffusion, c'est-à-dire le modèle d'un

---

30. Pour converger à nouveau à partir des années 1960 à l'ère des satellites, puis des nouveaux réseaux télématiques.
31. Francis Balle et Gérard Eymery, *Les nouveaux médias*, p. 15.

réseau composé d'un point de diffusion orienté vers une multiplicité de points de réception. Paradoxalement, il s'agissait de l'un des premiers usages publics du téléphone, mais on sait déjà l'orientation prise par cette technologie médiatique, axée sur la communication point à point.

La radiodiffusion profite de l'essor de l'industrie électronique, elle-même progressant au fur et à mesure de l'augmentation du nombre des usagers potentiels. Ces derniers iront en grandissant au moment de l'implantation du modèle commercial de diffusion de masse qui caractérisera la radio. La radiodiffusion est à la jonction de plusieurs traditions : celle des télécommunications, de l'industrie de masse et de la presse. Elle y trouvera son économie définitive.

Avec la radiodiffusion, c'est en définitive un nouveau modèle de communication qui s'élabore. Les ondes hertziennes principalement utilisées jusque-là pour la communication point à point – le modèle de la télécommunication développé dans le domaine de la téléphonie et de la radiocommunication – vont servir à la diffusion élargie à une multitude d'auditeurs. Mais, par le fait même, les récepteurs perdent à moyen terme leur rôle potentiel d'émetteur. L'interchangeabilité des rôles allait devenir chose du passé. Et de 1920 à 1930, au gré du progrès des technologies électroniques, les appareils de réception deviennent plus accessibles, plus petits, et enfin munis de haut-parleurs favorisant l'écoute collective.

3.6 Les premiers jalons de l'industrie électronique

Durant les vingt premières années du XXᵉ siècle, la technologie de l'émission radio est essentiellement électrique. Suivant les pays, il existe bien un certain décalage dans l'adoption des différents appareillages, mais il est possible d'en repérer trois modèles : « l'appareil à étincelles, puis à arc, enfin les alternateurs à haute fréquence[32] ». Chaque type de système se veut une amélioration du précédent.

L'émetteur à étincelles ressemble au montage expérimental de Heinrich Hertz. Il produit « des ondes « amorties » nécessitant une large bande de fréquence et entraînant de nombreux parasites. Avec ce type d'ondes très peu d'émetteurs pouvaient être utilisés simultanément[33] ».

---

32. Pascal Griset, *op. cit.*, p. 14.
33. Pascal Griset, *ibid.*

C'est le Danois V. Poulsen qui, en 1908, rend pour la première fois un émetteur à arc opérationnel. Cet émetteur permet d'augmenter la fréquence et la production d'ondes « entretenues », d'où la capacité d'assurer des liaisons à très longue distance. Puissants, ils étaient toutefois très coûteux d'installation.

« Ce type de matériel assura les liaisons transatlantiques durant la Première Guerre mondiale alors que les câbles étaient pour la plupart coupés. Ainsi, les liaisons radio purent prouver leur fiabilité et leur rentabilité. En effet, la pose d'un câble transatlantique entraînait des investissements plus lourds que la construction d'une station de télégraphie sans fil. La nouvelle technique donnait ainsi à des pays comme la France et les États-Unis l'opportunité d'échapper à l'hégémonie des câbles sous-marins britanniques[34]. »

Les alternateurs à haute fréquence composent la dernière génération d'équipement de radiocommunication électrique. À partir du début des années 1920, ces appareils rendent possibles les premières liaisons réellement commerciales sur de très longues distances, notamment des transmissions outre-atlantique. Ce type d'émetteurs fut élaboré d'une part, par l'Américain E. Alexanderson au sein des laboratoires de la General Electric et de l'autre, par R. Goldschmidt, en Allemagne. Du point de vue français, ce sont J. Béthenod et M. Latour qui produisent pour la Société française radioélectrique, un modèle qui combine robustesse et haute performance.

Du côté du récepteur radiophonique, plusieurs percées technologiques sont nécessaires avant d'en faire un produit de consommation de masse. La technologie de référence était bien entendu l'audion de De Forest. Dès 1912, celui-ci montre que ce tube peut produire des oscillations, c'est-à-dire qu'il génère des ondes continues. Pratiquement au même moment (1912-1914) Edwin Armstrong, Irving Langmuir, Alexander Meissner et Robert Goddard découvrent le même principe, c'est-à-dire qu'il est possible de mettre de la voix ou de la musique sur la fréquence porteuse de la radio. De plus, la technologie du tube à vide (*high-vacuum technology*) développée dans les laboratoires de Bell Telephone ainsi qu'à la General Electric et dans d'autres centres de recherches vont considérablement perfectionner la lampe électronique.

Ces nouvelles technologies du récepteur radio viennent compléter le système global de radiodiffusion. Les postes à galène (*crystal sets*) développés pour la technologie sans fil par G. W. Pickard et

---

34. Pascal Griset, *loc. cit.*

H. C. Dunwoody sont appliqués pour la détection de la transmission de la voix. Le système de détection hétérodyne, développé par Fessenden pour la technologie sans fil dès 1901 sert à Edwin Armstrong lorsqu'il développe, vers 1917-1920, des circuits capables de convertir les signaux en fréquences intermédiaires amplifiées. Le récepteur dit régénérateur, conçu par Armstrong en 1914, constitue le point fort de l'industrie de la radio car il permet de facilement usiner des récepteurs sensibles à bon prix. D'autres systèmes d'amplification de fréquence radio font également leur apparition durant cette période de transition vers la radiodiffusion. Il y eut à cette époque des batailles épiques pour faire breveter pratiquement toutes ces technologies, les unes après les autres, elles contribuent à leur manière à implanter la radio dans l'univers de la consommation de masse[35].

Si la Première Guerre mondiale donne l'occasion d'éprouver la performance de la transmission hertzienne dans des liaisons sur de longues distances, elle profite également à l'essor de la production et de l'utilisation des tubes à vide. Ces composantes entrent dans la fabrication des émetteurs à courte portée que les différentes armées utilisent, particulièrement pour la réception. Ce qui conduit à une industrialisation de la TSF. Par exemple, AT&T, American Marconi et General Electric, après avoir réglé un conflit de propriété industrielle, doivent enfin collaborer à la confection de 80 000 lampes pour répondre à la demande militaire.

Par contre, les premières liaisons outre-mer sont réalisées avec des puissances d'émission très faibles, sur ondes courtes, par des radios amateurs. Ces fréquences avait été négligées par les grands entrepreneurs de la radiocommunication, Marconi et consorts. Ce n'est que plus tard, que Marconi, ayant pris connaissance des premiers succès des radios amateurs, se lance, au milieu des années 1920, dans l'exploitation commerciale des ondes courtes. La preuve était faite, encore une fois, de la supériorité de la technologie électronique sur l'électricité dans la transmission radio.

C'est ainsi qu'à partir des années 1920, le domaine de l'électronique devient une industrie en soi. Et c'est à partir de cette période que celle-ci prend son plein essor. D'autant plus que de nouvelles méthodes de fabrication permettent d'obtenir un vide de plus en plus poussé et d'utiliser des métaux plus performants pour la fabrication des électrodes. Les performances des tubes à vide vont de pair avec leur succès commercial, c'est-à-dire en grandissant.

---

35. Steven Lubar, *InfoCulture*, p. 215.

Il y a une forte demande pour des appareils fiables, puissants et d'une longue durée de vie. Par exemple, l'emploi du tungstène recouvert d'oxyde de baryum, à partir de 1925, par les compagnies Westinghouse et Philips, augmente non seulement les propriétés des lampes mais également leur durée de vie. L'ajout d'électrodes donna entre autres naissance à la pentode (cinq électrodes) qui possède des coefficients d'amplification supérieurs.

De nouveaux tubes font également leur apparition, grâce à la technique du scellement verre-métal, mise au point par les laboratoires Bell en 1922. Une fois le vide fait, il devient possible d'introduire un gaz dans le tube. C'est le cas de la triode à gaz – thyratron – conçue dans les laboratoires de la General Electric par les chercheurs A. Hull et E. Langmuir. Cette lampe ouvrit la voie à de nouvelles applications : elle se retrouvera entre autres dans les premiers calculateurs électroniques et les premiers systèmes de télévision électronique[36].

L'industrie n'hésite donc pas à mettre très vite sur le marché des montages jusqu'alors expérimentaux, car l'électronique rime d'ores et déjà avec la commercialisation de la radiodiffusion. Cette autre industrie naissante demande en effet de plus de plus d'appareils d'émission, mais aussi davantage de réception. D'ailleurs, plus de 100 millions de lampes de réception furent fabriquées dans le monde en 1930. C'est ainsi que l'équipement des ménages s'est rapidement étendu. De 50 000 postes récepteurs en 1921, on passe en moins d'une décennie à près de 10 millions d'appareils en 1929. Les constructeurs adaptent leur production à une demande en pleine progression. Ils ont tôt fait de profiter de l'engouement. En 1939, plus de 9 millions d'appareils furent ainsi fabriqués[37].

L'électronique participe aussi à la guerre des puissances que se livrent très tôt les premières stations de radio. La puissance des lampes d'émission augmente de façon fulgurante. La puissance des premiers appareils opérationnels est faible, atteint les 50 W en 1917, puis, dès 1920, elle dépasse les 250 W, le kilowatt est atteint en 1922, mais la portée ne dépasse guère 5 km. L'augmentation constante de la puissance des appareils occasionna des problèmes d'échauffement qui furent toutefois résolus par des systèmes de refroidissement à eau. À partir de 1924, un modèle de 8 kW fut employé par la Marine nationale. En 1927, General Electric produit un appareil capable d'une puissance[38] de 100 kW. Par la

36. Pascal Griset, *op. cit.*, p. 15.
37. Pascal Griset, *ibid.*, p. 22.
38. Pascal Griset, *ibid.*, p. 15.

suite, on trouve des postes à lampes d'abord fonctionnant au moyen de piles, puis pouvant être branchés sur le courant du secteur. Les puissances d'émission grimpent alors à 100, 500 et 1 000 kW pour atteindre facilement aujourd'hui[39] les 50 000 et 100 000 kW.

L'essor de la radiodiffusion a une incidence certaine sur l'industrie manufacturière des fabricants de radios. Les premiers appareils sont souvent vendus sous forme de plans que les amateurs assemblent eux-mêmes. En 1923, quelque 5 000 fabricants de récepteurs à assembler soi-même ont réalisé des ventes atteignant les 136 millions de dollars. Les fabricants d'appareils radio ont de la sorte connu une expansion très rapide marquée toutefois par certaines turbulences. En effet, il était aisé pour n'importe qui possédant quelque connaissance et un peu d'argent de concevoir un récepteur radio, d'en acheter les parties, d'engager des travailleurs et de mettre un nouveau produit sur le marché. Parmi les firmes qui ont été fondées entre 1923 et 1932, 594 n'ont pas survécu une année complète. Seulement onze fabricants ont œuvré pendant plus de douze ans. En 1930, Zenith, Atwater-Kent, RCA-Victor, Stromberg-Carlson et Philco dominaient l'industrie. Ces entreprises œuvraient dans des domaines relativement connexes tels que les systèmes d'allumage de voiture, les batteries, etc. En 1933, neuf fabricants contrôlaient, à eux seuls, 74 % des parts de marché alors que 122 firmes se partageaient les quelque 26 % restants[40].

Les premiers fabricants de radio font face à une industrie non apprivoisée où l'expansion est suivie de faillite, où la compétition féroce engendre de petits profits. On surproduit à de faible coûts mais le surplus doit être vendu à rabais. Les profits des fabricants de radio proviennent de ces ventes plutôt que des avancées technologiques. La technologie de base de l'industrie de la radio à cette époque est simple, très connue et facilement accessible pour les fabricants. On publie les diverses conceptions de l'appareil et il est difficile de conserver des secrets dans une industrie où les roulements de personnel sont nombreux et le produit lui-même très facile à analyser. Quelques fabricants produisent leurs propres tubes et la plupart les achètent du même manufacturier. La clé du succès réside dans l'économie d'échelle et non pas dans les connaissances technologiques.

---

39. Gilles Willett, *op. cit.*, p. 136.
40. Steven Lubar, *op. cit.*, p. 216-217.

Dans un premier temps, les fabricants connaissent un essor rapide mais la grande dépression frappe fort et inverse la tendance. Les ventes chutent de 40 % en 1930 et entraînent même, au cours de la décennie, une diminution de la qualité des appareils. Durant la dépression, les gens préfèrent un prix modique à la haute fidélité. Aussi, les fabricants doivent se mettre à la recherche de nouveaux créneaux afin d'écouler leur surplus.

Un de ces créneaux est l'automobile. Toutefois, l'auto-radio, comme on l'appellera, se bute très vite à de nombreux obstacles. D'abord, la plupart des gens estiment que la conduite d'une voiture constitue déjà en soi une activité dangereuse et qu'il est risqué d'y ajouter une distraction supplémentaire. De surcroît, l'installation elle-même est alors problématique et coûteuse. Ces problèmes sont néanmoins résolus rapidement et en 1934, 700 000 radios d'automobile sont vendues pour atteindre en 1940, les 7,5 millions[41]. C'est également à partir de ce moment que la radio mobile fait son entrée à titre d'application spécialisée aux fins de communication entre les véhicules de la police.

La technologie pour l'émission des signaux demeure de beaucoup plus complexe que celle qui en assure la réception. L'antenne directionnelle, puis l'amplificateur à rétroaction négative, développé par H. S. Brown en 1927 dans le cadre de travaux sur la téléphonie, figurent parmi les jalons importants de la technologie radiophonique d'alors.

3.7 De l'amateurisme au modèle Sarnoff de la radiodiffusion

Contrairement à ce qu'on peut penser, ce ne sont pas les grands manufacturiers de l'électronique qui sont au premier plan de l'essor populaire de la radiodiffusion. C'est plutôt la pratique amateur qui fait lentement basculer la radio de la télécommunication point à point à la diffusion. Car c'est la prise en charge de la radiodiffusion par les amateurs qui fournit les premiers auditoires et les premiers professionnels. En effet, alors que son utilisation n'est pas encore soumise à une réglementation rigide, les amateurs se passionnent pour la radiocommunication qui, à l'instar de la photographie à son stade artisanal, demande quelques habiletés techniques. Selon Patrice Flichy, « la TSF apparaît comme le

---

41. Steven Lubar, *op. cit.*, p. 218.

moyen d'une libre communication instantanée ». Aussi, à partir de 1906, la pratique amateur se développe considérablement. Déjà, en 1917, plus de 8 500 autorisations d'émission sont distribuées et le parc de récepteurs est estimé à environ 125 000, à travers les États-Unis[42]. Toutefois, durant la Première Guerre mondiale, la TSF devient exclusivement une affaire militaire, la radio amateur étant interdite.

En 1922, il existe pas moins de 15 000 stations émettrices aux États-Unis, pour la plupart gérées par des amateurs passionnés, rejoignant un auditoire d'environ 250 000 personnes. Ces amateurs sont en majorité de jeunes hommes, pour qui la radio est un média de communication instantané et interactif, pour prendre un qualificatif aujourd'hui à la mode. Pour certains, c'est un simple passe-temps, pour d'autres par contre, il s'agit d'un service public. On assiste ainsi à la radiodiffusion épisodique de nouvelles et de musique destinées à d'autres amateurs « sans-filistes » sans espoir d'une quelconque rétroaction.

Au lendemain de la Première Guerre mondiale, c'est évidemment aux États-Unis que l'activité radiophonique apparaît être la plus effervescente au monde. Il faut dire que les entreprises américaines de matériel radioélectrique, puis d'électronique, ont été largement favorisées durant le conflit, ayant eu à produire une quantité phénoménale de lampes pour les équipements de radiocommunication militaire.

Aussi, n'est-ce pas étonnant que la seconde génération de promoteurs de la radiophonie soit composée des fabricants de matériel radioélectrique, qui veulent profiter de l'engouement déjà suscité par la vague amateur pour vulgariser et populariser leurs techniques. Aussi, s'effectue la mise en place de la production industrielle et de la commercialisation de récepteurs domestiques.

Dans la même veine, on comprend mieux que ce soit David Sarnoff, un ingénieur américain, ancien responsable technique de l'American Marconi, qui mette sur pied le premier plan de développement économique de la radiodiffusion. En effet, Sarnoff fut un des premiers à développer une vision globale de ce que la radio devrait être. Il écrit en 1915 que la radio peut avoir une utilité domestique au même titre que le piano ou le phonographe. Les récentes améliorations dans la technologie de la radio, affirme-t-il, signifient que tous pourraient posséder une « boîte de radio musicale » (*radio music box*). Ce projet a pour but de transformer la radio en

---

42. Patrice Flichy, *op. cit.*, p. 152.

bien de consommation domestique et tel que l'avait fait le piano ou le phonographe, apporter de la musique dans les foyers.

Sarnoff poursuit son argumentation en soulignant que : « l'appareil-récepteur pourrait être conçu pour différentes longueurs d'onde, lesquelles pourraient être changées en pressant sur un commutateur ou un simple bouton[43] », évidemment sans avoir à recourir à des fils télégraphiques. Cette boîte à musique n'offrirait pas seulement un contenu de divertissement mais également la retransmission d'une partie de baseball, des lectures et des événements nationaux. Cela intéresserait aussi les fermiers, poursuit Sarnoff, et tous ceux qui habitent loin des villes, car ils pourraient écouter des concerts, des récitals, de la musique et tout autre événement se produisant dans une ville à proximité. L'idée de la programmation radiophonique était née.

Pourtant, l'idée de Sarnoff, considérée dans un premier temps comme farfelue, n'aboutit nulle part. La Compagnie Marconi œuvre alors dans la télégraphie sans fil à des fins de navigation maritime, pas dans la radiodiffusion auprès de larges auditoires. Entre-temps, RCA, dont sont actionnaires AT&T et General Electric, rachète les actifs de l'American Marconi à la fin de 1919. Sarnoff, devenu gestionnaire commercial pour la RCA, en profite pour relancer son idée. Les directeurs de l'entreprise lui accordent seulement 2 500 $ pour explorer le projet. RCA avait été fondée, elle aussi, pour la radiotélégraphie et non pas la radiodiffusion. Le rêve de Sarnoff allait bientôt se réaliser, mais il ne sera pas le premier.

C'est plutôt à Frank Conrad que revient ce titre, un ingénieur de la Westinghouse, qui depuis 1916 effectue déjà en amateur des radiodiffusions depuis son domicile de Pittsburg. À la demande de son employeur, il installe son émetteur dans les bureaux de l'entreprise, créant ainsi la première station de radio commerciale : KDKA, dont la diffusion quotidienne à partir du 2 novembre 1920 connaît un rapide succès. En cette journée d'élections présidentielles, la station assure un reportage exclusif sur l'élection de Warren G. Harding, le candidat républicain. Pour la Westinghouse, qui a acquis une expérience de production de récepteurs militaires durant la Première Guerre, la radiodiffusion représente certes une bonne occasion de recycler ses activités, en lançant en même temps sur le marché un récepteur domestique civil.

La Westinghouse, s'appuyant sur la compétence de Conrad, multiplie, à partir de 1921, le nombre de ses stations. Même mouvement

---

43. Steven Lubar, *op. cit.*, p. 213.

du côté de la RCA. Dès ce moment, aux États-Unis, le nombre de radios croît de manière fulgurante et du coup leur concurrence. Si, en 1922, il n'existe que cinq stations commerciales, elles sont déjà 556 stations en 1923, et au nombre de 578, en 1925. En 1929, ce nombre s'élève à 606. Si la crise économique de 1929 crée un net fléchissement dans la croissance du domaine radiophonique, il n'en demeure pas moins que dès le milieu des années 1930, le nombre de stations émettrices recommence à augmenter pour atteindre, en 1944, les 962 stations, dont une cinquantaine émettent déjà en modulation de fréquence, c'est-à-dire sur la bande FM.

À la fin des années 1930, aux États-Unis comme un peu partout dans le monde, la TSF est devenue définitivement la radio et, de sans-fillistes qu'étaient les amateurs de radio, ils sont devenus carrément des auditeurs. Le nouveau média possède déjà toutes les caractéristiques du modèle de radiophonie qui s'est imposé jusqu'à aujourd'hui et qui en ont fait une activité industrielle et commerciale. D'ailleurs, même si les premières stations avaient été gérées par des journaux, des magasins locaux, des églises et des gouvernements, en 1933, la moitié des stations était la propriété des manufacturiers de radio et le cinquième par des vendeurs de radio.

Du côté canadien, c'est Marconi Canada qui lance à Montréal XWA en 1919, dont l'indicatif devient CFCF l'année suivante. Il s'agit de la première station de radio à émettre de façon régulière au Canada. Il faut attendre 1922 pour que la radio commerciale connaisse son envol avec notamment, à Montréal, les débuts de CKAC, la première station francophone au pays. Il y aura également à la même époque, soit en 1923, la création du réseau de radiophonie de la CN qui est considéré comme l'embryon du service public de Radio-Canada. Dans cette première phase de la radiophonie, les auditeurs sont peu nombreux et bien souvent construisent eux-mêmes leurs appareils de réception, à partir de kit. Ce sont des appareils chers et assez volumineux, « alimentés par des batteries dont l'acide avait la fâcheuse tendance de trouer les tapis[44] ». L'écoute se pratique individuellement à l'aide d'écouteurs. Au Québec, un magasin à rayons comme Dupuis frères vendait des kits d'assemblage de récepteur tandis que le journal *La Presse*, propriétaire de CKAC, éditait des articles expliquant la fabrication des récepteurs radio.

---

44. Pascal Griset, *op. cit.*, p. 16.

Mais, dès cette époque, le problème du financement des émissions surgit. Qui doit payer pour la radio? Jusque-là, ce sont les industriels des matériels qui payent pour les programmes. Quand ce ne sont pas les universités, les églises et d'autres organisations sans but lucratif comme ce fut le cas dans les premières stations.

Ainsi, certains favorisent un financement public, d'autres estiment que les fabricants doivent contribuer directement au financement de l'activité radiophonique. D'autres, encore, proposent l'instauration d'une taxe sur la vente des appareils afin de financer les radiodiffuseurs. Ce système de redevance fut d'ailleurs adopté par plusieurs pays européens.

C'est alors que se démarquent deux grandes conceptions du financement des programmes et pour ainsi dire deux cultures distinctes. Ce qui allait produire le clivage entre ce qu'on appellera le *radio group* (RCA/General Electric/Westinghouse qui constitue alors un véritable oligopole) et le *telephone group* (les compagnies de téléphone avec AT&T en tête). La première conception repose sur la taxation des récepteurs, elle est proposée par Sarnoff, devenu directeur général de la RCA; l'autre vision provient en particulier d'AT&T, dont l'idée est de faire payer les auteurs des messages comme ils le font dans l'usage du téléphone. Les constructeurs sont davantage préoccupés par la taille des auditoires et le nombre d'appareils vendus, il faut donc que les programmes soient assez attractifs pour stimuler l'achat d'équipement domestique. Les opérateurs de télécommunications envisagent, eux, des messages commandités et plus spécialement l'organisation d'un réseau (*network*) à l'échelle du territoire national[45].

De chaque côté, on démarre des activités. L'AT&T – qui se retirera de la RCA en 1923 pour contourner les lois antitrust – lance, dès le mois d'août 1922, une première station à New York et dès mars 1923, ses émissions sont patronnées par 25 sociétés. Au même moment, est lancée la station de la RCA dont le financement s'appuie essentiellement sur la vente de temps d'antenne à des publicitaires.

Un compromis entre ces deux tendances est toutefois trouvé à partir de 1926. C'est ainsi qu'avec la création de la NBC (National Broadcasting Company) par le regroupement RCA/General Electric/Westinghouse, le modèle de la radio commerciale prend définitivement forme : une programmation nationale, structurée dans une grille cohérente et articulée au financement publicitaire. NBC veille à la gestion et à la programmation des nombreuses stations

---

45. Patrice Flichy, *op. cit.*, p. 157.

rachetées par RCA, tandis que AT&T assure les liaisons entre celles-ci. Un an plus tard, plusieurs stations indépendantes se regroupent dans ce qui allait devenir le deuxième réseau d'importance, le Columbia Broadcasting System (CBS), renforçant du même coup le modèle commercial américain du *network*.

La publicité fait donc son apparition à la radio à peu près au même moment que la première radiodiffusion nationale. Plutôt que de mettre en place une super station pouvant émettre à l'échelle nationale – ce qui implique de sérieux problèmes techniques – la solution consiste à relier plusieurs stations par le biais de lignes téléphoniques, ce que fait AT&T, afin de pouvoir livrer les programmes aux diverses stations affiliées au réseau.

Cependant, la publicité n'est pas tout de suite considérée comme une possibilité intéressante. Les propriétaires de station pensent que les auditeurs fermeront leur poste lors des pauses publicitaires. De plus, il est impossible de démontrer aux acheteurs de temps d'antenne quel est le profil de l'auditoire et surtout d'en évaluer la taille. Pourtant, les réseaux réussissent finalement à vendre de la publicité en évoquant un argument incontournable. La radio est maintenant au cœur de la vie familiale, au centre du foyer et les publicitaires comprennent que le « home sweet home » est le lieu par excellence pour rejoindre les consommateurs.

L'émergence simultanée de la publicité et des réseaux n'est pas une coïncidence. Les produits de marque nationale demandent une exposition publicitaire nationale. Enfin, les liaisons téléphoniques sont très chères et seules les recettes de la publicité peuvent couvrir les frais inhérents à un pareil système en réseau. La radio nationale permet donc à des millions d'auditeurs d'entendre les mêmes nouvelles, la même musique et, surtout, les mêmes publicités en même temps. En revanche, la radio locale se distingue par une programmation plus diversifiée.

La prolifération des stations radiophoniques est telle aux États-Unis qu'elle oblige tôt ou tard l'État à intervenir. De plus, l'entente qui avait créé la compagnie RCA en 1919 donna du même coup à AT&T les droits exclusifs de construction des émetteurs radio. La crainte d'un monopole sur la radiophonie et l'industrie électronique incite les gouvernements à imposer une réglementation de la radiodiffusion, à allouer les fréquences et à limiter le pouvoir des radiodiffuseurs. Aussi avec le Radio Act de 1927, est créée la Federal Radio Commission (FRC) pour gérer la répartition des fréquences. Puis avec le Communications Act de 1934, est mise sur pied la Federal Communications Commission qui succède à la première.

Au Canada et au Québec, c'est autour de la même période que les premières réglementations sur la radiodiffusion sont mises en application : c'est-à-dire les lois sur la radiodiffusion de 1932 et de 1936, la première dotant la radiodiffusion d'un organisme de surveillance, la seconde donnant naissance à la Société Radio-Canada. Mais, la radiodiffusion canadienne est un système hybride, d'une part constitué d'un secteur public et nationalisé à la britannique et d'autre part d'un secteur privé et commercial à l'américaine.

En 1930, en Amérique du Nord, la TSF est définitivement devenue le média radiophonique. Et le modèle commercial s'est imposé comme la voie royale du profit publicitaire. Seulement pour l'année 1930, la publicité radio représentait déjà aux États-Unis un chiffre d'affaires de 60 millions de dollars[46].

3.8 La guerre et l'après-guerre de l'électronique

Tout comme les autres conflits avaient eu une incidence sur le développement des technologies médiatiques, la Seconde Guerre mondiale modifie l'industrie de la radio. L'effort militaire eut comme effet de diminuer considérablement la production civile tandis que les usines commencent à produire d'énormes quantités de matériel militaire. Ce matériel représente, entre autres, une somme sans précédent de composants électroniques fournis par les fabricants d'appareils radio. Par exemple, un char d'assaut nécessite à lui seul des composants électroniques d'une valeur de 5 000 $ alors qu'un bombardier en contient pour 50 000 $. Les demandes militaires excèdent nettement la capacité de production d'avant-guerre, aussi la main-d'œuvre doit-elle passer de 110 000 à 560 000 employés. Les ventes d'appareils radio[47] passeront de 240 millions en 1941 à 4,5 milliards en 1944.

D'énormes ressources scientifiques sont mobilisées par le National Defense Research Committee dès 1940 afin de développer des programmes de recherche militaire dans différentes universités. Ces programmes mettent l'accent sur l'électronique et les armes anti-sous-marins à l'université Colombia, sur le radar au MIT (Massachussets Institute of Technology), sur le radar et la radio à Harvard et sur les calculatrices électroniques à l'université de

46. Pierre Albert et André-Jean Tudesq, *op. cit.*, p. 16.
47. Steven Lubar, *op. cit.*, p. 228.

Pennsylvanie. Le fruit de ces recherches universitaires et de ces inventions sera rapidement mis à profit par les entreprises qui jusque-là fabriquaient presque uniquement des appareils radio.

Ainsi, la guerre transforme l'industrie de la radio en industrie de l'électronique, créant ainsi de nouveaux fondements scientifiques qui marqueront les décennies à venir. En effet, déjà à la fin des années 1940 et au tournant des années 1950, l'industrie de la radio connaît une croissance de quatre à cinq fois supérieure à l'économie américaine en général. Malgré l'essor de nouvelles possibilités technologiques, la guerre en avait empêché la commercialisation et la demande civile en matière de produits électroniques fut en quelque sorte refoulée. Des dizaines de nouveaux produits firent donc simultanément leur apparition à la fin du conflit de sorte que la radio qui comptait pour 90 % des ventes de l'industrie vers 1930 ne compte plus que pour 20 % des ventes[48] en 1950.

La radio commerciale devait aussi s'adapter au contexte suscité par les nouvelles technologies issues de la recherche à des fins militaires. L'essor de la télévision va gruger la place traditionnelle de la radio dans les foyers et elle devra donc se trouver un nouveau rôle. Par conséquent, le contenu des émissions va changer, le nombre de stations locales et régionales augmenter et l'hégémonie des réseaux commencer à progressivement s'effriter.

La reproduction sonore, d'abord grâce à la gravure du cylindre, puis par la suite du disque, a précédé et préparé le terrain de la radiophonie. Déjà les foyers sont familiers avec les programmes sonores préenregistrés et l'édition audiographique s'est établie en véritable industrie du divertissement. Si, au début, la radiodiodiffusion fut un moment envisagée comme une concurrente de l'industrie du disque, il est vite ressorti de ce rapport à première vue ambiguë une relation très intense : la radio a autant besoin de disques pour sa programmation que l'industrie du disque compte sur la radio pour promouvoir ses ventes. D'ailleurs, il fut un temps où systématiquement le vendeur de disques faisait aussi la vente d'appareils radio[49]. C'est aussi dans cette perspective que doivent être envisagées la nouvelle technologie du magnétophone ainsi que l'amélioration des enregistrements sonores qui orienteront à leur façon la vocation de la radio. Le chanteur Bing Crosby est un pionnier à cet égard. Il enregistre des émissions dès 1947 avec le magnétophone, en Californie, et expédie ensuite l'enregistrement à New York pour sa radiodiffusion (voir aussi le chapitre 7).

---

48. Steven Lubar, *op. cit.*, p. 229.
49. Andrew F. Inglis, *op. cit.*, p. 18.

La musique enregistrée par magnétophone menace les réseaux radiophoniques car n'importe quelle radio locale peut désormais survivre avec des enregistrements et des disques, contrairement à l'époque, où on faisait appel à des musiciens en studio pour assurer la programmation musicale. En 1945, 95 % des stations de radio AM sont des stations réseaux tandis qu'en 1960, il n'en reste plus que le tiers. La publicité locale surpasse la publicité en réseau dans les années 1950. La stratégie change. Certaines publicités nationales sont mises entre les mains de courtiers en placement média qui achètent du temps d'antenne dans chacune des stations locales ou régionales afin de s'assurer d'une couverture nationale.

Le contexte d'écoute de la radio change également. La radio n'est plus la reine de la salle de séjour. La télévision a pris sa place dans la plupart des foyers de sorte que la radio est désormais partout, dans la chambre à coucher, la cuisine, dans la voiture, etc. En fait, on l'écoutera seul ou avec d'autres, peu importe l'endroit, car c'est à cette époque qu'apparaît la radio transistor.

3.9 La radiophonie à l'ère du transistor

À la charnière des années 1940 et 1950, deux innovations majeures transforment la technologie radiophonique : l'invention du transistor et le développement de la modulation de fréquence (abréviation internationale : FM).

La triode de Lee De Forest en 1906 a été incontestablement une véritable révolution dont les applications se sont révélées considérables. Un peu plus de 40 ans plus tard survient l'invention du transistor (*transfer resistor*), c'est-à-dire un système à trois électrodes pouvant amplifier les signaux et de ce fait susceptible de remplacer les tubes. Malgré des progrès constants, les capacités de la lampe triode et de ses nombreux dérivés étaient restées relativement limitées. Mais avant les années 1940 il est impensable de développer le transistor, tant les matériaux utilisés sont impropres à sa fabrication et leur teneur en impuretés naturelles trop élevée.

À la suite de la Seconde Guerre, d'importants progrès ont été faits dans la connaissance des matériaux semi-conducteurs et particulièrement du germanium et du silicium. Un semi-conducteur est un élément qui possède des caractéristiques à mi-chemin entre un corps parfaitement conducteur de l'électricité comme le cuivre ou le fer, et un corps parfaitement isolant de l'électricité tel que le verre, le bois ou la silice. Le silicium, semi-conducteur, est un des composés de la silice, c'est-à-dire du sable, qu'on brûle à plus de 1 300 °C.

Par ailleurs, les laboratoires américains de Bell rassemblent les conditions matérielles et intellectuelles nécessaires à des recherches plus poussées. Ainsi, à la fin de 1947, une équipe de chercheurs dirigée par les Américains John Bardeen (1908-1991), Walter Houser Brattain (1902-1987) et William Shockley (1910-1989) met au point le transistor à pointe au germanium.

Avant la guerre, les physiciens Brattain et Shockley ont travaillé à remplacer les tubes à vide par une plaquette solide de semi-conducteur afin d'améliorer les échanges dans les systèmes à commutation du téléphone. Avec la guerre, ils ont été amenés à travailler à d'autres projets. Les militaires étaient notamment intéressés par les possibilités du semi-conducteur pour les détecteurs de radar. Après la guerre, les laboratoires Bell continuent la recherche dans ce sens, ce qui amène Brattain et Shockley ainsi que John Bardeen à collaborer. L'invention du transistor fut brevetée et présentée au public le 30 juin 1948.

Il s'agit certes d'une découverte exceptionnelle, mais dont la technique de fabrication est encore difficile et coûteuse. La caractéristique majeure des transistors est leur capacité de répondre à de faibles variations de courants par des variations beaucoup plus fortes. Ils seront donc utilisés comme amplificateurs. Avec ses deux électrodes délicatement positionnées, le premier modèle de transistor rappelait par son architecture la triode. Par la suite, Shockley l'améliore et en 1951 il présente un transistor beaucoup plus compact appelé transistor à jonction.

Le transistor est fort prometteur car il favorise la miniaturisation. En outre, il exige moins d'énergie et est plus efficace. Dès que les laboratoires Bell annoncent publiquement l'invention, des dizaines d'entreprises envahissent ce marché, les lois antitrust américaines empêchant Bell de se l'approprier totalement. En 1957, on retrouve 850 types de transistors en provenance de 22 firmes, pour un total de 28 millions de transistors ayant une valeur de 68 millions de dollars. Afin d'illustrer la progression foudroyante de ce marché, il suffit de mentionner que cinq ans plus tard, 41 fabricants produisent 4 500 types de transistors pour un total de 258 millions de transistors d'une valeur dépassant les 300 millions de dollars[50].

---

50. Steven Lubar, *op. cit.*, p. 234.

Le secteur militaire s'approprie une grande partie du stock des transistors afin de s'assurer une suprématie militaire dans le contexte de la guerre froide. La non-fiabilité des tubes à vide incite les militaires à investir en recherche et développement dans le transistor. En 1955, 35 % des ventes de semi-conducteur est destiné au gouvernement puis près de 50 % en 1960. Le transistor fait tout de même lentement son entrée dans le marché civil. Le premier modèle de radio portable à transistor est commercialisé en Amérique à partir de 1954, par Raytheon, au prix de 80 $. Deux ans auparavant, la compagnie Zenith mettait sur le marché le premier écouteur transistorisé (*transistorized hearing aid*).

Pour sa part, la compagnie Texas Instruments fait la conception de la première radio de poche, aussi en 1954. L'appareil est construit et mis en marché par la Regency Electronics d'Indianapolis et son coût est de 50 $, deux fois le prix d'un appareil radio conventionnel de table. Il fonctionne à piles. D'autres manufacturiers connus suivent avec la commercialisation de leurs propres modèles portatifs : Sony en 1955, Emerson en 1957 et Philco en 1959.

Les problèmes de production et les coûts élevés expliquent peut-être la lente immersion du transistor dans le marché de consommation. Mais cette situation allait être de courte durée. Bientôt le transistor permet de réduire les prix ainsi que de réduire la taille des appareils. De plus en plus, les gens écoutent la radio dans leur voiture, sur la plage et dans la rue. Déjà 25 millions de radios sont vendus en 1960. Des radios moins chères et ayant une plus grande portabilité contribuent à segmenter de plus en plus le marché de la radio.

Par ailleurs, le faible coût du transistor va aider les manufacturiers japonais, qui ont vite intégré la nouvelle technologie, à pénétrer petit à petit le marché nord-américain. Et si, jusqu'aux années 1950, il y a très peu d'appareils de radios et de télévisions importés vendus aux États-Unis, à peine dix ans plus tard, les Américains importaient 7,6 millions de radios, soit près du tiers des appareils vendus aux États-Unis[51] en 1960.

Autre preuve de l'importance considérable et rapide de cette innovation, en 1959 quelque 80 millions de radios transistors étaient recensées de par le monde. Du reste, la miniaturisation des appareils et conséquemment l'apparition du transistor provoquent un virage dans les habitudes d'écoute de la radio. L'écoute qui, jusqu'alors, était familiale, devant un poste fixe et volumineux

---

51. Steven Lubar, *op. cit.*, p. 235.

trônant dans les salons, se transforme en écoute individuelle lorsque la radio portative devient plus mobile et moins onéreuse. La mobilité du transistor conduit à l'individualité de l'écoute.

3.10 De la radio AM à la radio FM

Pendant les deux premières décennies de la radiodiffusion, les stations émettent uniquement en modulation d'amplitude (abréviation internationale : AM). Mais c'est grâce à la modulation de fréquence (abréviation internationale : FM) que la qualité des émissions s'améliorera très sensiblement. Les premières stations de ce type apparaissent aux États-Unis autour de 1940, en France vers 1954, au Canada, en 1946, notamment avec l'installation de quatre stations FM de Radio-Canada, deux à Montréal, une à Toronto et l'autre à Vancouver. Du côté de la radio commerciale, il faudra attendre le début des années 1960, avec la création du réseau FM de Radiomutuel avec la station CKMF comme tête de réseau. La station CFGL-FM de Laval est créée quant à elle en 1969.

Le principe de la radiodiffusion est l'émission dans l'éther d'une onde porteuse de la modulation, c'est-à-dire le signal sonore. En effet, la radio fonctionne d'abord en convertissant les ondes sonores produites par la voix dans un signal électrique qui est équivalent ou analogue à ces ondes sonores. Cela se fait par l'entremise d'un microphone comme c'est le cas pour le téléphone. Ensuite, ce signal électrique sert à moduler une autre onde électrique de haute fréquence qu'il est facile d'émettre et de recevoir. Il s'agit d'une onde *porteuse* sur laquelle les signaux seront transportés. C'est soit l'amplitude soit la fréquence de cette onde qui peut être modulée[52]. Deux procédés de modulation sont donc possibles, la modulation d'amplitude et la modulation de fréquence.

---

52. L'amplitude d'un signal est la valeur instantanée de ce signal durant un cycle. L'amplitude correspond à la valeur de la tension ou du voltage. La fréquence d'un signal est le nombre de répétitions ou d'apparitions de ce signal dans un intervalle de temps donné. La fréquence s'exprime en cycles par seconde (cps) ou en hertz (Hz). Dans le cas de la voix humaine, alors que la fréquence correspond à la qualité grave ou aiguë de la voix, l'amplitude se traduit par la force de la voix (du chuchotement au hurlement).

La fréquence de la voix humaine peut se comprendre à l'aide de l'exemple suivant : si on fait tourner à 33 tours par minute l'enregistrement d'un ténor sur un disque calibré pour restituer la voix à 45 tours par minute, la voix du ténor ressemblera à celle d'une basse, alors qu'elle aura par contre l'allure d'une voix de soprano si on fait tourner le disque à

Pour chaque type de modulation, le signal, AM ou FM, est amplifié et transmis par la voie des ondes hertziennes. Dans le procédé de modulation d'amplitude, le signal (de basse fréquence) se superpose à l'amplitude de l'onde porteuse (de haute fréquence). Dans le procédé de modulation de fréquence, l'amplitude de l'onde porteuse reste constante, mais sa fréquence varie à la cadence des signaux modulateurs. Le récepteur radio capte la fréquence entière (fréquence d'accord du récepteur), l'amplifie puis fait la démodulation du signal en soustrayant l'onde porteuse afin de retrouver le signal audio produit originellement par le microphone. Le signal est alors amplifié et diffusé à l'aide d'un haut-parleur reproduisant les ondes sonores transportées par le signal électrique, c'est-à-dire la voix ou la musique.

La radio AM utilise la *modulation d'amplitude*. L'émetteur superpose alors le signal du message – la voix ou la musique – sur l'amplitude de la plus haute fréquence du signal porteur. La radio AM diffuse sur des fréquences allant de 535 à 1 705 kHz, des fréquences plus élevées de 1 kHz qu'un signal typique (la fréquence de la voix) (1 kilohertz (kHz), c'est 1 000 hertz ou 1 000 cycles par seconde). Lorsque le signal sera capté par le récepteur, il devra être démodulé, c'est-à-dire détaché de sa porteuse. Autrement dit, le récepteur soustrait la fréquence porteuse constante et ce qui reste se trouve à être le message original. Chaque station radio est limitée à une bande de 10 kHz, ce qui signifie qu'elle peut radiodiffuser seulement des signaux allant jusqu'à 5 kHz. C'est une faible fidélité si l'on considère que l'oreille humaine peut entendre de 20 Hz à près de 20 kHz.

La radio FM utilise la *modulation de fréquence*. Le signal FM change la fréquence de la porteuse pour transporter l'information. La variation de la fréquence de la porteuse est proportionnelle à l'amplitude du signal. Quand le signal est à son maximum, la porteuse est environ 75 kHz plus élevé qu'à la normale et lorsqu'elle est à son minimum, elle devient plus faible de 75 kHz. La radio FM est de meilleure qualité que la radio AM parce que l'étendue des fréquences est beaucoup plus large en plus d'être moins affectée par la statique ainsi que par l'interférence entre les stations. La bande FM œuvre dans un espace du spectre plus étendu que la

---

78 tours. Notons aussi que la qualité du signal ou son intelligibilité dépend aussi des fréquences de transmission.

D'après *Téléinformatique et applications télématiques* (INF 5004), 1991, cours offert par la Télé-université sous la direction de Claude Ricciardi-Rigault, p. 12 et 15.

bande AM car lorsque le FM a été introduit dans les années 1930, la technologie de l'électronique pouvait aller chercher des fréquences beaucoup plus élevées qu'au moment de l'introduction du AM.

Les problèmes de la bande FM sont liés essentiellement à la rareté des fréquences disponibles, qui conduisent souvent à des brouillages entre émetteurs de fréquence voisine, et obligent à améliorer la sélectivité des récepteurs, c'est-à-dire leur capacité à séparer deux signaux contigus. D'ailleurs, dans la plupart des appareils récepteurs, un suivi automatique du type AFC (*Automatic Frequency Control*) corrige, dans des limites raisonnables, le niveau de réception de la fréquence porteuse pour mieux discriminer la fréquence recherchée.

Mais revenons un peu en arrière pour évoquer les débuts de la radiodiffusion par modulation de fréquence, mieux connue sous le sigle international FM. C'est un des pionniers de la technologie radiophonique, Edwin Armstrong, qui, en 1933, met au point la modulation de fréquence afin de combattre les problèmes d'interférence souvent éprouvés avec la modulation d'amplitude (AM). La modulation de fréquence permet une radiodiffusion de qualité nettement supérieure mais les radiodiffuseurs et les consommateurs doivent alors acheter de nouveaux appareils radio. Arsmstrong se battra pendant de longues années devant la Federal Communications Commission (FCC) pour que la radio FM devienne le standard de la radiodiffusion. En 1936, Armstrong demande à la FCC d'allouer une partie du spectre des fréquences aux radios FM. Au même moment, RCA veut aussi sa part du spectre pour implanter la télévision et utilise son influence politique pour l'obtenir au détriment de la radio à modulation de fréquence. Ce n'est qu'en 1940 qu'on lui alloue un espace raisonnable, une quarantaine de canaux répartis dans la zone des 42 à 50 MHz.

En 1940, démarre l'exploitation commerciale de la modulation de fréquence aux États-Unis. L'équipement est plus coûteux et de portée limitée mais il y a une augmentation notable de la qualité et de la fiabilité de la transmission. C'est General Electric qui fabrique les premiers émetteurs en modulation de fréquence. Vingt-cinq stations FM sont mises sur pied jusqu'à ce que la guerre vienne freiner cet essor. Durant la guerre, on constate l'efficacité du FM notamment dans les communications mobiles de type *walkie-talkie* et dans la détection radar.

Bien que vers la fin des années 1940, quelque 600 stations radio FM ont déjà été créées, celles-ci demeurent en compétition technique avec la nouvelle industrie de la télévision puisque cette dernière occupe sensiblement la même gamme de fréquences dans le spectre électromagnétique. Encore une fois, l'influence politique et commerciale de la compagnie RCA, appuyée par les radiodiffuseurs AM, porte fruit et force les stations FM à migrer vers un nouveau registre, celui situé entre les 88 et 108 MHz, tel qu'on le connaît aujourd'hui. En une seule nuit, tous les émetteurs et les récepteurs deviennent désuets et la radio FM connaît alors un déclin jusqu'au début[53] des années 1960. Même les publicitaires ne voulaient pas acheter du temps d'antenne des stations FM, croyant que personne ne les écoutait.

Aussi bien aux États-Unis qu'au Canada, la revitalisation de la radio FM dans les années 1960 s'explique par des raisons d'ordre réglementaire, culturel et technologique. Le FM a une qualité intrinsèque supérieure au AM et l'équipement de réception domestique est plus performant. De plus, en 1961, la radiodiffusion en stéréo est approuvée. Et dans les années 1960, c'est désormais le rock'n roll qui popularise la radio FM. Au fur et à mesure que l'enregistrement musical devient plus fin et plus complexe, la qualité du son FM s'avère nécessaire. Les publicitaires ont rapidement perçu l'engouement des jeunes pour le FM et les stations deviennent de plus en plus commerciales. Les années 1970 et 1980 marquent une segmentation plus prononcée de la radio FM, notamment par sa spécialisation dans des créneaux musicaux particuliers.

3.11 **Conclusion**

L'invention de technologies supportant l'émission de la voix « dans l'air » allait donc provoquer des changements profonds dans la manière dont on utiliserait dorénavant les ondes radio ainsi et surtout peut-être dans la façon dont les individus utiliseraient la radio. L'impact social et culturel allait être d'une portée décisive.

Ainsi, à partir des années 1920, dans le monde entier sont mis en place des stations de radiodiffusion. Le phénomène prend une ampleur extraordinaire, plus particulièrement aux États-Unis où l'industrie électronique profite des technologies développées durant l'effort de guerre déployé au cours de la décennie précédente.

---

53. Cela explique qu'au Canada et au Québec, après un premier essai de FM par le service public durant les années 1940, il n'y ait eu de véritable essor d'un réseau FM de type commercial qu'à partir des années 1960.

Comme ce fut le cas de certaines autres technologies médiatiques naissantes, la radiodiffusion est considérée comme simple amusement destiné à quelques amateurs passionnés. Elle deviendra en moins d'une décennie un véritable loisir. Pour ce faire, il aura fallu développer des procédés techniques ayant la capacité de transmettre régulièrement des émissions. La radio se professionnalisera, de nouveaux métiers verront le jour. La radio est devenue la technologie médiatique la plus répandue sur tous les continents, autant dans les pays industriels que dans les pays appartenant au « tiersmonde ». Elle est la moins chère et la plus facile d'accès pour communiquer avec la population, y compris avec les gens qui ne peuvent, ou ne savent lire un quotidien.

Un nouveau média s'élaborera peu à peu, jusqu'à devenir un élément familier de notre vie quotidienne. Aujourd'hui, 98 % des foyers en France et aux États-Unis, ainsi que 99 % au Canada, sont équipés de postes de radio.

La transmission à distance des images animées : les fondements de la télédiffusion

4.1 Introduction

À partir du moment où les phénomènes électromagnétiques sont associés aux ondes lumineuses, il sera possible d'entrevoir la transmission à distance de l'image. Car, comme la radiophonie, la télévision fait partie du domaine de la radiodiffusion mais utilisant des fréquences spécifiques du spectre électromagnétique. Ainsi, grâce d'une part à la lampe développée par Thomas Edison transformant les variations lumineuses en courant électrique analogue et aux cellules photoélectriques sensibles à la lumière et capables de la convertir en courant, le traitement de l'image animée réussit à prendre un essor à partir de 1900. La création de la télévision est également attribuable à la capacité technique d'analyser une image ligne par ligne et point à point de même qu'à la transmission hertzienne qui permet la diffusion des signaux électriques transportant l'information de chacun des points analysés.

D'ailleurs le mot « télévision » fit sa première apparition en 1900, lors d'une conférence prononcée par Constantin Perskyi à l'Exposition universelle de Paris. Puis, dès 1925, commence une période de démonstrations publiques où seront présentés les premiers systèmes complets. S'ensuit le début d'une exploitation continue autour des années 1930, un peu partout dans le monde occidental. Mais la télévision verra le jour dans le sillage de tout un courant de recherches dans le domaine de l'électronique qui progressivement dispose une à une les pièces nécessaires à l'ensemble de cette nouvelle technologie médiatique.

4.2 Dessins et photographies sur le fil

Si le désir de transmettre à distance des images animées est très ancien, il a été toutefois confiné pendant des siècles à l'univers de l'imaginaire et de la magie. Aussi, dès les premières applications concluantes de la télégraphie électrique, des chercheurs expérimentèrent la transmission d'images fixes et de dessins par l'intermédiaire des fils télégraphiques soit dès le milieu du XIXe siècle.

Il est en effet possible de faire remonter l'origine du principe technique de la télévision à quelques inventions qui jalonnent la fin du XIXe siècle et qui utiliseront la voie des conducteurs télégraphiques. La première avenue qui s'offre aux chercheurs se situe dans la continuité des travaux du XIXe siècle sur les procédés issus des télégraphes autographiques. La seconde s'inscrit dans la lignée des travaux sur la cellule photoélectrique.

La première expérience recensée est celle entreprise par l'Italien Giovanni Caselli (1815-1891) qui transmet une image fixe par câble télégraphique entre les villes de Paris et Lyon, grâce à son pantélégraphe (télégraphe écrivant) qu'il développa à partir de 1856. Cet appareil est formé d'un dispositif mécanique de lecture à l'émission, synchronisé avec un dispositif inscripteur à la réception. L'image à transmettre est dessinée sur une plaque d'étain et est explorée par des moyens mécaniques[1]. « Cet appareil transmettait un document écrit ou dessiné par l'expéditeur sur une surface transformant les passages d'un stylet sur une plaque en impulsions électriques. La transmission de documents imprimés était impossible, l'expéditeur devant réaliser en direct son document sur la machine[2]. » Caselli reprend à son compte les principes exposés par Bain et Backwell mais, grâce à un système qui gagne en complexité et en efficacité, résout la difficile question de la synchronisation entre émission et réception.

Ce fut une des expériences les plus concluantes de l'époque. Elle sera mise quelque temps en service, durant les années 1860, par les Postes françaises. Il obtient de très bons résultats en 1861 et, dès 1863, une ligne entre Paris et Lyon est en service. Mais le procédé est relativement coûteux et il ne trouve pas beaucoup d'usagers du côté grand public.

D'autres dispositifs, comme ceux de la phototélégraphie du physicien allemand Arthur Korn et de la bélinographie du Français Édouard Belin, sont également précurseurs du principe télévisuel. En 1905, Korn (1870-1945) réussit à envoyer une photographie par l'entremise du réseau téléphonique entre Berlin et Paris. Ce procédé est perfectionné par Édouard Belin qui crée, en 1907, le bélinographe, à l'aide duquel il réussira, en 1911, à transmettre une photo de 13 x 18 cm en 12 minutes. « Ayant constaté que l'épaisseur de l'émulsion d'une photographie réalisée sur une surface sensible à la gélatine bichromatée variait à mesure que l'on passait du blanc au noir, il inventa, en 1907, un appareil sensible à ces différences et capable de les transformer en un courant électrique variable de la même manière qu'un micro téléphonique transformait la voix. Le message transmis par une ligne téléphonique était restitué en une reproduction de la photographie originale. Ce procédé, le bélinographe, amélioré au niveau

---

1. Marianne Bélis, *Communication : des premiers signes à la télématique*, p. 147.
2. Pascal Griset, *Les révolutions de la communication XIXᵉ-XXᵉ siècle*, p. 7.

du palpeur, connut un succès mondial dès la fin de la Première Guerre mondiale[3]. »

Belin perfectionna le système, mit au point la « valise Belin », ou bélinographe qui, branchée sur le téléphone, assure la transmission rapide de photographies, facilitant le travail des journalistes. D'ailleurs, ces derniers baptiseront ce type de transmission du nom de « bélino ». Toutefois, l'image, dans ce procédé, demeure fixe. Comment allait-on enfin transmettre une image animée?

4.3 Et le courant devient lumière

Si envoyer une image fixe est une chose, transmettre des images animées en est une autre. En effet, la transmission d'images animées pose des problèmes dont les solutions ne sont pas, à l'époque, encore trouvées ou tout à fait au point. Pourtant certains principes techniques sont déjà énoncés. Plusieurs essais se dérouleront entre 1870 et 1910, afin de transformer le courant en lumière. Mais ce ne sera qu'à partir de 1911 que des démonstrations concluantes seront réalisées grâce à un nouveau dispositif : le tube cathodique.

En 1873, avec la découverte de certaines substances, dont le sélénium, qui possèdent la propriété de changer leur résistance interne sous l'action de la lumière, on explore la possibilité de transformer la lumière en variation de courant électrique. L'Américain George R. Carey, de Boston, est le premier à concevoir en 1875 le principe électronique de la décomposition des images statiques en points, soit un an avant l'invention du téléphone par Bell. Il avait créé une sorte de « rétine artificielle », sous la forme d'une mosaïque d'environ 2 500 éléments photoélectriques, des cellules au sélénium, du côté émetteur, chacune de ces cellules était ensuite reliée par autant de fils à des petites ampoules constituant le panneau récepteur.

Plus tard, en 1881, un notaire du Pas-de-Calais, le Français Constantin Senlecq eut une idée similaire à celle de Carey. Il met au point le *télétroscope* (du grec *skopein* « examiner, observer »), un système d'exploration d'une image à l'aide de senseurs fabriqués de sélénium. Sensibles aux variations lumineuses de l'image, ces capsules transformaient cette dernière en courant électrique proportionnel. À la réception, avec un dispositif analogue, le signal

---

3. Pascal Griset, *op. cit.*, p. 10.

électrique entraîne l'illumination plus ou moins intense de lampes disposées pour former un écran[4]. L'exploration de l'image par *balayage* s'avère le principe clé de l'invention de Senlecq, à preuve il sera repris de façon systématique par de nombreux chercheurs tant dans les systèmes de télévision mécanique, électromécanique qu'électronique.

De son côté, l'ingénieur allemand Paul Nipkow (1860-1940), quant à lui, invente en 1884 le premier dispositif mécanique pour décomposer une image en points. Il s'agit d'un disque opaque pourvu d'orifices disposés en spirale. Lorsque le disque tourne, les orifices passent successivement devant l'image, l'explorant complètement. On ne tarda pas à nommer *disque de Nipkow* le nouveau dispositif de lecture de l'image. En explorant une mosaïque de capsules photosensibles avec un disque de Nipkow, l'image est transformée en une succession de courants électriques d'intensité variable selon la luminosité de la multitude de points de l'image. C'est ensuite que les courants sont transmis par câble à distance, et à la réception, l'image doit être convenablement reconstituée[5].

En 1897-1898, le physicien allemand Karl Ferdinand Braun (1850-1918) indique la voie d'une solution au problème de reproduction de l'image à distance en inventant en quelque sorte l'ancêtre du tube cathodique. Le tube à rayons cathodiques existait déjà, depuis les expériences de Sir William Crookes, en 1879, qui avait mis en évidence la propagation des électrons dans le vide. Mais Braun réussit à focaliser et à dévier le faisceau d'électrons dans le tube de Crookes. Il s'agit d'un tube ou ampoule dans lequel le vide a été fait. Dans la partie étroite du tube, un canon projette un faisceau d'électrons qui balaie la surface de l'écran sur laquelle se trouve déposée une substance fluorescente. Ce faisceau balaie tout l'écran de gauche à droite et de haut en bas, produisant une suite de points (de gauche à droite) et formant une suite de lignes (de haut en bas). Au point d'impact du faisceau, la surface devient lumineuse. Les applications de l'invention se retrouvent dans bon nombre des expérimentations en physique.

C'est à la suite de cette découverte que les premiers prototypes de télévision apparaissent. Des brevets sont aussi rapidement déposés. Quelques expérimentations rudimentaires sont effectuées, entre autres par Max Dieckmann, Ernst Ruhmer en Allemagne et Georges Rignoux en France. Les images reproduites ne sont que

---

4. Patrice Carré, *Du tam-tam au satellite*, p. 82.
5. Marianne Bélis, *op. cit.*, p. 148.

des lettres (E ou H)[6] et non pas des images animées. Ces expérimentations seront à l'origine de ce qu'on appellera la « télévision mécanique », nommée ainsi à cause du procédé « mécanique » de lecture de l'image.

Les premières propositions connues de l'utilisation du tube cathodique appliquées à la réception de l'image émergent vers 1907. De part et d'autre, le physicien allemand Max Dieckman et l'électrotechnicien russe Boris Rosing de l'Institut de technologie de St-Petersbourg proposent l'utilisation du tube à vide comme récepteur et reproducteur des images[7]. Rosing est le premier à mettre au point un *tube cathodique*, un récepteur capable de produire un balayage électronique. Il dépose en 1908 et 1911, en Grande-Bretagne, les brevets de l'oscilloscope.

À la même période, A. A. Campbell Swinton suggère, en 1908, l'utilisation de tubes électroniques pour la « vision électrique à distance », c'est-à-dire un tube capable d'agir à la fois comme transmetteur et récepteur. Mais la proposition de Swinton n'aboutit pas à la fabrication d'un prototype. Comme nous le verrons un peu plus loin, ce n'est qu'avec l'invention de W. K. Zworykin que les chercheurs et techniciens disposeront des appareillages techniques nécessaires et surtout d'un important soutien financier, pour la mise au point de la télévision électronique.

Heureusement qu'au même moment des innovations importantes voient le jour dans le domaine de la radiocommunication, comme celle de l'audion de Lee De Forest, qui servait à amplifier et à moduler le signal radio pour les communications hertziennes et qui sera plus tard employé dans la constitution des premiers dispositifs télévisuels. Toutefois, il y aura entre-temps quelques décennies de recherches qui seront indispensables à la réalisation de cet objectif. Elles aboutiront entre autres à la création d'un système de télévision « mécanique ».

4.4 Le système mécanique de John Baird

Le premier concept de télévision fonctionne selon un système mécanique. L'exploration de l'image est effectuée ligne par ligne à l'aide du système optique de Nipkow, un disque mobile percé de trous en spirale. Chaque orifice effectue un balayage de l'image. La disposition des trous en spirale fait en sorte que le balayage est

---

6.   Patrice Flichy, *Une histoire de la communication moderne*, p. 194.
7.   Marianne Bélis, *op. cit.*, p. 147.

décalé pour chaque trou. La lumière qui traverse ces trous fait réagir une cellule photoélectrique, ce qui produit un courant électrique variable et proportionnel à la lumière reçue. Le principe de ce procédé électromécanique d'analyse sera repris dans toutes les expériences de télévision jusqu'à la fin des années 1930.

En 1924, l'Écossais John Logie Baird (1888-1946) utilise un disque de Nipkow ayant quatre spirales à cinq orifices chacune, occupés par des lentilles. Les images analysées sont traduites par huit lignes de 50 points chacune. L'année suivante, Baird met au point un récepteur qu'il baptisa *Televisor*, équipé d'un disque de Nipkow à spirale de huit lentilles.

Pendant ce temps, l'Américain Charles Francis Jenkins[8], un inventeur indépendant, a un parcours similaire et met au point son *Radiovisor*, un récepteur électromécanique. L'un et l'autre font, à partir de 1925, les premières démonstrations publiques de la télévision à l'aide d'un dispositif mécanique inspiré du disque perforé de Nipkow. « Le 13 juin 1925, Jenkins effectua la première radio-transmission mondiale d'ombres mouvantes Shadowgraph d'une rive à l'autre de la rivière Anacostia, dans les environs de Washington. Baird était parvenu seul à des résultats semblables en avril de la même année. On attribue à juste titre la paternité de la télévision à Baird, parce que c'est lui qui démontra publiquement (Londres, janvier 1926), que l'on pouvait ainsi transmettre non seulement des silhouettes, mais également des images animées en demi-teintes, permettant de reconnaître les traits d'un visage, en dépit de la structure très grossière du balayage mécanique utilisé à cette époque[9]. »

D'autres recherches analogues se poursuivent, toujours du côté américain, notamment par les laboratoires de Bell Telephone (*Bell Telephone Laboratories*) sous la direction de Herbert I. Ives. Un an après la présentation de Baird, en avril 1927, on assiste à la première démonstration publique de télévision transmise par voie téléphonique entre les villes de Washington et de New York. Le système mécanique de la compagnie Bell effectue un balayage de 50 lignes à raison de 16 images par seconde[10].

---

8. Jenkins est l'un des fondateurs de la SMPE (Society of Motion Picture Engineers) devenue par la suite SMPTE avec l'intégration de la télévision dans ses statuts.

9. René Bouillot, « La mémoire des écrans », *Vidéo caméra*, n° 42, septembre 1991, p. 83.

10. Si, à ses débuts, le système mécanique ne produisait qu'une définition de 16 à 60 lignes par image, il s'améliora constamment au fil des années et pouvait atteindre 240 lignes lors de son abandon.

Dans le sillage de ces premières tentatives publiques, on ne tarda pas à effectuer les premières émissions expérimentales. D'ailleurs, en 1927, Jenkins obtient la première licence d'exploitation d'une chaîne de télévision, la W3XK, dont l'émetteur est situé dans la banlieue de Washington. Toujours en 1927, Ernst Alexanderson de la General Electric, une compagnie déjà fort impliquée dans le domaine de la radio, produit des émissions expérimentales sur l'émetteur W2XAD de Schenectady. En 1928, cette station produisait déjà des programmes ambitieux dont le son est par ailleurs émis séparément à partir d'une station radio, car ce n'est qu'à partir de 1930 que la synchronisation de l'image et du son sera enfin possible. Toujours en 1928, c'est au tour de la RCA, qui a elle aussi une forte présence dans le domaine de l'industrie électronique, de débuter l'exploitation de la station W2XBS installée sur un immeuble de la 5ᵉ Avenue à New York. En 1929, 22 stations de télévision composent le réseau expérimental américain. CBS ira rejoindre la concurrence à partir de 1931.

Très rapidement donc, les compagnies comme Bell Telephone, General Electric et RCA, qui sont déjà très actives dans les différents secteurs médiatiques de la téléphonie et de la radiodiffusion, ne manquent pas d'investir le nouveau champ de la technologie télévisuelle.

Parallèlement, John Baird avait déjà mis sur pied, à partir de 1925, sa propre société, la Television Limited, semble-t-il la première société de télévision au monde. Il réunit des investisseurs et demande une fréquence au Post Office britannique dans le but d'émettre des émissions expérimentales. Malgré un conflit l'opposant à la BBC qui l'empêche d'émettre, Baird réplique en lançant une campagne de publicité sur le thème « la télévision pour tous », « la télévision dans le foyer[11] », rappelant en cela la place qu'ont prise d'autres technologies médiatiques, comme le gramophone ou la radio dans l'univers domestique.

Bien que l'image soit de piètre qualité, comportant alors pas plus de 30 lignes de résolution, la British Broadcasting Corporation (BBC) de Londres tentera tout de même l'aventure de la télévision. En utilisant la technique de Baird, la BBC réalise en septembre 1929 ses premiers programmes de télévision en collaboration de l'entreprise de Baird. Il s'agit de programmes télévisés, comme une pièce de théâtre ou la transmission du Derby en direct. Peu de

---

11. Patrice Flichy, *op. cit.*, p. 196.

temps après, la BBC diffuse des émissions une demi-heure par jour, à raison de cinq jours par semaine.

Entre-temps, en mai 1927, Baird réussit à transmettre des images télé par l'entremise du téléphone entre Londres et Glasgow puis, en 1928, à envoyer aux États-Unis des images très rudimentaires à l'aide de la radiocommunication, sur ondes-courtes : une fois transformée en signaux électriques, l'image peut être transmise à distance comme un message écrit ou sonore.

En 1930, amélioré, le téléviseur de Baird est commercialisé en Grande-Bretagne. Ayant vendu à peine 1 000 téléviseurs, le public ne semble guère priser cet appareil de 12 images par seconde et d'une définition d'une soixantaine de lignes qui nécessite alors l'utilisation d'une très grande largeur de bande. Il s'ensuit l'abandon de la technique de Baird. Tout aussi rapidement d'ailleurs qu'elle avait été adoptée car, dès 1932, la BBC construit une station expérimentale de télévision électronique à Londres, avant d'ouvrir à partir de 1936 un service permanent sous ce mode.

En 1930, la NBC s'assure du contrôle de la station de 250 watts de la RCA, tandis que l'année suivante, la CBS entre dans la compétition avec un émetteur de 500 watts. L'une et l'autre transmettent avec une définition de 60 lignes et à raison de 24 images par seconde, les signaux peuvent donc être reçus par les mêmes appareils. Cette cadence de 24 images étant également celle du cinéma sonore, qui vient tout juste de faire son apparition à la fin des années 1920, on pouvait dès lors entrevoir la possibilité de diffuser des films sur les ondes.

La concurrence qui était déjà bien établie dans le domaine de la radiophonie entre les réseaux NBC et CBS était donc en train de rapidement se répercuter sur l'industrie naissante de la télévision. Mais la lutte qui se dessine entre les futurs géants de la télévision commerciale américaine se joue également sur le front technologique, celui de la mise au point du système de télévision électronique.

4.5 Le système électronique de Sworykin

Le phénomène de la transduction des variations lumineuses en variations électriques avait été la difficulté première du processus technique de la télévision, autant à la lecture au moment de l'émission qu'à la reconstitution de l'image à la réception. Ce sera grâce aux développements de l'électronique au début du XXᵉ siècle que le problème de cette double transformation put être enfin résolu.

Élève et assistant de Rozing à l'Institut de technologie de St-Petersbourg, le Russe Wladimir Kosma Zworykin (1889-1982) émigre aux États-Unis après la Première Guerre. Il sera le premier à trouver la solution au problème de transduction dans l'une ou l'autre des phases (émission et réception) de la transmission électronique des images animées.

Déjà le 29 décembre 1923, alors qu'il était ingénieur à la compagnie Westinghouse, il avait fait une première démonstration d'un système de télévision électronique, utilisant un tube analyseur pour caméra et un tube cathodique pour récepteur. Mais ses supérieurs ne sont pas convaincus, lui demandant plutôt de travailler sur les technologies du cinéma parlant. La Westinghouse ira même jusqu'à désavouer son chercheur en rendant public un système de télévision mécanique. De fait, la Westinghouse comme la RCA et la General Electric appartiennent à la même famille financière et industrielle.

En 1927, l'Américain Philo T. Farnsworth réalise de son côté une première maquette de télévision électronique dont il tirera quelques brevets. Il tente en vain de la commercialiser mais la tendance prise par l'industrie de la télévision favorise pour l'instant le procédé mécanique développé par Baird. Cependant, comme l'avenir le dira, son tube analyseur est par ailleurs beaucoup moins sensible que celui développé par Zworykin.

À contre-courant du succès apparent que connaît la télévision mécanique, Zworykin continue de croire dans la solution du « tout électronique ». Il convaincra David Sarnoff, directeur général de la RCA impliqué dans les débuts de la radiodiffusion, de créer un laboratoire dédié à la recherche électronique sur la télévision. Profitant de la réorganisation de la RCA, un des plus grands fabricants de radios, qui récupère ainsi une partie des activités de production des appareils de radio de ses sociétés General Electric et Westinghouse, Sarnoff joue la carte de l'indépendance technique vis-à-vis de leurs politiques de recherche et développement. De la sorte, RCA, en appuyant la démarche de Zworykin, se distingue de la General Electric qui, elle, réalise les premiers essais de télévision mécanique. En fait, RCA investira quelque 13 millions de dollars avant d'en tirer un quelconque profit[12].

En 1929, les travaux de Zworykin aboutissent à la mise au point du tube cathodique de réception appelé le *kinescope*[13]. Deux ans,

---

12. Steven Lubar, *InfoCulture*, p. 247.
13. Patrice Flichy, *op. cit.*, p. 197.

plus tard, il met au point l'*iconoscope*. L'iconoscope est un vidéocapteur capable de transformer une image en une succession de signaux électriques. Il s'agit un tube à vide à l'intérieur duquel une surface porte une mosaïque de milliers de petites cellules photo émissives, c'est-à-dire qu'elles produisent un courant sous l'action de la lumière. Cette surface est balayée de gauche à droite et de haut en bas par un faisceau d'électrons, comme dans le *télétroscope*.

Si, à l'aide d'un objectif, on projette sur la mosaïque l'image d'un objet quelconque, chaque cellule produit un courant proportionnel à l'intensité lumineuse. La distribution des charges électriques à la surface de la mosaïque correspond donc à l'image optique de l'objet. Par ce procédé, l'image est transformée en une succession de signaux électriques, appelés signaux vidéo, qui peuvent être transmis à distance par câble ou par ondes électromagnétiques. Toutefois, l'iconoscope ne devient pleinement fonctionnel qu'à compter de 1937. « L'image doit être reconstituée à la réception, cela s'effectue à l'aide d'un autre tube cathodique appelé kinescope. Sur la paroi interne de l'écran se trouve déposée une substance appelée luminophore, capable de devenir lumineuse par bombardement d'électrons. Si le fascicule d'électrons synchronisé avec celui du tube vidéocapteur explore l'écran toujours de gauche à droite et de haut en bas, et si son intensité est contrôlée par le signal transmis, alors la succession de points lumineux et obscurs qui apparaissent sur l'écran reproduit l'image de l'objet de l'émission[14]. »

Dès les débuts de la télévision, un dilemme s'imposa, en Angleterre, entre les systèmes mécanique et électronique. C'est la télévision mécanique qui s'est d'abord imposée. Puis, à la lueur des expériences de Zworykin et de la reprise des recherches de la RCA par la compagnie EMI (Electrical & Musical Industries) en Angleterre[15], le système électronique, avec ses 405 lignes et 50 trames entrelacées, va prendre le dessus sur le concept de télévision

---

14. Marianne Bélis, *op. cit.*, p. 149-150.

15. « À la même époque, la société EMI, créée à la suite d'une restructuration de l'industrie du disque et de la radio britannique, lance un programme de recherche sur la télévision. RCA possède le quart du capital de cette nouvelle société. Après avoir réalisé quelques premières tentatives de télévision mécanique, les chercheurs d'EMI optent pour la solution électronique. Ils connaissent les travaux de Zworykin et peuvent avoir accès à l'ensemble des brevets et savoir-faire de RCA. » Patrice Flichy, *op. cit.*, p. 197.

mécanique de Baird, demeuré avec une résolution de 240 lignes et ses 25 images par seconde. Aussi, la BBC, qui avait ouvert un service permanent de télévision en 1936, alterne d'abord avec les deux systèmes (Baird-EMI), avant de définitivement adopter le système EMI à partir de 1937.

Aux États-Unis, dès 1934, la supériorité de la solution électronique apparaît indiscutable lorsque la NBC commence à émettre avec un balayage de 343 lignes entrelacées à raison de 30 images à la seconde. Une résolution de beaucoup plus performante que celle du système mécanique. Il s'agissait de la même station acquise de la RCA, qui, après avoir installé en 1928 une station expérimentale de télévision mécanique opta finalement pour le système électronique.

Malgré l'échec de sa filière technologique, Baird persiste dans la voie mécanique jusqu'à 1938, alors qu'il fait la démonstration de la télévision couleur sur grand écran, puis il se range du côté des partisans de la télévision électronique, en développant un tube caméra couleur qui fut longtemps utilisé.

Cependant, même si plusieurs sociétés de télévision ont opté pour le système électronique, cela ne veut pas dire nécessairement que les signaux qu'elles émettent sont tous compatibles, étant de standards différents soit en matière de résolution, soit en matière de fréquence, c'est-à-dire le nombre d'images produites par seconde. Cette incompatibilité des standards freine la pénétration dans les foyers, il faut donc envisager une certaine normalisation du signal. Aux États-Unis, le système adopté sera de 525 lignes de résolution, à raison de 30 images à la seconde et de lignes entrelacées, transmis sur des canaux VHF avec une bande passante de 6 MHz de large. Aussi, le 8 mars 1941, le NTSC (National Television Systems Committee) signe, avec 168 firmes engagées dans la télévision, un accord portant sur 22 normes, couvrant tous les aspects techniques de la télévision en noir et blanc.

Le problème majeur était de transmettre une densité suffisante d'informations pour conserver le plus possible le réalisme de l'image tout en réduisant l'appareillage technologique et la largeur de la bande passante du signal diffusé à leur plus simple expression. Dans ce sens, le comité opte pour l'envoi de 30 images/seconde. Pourtant comme dans le cinéma, 24 images auraient été suffisantes pour obtenir une bon rendu visuel, mais il était techniquement plus facile de transmettre 30 images à la seconde, ce qui correspond à la moitié de la fréquence du courant alternatif (60 Hz) qu'on retrouve en Amérique du Nord.

Mais 30 images/seconde entraînent en revanche le sautillement de l'image. Le problème fut solutionné en transmettant deux fois la même image, c'est-à-dire que l'image est rafraîchie 60 fois par seconde, produisant ainsi deux cadres pour chaque image. Le premier cadre est composé des lignes impaires, le deuxième des lignes paires : à concurrence d'un balayage de 525 lignes par image, cela donne 262,5 lignes par cadre. Par ailleurs, le ratio de l'image du téléviseur est de 4 de large sur 3 de haut, et fondé sur les standards de projection cinématographique de l'époque, avant bien entendu, l'apparition de procédés de projection sur des écrans plus larges.

Par la suite, la technologie électronique ne cesse de progresser, particulièrement à la faveur des besoins en équipements de communication que le second conflit mondial allait engendrer. L'impératif militaire est de nouveau déterminant dans l'évolution de cette nouvelle technologie médiatique qu'est alors la télévision. C'est ainsi que sont mis au point des tubes à impulsion pour le radar, des tubes cathodiques améliorés, la transmission sur ondes VHF et UHF et enfin, la miniaturisation de plusieurs dispositifs qui seront par la suite appliqués au perfectionnement de la télévision électronique. De nouveaux circuits électroniques, des émetteurs capables de produire des ondes de très haute fréquence, des amplificateurs très puissants, des composants et des lampes miniaturisés figurent au bilan des nouvelles technologies militaires. Les caméras vidéo, les équipements de studio et les récepteurs en ressortent considérablement transformés. Le tube Orthicon, successeur grandement amélioré de l'iconoscope de Zworykin, est d'ailleurs développé à partir de 1946.

La télévision en noir et blanc ne cesse de se développer, seulement aux États-Unis le nombre de récepteurs vendus passe entre 1947 et 1950, de 178 500 à 7 500 000, et en 1960, 45 millions de foyers américains, soit près de 90 % de tous les foyers, ont un téléviseur. De fait, la télévision a remplacé la radio comme locomotive de l'industrie électronique. Par exemple, toujours aux États-Unis, la vente de téléviseurs représente autour de 1,4 milliard de dollars comptant approximativement pour la moitié des ventes de l'industrie électronique. Alors qu'en 1947 il n'y avait que 14 manufacturiers de téléviseurs, on en recense plus de 80 en 1950. D'ailleurs, en dollars des années 1950, une télévision coûte le prix d'une radio en dollars[16] des années 1930.

---

16. Steven Lubar, *op. cit.*, p. 248.

Même au Canada, pendant les années 1940, alors que le système de télévision n'est encore qu'un projet en voie de financement, près de 150 000 foyers canadiens situés à proximité de la frontière américaine sont équipés d'un récepteur. Déjà, en 1938, Canadian Marconi avait pourtant déposé, mais en vain, une demande de licence de télévision auprès du gouvernement canadien. Elle devra patienter jusqu'en mars 1960. Entre-temps, le service public de Radio-Canada a le monopole de la télévision et met en place les premières chaînes à partir de 1952 à Montréal, puis à Toronto. Comparativement aux États-Unis, en 1953, la pénétration de la télévision au pays est balbutiante : seulement 9,7 % des foyers possède un téléviseur au Québec.

La télévision, comme la radiophonie, tient de l'industrie électronique mais aussi du commerce. Comme pour la radio, la publicité joue rapidement un rôle primordial. Tandis que les « vieilles » technologies médiatiques, comme la radio ou le cinéma, se sentent menacées par l'arrivée et la place grandissante que prend la télévision. Mais, loin d'être essentiellement une concurrente pour le cinéma, la télévision représente une nouveau marché pour l'industrie cinématographique qui voit en elle une occasion en or de spéculer sur de vieux films, en vendant les droits de diffusion. Aussi, certaines stations, à leur début, font appel à de nombreux films pour remplir leur programmation.

Par ailleurs, le projet de la télévision couleur commence progressivement à faire sa place dans les différents laboratoires des manufacturiers qui sont également propriétaires de réseaux. D'autant que la nouvelle technologie sera une opportunité technologique de renforcer la concurrence commerciale et de prescrire de nouveaux standards techniques.

4.6 La couleur, un enjeu techno-industriel

Comme la photographie, et après elle le cinématographe, la télévision sera d'abord en noir et blanc et elle le restera un bon moment. Tant la complexité du phénomène technique que la concurrence économique des systèmes de télévision sont au nombre des obstacles qui retarderont l'avènement de la couleur.

Deux problèmes de taille confrontent le développement de la télévision couleur. D'une part, il est difficile de produire un bon rendu chromatique, de l'autre, il est difficile de confiner la transmission des signaux couleurs aux gammes de fréquences que les organismes réglementaires ont assigné aux radiodiffuseurs, compte tenu de la quantité d'informations à transmettre.

Baird avait pourtant obtenu, avec son système mécanique, la première image de télévision en couleurs en 1928, utilisant un disque de Nipkow muni de filtres colorés, un pour chaque couleur : rouge, vert et bleu. Le principe de la télévision couleur s'appuyait ainsi sur la décomposition de l'image, à l'émission, en trois images monochromes (en rouge, vert, bleu); ces images sont transmises séparément par les canaux de télécommunication et à la réception elles sont superposées afin de redonner l'image initiale. « La première démonstration se déroula à Londres. On y vit un homme tirant la langue, un bouquet de roses, des écharpes rouges et bleues et une cigarette allumée[17] ». Par ailleurs, la compagnie Bell Telephone, elle aussi avait, dès 1929, fait la démonstration de la télévision couleur. « Le sujet était analysé par le balayage d'un point lumineux [...] tandis qu'un disque tournant de 40 cm de diamètre reconstituait l'image à une vingtaine de mètres. La lumière réfléchie par le sujet était reçue sur trois rangées de photocellules (24 en tout). Chaque cellule possédait un filtre coloré la rendant sensible à l'une des trois lumières primaires : 2 cellules pour le bleu, 8 pour le vert et 14 pour le rouge. Trois canaux indépendants conduisaient les signaux couleur au récepteur. Sur ce dernier, chaque canal était connecté à une source de lumière de couleur appropriée : une lampe néon rouge et deux lampes à argon, respectivement filtrées en vert et en bleu. L'image s'observait sur la face avant du disque tournant, la lumière issue des trois sources étant focalisée et superposée par un dispositif d'objectifs et de miroirs semi-transparents[18]. »

Toutefois, les travaux sur de nouveaux systèmes de télévision couleur ne reprendront qu'à la fin de la Seconde Guerre pendant laquelle les travaux des industries électroniques avaient de nouveau été orientés vers l'effort de guerre. En dépit des recherches entreprises dès 1940 sur la télévision couleur, ce n'est que dans l'après-guerre que des résultats apparaissent. La Columbia Broadcasting System (CBS), la National Broadcasting Company (NBC, filiale de RCA), deux grandes chaînes de télévision américaines, mettent chacune au point un système de télévision couleur.

C'est Peter Goldmark qui avait développé, à partir de 1940, un système de télévision couleur pour le compte des laboratoires de

17. Patrice Carré, *op. cit.*, p. 86.
18. René Bouillot, *op. cit.*, p. 83-84.

CBS. Dans un premier temps, ce système est mécanique et reprend le principe à filtre de Baird. La qualité de l'image est surprenante. Il existe toutefois un problème de synchronisation entre le disque captant l'image et celui équipant les récepteurs de télévision, l'un et l'autre devant avoir une vitesse de rotation identique. De plus, le dispositif demande le transport d'un somme phénoménale d'informations, trois fois plus que celles requises par le système de télévision noir et blanc. En 1947, CBS demande à la FCC d'établir le standard de la télévision couleur à partir de son système.

La RCA, qui a beaucoup investi dans la télévision noir et blanc, fait tout son possible pour bloquer le système couleur de CBS. Aussi, la NBC présente, à la fin de 1946, un système entièrement électronique mais dont la qualité de l'image est moindre. Le tube de la caméra est doté de trois canons à électrons, un pour le rouge, un pour le vert et un pour le bleu qui décomposent l'image en autant d'exemplaires chromatiques. En transmettant les trois images correspondant aux trois couleurs de base, toutes les gammes de couleurs du spectre chromatique se voient reproduites. On exploite ainsi la capacité de synthèse additive de l'œil qui a la capacité de se représenter toutes les couleurs du spectre à partir des trois couleurs fondamentales. Lorsque l'image est reconstituée sur l'écran, le faisceau de balayage du tube cathodique excite en chaque point trois composantes colorées qu'on nomme pixels – au lieu d'un seul niveau de gris pour le noir et blanc.

Les deux chaînes de télévision s'engagent alors dans une bataille non seulement technologique mais économique qui préfigure les luttes autour de la définition des standards techniques qui pointent à l'horizon. En effet, chaque chaîne a l'intention de faire adopter son propre système dans tout le pays. De plus, RCA refuse de fabriquer des récepteurs pour le système CBS, qui diffuse en UHF, ce qui est une limite objective à la pénétration du système. De plus, la RCA exerce un quasi-monopole sur la fabrication du matériel en télévision VHF. Grâce à son influence sur la FCC, la RCA avait réussi au même moment à refouler le développement de la radio FM. Elle récidive avec CBS, en démontrant qu'il est possible d'en arriver à un standard compatible tant pour la télévision couleur que pour le noir et blanc.

En revanche, compte tenu de la qualité inférieure du système RCA, la FCC opte pour le système CBS en 1951. Mais la diffusion de CBS se butant à l'incompatibilité avec les 12 millions de téléviseurs noir et blanc, elle est interrompue à peine quelques mois après. Entre-temps, RCA revient à la charge en investissant pas moins de 65 millions de dollars pour améliorer son système, notamment pour la conception d'un tube couleur à trois canons d'électrons auquel on ajouta une grille (*shadow mask*) afin de diriger de manière plus précise le faisceau d'électrons sur chaque pixel de phosphore. En 1953, la FCC reconsidère sa décision, pour approuver enfin le standard de la NBC-RCA.

On peut dire que cette guerre technologique des normes doublée d'intérêts commerciaux retardera le démarrage de la télévision en couleurs et, par conséquent, le marché des récepteurs couleurs ne prendra son essor véritable que vers 1962. Après des débuts difficiles (des problèmes d'ajustement technique, des ventes insuffisantes, etc.), la RCA, poursuivie en raison des lois antitrust, rendit disponibles les brevets de son système couleur à l'ensemble des manufacturiers de l'industrie électronique à partir de 1958. En quelques années, la télévision couleur atteindra une masse critique capable de soutenir la conversion des stations de télévision vers la couleur, qui aura progressivement lieu tout au long des années 1960 et 1970.

4.7 Une généalogie des standards

En fait, l'industrie naissante de la télévision couleur, et en particulier la fabrication et le commerce d'appareils de réception représentent un tel marché que l'ambition de plusieurs grandes corporations fut certainement de pouvoir imposer un seul et unique système de réception, universel à l'ensemble des stations de télévision, quel que soit le pays d'origine. Les luttes commerciales qui se cachent derrière les standards technologiques en décideront autrement.

Les Américains, les Français et les Allemands mettent au point leur propre système. Ainsi, la multiplication des standards allait contrer l'éventualité d'un monopole des équipements de télévision par un pays ou une industrie en particulier. De toute façon, le décret d'un standard unique était difficilement envisageable, tant les systèmes nationaux, avant même l'introduction de la télévision en couleurs, « comportaient déjà de nombreuses différences en ce qui a trait au nombre de lignes de l'écran, aux fréquences du signal visuel, ou encore au type de courant domestique utilisé[19] ».

Un premier standard national voit le jour, aux États-Unis, le 17 décembre 1953, alors que la Federal Communications Commission

---

19. Gilles Willett, *De la communication à la télécommunication*, p. 144.

(FCC) vote définitivement en faveur du système NBC, qui, contrairement aux autres propositions, a l'avantage d'être compatible avec le système de réception des téléviseurs noir et blanc. Il est aujourd'hui connu sous le sigle NTSC, c'est-à-dire le sigle de la commission gouvernementale qui le définit (National Television Systems Committee). Ce standard fonctionne en 525 lignes et 30 images/seconde (60 Hz). Il sera adopté notamment par les États-Unis à partir de 1953, par le Canada en 1956 et par le Japon en 1960. Le procédé de transmission NTSC constitue donc le premier procédé compatible avec les postes récepteurs traditionnels. Cependant, il présente des défauts, notamment dans les transmissions à grande distance, ce qui allait exiger, pour la couverture de larges territoires comme les États-Unis, la mise en place de relais de transmission et de réseaux de liaisons par micro-ondes.

L'Europe chercha d'autres systèmes. Les procédés se différencient par le système d'analyse, la forme des signaux de synchronisation et le système de modulation. Ainsi, le système français SECAM (séquentiel couleur à mémoire) est mis au point à la Compagnie française de télévision par Henri de France, en 1956. La première transmission en couleurs SECAM entre Paris et Londres fut réalisée en 1960. Il fonctionne en 625 lignes et 25 images/seconde (50 Hz). Il a été adopté par la France mais aussi par l'URSS à partir de 1967.

Par la suite, en 1963, est créé en République fédérale d'Allemagne (R.F.A.), par Wilhem Bruch (de la firme Telefunken), le système PAL (Phase Alternative Line) dont les premières émissions de télévision en couleurs débutèrent en 1967. Bruch tenta de combiner les caractéristiques des systèmes NTSC et SECAM. Il fonctionne en 625 lignes et 25 images/seconde (50 Hz). Ce système fut adopté d'abord par la R.F.A., puis par la Grande-Bretagne en 1967, la Suisse en 1968, l'Italie en 1976, la Chine en 1979, et peu après par le Brésil et l'Inde.

Les deux systèmes européens ont un léger avantage sur celui des Américains. Par exemple, lors de la transmission par réseau microondes sur de longues distances, ou d'émission dans un environnement très accidenté, ou encore pour l'enregistrement magnétoscopique, le signal vidéo est de meilleure qualité, tant du point de vue de la résolution que de la stabilité de l'image.

La bataille s'engage donc en Europe comme ailleurs dans le monde afin d'imposer l'un des trois systèmes. Une première conférence internationale réunissant 32 pays est convoquée par l'Union européenne de radiodiffusion (UER) en 1966 à Vienne. Mais avant même la tenue de cette conférence, un accord est signé entre la

France et l'URSS pour l'exploitation du SECAM par ces deux pays. La conférence se terminera sans que l'un ou l'autre des trois systèmes ou de leurs variantes n'en sorte gagnant.

Une autre conférence, tenue à Oslo un an plus tard, allait cette fois consacrer les divisions. Le NTSC est rejeté et l'Europe se divise en un certain nombre de pays qui les uns optent pour le SECAM, les autres pour le système PAL. L'incompatibilité des systèmes est dès lors définitive. Pour contrer l'incompatibilité de ces systèmes, les ingénieurs mettent au point des transcodeurs capables de traduire le signal d'un système à l'autre. Tous ces standards sont encore à ce jour utilisés et sont autant d'ancrages historiques de luttes technologiques ayant pour toile de fond la création et la préservation de marchés lucratifs.

4.8 La télévision : la voie hertzienne

Le processus de la télédiffusion, comme l'a été à ses débuts la radiodiffusion, repose sur la réalisation de programmes en direct. Ceux-ci ne pouvaient être à ce stade-ci enregistrés sur magnétoscope, du moins pas avant le milieu des années 1950, lorsque ce système d'enregistrement magnétique sera mis au point. C'est ce qu'on a appelé l'époque du direct, les émissions mises en ondes provenant directement des studios ou des cars de reportage où les caméras captent l'action en « temps réel ». D'ailleurs, c'est pour cela que nombre des premières émissions en direct, sauf celles ayant été enregistrées sur pellicules film, n'ont laissé que peu de traces. Nous y reviendrons au chapitre 7.

À l'instar de la radiophonie, la télévision est d'abord et avant tout hertzienne. Même si aujourd'hui elle prend différents chemins technologiques (câble, satellite, etc.) pour parvenir aux domiciles des téléspectateurs, la diffusion télévisuelle a commencé par voyager par les ondes hertziennes. La structure du réseau de télédiffusion hertzienne comprend, en plus des émetteurs, de nombreux réémetteurs afin d'assurer la couverture de l'ensemble du territoire national.

Chaque chaîne de télévision (ou de radio) utilise une fréquence d'émission particulière qui lui est attribuée et réservée dans le spectre des ondes radioélectriques. Pour la transmission des programmes de télévision, on se sert de fréquences comprises entre des dizaines et des millions d'oscillations par seconde, fréquences qui appartiennent donc au domaine des ondes ultra-courtes. Celles-ci se propagent sur des distances de l'ordre de 100 km.

TABLEAU 4.1 **Principales caractéristiques des ondes du spectre électromagnétique**

Bande	Dénomination	Fréquences	Largeur de bande	Longueur	Services
12	THF hyper hautes fréquences	300 à 3 000 GHz	>3 000 000 000 kHz	1 à 0,1 mm décimillimétrique	Expérimental
11	EHF extrêmes hautes fréquences	30 à 300 GHz	300 000 000 kHz	10 à 1 mm millimétrique	Satellites aéronautiques, maritimes, de radiodiffusion, données numériques à grande capacité
10	SHF super hautes fréquences	3 à 30 GHz	30 000 000 kHz	10 à 1 cm centimétrique	Satellites et relais micro-ondes terrestres pour la transmission de la voix, de données numériques et visuelles
9	UHF ultra hautes fréquences	300 à 3 000 MHz	3 000 000 kHz	100 à 10 cm décimétrique	Télévision, service mobile terrestre, relais micro-ondes, satellites
8	VHF très hautes fréquences	30 à 300 MHz	300 000 kHz	10 à 1 m métrique	Service mobile terrestre, télévision. radiodiffusion FM, mobile aéronautique
7	HF hautes fréquences	3 à 30 MHz	30 000 kHz	100 à 10 m décamétrique	Radiodiffusion internationale, radio amateur, service mobile, maritime et aéronautique, service radio général, mobile terrestre longue distance
6	MF moyennes fréquences	300 à 3 000 kHz	3 000 kHz	1 000 à 100 m hectométrique	Service mobile maritime, radiodiffusion AM, service mobile aéronautique
5	LF basses fréquences	30 à 300 kHz	300 kHz	10 à 1 km kilométrique	Service mobile maritime, radionavigation
4	VLF très basses fréquences	3 à 30 kHz	30 kHz	3 000 à 10 km myriamétrique	Navigation maritime à longue portée

Note.- 1 cycle par seconde = 1 hertz;   1 000 hertz = 1 kilohertz;   1 000 kilohertz = 1 mégahertz; 1 000 mégahertz = 1 gigahertz;   1 000 gigahertz = 1 térahertz.

Source.- Willet, *De la communication à la télécommunication*, 1989, p. 39.

Pour couvrir des distances plus grandes, on emploie des radio-relais de renforcement[20]. Comme nous le verrons, la télédiffusion par câble et la télévision directe par satellite viennent repousser les limites du rayon d'action de la télévision hertzienne conventionnelle.

Le spectre hertzien est divisé en une série de gammes d'une décade chacune allant de 3 à 30 kHz, 30 à 300 kHz... jusque 300 à 3 000 GHz. Chaque gamme se voit elle-même divisée en un certain nombre de bandes allouées à des utilisations particulières, dont la télévision n'est qu'une parmi de nombreuses autres : par exemple, les télécommunications par faisceau hertzien ou par satellite, la radiotéléphonie, la radiodiffusion sonore, la radiocommunication, les télécommunications militaires, la radionavigation, les services de téléphonie mobile, etc.

La télévision « conventionnelle », c'est-à-dire celle dont il est possible de capter les signaux avec une antenne de type « oreilles de lapin » ou de type circulaire, utilise les ondes hertziennes terrestres dans les gammes VHF (*very high frequency*) au-delà de 30 MHz et UHF (*ultra high frequency*) au-delà de 300 MHz.

Certes, l'utilisation des fréquences hertziennes est réglementée dans le cadre d'accords internationaux sous l'égide de l'Union internationale des télécommunications (UIT) dont le siège est à Genève. Compte tenu que la multiplication des services par voie hertzienne se heurte à la raréfaction des ressources disponibles du spectre des fréquences hertziennes, les États doivent administrer l'attribution des fréquences en fonction de leurs intérêts, et les répartir entre des secteurs aussi divers que les radiocommunications de type institutionnel comme la défense, la police, le trafic aérien, le réseaux de radio-télédiffusion, les liaisons de téléphonie mobile. L'encombrement hertzien oblige donc la planification de l'attribution des fréquences de même qu'un contrôle strict de leur usage. Par exemple, au Canada, la rareté des fréquences, celles-ci faisant partie du patrimoine collectif, a conduit l'État fédéral à intervenir et à réglementer le spectre électromagnétique en limitant le nombre de stations émettrices. Mais l'avènement prochain de la radio et de la télévision numérique transformera cette situation.

La radiodiffusion, la radio et la télévision, fonctionnent sur le principe de la transmission à distance de signaux électriques,

---

20. Marianne Bélis, *op. cit.*, p. 150.

grâce à la propagation des ondes dans l'espace[21] Ce qu'on appelle le réseau hertzien est constitué d'abord d'un réseau de transport, en général des faisceaux hertziens, qui part d'un centre de distribution de la modulation et amène le signal de télévision jusqu'aux différents émetteurs. L'émetteur a pour fonction de produire une onde porteuse dont les caractéristiques sont modifiées en fonction des signaux (son ou vidéo) à transmettre. Il diffuse l'onde porteuse modulée. D'un rayon d'action d'une vingtaine de kilomètres, l'émetteur diffuse un signal qui, en principe, est directement capté par les antennes des téléviseurs.

Mais plusieurs obstacles s'interposent à la propagation des ondes hertziennes et constituent du même coup autant de contraintes à leur utilisation. Parmi ces contraintes, il y a la portée limitée des ondes hertziennes, car elles ne sont pas réfléchies par les couches ionisées de l'atmosphère et sont arrêtées par les accidents de relief naturels (colline ou montagne) ou artificiels (immeuble de grande taille). En effet, les ondes hertziennes utilisées pour la télévision, contrairement à celles de la radiophonie, ne contournent pas les obstacles. D'où la nécessité, pour éviter les zones d'ombre, de très nombreux réémetteurs.

La couverture d'un territoire étendu nécessite donc la mise en place d'un réseau constitué d'émetteurs et de réémetteurs ayant la capacité d'acheminer le signal, avec puissance et qualité, jusqu'aux équipements de réception. De plus, émetteurs et réémetteurs géographiquement proches doivent utiliser des fréquences différentes, pour éviter de se brouiller mutuellement.

Par ailleurs, le spectre hertzien disponible est considérée comme une ressource rare. L'encombrement du spectre hertzien et les perturbations entre les canaux limitent très rapidement le nombre de chaînes différentes qu'on peut mettre, dans de bonnes conditions, à la disposition des usagers dans une même zone. Un brouillage apparaît dès que des émetteurs voisins travaillent à la même fréquence (ce qui entraîne une image « fantôme » à côté de l'image normale). En pratique, une fréquence utilisée par un émetteur dont la portée n'est que de 20 km ne redevient disponible qu'au-delà d'un rayon de 200 km en moyenne. De plus, des perturbations par rayonnement ou par conduction peuvent être

---

21. Les ondes radioélectriques, ou ondes hertziennes, se définissent par leur *fréquence* (nombre d'oscillations pendant une durée donnée) et par leur *longueur* (distance parcourue pendant la durée d'une oscillation). Le hertz est l'unité de mesure de fréquence des ondes radioélectriques, correspondant au nombre de cycles par seconde.

engendrés par les récepteurs eux-mêmes comme le brouillage mutuel d'appareils fonctionnant les uns près des autres ou la réinsertion de parasites dans le réseau d'une antenne collective.

En revanche, la télévision hertzienne a le net avantage de couvrir aussi bien les zones urbaines que rurales. Les limites de la télé hertzienne sont loin d'être atteintes dans tous les pays. Bénéficiant généralement, du moins dans les pays développés, d'une bonne infrastructure, elle permet la diffusion de plusieurs chaînes sur une même zone. Mais, dans tous les cas, le nombre est limité à une dizaine de canaux.

Dans plusieurs pays, comme aux États-Unis, le spectre hertzien est plus que saturé. La solution à cet encombrement s'oriente vers l'exploitation de nouvelles bandes de fréquences, dans la gamme des gigahertz, afin de diffuser localement quelques chaînes urbaines supplémentaires. Cette solution est souvent conjuguée avec les réseaux câblés. Mais la nouvelle technique qui permet de dépasser les limites de l'actuelle télé hertzienne, c'est la télévision directe par satellite.

4.9 Conclusion

Actuellement deux systèmes de télévision, l'un de transmission analogique, l'autre de type numérique expérimenté depuis les années 1970, vont se chevaucher pour un temps. La deuxième tendra à prendre une place de plus en plus importante au fur et à mesure que des réseaux câblés se numériseront et que les satellites de diffusion directe seront mis en service.

Comme nous l'avons constaté, le premier système de télévision est analogique et il a été développé autour de la création de la télévision en noir et blanc. Le procédé consiste à utiliser, à la prise de vue, une caméra vidéo, qui, grâce à une tube analyseur, convertit les signaux lumineux captés par l'objectif en signaux électriques. L'image ainsi créée est composée d'un ensemble de points lumineux, qu'on appelle pixels, disposés en lignes successives. À la réception, chaque ligne composant l'image est balayée par une faisceau d'électrons émis par le tube récepteur (tube cathodique). Le faisceau parcourt la totalité de l'image en deux séquences de balayage (d'abord sur les lignes impaires, puis sur les lignes paires) mais en un temps donné précis (1/30 de seconde pour le standard nord-américain, et 1/25 de seconde pour les standards européens). La fréquence de répétition doit être suffisante pour que le spectateur, grâce à la persistance rétinienne, soit en mesure de reconstruire l'image en mouvement continu. Le système en noir et blanc se définit donc par le nombre de lignes qui composent l'image (525 ou 625) et par la fréquence de balayage (30 ou 25 cadres par seconde).

En ce qui concerne la télévision analogique en couleurs, on a ajouté aux procédés déjà mis en place, pour le noir et blanc, un système qui permet d'analyser et d'acheminer les trois signaux fondamentaux de la télévision en couleurs, soit le rouge, le vert et le bleu, qui composent à eux trois ce qu'on appelle le signal de chrominance. Mais les techniques utilisées pour assurer le codage des informations en couleurs variant d'un pays à l'autre, elles ont engendré trois normes distinctes.

Plus récemment, avec la télévision numérique, tout le système doit être repensé. Le système analogique doit son nom à la modulation du signal vidéo qui est proportionnelle ou analogue à la modulation des intensités lumineuses balayées par le capteur analyseur. La télévision numérique est fondée sur le principe, non pas de la variation continue de l'intensité lumineuse des lignes, mais de la mesure de l'intensité de chaque point (voir à ce sujet le chapitre 8).

Par ailleurs, l'encombrement appréhendé des fréquences hertziennes, partagées aussi bien par la radio, la télévision que les téléphones mobiles, débouchera-t-il tôt ou tard sur une guerre des ondes? Car tout compte fait, les fréquences sont rares et la réception souvent brouillée par des obstacles naturels ou encore par d'autres émetteurs.

C'est ainsi que la construction de réseaux câblés et la mise en orbite de satellites permettent de s'affranchir des contraintes de qualité et de quantité imposées à la télédiffusion conventionnelle. Ces nouveaux modes de diffusion sont, en théorie, complémentaires, le câble s'imposant dans les zones denses, le satellite arrosant les zones non câblées et transportant les programmes jusqu'aux réseaux. Mais ce schéma peut connaître plusieurs variantes selon les rapports qu'entretiennent entre elles les industries qui se sont constituées autour de ces technologies médiatiques et compte tenu des différents contextes économique, politique et culturel dans lesquels elles se sont implantées.

La télédistribution :
de la radiodiffusion à la
multiplication de l'offre télévisuelle

5.1 **Introduction**

La câblodistribution est un autre moyen de transmission à distance des signaux de télévision et dans une moindre mesure des signaux de radio[1]. Dans son acception la plus large, la télévision par câble comporte la mise en place d'un réseau dans lequel le câble coaxial (de cuivre) a joué jusqu'ici un rôle d'infrastructure technique principale, agissant en quelque sorte comme un tuyau par lequel transitent les produits visuels et sonores en direction des foyers abonnés au service. Le téléviseur n'est donc plus alimenté par l'antenne privée, mais par une installation commune à plusieurs usagers.

L'avantage de définir le phénomène aussi largement, c'est que cela permet d'englober la diversité des infrastructures et des modèles de distribution mis en place, tant à l'intérieur d'un même pays qu'entre pays. Par exemple, un installation de télévision câblée peut autant atteindre quelques dizaines d'usagers à l'intérieur d'un même immeuble, que plusieurs centaines de milliers dispersés dans une ville ou une région entière.

Aujourd'hui, le terme câblodistribution définit à la fois une technique de transmission et une industrie majeure de l'audiovisuel. L'industrie de la câblodistribution est apparue dans le but de relayer la diffusion des signaux de la radio et de la télévision par le biais de câbles. Cette technologie est plus fiable et assure une meilleure qualité de réception ainsi qu'un plus grand choix de canaux que les technologies traditionnelles de diffusion sans fil. Maintenant, ces entreprises possèdent leurs propres réseaux et tentent de devenir le plus important distributeur en matière de service de communication.

Le principe technique fait référence à un ensemble d'équipements de réception et de distribution de signaux sonores et visuels, aptes à acheminer les signaux de radiotélévision, c'est-à-dire convertis, comme ceux du téléphone, en énergie électrique, mais sans le support des ondes hertziennes comme c'est le cas de la radiodiffusion conventionnelle.

L'infrastructure de distribution comprend une tête de réseau à laquelle sont reliés des câbles coaxiaux (ou de fibre optique)

---

1. Dans une décision publiée à l'automne 1995, le CRTC a ouvert toute grande la porte à la radio câblée en autorisant quatre organismes à offrir ce type de programmation : DMX, Power Music Choice, Allegro et Galaxie. Toutes les entreprises sont canadiennes, cependant les deux premières sont des filiales d'entreprises américaines qui offriront par conséquent quantité de programmes musicaux américains.

auxquels sont à leur tour branchés ou raccordés les usagers moyennant un abonnement. Depuis ses origines, et encore aujourd'hui dans la plupart des cas, le réseau câblé est un réseau de transmission (ou encore de livraison) des signaux. Il achemine, livre aux domiciles des abonnés « des programmes audiovisuels, qu'ils soient produits par la station, déjà inscrits sur des audio ou vidéogrammes, ou bien captés sur les faisceaux hertziens ou encore grâce à des liaisons avec les satellites[2] ». La diffusion par câble précède le satellite, celui-ci viendra d'ailleurs élargir les possibilités techniques des réseaux câblés.

5.2 Petit historique de la télévision par câble

Comme nous l'avons vu, plusieurs tentatives de transmission de signaux de télévision par câble téléphonique ont, semble-t-il, été recensées dès 1925, autant en Angleterre qu'aux États-Unis, deux pays où les expérimentations sur la technologie télévisuelle se sont vite multipliées à des fins industrielles et commerciales.

Mais la plupart des ouvrages touchant aux techniques de télédistribution attribuent généralement à un certain John Walson l'idée d'installer une antenne collective pour fournir, par l'intermédiaire d'un câble coaxial, des programmes télévisuels. On considère cet Américain comme le « père » de la câblodistribution. C'est donc en 1948 que Walson, vendeur de postes de télévision de son métier, place une antenne de télévision sur le sommet de l'une des montagnes entourant la ville, où la réception est bonne, et la relie à un câble coaxial, pour proposer à ses clients de brancher leur appareil à ce câble.

En effet, il est difficile de prétendre vendre des téléviseurs aux habitants de la localité de Mohanoy City, située au pied des Appalaches, en Pennsylvanie, alors que ceux-ci sont privés de réception hertzienne à cause des montagnes. Pourtant, la télévision hertzienne est en plein développement dans les grandes villes d'Amérique du Nord. Cela permet à Walson d'exposer ses téléviseurs en état de marche avec une bonne image. Bientôt, moyennant l'acquittement d'une petite redevance mensuelle, il raccordera peu à peu les foyers désirant une meilleure réception.

Ce type de câblodistribution est également nommé système de télévision à antenne collective (*community access television*). C'est

---

2. Francis Balle et Gérard Eymery, *Les nouveaux médias*, p. 29.

en quelque sorte l'embryon des réseaux câblés actuels. L'installation permet la réception des programmes dans les « zones d'ombre » ne bénéficiant pas de la couverture hertzienne en raison d'obstacles naturels (montagnes) ou artificiels (édifices urbains). De plus, contrairement aux faisceaux hertziens, la transmission par l'entremise du câble est insensible aux perturbations atmosphériques.

Par la suite, la télévision par câble, qui fut au point de départ un argument de vente, se répand progressivement, en particulier dans les zones rurales, privées ou ayant une piètre qualité de réception hertzienne. À peine un an plus tard, un autre réseau expérimental est mis sur pied dans l'État de Washington, permettant de retransmettre les émissions de Seattle à Astoria, une petite agglomération coupée des ondes et perdue dans les Appalaches à 200 km de là. La télévision par câble se développera également sur une base commerciale voire industrielle. Ainsi, en 1950, un premier réseau de câblodistribution « construit dans des conditions industrielles », sera installé à Landsford en Pennsylvanie.

D'après Gilles Willett, le nouveau moyen de distribution soulève de prime abord peu d'enthousiasme, à l'exception des vendeurs de télévision, qui deviendront des entrepreneurs en câblodistribution. Dans plusieurs milieux, la câblodistribution est considérée comme un phénomène marginal, limité aux petites villes dans lesquelles il n'est pas question d'établir une station affiliée à l'un ou l'autre des grands réseaux américains ABC, NBC ou CBS[3].

L'expérience du vendeur de télévisions de Pennsylvanie sera évidemment connue au Canada et les antennes individuelles seront remplacées par des antennes collectives plus puissantes[4]. La portée des antennes collectives permet non seulement de mieux recevoir des signaux locaux mais également de multiplier le nombre de canaux disponibles, la majorité provenant des États-Unis. Ainsi, très tôt, les caractéristiques de la câblodistribution allaient émerger : une meilleure réception et donc, une image de qualité accrue, un plus grand nombre de canaux, sans les problèmes d'encombrement de l'espace hertzien.

Dès 1949, la compagnie anglaise du nom de « Rediffusion » installe au Canada des réseaux de câblodistribution dans les grands centres urbains situés à proximité de la frontière américaine, dont la ville de Montréal. Les domiciles ou les commerces, en échange

---

3. Gilles Willett, *De la communication à la télécommunication*, p. 212-213.
4. Gilles Willett, *ibid.*, p. 218.

d'un abonnement à ces réseaux, peuvent alors recevoir des signaux des stations de radio. Au début des années 1950, la même compagnie loue des récepteurs de télévision amplifiés qui, une fois branchés sur son réseau, permettent une réception sans parasite. Le réseau achemine chez les abonnés « un canal de musique continue, préenregistrée, sans publicité et sans bulletin de nouvelles, de même qu'un service de télévision locale[5] ».

Même si, dès la fin années 1950, un service de câble est offert au Canada, il semble que ce dernier soulève moins d'enthousiasme que celui qui, au même moment, s'installe lentement aux États-Unis. Il est vrai que la télévision n'est offerte aux Canadiens qu'à partir[6] de 1952, contrairement aux États-Unis où déjà les trois grands réseaux nationaux américains, ABC, NBC et CBS sont implantés, atteignant 2 millions de foyers sur le total des 20 millions munis alors d'un téléviseur. D'ailleurs, la télédistribution verra d'abord le jour dans le but de couvrir les zones d'ombre des réémetteurs de ces grands réseaux[7].

Dans un premier temps, la câblodistribution est vite considérée comme une technologie concurrente de la télévision conventionnelle, même si elle aide cette dernière à étendre son rayon d'action et à rejoindre des auditoires autrement inaccessibles. L'expansion du câble est quelque peu freinée ou du moins fortement surveillée à ses débuts, et par conséquent confinée à la rediffusion des chaînes qu'on capte difficilement. C'est particulièrement ce qui se passe aux États-Unis, où le câble, surtout développé dans les régions rurales, couvre non seulement les zones d'ombre des réémetteurs des réseaux nationaux, mais rediffuse aussi des programmes locaux ou régionaux de villes avoisinantes.

Les opérateurs de réseaux câblés tirent ainsi profit des quelque 6 à 12 canaux que la technologie du câble coaxial leur permet de transporter. La concurrence de ce nouveau média a tôt fait d'inquiéter les géants de la télévision américaine qui multiplieront les actions en justice pour en ralentir ou carrément en bloquer la progression. Les radiodiffuseurs prétendent que les câblodistributeurs sont ni plus ni moins que des pirates de fréquences, alors qu'ils captent gratuitement dans l'air des signaux de radio et de télévision dans le but de les revendre ensuite à des abonnés.

---

5. Gilles Willett, *op. cit.*, p. 217.
6. Exception faite des foyers des villes frontalières, qui captent les signaux des stations américaines à l'aide d'antennes installées sur le toit des maisons.
7. Un zone d'ombre peut être définie comme le territoire ou la région où la réception hertzienne est sinon de piètre qualité, carrément impossible.

On l'a vu, au sujet de la radio et de la télévision, le lobby juridico-politique des grandes corporations telles que la RCA-NBC en dit long sur l'emprise qu'elles exercent sur le marché et son orientation. D'ailleurs, en 1966, en réponse aux actions menées par les radiodiffuseurs, la FCC américaine impose un moratoire sur la mise en place de nouveaux systèmes par câble.

Le moratoire ne sera levé qu'en 1972. À partir de ce moment, la câblodistribution prendra un véritable essor et ne cessera de progresser tant en nombre d'abonnés qu'en fonction de ses activités industrielles. En 1955, 400 systèmes de câbles radiodiffusent 12 canaux à 150 000 abonnés. En 1965, il y a, aux États-Unis, 1 579 systèmes de télédistribution, chacun desservant en moyenne 1 000 foyers. Peu à peu, le câble rejoint jusqu'à 15 % des foyers américains vers 1975. Cette année-là, les communications par satellite rendent la distribution de la programmation plus économique à l'échelle du pays. Avec le convertisseur de câble, la capacité de transmission des canaux augmente de 12 à 20, puis à 36 et jusqu'à 54 en 1988.

Entre-temps se succèdent les différentes chaînes câblées spécialisées s'appuyant sur la transmission par micro-ondes et par satellite. Par exemple, avec la diffusion des premières de films et d'événements sportifs exclusifs, Home Box Office (HBO) introduit la télévision payante à partir de 1972, puis c'est au tour de USA Network en 1977, propriété de la Gulf and Western Corporation et de MCA. Les informations suivront avec CNN (Cable News Network) créée en 1980 par Ted Turner, ESPN et les sports en 1982, et d'autres encore comme Discovery (documentaires), Nickelodeon (jeunesse), The Family Channel, etc.

L'impact des chaînes câblées spécialisées sur les grands réseaux se fait rapidement et fortement ressentir. Les réseaux ABC, NBC et CBS qui, à eux seuls, ramassaient jusque-là 90 % des téléspectateurs américains, se retrouvent en 1991 avec 65 % de l'auditoire total. Pour la première fois dans leur histoire, ils perdent de l'argent, tandis qu'il y avait aux États-Unis, toujours en 1991, plus de 10 000 systèmes de câble et quelque 60 millions de foyers abonnés. La télévision par câble est une industrie de 20 milliards de dollars par année.

Contrairement aux États-Unis, le marché du câble canadien est d'abord développé en zones urbaines. C'est le cas par exemple du système « Rediffusion », à partir de 1952, dans les grandes villes, le long de la frontière avec les États-Unis. Il faut dire que la programmation locale est presque inexistante, exception faite des débuts modestes du service public de Radio-Canada. De plus, aucune législation n'interdit l'importation de programmes. Il en résultera que, dès 1959, « le plus grand réseau câblé au monde est celui de Montréal, avec ses 14 000 abonnés[8] ».

Mais, l'évolution technique du câble est relativement semblable à celle que connaît les États-Unis : d'abord, à partir de 1973, avec une programmation spécifique, le câble acquiert son autonomie en regard de la diffusion hertzienne et, dix ans plus tard, c'est l'avènement de canaux thématiques (cinéma, sport, information, etc.) payants. En 1988, les opérateurs de câble canadiens alimentent en canaux 5 millions de foyers, un taux de pénétration de plus de 60 %, soit déjà un taux plus élevé qu'aux États-Unis.

De plus, en Amérique du Nord, à partir de 1976, l'apparition des satellites de télécommunication accélère le développement de ces réseaux. En effet, la conjugaison de satellites domestiques, comme la série canadienne des *Anik* ou les *Westar* américains, avec les réseaux câblés, permet d'étendre le rayon d'action des signaux télévisés vers les régions éloignées et même d'envisager une couverture nationale.

Si, en mars 1965, 353 systèmes de câblodistribution desservaient seulement près de 280 000 abonnés, ces derniers passèrent très rapidement en 1970 à plus de 1 164 000. Ce qui représente une augmentation de 315,7 % et ce, dans les trois provinces d'origine de la câblodistribution canadienne, soit la Colombie-Britannique, l'Ontario et le Québec. À elles seules, ces trois provinces totalisent, en 1970, 95 % du marché canadien.

Dès le début, une forte tendance à la monopolisation nationale du développement du câble est provoquée par l'emprise du capital américain qui contrôle alors la majorité des entreprises de ce secteur. À la fin des années 1960, le mouvement de la concentration est largement avancé sur le territoire canadien et principalement dirigé par des intérêts américains, notamment les firmes CBS (Columbia Broadcasting System) et Famous Players, filiale canadienne de la multinationale Paramount, elle-même dans le giron de la Gulf and Western. En 1969, les deux entreprises contrôlent un véritable réseau national alors qu'elles totalisent sur le territoire canadien « 472 440 des 924 000 abonnés canadiens soit 51,1 % du marché, 25,8 % pour CBS et 25,3 % pour Famous Players[9] ».

---

8. René Wallstein, *Les vidéocommunications*, p. 55. En 1988, avec plus de 600 000 abonnés, ce réseau détient toujours le record du monde de la taille.

9. Jean-Guy Lacroix, Robert Pilon, *Câblodistribution et télématique grand public*, Montréal, GRICIS, UQAM, 1983, p. 26.

Ce mouvement d'emprise étrangère fut brisé par des décrets du gouvernement fédéral forçant ainsi la canadianisation par la réduction à 20 % des actions votantes permises à des intérêts étrangers, en l'occurrence américains : dans les secteurs d'abord de la radiodiffusion (1968 : décret 1968-1809, 20 septembre) et, un an plus tard, de la câblodistribution (1969 : décret 1969-630, 27 mars). Le même type d'intervention a déjà eu lieu lors de la création de la Loi sur la radiodiffusion, votée le 6 septembre 1958, afin de limiter l'attribution des licences de radiodiffusion aux citoyens canadiens et aux corporations légalement constituées au Canada. Mais, jusqu'en 1968, la câblodistribution a échappé à cette réglementation. Le processus de canadianisation fut mené par le CRTC qui est mis en place en mars 1968, en vertu de la Loi sur la radiodiffusion canadienne votée en avril de la même année.

Cette loi prévoit aussi la régulation du câble et les conditions d'attribution des licences d'exploitation. Mais il s'agit davantage d'une réglementation qui veille à la consolidation de la santé financière de cette industrie que de frein à la constitution des monopoles régionaux. Le seul fait qu'en 1994, trois opérateurs de câble, Rogers Communications, Shaw Communications et le Groupe Vidéotron s'accaparent à eux seuls 65,2 % du marché canadien en dit long. Surtout que chacun a une emprise importante sur le marché régional dans lequel ils sont en activité. Selon la réglementation canadienne, une seule licence d'exploitation de la câblodistribution est attribuée à un entrepreneur sur un territoire déterminé par le CRTC, l'organisme de surveillance de la radiodiffusion et des télécommunications. Ce monopole naturel a eu une forte incidence sur l'orientation et le développement de cette industrie.

Entre-temps, à l'instar de l'industrie américaine, entre les années 1975 et 1982, s'est développé un nouveau modèle de la câblodistribution : le passage du contenu programmé (service de base) au contenu sélectif (multiplication des services thématiques) auquel on peut associer la télévision à péage et les autres canaux spécialisés.

D'un côté, les canaux spécialisés, accessibles uniquement aux abonnés du câble, recoupent la télévision payante (First Choice, Super Écran) autorisée par le CRTC à partir de 1982, et depuis 1987, les canaux thématiques tels que les émissions pour les jeunes (Canal Famille), les vidéoclips musicaux (Musique Plus), la francophonie internationale (TV5), les sports (RDS) ou la météo (Météomédia)[10].

---

10. « À part le Canal Famille, tous ces nouveaux services comptent tirer, au total, des revenus publicitaires supérieurs à 15 millions de dollars en 1993. », J.-G. Lacroix, G. Tremblay, *Télévision, deuxième dynastie*, Sillery, Presses de l'Université du Québec, 1991, p. 7.

Il faut bien sûr, en 1995, y ajouter RDI, le Canal D et d'autres canaux encore qui tôt ou tard pourront être mis en place. Avec ses nouvelles programmations spécialisées, le câblodistributeur ajoute à son rôle de diffuseur celui de programmateur.

5.3 Les principes techniques : de la captation à la distribution

Le système de câblodistribution fait appel à une chaîne de techniques qui, mises bout à bout, permettent d'acheminer des signaux directement aux domiciles des abonnés dispersés sur le territoire couvert. Cette infrastructure se compose d'abord d'une tête de réseau appelée aussi station centrale ou encore centre de répartition; puis d'un système de distribution constitué de câbles coaxiaux et enfin, de l'équipement de réception que sont les nombreux terminaux qui décodent et sélectionnent les signaux avant qu'ils soient transposés sur l'écran des téléviseurs domestiques.

La tête de réseau est en général l'endroit où la compagnie de câble utilise des antennes de télévision, des coupoles de satellites et des récepteurs de micro-ondes afin de rassembler les services de programmation locale et nationale et de les rediffuser dans les câbles coaxiaux. Le groupe d'antennes de haute puissance doit être normalement situé à un lieu de réception le plus favorable possible, c'est à dire l'édifice le plus élevé d'une ville, ou encore le sommet d'une colline ou d'une montagne comme l'avait fait Walson. Plusieurs types d'antennes sont donc utilisées pour capter les ondes qu'on veut redistribuer sur le réseau. Ces ondes proviennent soit des stations de radio et de télévision, soit de liaisons avec des satellites ou avec un réseau micro-ondes. Le système micro-ondes peut également servir à établir des liens entre les territoires où s'exercent les activités de l'entreprise de câblodistribution et la station centrale, entre les territoires d'une même compagnie ou encore entre différentes entreprises de câblodistribution. C'est aussi par les faisceaux hertziens que communiquent les réseaux régionaux ou nationaux bidirectionnels de câblodistribution[11].

Compte tenu que les signaux reçus par les antennes sont de faible puissance, il faut donc les amplifier avant de les acheminer par fils, câbles ou réseaux micro-ondes vers la station centrale. La station centrale constitue non seulement le lieu de réception des

---

11. Gilles Willett, *op. cit.*, p. 212-213.

signaux captés par la tête de réseau, mais aussi le principal point d'origine de la programmation locale de même que le pôle d'alimentation du réseau de distribution des signaux vers les abonnés.

Un fois reçus par la station centrale, les signaux sont filtrés afin d'éliminer les fréquences parasites, puis ils sont à nouveau amplifiés. Ensuite, dans le but d'exploiter la capacité maximale de transmission du câble coaxial, c'est-à-dire d'utiliser toute la largeur de bande disponible et ainsi multiplier le nombre de canaux offerts à l'abonné, la fréquence de chaque signal reçu est transposée sur une fréquence compatible avec le système de câblosélecteur de l'abonné. C'est également à cette étape qu'il est possible de transcoder certains signaux, par exemple traduire un signal PAL ou SECAM en un signal NTSC, ou changer un signal en VHF, ou encore la modulation d'amplitude en modulation de fréquence. « Chaque signal reçu ou produit à la station centrale est démodulé, filtré, modulé, synchronisé, amplifié et transposé dans un canal unique et normalisé pour alimenter le réseau de câbles coaxiaux. Ceux-ci sont suspendus aux poteaux du réseau électrique et téléphonique du territoire câblé ou parcourent les canalisations souterraines. Chaque canal distribué a sa fréquence spécifique, et le nombre de canaux disponibles dépend de la largeur totale de la bande de fréquence utilisée sur le câble coaxial[12] ».

Règle générale, le réseau de câblodistribution se caractérise par la « largeur de la bande passante » qui indique sa capacité et la vitesse de transport des informations qu'il transmet. Contrairement au son transmis par l'entremise du téléphone qui s'accommode d'un réseau à « bande étroite », la transmission d'images animées nécessite une « large bande » de transmission. Par ailleurs, le réseau peut être unidirectionnel, les données partant exclusivement de la tête de réseau, ou bidirectionnel, les données pouvant alors circuler dans les deux sens. En définitive, les capacités de transport et le type de biens et services offerts par le câblodistributeur dépendent de la catégorie de câble utilisée dans son infrastructure.

Trois types de câble peuvent être utilisés dans la constitution du réseau : le câble de paires torsadées, capables de transmettre un canal de télévision sur une courte distance; ce câble est un support de transmission classique dans le réseau téléphonique. Il peut toutefois être utilisé pour relier par exemple des usagers à une antenne collective dans un édifice à logements multiples.

---

12. Gilles Willett, *loc. cit.*

Le câble coaxial, le plus répandu, dont la capacité de transmission peut supporter déjà plus de 30 canaux de télévision mais la distance parcourue sans utilisation de relais est relativement courte. La technologie coaxiale utilise un câble constitué de deux conducteurs de cuivre concentriques de grosseur variable, séparés par un isolant, et contenus dans une gaine protectrice. Dans la plupart des installations, les câbles transportent des signaux électriques du point de départ du réseau jusque chez l'abonné.

Enfin, le câble de fibre optique fait à partir d'un composant à base de silice, et transparent à la lumière, est entouré d'une gaine du même matériau, mais avec un indice de réfraction différent. C'est la différence d'indice de réfraction qui permet de guider la lumière à travers le canal de verre. Il peut supporter de très larges bandes passantes, ce qui ouvre la voie à une multitude et à une variété d'informations sur un même support. En plus de la densité d'informations, la technologie optique a le net avantage de transporter des signaux sur de plus longues distances que les deux autres conducteurs métalliques. Elle nécessite cependant aux extrémités du réseau des équipements opto-électroniques afin d'opérer la conversion du signal électrique en signal lumineux et inversement. Même si elle possède une grande capacité de transmission, pour l'instant, son coût élevé, en raison de la complexité des équipements opto-électroniques, en ralentit l'implantation, en dehors des grands tronçons de transmission.

Pour mieux comparer les capacités de transport de ces trois types de câble, indiquons qu'il est possible de faire courir à travers les fils de cuivre de paires torsadées jusqu'à 24 conversations téléphoniques multiplexées, avec le câble coaxial, 1 500 conversations simultanées, alors qu'avec la fibre optique, il est possible, avant compression, de transmettre 32 000 conversations sur une seule paire de fibres. Puisque le câble de fibres peut être composé de 250 paires de fibres, on saisit l'ampleur des informations, mais aussi la diversité des messages véhiculés, qu'ils soient sonores ou audiovisuels.

La transmission de signaux par câble s'effectue selon le principe du multiplexage en répartition de fréquence, qui consiste à transporter ensemble, sur le même câble, différents signaux situés sur des fréquences différentes en les juxtaposant et en les séparant à l'arrivée à l'aide de filtres. La réalisation de ce multiplexage de fréquences diffère selon les types de réseaux, les pays et même le type de téléviseur. Les signaux peuvent ainsi être modulés dans une fréquence déterminée de façon bien plus satisfaisante que par voie hertzienne où les fréquences sont plus rares et les interférences entre signaux toujours risquées[13]. En effet, sur le plan électromagnétique, l'ensemble des signaux transmis dans un câble coaxial est totalement séparé du monde extérieur, ce qui permet aux opérateurs de détenir et d'administrer une largeur de bande complètement isolée des ondes hertziennes publiques.

Le réseau de distribution traditionnel est une structure arborescente, c'est-à-dire qu'un même conducteur, par des dérivations successives, peut desservir plusieurs usagers. Il est composé d'un tronçon principal, qui achemine les signaux jusqu'à une zone de service, puis il se ramifie en lignes de distributions secondaires. Un câble plus modeste prend la relève jusqu'à un quartier donné et enfin un petit câble établit la connexion avec les foyers. Il s'agit de la dernière section du réseau.

Compte tenu que les signaux transmis dans le câble ont tendance à s'atténuer avec la distance, le réseau d'équipements électroniques doit être muni d'un appareillage d'amplification de lignes, nommé « répéteur », disposé à tous les 200 mètres environ, pour corriger et amplifier à intervalles réguliers les signaux et ainsi garder leur qualité maximale. Compte tenu de leur situation dans le réseau, les amplificateurs sont soumis à un environnement physique rigoureux (grands écarts de température, forte humidité) et nécessitent une maintenance régulière.

Les contraintes associées aux amplificateurs, lorsque l'abonné se situe à plusieurs kilomètres du centre de répartition, limitent les systèmes de câble à la transmission de 60 canaux. C'est pour cela que les compagnies, du moins pour le tronçon principal, utilisent des technologies comme la fibre optique qui possède une plus grande largeur de bande et exige moins d'amplification sur de longues distances. Bientôt, la compression numérique permettra d'augmenter davantage la capacité des systèmes de câbles (voir le chapitre 8). Le nombre de canaux diffusés dépend d'une part du multiplexage et de l'amplification des signaux mais également de la résolution des images qu'on veut transmettre.

Pour une large part, les possibilités offertes par les réseaux câblés dépendent aussi de leur architecture. Les réseaux sont structurés selon une architecture soit en arbre soit en étoile, et comportent plusieurs répartiteurs et coupleurs permettant toutes les dérivations nécessaires des signaux vers le câblosélecteur de l'usager.

---

13. José Frèches, *La télévision par câble*, Paris, Presses universitaires de France, « Que sais-je? », n° 2234, 1990, p. 15.

FIGURE 5.1   **Structure de réseau en arbre**

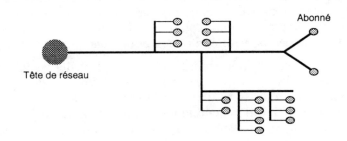

Structure de réseau en étoile

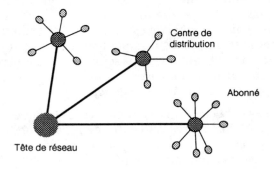

Structure de réseau mixte

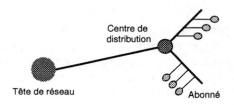

Les réseaux en *arbre* permettent seulement une télédistribution des programmes ou des services en direction des abonnés. Il a caractérisé jusqu'à tout récemment le réseau câblé, bien que certains opérateurs visent une architecture en *étoile* qui, de tout temps, a distingué le réseau téléphonique.

Les réseaux en étoile permettent à chaque abonné d'être en situation de parfaite interactivité avec les autres abonnés et avec le service de distribution. Bien entendu, il existe aussi des architectures mixtes, intermédiaires entre ces deux modèles, particulièrement dans la période de réingénierie de la câblodistribution qui marque les années 1990 et le début de la convergence potentielle entre les technologies de la télédistribution et de la téléphonie. En effet, ce passage d'une architecture à arbre vers une à étoile, transforme un réseau de distribution totalement asymétrique en un réseau plus symétrique avec une voie de retour qui permet d'offrir des services jusque-là réservés aux infrastructures de télécommunication.

Une fois arrivés à leur destination, les signaux sont reçus et décodés par un terminal, appelé câblosélecteur. C'est un appareil qui se situe entre la ligne de raccordement au réseau et le récepteur de télévision de l'abonné. Certains câblosélecteurs sont déjà installés dans les récepteurs appartenant à une génération technique récente, d'autres font partie de la catégorie des « boîtes » périphériques qui accompagnent le téléviseur. Dans le cas de systèmes plus complexes, par exemple le système Vidéoway du groupe Vidéotron, le câblosélecteur est carrément indépendant du téléviseur, incorporant d'autres fonctions servant notamment à utiliser divers services proposés par le câblodistributeur.

À l'intérieur du câblosélecteur, un dispositif de filtrage maintient la qualité des signaux visuels et sonores du canal sélectionné. Selon la complexité du système, d'autres dispositifs peuvent être compris comme celui de la protection contre les champs électromagnétiques et les autres signaux parasites de l'environnement. Enfin, la fréquence de chaque canal est verrouillée par des oscillateurs, ce qui évite ainsi à l'abonné tout problème de réglage d'accord. Il suffit alors d'une touche enfoncée pour atteindre le canal choisi. Le câblosélecteur est un terminal qui, avec le temps et l'intégration de microprocesseurs, a acquis une certaine « intelligence » et ainsi une plus grande versatilité dépassant la fonction de sélection des canaux.

Strictement sur le plan technique, les réseaux de câblodistribution comportent plusieurs avantages. L'utilisation de réseaux câblés permet de combler les lacunes de la diffusion hertzienne. D'une part, le câble constitue une solution à la pénurie de fréquences, d'ailleurs, il est à prévoir que plus les signaux de télévision seront transmis par câbles, plus de bandes de fréquences ainsi libérées seront utilisées pour le développement des télécommunications mobiles. D'autre part, il permet de résorber les zones d'ombre et d'améliorer considérablement les conditions de réception des signaux en plus de supprimer les forêts d'antennes sur le toit des maisons. Il est techniquement « transparent » pour l'utilisateur car le transcodage des différentes normes de diffusion est assuré en tête de réseau.

Il permet également d'augmenter le nombre de canaux accessibles ainsi que celui des nouveaux services. Cependant, même si la câblodistribution a été longtemps considérée complémentaire des réseaux de radiodiffusion, à l'heure actuelle elle semble prendre une place prépondérante au point de provoquer une remise en question de la radiodiffusion[14].

Si le câble permet la réception, dans de meilleures conditions techniques, des programmes de télévision, elle rend possible la réception des programmes par satellite. En effet, les réseaux de télédistribution auront été les premiers à capter les signaux des satellites pour ensuite les transmettre par l'entremise de leur réseau câblé. D'ailleurs, selon Jean-Paul Lafrance, « [...] le lancement d'une autre génération de satellites (dits de distribution), plus puissants et moins coûteux à opérer que ceux de la génération précédente (dits de transmission), a permis le mariage de raison entre le câble et le satellite, pour alimenter ces multiples infrastructures locales en programmes nationaux, sinon continentaux[15] ».

5.4 La câblodistribution en mutation

L'industrie de la câblodistribution, telle que nous la connaissons aujourd'hui est le produit d'une évolution technologique qui n'a pas encore atteint sa phase finale. Celle-ci se produit en parallèle sur deux fronts : d'une part la technologie permet de multiplier le nombre de canaux offerts. D'autre part, les contenus se modifient et se différencient pour aboutir à un ensemble complexe

14. Gilles Willett, *op. cit.*, p. 215-216.
15. Jean-Paul Lafrance, *in L'État des médias*, p. 62.

dans lequel télévision traditionnelle et services spécialisés de différente nature vont progressivement se côtoyer. Cette évolution peut être récapitulée en quatre phases[16] : la première est l'ère des antennes collectives; elle est suivie par celle de la câblodiffusion, puis par celle de la câblodistribution et enfin par celle de la vidéocommunication.

À l'origine donc, dans les années 1950 à 1960, le câble n'est qu'un système passif, servant presque uniquement à améliorer ou à permettre la réception des chaînes hertziennes. Il reprend le signal herzien dont la diffusion est arrêtée par des obstacles (immeubles, montagnes, etc.) afin de le retransmettre vers ses abonnés. Cette phase correspond au contexte d'émergence de l'industrie télévisuelle. Le câble pallie alors l'absence ou la pénurie d'images.

Dans sa deuxième phase, la câblodiffusion, le réseau devient plus complexe : il adopte une architecture en arborescence, et se sert de câbles coaxiaux dont la capacité permet de multiplier le nombre de signaux transmis. Le câble ne se contente plus de retransmettre les chaînes locales mais distribue aussi les chaînes étrangères, en l'occurrence, américaines.

L'ère de la câblodistribution marque de nouvelles transformations : la rediffusion est enrichie des possibilités considérables qu'offrent les équipements magnétoscopiques et les satellites de télécommunications. La capacité de distribution qui est d'une douzaine de canaux dans la phase précédente est environ trois à cinq fois plus grande. Les contenus proposés évoluent : apparaissent les chaînes thématiques, les canaux à péage et des services de type télématique (téléchargement de jeux vidéo, interrogations de banques de données, etc.). Cette phase s'inscrit dans le contexte de création du *narrowcasting*, une diffusion plus restreinte, plus ciblée par opposition au *broadcasting*, c'est-à-dire la diffusion large. L'accès à certains canaux est conditionnel à l'acquittement de différentes formes d'abonnement.

La quatrième période du câble est celle qui s'amorce avec les années 1990. Les réseaux deviennent interactifs : leur architecture passerait d'un modèle arborescent à un modèle en étoile, du moins dans certains pays. De plus, les signaux sont distribués par fibres optiques, les réseaux deviennent bidirectionnels, avec des câblosélecteurs programmables. Le câble offre des services interactifs, des services d'images et de courrier électronique. Le mode de

---

16. Jean-Paul Lafrance, *Le câble ou l'univers médiatique en mutation*, Montréal, Québec/Amérique, 1989.

paiement évolue aussi vers une tarification à l'usage : par exemple le paiement s'effectue à la séance (*pay per view*), c'est-à-dire en fonction de la consommation. La quatrième époque du câble n'est encore qu'un objectif qui reste à atteindre pour de nombreux câblodistributeurs. Pourquoi? L'évolution des technologies et des processus employés nous en fournit une clé.

Un réseau de câblodistribution peut être décrit comme la somme de deux composantes, le matériel et le logiciel. Le *matériel* transporte les signaux : ce sont essentiellement des câbles, et divers équipements ou installations électriques qui les complètent, pour filtrer, amplifier ou brouiller le signal, le cas échéant. Le *logiciel* désigne les processus qui codent, manipulent, traitent et acheminent ces signaux. Les progrès réalisés dans chacune de ces deux composantes se conjuguent pour offrir les systèmes actuels et futurs.

Le matériel passe d'une technologie électrique à une technologie optique. Dans le premier cas, on emploie des câbles coaxiaux : ces fils métalliques de grande capacité transportent les signaux de télévision sous forme de variations de courant électrique. Avec la fibre optique, ce n'est plus un signal électrique, mais un signal lumineux qui se propage à travers une fibre de verre de la taille d'un cheveu.

Pendant que le support de transmission change, le signal lui-même évolue : le signal vidéo des origines de la télévision est un signal analogique. Des variations de courants électriques correspondent globalement aux variations d'intensité lumineuse, des couleurs caractérisant une image de télévision. Le signal vidéo de demain est de plus en plus numérique. Le signal vidéo est découpé chaque seconde en des milliers d'échantillons dont on mesure la valeur numérique. Ces valeurs sont codées sous forme binaire de zéro et de un, le langage des ordinateurs. Une fois codé sous forme numérique, le signal peut être aisément manipulé, traité, stocké et distribué.

Un signal vidéo analogique contient énormément d'informations qui consomment une grande quantité d'énergie et exigent d'importantes capacités de transmission. Un signal numérique peut être comprimé et occuper ainsi moins de place sur le support qui le véhicule. La compression numérique utilise des algorithmes, des processus de programmation qui éliminent une partie de la redondance de l'information transmise. Ainsi, lorsqu'on filme un talk-show en télévision analogique, le signal reconstruit à chaque fraction de seconde l'image de la personne filmée et le décor qui l'entoure. En réalité, une telle image comprend des parties qui ne bougent que rarement, tandis qu'une faible partie se modifie constamment.

La compression vidéo numérique se sert de cette propriété de l'image vidéo. Plutôt que de reconstruire sans arrêt une image entière, elle conserve les parties fixes et se contente d'afficher les éléments mobiles. La quantité d'information nécessaire pour n'afficher que les parties mobiles (le visage, les bras, les mains de la personne filmée, tandis que le décor ne bouge pas) est bien moins importante que dans le cas d'un affichage complet de tous les éléments de l'image. Ainsi comprimé, le signal occupe moins de place, et il devient possible d'en distribuer un plus grand nombre sur le même support (câble coaxial ou fibre optique). La compression numérique permet de mettre jusqu'à cent fois plus d'information sur un canal. Du coup, il devient possible de placer de trois à huit programmes sur un même canal[17].

La production de télévision se fait déjà en mode numérique, car ce dernier facilite le montage ou la création d'effets spéciaux. Mais l'usage du numérique pour distribuer le signal avait longtemps été retardé en raison de la puissance de calcul, de la taille de mémoire informatique nécessaire ainsi que de la difficulté de mise au point de normes de compression du signal vidéo. Ces questions sont en bonne partie résolues, et les câblodistributeurs canadiens prévoient généraliser l'exploitation de la compression vidéo numérique d'ici l'an 2000.

À l'heure actuelle, deux technologies, le changement de support (en passant du câble coaxial à la fibre optique) et la possibilité de compression vidéo du signal numérique, se conjuguent pour multiplier la capacité des canaux de câblodistribution. C'est pourquoi on parle maintenant de distribuer des centaines de canaux sur le câble, au lieu de la soixantaine jusque-là disponible.

Les réseaux de câblodistribution traditionnels sont, on l'a vu, des réseaux unidirectionnels : le signal de télévision est capté par le câblodistributeur puis envoyé chez l'abonné. Le signal circule en sens unique, de la tête de réseau vers l'abonné. Ce dernier ne peut envoyer de message à la tête de réseau. Il se contente de recevoir ce que le câblodistributeur lui envoie. Or les nouveaux services (télévision à la carte, télé-achat, jeux vidéo) obligent une forme de communication bidirectionnelle dans laquelle l'abonné indique au câblodistributeur ce qu'il souhaite recevoir sur son écran.

---

17. Didier Gout, « Le numérique gagne la bataille de la télévision du futur », *Médias pouvoirs*, n° 30, avril-mai-juin 1993, p. 83.

Les services spécialisés sont diffusés sous une forme brouillée aux abonnés du câble et nécessitent un décodeur pour les recevoir en clair. Lorsqu'une personne s'abonne à un de ces services, comme le canal de films, le câblodistributeur envoie un signal spécifique au décodeur, qui débrouille le signal. Dans le cas de services à la carte, avec paiement à l'émission (pay *per view*), l'abonné communique à chaque fois avec le câblodistributeur pour qu'il lui envoie le signal de décryptage de l'émission souhaitée.

L'*adressabilité* est ce processus qui permet de simplifier la procédure de brouillage-débrouillage des canaux en fonction des demandes des consommateurs. L'ordinateur du câblodistributeur conserve en mémoire les coordonnées, en d'autres mots l'adresse de chaque abonné et peut, à distance, envoyer le signal de brouillage ou de débrouillage d'un canal. Balayant rapidement et régulièrement les informations contenues dans l'ordinateur central, il compare ses informations avec celles inscrites dans les décodeurs, et suivant le cas, enverra ou non le code de débrouillage d'un canal. L'abonné peut ainsi commander directement, avec le clavier de sa télécommande, la réception en clair d'une émission particulière.

L'adressabilité, pour fonctionner, exige une voie de retour vers le câblodistributeur. De nombreuses méthodes ont été expérimentées jusqu'à maintenant : utilisation d'une ligne téléphonique, une voie de retour sur le câble, etc. En modernisant leurs réseaux, avec la numérisation et la venue de la fibre optique notamment, les câblodistributeurs vont disposer de la capacité nécessaire à la mise en œuvre de l'adressabilité. Cela leur permettra d'offrir une programmation plus personnalisée à leurs abonnés. L'industrie du câble, aidée par les décisions prises en 1993 par le CRTC, s'achemine vers ce qu'elle appelle l'adressabilité universelle, une expression signifiant que dans quelques années, l'ensemble des réseaux de câble disposeront de cette capacité.

5.5 Vers un mode renouvelé de la consommation télévisuelle

La câblodistribution est un mode privilégié de distribution des signaux de télévision au Canada. Alors qu'elle favorise, principalement dans le marché anglophone, l'accès aux grands réseaux américains, une réglementation assez stricte vise à encourager l'existence et le maintien d'une industrie canadienne de la radiodiffusion. Le CRTC édicte ainsi des règles d'assemblage des signaux, définissant notamment les composantes du service de

base, ce service minimal que les câblodistributeurs doivent fournir, dans lequel figurent les principaux réseaux canadiens et
américains. La multiplication de l'offre de canaux, sous la forme
de chaînes spécialisées et de canaux payants, conduit à distinguer
différents niveaux de distribution de ces services. L'organisme de
réglementation souhaite maintenir un service de base acceptable,
qui permette d'accéder à des tarifs accessibles au plus grand nombre à certains services spécialisés, dont l'audience est garantie
pour une certaine période, afin que ces nouveaux services puissent rester viables et continuer à produire des programmes à contenus canadiens.

À la suite des audiences sur la restructuration de l'industrie du
câble, le CRTC a allégé sa réglementation en donnant plus de
souplesse aux câblodistributeurs pour définir avec les responsables de canaux spécialisés l'emplacement qu'ils leur assignent
dans leurs systèmes[18]. Une souplesse confirmée dans sa décision de
juin 1994 d'autoriser une dizaine de nouveaux services spécialisés.

La logique qui sous-tend la consommation des services du câble
est celle que Tremblay et Lacroix ont appelé « le modèle du club
privé[19] ». L'abonné paie une certaine somme de base qui lui donne
accès à la multitude et à la variété de services que lui offre le
câblodistributeur. Seuls les abonnés ont droit à ces services, les
autres devant se contenter des programmes des réseaux ou des
stations de télévisions conventionnelles.

Pour maintenir l'intérêt de leurs abonnés, les câblodistributeurs
sont obligés de se lancer dans une course à la multiplication des
services et des canaux. Ils sont poussés par la concurrence exté-
rieure : d'une part, le public est au courant de l'existence d'une
multitude de services spécialisés, et peut s'y montrer intéressé.
D'autre part, des concurrents (autres câblodistributeurs, ou autres
formes de diffusion) se préparent à multiplier l'offre de canaux.
C'est ainsi que la menace du satellite de radiodiffusion directe, et
des centaines de canaux qu'il allait déverser sur le Canada, sert à
la fois d'épouvantail et d'alibi pour conduire les câblodistributeurs

---

18. Voir le tableau sur l'étagement (l'ordre de priorité) des services du rapport Caplan-Sauvageau, p. 620. Il désigne l'état de la réglementation en
1986. Depuis juin 1993, les règles de distribution ont été simplifiées.
Voir aussi la « fiche-info » du CRTC du 3 juin 1993 : *Règles relatives à
la distribution et à l'assemblage.*

19. Jean-Guy Lacroix et Gaëtan Tremblay, *op. cit.*, 1991.

vers une fuite éperdue à la multiplication des canaux. En se servant de la même technologie que les satellites de diffusion directe, la compression vidéo numérique, les câblodistributeurs se préparent à multiplier le nombre de canaux offerts à leurs abonnés.

Mais la multiplication des canaux soulève de nombreux problèmes : comment les remplir? Quels seront les contenus de ces nouveaux canaux? Qui payera et comment, pour ces nouveaux canaux? Les câblodistributeurs se font producteurs pour remplir les canaux en plus de distribuer des programmes de stations ou réseaux déjà existants. Vidéotron, avec sa filiale Intervision reliant plusieurs câblodistributeurs québécois, s'est mis à produire une série de contenus pour meubler ses canaux supplémentaires : petites annonces, météo, tirage de loto, etc. Tous ces contenus font partie des services hors-programmation, échappant à la rigueur de la réglementation du CRTC.

Vidéotron avait aussi acheté Télé-Métropole et son réseau, se dotant ainsi de capacités de productions supplémentaires. Il n'était pas rare pour la société de se servir de la synergie entre ses différentes possessions pour produire et diffuser sur ses canaux des émissions ou programmes faisant la promotion d'autres services offerts sur le câble[20].

Rogers Communications, le plus important câblodistributeur canadien avec 31,5 % des abonnés, avec ses 50 systèmes de câble n'est pas en reste : il possède une station de télévision de Toronto, un canal spécialisé destiné à la jeunesse (YTV) ainsi que des parts dans un service de paiement à l'émission, Viewer's Choice Canada. Rogers possède aussi le canal canadien de télé-achat, Canadian Home Shopping Network, et, comme Vidéotron, exploite des clubs vidéo[21]. En 1994, il a racheté les actifs de MacLean Hunter qui était, à ce moment-là, le deuxième câblodistributeur au pays et le propriétaire de nombreux magazines et stations de radiodiffusion.

Offrir 200 canaux ne signifie pas forcément offrir 200 services différents aux abonnés. L'offre de contenu disponible actuellement ne permettrait pas de remplir les 200 canaux que déclarent viser les câblodistributeurs. Dans le cas des services de télévision

20. Le groupe Vidéotron semble faire marche arrière, alors qu'il concluait à l'automne 1995 avec le groupe CFCF une transaction visant à consolider ses avoirs dans le domaine de la câblodistribution et délaissant ainsi ses actifs dans la radiodiffusion.
21. D'après « Roger's reach », tableau tiré de « King of the road. Ted Rogers : the new media czar », *in Maclean's*, 21 mars 1994, p. 40.

payante, et particulièrement de diffusion de films, les câblodistributeurs comptent utiliser leurs canaux supplémentaires pour faire ce qu'ils appellent une forme de multiplexage.

La caractéristique actuelle de la télévision payante est que les films sont offerts en fonction d'une grille de programmation qui ne correspond pas nécessairement aux disponibilités des téléspectateurs. Au cours d'une même semaine, une dizaine de films sont proposés sur les canaux payants. Mais ils sont rediffusés plusieurs fois au cours de la semaine à des jours et des heures différentes pour multiplier les possibilités de contact ou de présence du téléspectateur.

Dans ce contexte, un nouveau mode de distribution de la télévision payante (des canaux de films) est envisagé par les câblodistributeurs à savoir démarrer à intervalle régulier, de cinq à dix minutes, le même film, sur des canaux différents. Le téléspectateur aurait ainsi le loisir de regarder les films en fonction de ses moments de disponibilité, et le câblodistributeur trouvant ainsi le moyen de remplir à peu de frais le grand nombre de canaux dont il dispose, en multipliant par quatre ou cinq les fenêtres de diffusion de son programme, occupant ainsi quatre à cinq canaux pour un même programme.

Autre façon de remplir les canaux, l'offre de nouveaux services basés sur l'interactivité. Vidéotron, avec son interface Vidéoway, qui donne accès à des banques de données, à des jeux et à des émissions de type interactif, depuis les jeux où on semble dialoguer avec le présentateur jusqu'au bulletin de nouvelles qu'on recompose en choisissant de visionner les séquences ou reportages qui nous intéressent le plus, montre une des voies possibles d'utilisation des nouveaux services que propose le câble, en attendant de s'en servir pour expédier du courrier électronique ou de faire éventuellement passer les communications téléphoniques sur son réseau.

D'ailleurs, une des caractéristiques du boîtier Vidéoway va se retrouver dans de nombreux décodeurs qui seront fabriqués dans les prochaines années pour permettre aux opérateurs du câble de distribuer de nouveaux services. En juin 1993, à la suite des audiences sur la structure de l'industrie, le CRTC autorisait les câblodistributeurs à investir dans la fabrication et la distribution de décodeurs adressables, et à en faire payer une partie de la facture par les abonnés.

L'adressabilité est la clé d'un mode de distribution et de facturation plus personnalisé des services de câble. Tandis que, dans la logique du club privé, l'abonné paie un montant forfaitaire pour accéder à une gamme de services assez variée, avec l'adressabilité, les câblodistributeurs préparent un mode de consommation où le paiement se fera à la pièce. Dans le marché anglophone, la télévision payante fonctionne déjà suivant un principe similaire : soit l'abonné paie des frais supplémentaires pour avoir accès à certains canaux non compris dans le service de base[22], soit il paie à la pièce, pour un film, un concert ou une retransmission de compétition sportive qu'il souhaite regarder. Dans le cas de la consommation à la pièce actuelle, les images sont transmises vers l'abonné dans un format brouillé : il téléphone à son câblodistributeur pour lui indiquer ce qu'il souhaite regarder, et celui-ci envoie un signal qui retransmet en clair l'émission choisie.

Avec les terminaux adressables, cette opération se fera sur un mode « transparent », l'ordinateur du câblodistributeur aura en mémoire les données caractéristiques des abonnés. Ceux-ci enverront un signal à leur décodeur, indiquant leur volonté de regarder un programme payable à la carte. Le signal de décodage sera renvoyé instantanément au décodeur de l'abonné qui verra son compte automatiquement débité, sans douleur, de la somme correspondante.

Ce mode de paiement est celui envisagé par les services de réception directe par satellite. Il offrira en effet surtout des services spécialisés et de la télévision à péage, complétant ainsi le « service de base » disponible auprès des abonnés. Le système canadien fonctionne différemment en ce sens que le câblodistributeur, en échange du monopole de distribution des signaux sur son territoire, est astreint à distribuer les programmes constituant le service de base de la télévision.

Au début de l'hiver 1994, le CRTC a entendu les requêtes de près de 50 demandes de création de nouveaux services spécialisés de télévision par câble. Certains sont des copies canadianisées de services existant aux États-Unis (canaux de dessins animés, canaux culturels) ou les diverses propositions de services d'information continue, sorte de réponse à l'hégémonie de CNN.

En même temps que les requérants exposaient au CRTC leurs projets de canaux spécialisés, se livrait en arrière-fond une bataille pour une réorganisation de la tarification et du mode de

22. Le marché québécois, plus petit, ne dispose pas encore d'une telle souplesse dans la sélection des programmes offerts. Voir la « fiche-info » du CRTC : *La distribution de la télévision par câble au Canada*, CDBT4-06-94, 6 juin 1994.

distribution des services. En effet, l'été précédent, agitant la menace du satellite de diffusion directe et de ses centaines de canaux, les câblodistributeurs avaient réussi à obtenir du CRTC des conditions favorables à l'amélioration de leur infrastructure technique, afin d'être capables eux aussi de proposer, d'ici une période relativement proche[23] plus d'une centaine de canaux à leurs abonnés.

Curieusement, quelques mois plus tard, lors des examens des nouvelles demandes de services spécialisés, l'enthousiasme des câblodistributeurs semblait s'être refroidi. L'Association canadienne de la télévision par câble (ACTC) exhortait le CRTC de ne pas autoriser plus d'une dizaine de nouveaux services spécialisés sur le câble. Dans l'état actuel de la technologie, indiquait l'association, les câblodistributeurs ne peuvent accueillir plus de 5 à 10 canaux. Vidéotron indiquait disposer de 10 à 12 canaux libres pour des nouveaux services, mais guère plus[24].

La proposition de nouveaux services spécialisés est aussi l'occasion de renégocier avec le CRTC les obligations de distribution des signaux. Lors de l'attribution de la première gamme de services spécialisés, en 1986, le CRTC avait gratifié ceux-ci d'une sorte de rente de survie, en imposant aux câblodistributeurs d'en offrir un bouquet disparate de cinq nouveaux services. Les câblodistributeurs versent à chaque fournisseur de service une somme de quelques dizaines de cents par abonné. Cette somme se répercute sur le montant facturé à l'abonné au câble. Déjà à l'époque, cette mesure avait suscité des mécontentements. Les amateurs de sport ne s'intéressent pas forcément aux vidéoclips ou ne désirent pas particulièrement payer pour un service météo qu'ils ne consultent que très rarement. D'une part, les abonnés s'étaient plaints de cette mesure qui les obligeait à payer pour des services qui ne les intéressaient pas, mais de l'autre, les câblodistributeurs avaient mené des pressions assez importantes pour modifier la règle du « qui en prend les prend tous ». Vidéotron avait notamment manifesté une ferme opposition de distribuer les cinq services spécialisés.

---

23. Une dizaine d'années. Voir le plan de développement de l'Association canadienne des câblodistributeurs dans : A view to the future. Vision sur l'avenir : submission to the CRTC structural policy hearing, NPH-1992-13, by the CCTA, 4 décembre 1992.

24. Marie-Claude Lortie, « Des câblodistributeurs prudents : pas trop de chaînes pour l'instant », *La Presse*, Montréal, 5 mars 1994, p. A6. Voir aussi Manon Cornellier, « Quarante-huit projets devant le CRTC : entre six et douze nouveaux canaux », *La Presse*, Montréal, 15 février 1994, p. B5.

L'offensive a repris à l'occasion des audiences pour les nouveaux services spécialisés. Les câblodistributeurs souhaitaient modifier la composition du service de base, de façon à pouvoir intégrer un plus grand nombre de services pour lequel le paiement se ferait à la carte. Il faut rappeler que dans le marché anglophone, le volet de base peut comprendre des services supplémentaires que les câblodistributeurs choisissent d'offrir à leurs abonnés. Ces services sont habituellement regroupés par blocs et sont offert sous forme codée ou en clair. Lorsque ces services sont offerts en clair, ils font partie de ce qu'on appelle le volet de base élargi. Au Québec, le service élargi n'existe pas. Ainsi, tous les services spécialisés de langue française sont inclus dans le service de base du câble[25].

Au lieu de composer des bouquets aux tarifs forfaitaires, les câblodistributeurs souhaiteraient les déstructurer pour proposer une sorte de menu à la carte. Sondage à l'appui, Vidéotron a indiqué au CRTC, d'une part, qu'il était difficile d'augmenter le nombre de services spécialisés à offrir aux abonnés, car leur capacité de payer n'est ni extensible ni infinie. D'autre part, les consommateurs n'auraient que peu envie de payer pour des bouquets comportant des services ne les intéressant pas.

L'expérience de Vidéotron est un indicateur de ce qui se prépare. La compagnie a procédé à une telle déstructuration de son service de base dans les opérations qu'elle menait en Angleterre. Dans un rapport annuel, Vidéotron mentionnait en effet que pour répondre à la demande de la clientèle britannique[26] elle avait modifié la composition de son offre de service de base. En présentant une offre plus souple et plus modulaire, Vidéotron proclamait avoir réussi à accroître sa pénétration dans le marché britannique du câble.

---

25. « Fiche info » du CRTC : *La distribution de la télévision par câble au Canada*, CDBT4-06-94.

26. Vidéotron : rapport annuel 1993, p. 12. Parmi les éléments de la nouvelle approche marketing employée en Angleterre pour réduire le taux élevé (60 %) de débranchements constaté en 1992, outre diverses formules plus souples de paiement, on note « l'introduction d'une grille de programmation permettant à l'abonné une plus grande flexibilité dans le choix des services » (en 1993, le taux de débranchement était passé à 30 %).
À propos de Vidéoway, le même rapport indique : « Vidéoway permet également un allègement du service de base au profit d'une grille plus personnalisée qui inclut des émissions à la carte, de la programmation locale et des émissions interactives. De plus, cette grille permet une tarification plus adaptée aux profils des abonnés » (p. 13).

Notons cependant que la mise en marché des services britanniques est très différente de ce qui se fait au Canada. En Angleterre, Vidéoway faisait partie du système de base des abonnés au câble (tandis qu'ici, les terminaux Vidéoway ne sont proposés qu'à ceux qui veulent s'abonner à la télévision payante et aux services interactifs). En outre, Vidéotron fournissait, en même temps que les services de la télévision par câble, en association avec Bell Canada International, les services téléphoniques locaux. Le branchement à l'abonné consistait à le doter à la fois d'une liaison téléphonique et d'une liaison pour la télévision par câble. Les deux infrastructures ainsi étaient encore distinctes, utilisant des câbles et des fils différents, mais leur offre était conjointe et simultanée.

Les audiences de 1993 avaient été l'occasion, pour le CRTC, d'examiner la structure de l'industrie. Les câblodistributeurs, fort habilement, avaient agité la menace, réelle ou supposée, du futur satellite de diffusion directe de Hughes, qui allait alors proposer une centaine de nouveaux canaux sur le territoire canadien. Ils avaient exposé leur plan de riposte, qui consiste à moderniser leurs réseaux pour se doter des mêmes capacités que ce satellite : multiplication des canaux grâce à la compression vidéo numérique, plus grande souplesse de l'offre grâce à l'adressabilité universelle.

Le CRTC a réagi à leur demande en adoptant des mesures qui lui semblaient propres à permettre à l'industrie canadienne de se développer. Il a encouragé les câblodistributeurs à moderniser leurs réseaux en récupérant une partie de leurs investissements dans les décodeurs adressables. Il déclara « l'adressabilité universelle un objectif de politique publique[27] ». Il annonça en même temps la création d'un fonds de production alimenté par les câblodistributeurs, afin d'accroître la production d'émissions canadiennes disponibles. Enfin, en assouplissant le mode de distribution des signaux spécialisés, il accordait une autre revendication de l'industrie, mais lui demandait de mieux informer les consommateurs par une facturation plus détaillée.

Un an plus tard, à la suite d'un appel d'offres de nouveaux services spécialisés, il accordait une dizaine de nouvelles licences. Le CRTC, plutôt que de recourir à des mesures protectionnistes pour empêcher la diffusion de signaux étrangers au Canada, a choisi d'encourager l'industrie canadienne à se renforcer : d'une part en lui permettant d'augmenter son offre de services, et d'autre part,

---

27. Avis public CRTC-1993-74 : Audience publique portant sur la structure de l'industrie, Ottawa, 3 juin 1994.

en reconnaissant que l'industrie se trouve dans une phase de transition, avant d'arriver à l'adressabilité universelle et d'avoir généralisé la compression vidéo numérique. C'est ce qui a amené le Conseil à limiter temporairement le nombre de nouveaux services offerts. Veillant à protéger les intérêts des consommateurs, il a fixé les tarifs de gros appliqués aux services distribués au service de base du câble. Il s'agissait pour le Conseil d'offrir de nouveaux services, et donc de créer une opportunité pour les créateurs et producteurs canadiens, tout en évitant que ceux-ci ne menacent les revenus des services déjà existants. Enfin, en permettant une certaine souplesse dans la distribution de ces services, le conseil tenait compte de l'échéancier proposé pour la modernisation des réseaux de câble.

5.6 Conclusion

À l'origine donc, la câblodistribution est un système unidirectionnel comme la radiodiffusion dont elle est tributaire et, en quelque sorte, un corollaire technique. D'ailleurs, hormis l'obligation d'être abonné, les modalités d'acquisition sont de nature sélective, comme dans le cas de la radiodiffusion[28]. À son domicile, l'abonné dispose d'un câblosélecteur-décodeur permettant de sélectionner et décrypter les signaux câblés et de syntoniser l'un ou l'autre des nombreux canaux transmis par le système.

Il est difficile de dissocier la technologie de l'industrie qui s'y rattache. En effet, force est de constater que la télédistribution, comme les autres technologies médiatiques, est davantage qu'un relais technique, et que l'industrie du câble joue un rôle de premier plan dans la multiplication de l'offre de programmes audiovisuels ainsi que dans le déploiement de services transactionnels.

La télévision par câble semble être l'apanage des pays industrialisés, là où elle s'est développée en complément de la diffusion hertzienne terrestre. En effet, la câblodistribution fut instaurée aux États-Unis dans l'après-guerre pour assurer une programmation télévisuelle satisfaisante aux habitants des régions rurales ou éloignées. Il a fallu attendre au milieu des années 1970 et la levée d'une réglementation à ses débuts particulièrement restrictive,

---

28. Toutefois, aujourd'hui, certains câblodistributeurs offrent des services bidirectionnels et ouvrent la voie à l'offre de nouveaux produits et services, dans une certaine mesure, davantage interactifs.

ainsi que la naissance de chaînes thématiques relayées par satellite, pour que le câble acquière une véritable spécificité et s'implante de façon massive sur le territoire nord-américain.

Aussi, en quelques décennies, l'industrie de la câblodistribution s'est répandue et des centaines de systèmes sont construits au Canada, aux États-Unis mais aussi en Europe. Si plus de 50 % des foyers américains sont câblés, ils frôlent les 75 % au Canada. En Europe, cette proportion varie avec des pourcentages qui ne dépassent pas les 10 % pour la France, l'Espagne, l'Italie, la République fédérale d'Allemagne, à 60 % pour la Suisse et même 90 % en Belgique.

Quoi qu'il en soit, la tendance générale actuelle s'oriente vers la diversification et le rapprochement des utilisations des technologies de la câblodistribution et de la téléphonie, d'où les tensions qui s'exercent entre les opérateurs du câble et ceux des télécommunications. On peut envisager que plusieurs produits et services médiatiques qui sont exclusifs à l'un et l'autre de ces secteurs industriels seront à terme proposés sur un même réseau. Le résultat de cette possible convergence débouchera peut-être sur ce qui est maintenant convenu d'appeler les inforoutes multimédias.

Les liaisons par satellite : l'espace au service de la radiodiffusion et des télécommunications

6.1 Introduction

Si la Lune fut pendant des milliards d'années le seul et unique satellite en orbite autour de la Terre, il en est tout autrement aujourd'hui, alors que des centaines de satellites artificiels, situés sur l'orbite géostationnaire, captent et relayent une multitude de communications et d'informations de toutes sortes[1]. D'ailleurs, c'est le sol de cette même Lune qu'en juillet 1969, plus de 400 millions de personnes peuvent voir en direct lors du débarquement du premier homme sur le satellite terrestre. Et ce, grâce à l'internationalisation des réseaux de télécommunication, mais aussi, et surtout grâce à l'avènement des satellites. Il était désormais possible d'acheminer presque instantanément dans les foyers du monde occidental des images d'événements provenant de l'autre extrémité de la Terre ou de l'espace.

Entre-temps, le nombre de satellites gravitant au-dessus de nos têtes s'est considérablement accru. Au total, il y aurait eu, depuis le tout début de l'ère spatiale, commencée voilà plus de 30 ans, pas moins de 3 000 engins lancés vers le ciel, dont les deux tiers se sont désintégrés ou se sont échappés vers des espaces plus lointains.

Maintenant, la communication par satellite est devenue affaire courante. Quotidiennement, durant le journal télévisé, on a droit aux images satellitaires présentées dans le cadre du bulletin météorologique ou encore aux événements retransmis du bout du monde en direct « via satellite », pensons à la Guerre du Golfe, aux images du Rwanda, etc. Et, au delà de ces usages techniques connus du satellite, ce dernier est également associé à la métaphore de l'invasion des ondes par les satellites de diffusion directe américains, ces « étoiles de la mort », comme les ont appelé les câblodistributeurs canadiens, lesquelles viennent, dans les années 1990, transformer l'échiquier de la concurrence médiatique au Canada.

Au fur et à mesure du développement des techniques de communication, les notions et les perceptions du temps et de l'espace se sont considérablement transformées. Les réseaux de télégraphe et de téléphone ont d'abord parcouru les territoires nationaux avant de dépasser les frontières grâce à leur interconnexion par delà les mers et les océans. Et, alors que la radiocommunication et la radiodiffusion ont redéfini la notion traditionnelle et territoriale de

---

1. Michael G. Albrecht, « Satellites », *Communication Technology Update*, August E. Grant (éd.), Newton M. A., Butterworth-Heinemann, 1994, p. 273.

frontière, l'exploration et l'exploitation des télécommunications spatiales allaient transformer la notion même de l'espace continental voire planétaire.

Ainsi, la nécessité constante de maintenir l'immédiateté et la qualité des communications, et ce, en dépit des distances de plus en plus grandes à parcourir, a conduit à utiliser des relais de transmission, non plus par voie terrestre ou en prenant appui sur la troposphère[2], mais en utilisant les atouts physiques de l'espace. D'où l'élaboration progressive, après la Seconde Guerre, du concept de satellite artificiel de télécommunications.

La communication par satellite se développera rapidement grâce aux nombreux avantages qu'elle offre par rapport aux relais classiques : celui d'augmenter la distance de transmission à un coût réduit, celui de contourner les inconvénients d'une géographie accidentée et enfin celui de disposer d'une large bande de fréquences donc ayant la capacité d'acheminer simultanément un grand nombre de canaux. Avec le satellite, on élimine non seulement les zones d'ombre, où le signal de radiodiffusion ne parvient pas normalement, mais on évite aussi de construire des systèmes coûteux de câblodistribution ou de micro-ondes. D'ailleurs, « les frais d'exploitation d'une station terrestre de satellite sont de trois à quatre fois moins élevés que ceux d'un réseau terrestre câblé. Enfin, notons qu'en moins de 20 ans le coût de transmission d'une heure de télévision par satellite a chuté d'un facteur[3] de 90 ».

C'est pourquoi, dans l'avenir, la transmission des signaux de radio et de télévision par la voie des ondes hertziennes est de plus en plus envisagée dans la perspective de la diffusion directe par satellite.

6.2 Du concept à l'expérimentation

Ceux qui ont vu le film, produit au cours des années 1970, intitulé *2001, l'odyssée de l'espace*, du réalisateur Stanley Kubrick, ne soupçonnent peut-être pas que l'auteur du best-seller de science-fiction à l'origine de ce film est Arthur C. Clarke, celui qui, 25 ans plus tôt, développe et propose pour la première fois le concept de satellites de communication. En effet, dès 1945, Clarke, né en Angleterre en 1917, ingénieur et expert britannique en radioélectricité, suggère l'idée d'utiliser les satellites comme superrelais

---

2. Définition : Partie de l'atmosphère comprise entre le sol et la strato-sphère (*Petit Robert*).

3. Gilles Willett, *De la communication à la télécommunication*, p. 155.

hertziens dans un article resté célèbre intitulé « ExtraTerrestrial Relays : Can Rocket Stations Give World-Wide Radio Coverage », et paru dans le journal[4] technique britannique *Wireless World* du mois d'octobre 1945.

Clarke établit alors le principe du satellite géostationnaire et propose son utilisation pour la transmission et la distribution de signaux de communication, incluant les programmes de radio et de télévision. Il soutient également qu'il suffit de mettre en orbite trois satellites synchrones comme relais de télécommunication pour assurer la couverture complète de la planète. C'est-à-dire que les ondes radioélectriques pouvaient être émises d'un point A et envoyées en un point B par l'intermédiaire d'un satellite.

FIGURE 6.1   **Schéma des trois satellites synchrones de Clarke**

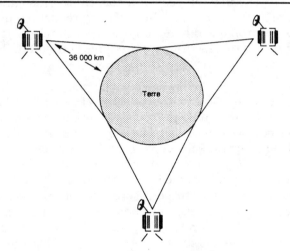

Système de communication globale par satellite

La théorie du satellite géostationnaire n'exige pas en soi une compréhension très avancée des phénomènes physiques. Au contraire, elle s'appuie sur des principes relativement connus. À l'altitude de 22 300 milles ou 35 786 km, l'équilibre entre la force gravitationnelle et la force centrifuge permet de maintenir le satellite dans une orbite stationnaire, puisque le satellite révolutionne à la même vitesse que la Terre.

---

4.   Andrew F. Inglis, *Behind the Tube*, p. 392.

À ce moment, aucune recherche scientifique n'avait examiné les difficultés liées à l'envoi d'un satellite dans l'espace : la fusée porteuse, la navigation exacte, les problèmes de carburant, le pouvoir électrique de ce système de communication, etc. Évidemment, sans les acquis, d'une part, des recherches sur les technologies radio, et, d'autre part, des travaux de Robert Goddard et Werner von Braun sur le lancement de fusées, l'idée du satellite artificiel n'aurait pu se poursuivre. Aussi, il s'écoule une vingtaine d'années avant que le concept de Clarke devienne une réalité grâce, entre autres, au développement des technologies aérospatiales.

En 1947, rappelons-nous, des chercheurs des laboratoires Bell marquent l'histoire en créant le transistor. Produit en grande quantité, celui-ci représente une vraie alternative au tube électronique, trop gros et trop fragile et dont la durée de vie est limitée. Dans les années 1950, on réussit à construire plusieurs transistors sur une même plaquette fabriquant le premier circuit intégré. L'industrie électronique ouvrait ainsi la voie à l'univers des ordinateurs, des microprocesseurs puis aux puissants ordinateurs, nécessaires à la gestion des systèmes de satellites.

Mais qu'est-ce au juste qu'un satellite et à quoi peut-il bien servir? Les ondes hertziennes ultra-courtes qui véhiculent les images télévisées se propagent en ligne droite, et par conséquent sont limitées par la courbure de la surface terrestre à des distances de dizaines de kilomètres. Pour dépasser ces distances, sont utilisées des stations émettrices intermédiaires qui reçoivent le signal, puis généralement l'amplifient et le transmettent plus loin. Dans le cas où les distances à parcourir sont considérables, par exemple des communications à l'échelle continentale ou transocéanique ou encore lorsqu'il s'agit d'un territoire sur lequel il est pratiquement impossible d'installer des stations réémettrices, l'utilisation de relais satellites s'avère tout à fait appropriée. En fait, le satellite constitue virtuellement la plus haute des antennes, un émetteur placé sur le point le plus haut possible, soit à plusieurs dizaines de kilomètres de la Terre. Un satellite est donc simplement une station répétitrice de signaux, une station relais recevant les signaux d'une station terrestre et les renvoyant à une autre station terrestre ou au petit terminal du téléspectateur muni d'une coupole de réception.

D'abord, le satellite contient principalement des réémetteurs (*transponder*) pour relayer des signaux en provenance de la Terre et vers elle. Les appareils électroniques que sont ces réémetteurs reçoivent les signaux transmis à partir de la Terre (*uplink*). Une fois reçu, le signal est amplifié par le réémetteur qui en change aussi la fréquence afin qu'il n'interfère pas avec le signal ascendant lorsqu'il sera retransmis vers une station terrestre (*downlink*), Peu importe sa taille, la station terrestre comporte toujours une antenne très souvent de type parabolique (*dish*), qui est généralement inversement proportionnelle à la puissance des signaux. Si les premiers satellites n'avaient à leur bord qu'un seul réémetteur, la dernière génération de satellites peut en contenir 46 et plus[5].

Le système de communication globale par satellite de Clarke nécessitait trois satellites couvrant chacun 120 degrés de la surface du globe. Pour couvrir la Terre d'un pôle à l'autre, ces satellites doivent déployer un faisceau d'une largeur de 17,3 degrés. Bien qu'il soit possible à certains satellites de couvrir jusqu'à 40 % de la surface de la Terre, il est plus utile dans la pratique d'utiliser plusieurs liaisons de haut en bas et de bas en haut. Par exemple, une transmission émise en Nouvelle-Zélande à destination de Londres utiliserait le satellite relais de l'Océan pacifique d'Intelsat puis redescendrait à la station terrestre de Hong Kong pour se rediriger vers le satellite relais de l'Océan indien qui renverrait le tout à la station terrestre de British Telecom à Londres.

La surface de la Terre en mesure de recevoir la transmission d'un satellite s'appelle la « zone de couverture » (*footprint*). La superficie de cette zone de service varie selon la puissance de transmission et la focalisation du faisceau émis vers la Terre par le satellite. Cette région se calcule certes en territoire mais aussi en population potentiellement atteinte par les services, bref dans le cas de la radiodiffusion directe, en auditoire et en marchés potentiels.

Le champ d'intensité le plus élevé se trouve au centre de l'empreinte et l'intensité diminue à mesure qu'on rejoint les limites périphériques de la couverture terrestre. La région de service couverte par le satellite est délimitée selon des lignes de contour et chacune de ces lignes représente une qualité de service. Le contour de la zone des empreintes peut varier selon la conception de l'émetteur du satellite. La zone peut être circulaire ou ovale dépendant de la conception de l'antenne du satellite.

---

5.   Michael G. Albrecht, *op. cit.*, p. 274.

FIGURE 6.2   **Exemple d'une zone de couverture**

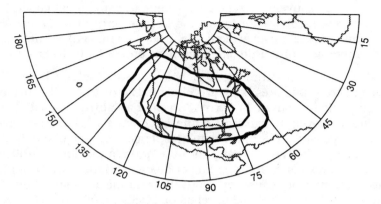

Empreinte typique d'un satellite

Certains satellites peuvent couvrir jusqu'à 42 % de la surface de la Terre mais la force du signal reçu sera très faible nécessitant alors des stations terrestres très puissantes équipées de très larges coupoles. Cependant, l'antenne du satellite peut aussi être conçue pour l'obtention d'un gain de qualité de transmission, mais cela se fait au détriment de l'étendue de la couverture terrestre. C'est d'ailleurs la conception de base des satellites de diffusion directe. En effet, puisqu'il n'est ni pratique ni économique pour le consommateur d'utiliser une large coupole de réception, le gain doit provenir de l'antenne du satellite. Les satellites de diffusion directe couvrent donc une petite zone là où la densité de la population est la plus forte. La nouvelle génération de satellites de radiodiffusion directe (SRD) est équipée d'un système à multiples faisceaux permettant à plusieurs faisceaux d'ondes d'être transmis simultanément.

Quand la zone de couverture du satellite est plus vaste que prévu, elle déborde sur des territoires avoisinants. Même si, avec les nouveaux satellites et la technologie de focalisation du faisceau, ce problème est en décroissance, ce débordement des signaux satellites cause de sérieux problèmes d'intégrité territoriale et, par conséquent, des contentieux quant à la souveraineté politique et culturelle des pays touchés par cette invasion.

Chaque type de couverture a un rôle particulier dans les communications par satellite. Les systèmes de couverture globale et par hémisphère, représentant 20 % de la surface de la planète, sont utilisés pour les usagers internationaux. Les couvertures par zone correspondant à une partie d'un continent sont utilisées par les compagnies de satellite commerciales notamment pour la radiodiffusion aux États-Unis. La couverture ciblée est le système correspondant à un pays ou à une zone étroite utilisée en Europe pour les SRD, c'est-à-dire un faisceau très étroit et précis.

La puissance des satellites est un autre facteur important dans l'évaluation de la portée des relais de communication. Une règle facile à retenir permet d'établir un lien entre la puissance d'émission du signal et la taille des stations de réception terrestres. Plus le signal émis par le satellite est fort et puissant, plus petite et plus discrète sera l'antenne parabolique de réception.

6.3 La classification des satellites

Les satellites peuvent être catégorisés selon le type d'orbite qu'ils empruntent autour de la Terre et les fonctions qui leur sont assignées. La géométrie de l'orbite d'un satellite de communication peut être définie comme la trajectoire décrite par son centre de gravité. S'il n'y a pas de perturbations, l'orbite du satellite décrit un cercle, une ellipse, une parabole ou une hyperbole. Le type d'orbite peut être équatorial, polaire ou incliné. Un satellite qui a une vitesse constante et une orbite inclinée requiert des mouvements continus de l'antenne terrestre afin que cette dernière puisse suivre la trajectoire du satellite. L'exception est l'orbite géostationnaire qui est une orbite circulaire équatoriale. Les satellites sont ainsi appelés synchrones (ou géostationnaires) ou asynchrones, suivant qu'ils sont ou non synchronisés avec la rotation de la Terre.

Les satellites synchrones ou géostationnaires sont situés sur une orbite circulaire à 22 300 milles ou 35 786 km d'altitude, située sur le plan perpendiculaire à l'équateur. Les satellites évoluent dans le même sens que le mouvement de rotation de la Terre, c'est-à-dire de l'ouest vers l'est. Ils effectuent donc une révolution en 23 heures 56 minutes 4,00954 secondes à la vitesse de 3,0747 kilomètres/seconde, l'équivalent d'une journée sidérale, soit une durée identique à la période de rotation de la Terre sur elle-même. D'où vient leur appellation originale de satellites géosynchrones. À cette altitude, il y a équilibre entre la force gravitationnelle de la

Terre qui les attire et la force centrifuge qui, au contraire, les repousse. Comme ils évoluent en synchronie avec la Terre, pour un observateur terrestre ils apparaissent immobiles. Des signaux peuvent être alors soit transmis, soit reçus, en pointant fixement vers eux une antenne hyperdirectionnelle.

Grâce à cette orbite géostationnaire, le satellite de télécommunication peut servir de relais entre les stations terrestres et assurer les services tant de la téléphonie que de la radiodiffusion et de la transmission de données. Si les premiers satellites avaient une durée de vie d'environ trois à cinq ans, les engins actuels ont une durée moyenne d'exploitation de sept ans, voire dix ans dans certains cas. Toutefois, deux et même trois exemplaires du satellite sont fabriqués afin de garantir les services lors de la défaillance de l'un d'eux : un en orbite tandis que les autres sont au sol en réserve en cas de besoin[6].

FIGURE 6.3 **Exemple du satellite géosynchrone**

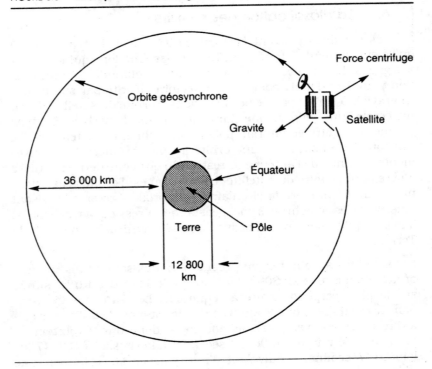

6. René Wallstein, *Les vidéocommunications*, Paris, Presses universitaires de France, « Que sais-je? », n° 2475, 1989, p. 45.

Bien que le principe de synchronicité satellitaire ait déjà été établi sur la table à dessin dès 1945, les premiers satellites qui furent lancés étaient tous des satellites de type asynchrone, pour la simple et bonne raison que les fusées porteuses n'étaient pas à l'époque suffisamment puissantes pour atteindre l'orbite de 22 300 milles (35 786 km) requise pour obtenir une position synchrone. Comme ils ne sont pas géostationnaires, ces satellites apparaissent à nos yeux comme des étoiles se déplaçant lentement dans le ciel. Pour cela, on les nomme aussi satellites « à défilement ». D'ailleurs, ils effectuent plusieurs orbites autour de la Terre dans une même journée.

Les satellites ont considérablement évolué depuis les débuts de la conquête de l'espace : leur puissance a augmenté, tandis que diminuaient la taille et le poids des composants électroniques. Leur rôle s'est du reste transformé. Ainsi, l'évolution technologique conduit à en distinguer différents types selon leurs fonctions intrinsèques[7].

Il y a d'abord les satellites de *télécommunications* de liaison point à point qui sont des satellites de faible puissance, transmettant à un nombre limité de stations terrestres. Puis les satellites de *distribution*, plus puissants, qui desservent un nombre plus élevé de stations : ils assurent aussi bien la transmission de données que les communications téléphoniques ou la transmission de chaînes de télévision. Ensuite, les satellites de *radiodiffusion directe* qui permettent la réception individuelle des programmes de télévision par des antennes paraboliques d'une soixantaine de centimètres de diamètre, d'une technologie relativement simple et peu coûteuse. Enfin les satellites *mixtes* qui peuvent assurer à la fois le trafic de communications téléphoniques ou de données et la télévision directe.

La différence entre chaque type de satellites s'estompe progressivement, car ils sont de plus en plus souvent de type mixte, pouvant desservir à la fois des foyers et des têtes de réseaux câblés ou des émetteurs hertziens. Ainsi, les possibilités du satellite sont nombreuses. Elles vont de la transmission de liaisons téléphoniques à la diffusion d'émissions de radio et de télévision, en passant par le transport de données. Il est même possible de tenir des conférences ou transmettre des événements télévisés en direct, sans parler de toutes les autres utilisations civiles et militaires qui vont de la prospection géologique à l'espionnage.

---

7. Voir « Satellites, numérique, bouquets et paraboles », *Dossiers de l'audiovisuel*, Paris, INA-Documentation Française, 1993, p. 12.

6.4 Les satellites asynchrones ou dits « à défilement »

Dès le début des années 1950, la Lune, satellite « naturel » de la Terre, agissant comme un immense réflecteur passif, avait été utilisée pour faire « rebondir » des signaux émis de Washington DC vers Hawaii. La Lune aurait donc été le premier satellite de communication. Toujours aux États-Unis, dès 1955, les laboratoires Bell avaient publié des calculs définissant les paramètres de liaisons intercontinentales incluant un relais satellisé[8]. Mais il faudra patienter encore deux ans pour assister le 4 octobre 1957 au lancement de Sputnik-1, le premier satellite de communication de l'Union soviétique (ex-URSS). Non seulement était-il le premier satellite, mais il constituait aussi un point tournant dans la maîtrise des technologies et méthodes de lancement des fusées porteuses et de la mise en orbite d'engins satellisés.

Pendant 90 jours, Sputnik fit 16 révolutions quotidiennes autour de la Terre avant de se désintégrer dans l'atmosphère. Pendant 21 jours, il enverra des signaux à la Terre avec son émetteur radio. Dans ce cas-ci, l'utilisation du mot « communication » correspond à une définition relativement large du terme, lorsqu'on sait que la communication du satellite Sputnik était à sens unique, c'est-à-dire du satellite vers la Terre[9]. « Cette boule d'aluminium, hérissée de petites antennes, a une soixantaine de centimètres de diamètre et contient deux émetteurs-balises alimentés par trois batteries. Depuis son orbite à 228 km de périgée et 947 km d'apogée, cet engin de 83 kg émet inlassablement un « bip-bip[10] ». »

Ce succès des Soviétiques ne fit qu'aviver la compétition qui les confrontait aux États-Unis. Il est en effet impossible de dissocier le lancement de ce premier satellite du contexte de la guerre froide et de la course aux armements dans lequel s'affrontaient alors les deux superpuissances. La maîtrise de ces nouvelles technologies spatiales est de toute évidence un enjeu militaire et politique de première importance. L'armée américaine s'intéresse donc rapidement à cette question du contrôle de l'espace et des recherches sont largement financées.

---

8. Patrice Carré, *Du tam-tam au satellite*, p. 112.
9. Marianne Bélis, *Communication : des premiers signes à la télématique*, p. 154.
10. Gilles Willett, *loc. cit.*.

Un an plus tard, le 31 janvier 1958, l'armée américaine veut montrer à son tour sa capacité de satelliser un engin expérimental. Les États-Unis font ainsi le lancement de leur premier satellite, Explorer I, un engin pesant à peine 13 kg. D'ailleurs, c'est à partir de ce moment que fut enclenché le gigantesque programme de la NASA (National Aeronautics and Space Administration) qui mènera, pas moins de 15 ans plus tard, à l'envoi du premier humain sur la Lune. Explorer I se désintégrera dans l'atmosphère 12 ans plus tard.

Dans la même année, soit en mai 1958, les États-Unis mettent sur pied le programme Vangard, ayant pour objectif le lancement de trois satellites d'observation scientifique. Le premier de cette série de satellites est le Score (Signal Communications Orbit Relay Experiment), lancé[11] en décembre 1958. Propulsé par une fusée Atlas, il est lui aussi asynchrone. Il s'agit du premier satellite de diffusion à distance : équipé d'un magnétophone, le Score peut transmettre un message vers la Terre provenant d'une bande sonore préenregistrée. Il transmettra notamment les vœux de Noël du président américain Eisenhower.

En 1960, les États-Unis, la Grande-Bretagne et l'Union soviétique mettent conjointement sur pied le programme Echo, dont l'objectif est le lancement de deux satellites-ballons servant à des expériences de liaisons radio. Ainsi, le premier véritable satellite de communication à deux voies fut Echo I, un relais passif lancé le 12 août par la NASA. Le terme passif signifie qu'il s'agit d'une sphère réfléchissante, faite de plastique et recouverte d'aluminium, d'une centaine de pieds de diamètre qui se gonfle automatiquement.

En d'autres mots, ces satellites servent de miroirs géants sur lesquels sont réfléchies les ondes radio transmises à l'aide d'un émetteur d'une très grande puissance et que l'on capte ensuite au sol à l'aide d'un récepteur d'une très haute sensibilité. Ce type de satellite ne comporte ni récepteur, ni émetteur. Ces ballons s'avèrent toutefois de piètre rendement, des perforations produites par les micrométéorites entraînent rapidement la perte de leur forme et de leur pouvoir réflecteur.

Le satellite Echo 1 permet des transmissions de téléphone, de télégraphe et de fac-similés entre les quatre coins des États-Unis. « Des essais transatlantiques furent également effectués et c'est

---

11. Il est constitué du dernier étage d'une fusée Atlas satellisé sur une orbite elliptique d'un périgée de 185 km, d'un apogée de 1 470 km, et d'un poids de 68 kg. Gilles Willett, *op. cit.*, p. 156.

ainsi qu'un signal émis dans le New Jersey fut capté le 18 août 1960 par des antennes installées sur les toits du Centre national d'études des télécommunications à Issy-les-Moulineaux dans la banlieue parisienne. Il s'agissait, près de 100 ans après le premier message téléphonique par câble, de la première liaison transatlantique par satellite[12]. »

À peine deux mois après le début du programme Echo, le 4 octobre 1960, est lancé Courier I, autre satellite plus perfectionné de l'armée[13] américaine, mais qui est, cette fois, un véritable satellite de communication, un satellite actif à deux voies avec récepteur et transmetteur. Le message est capté par le satellite, enregistré, puis avec un délai, retransmis vers la Terre. Il est équipé d'appareils électroniques pour traiter et amplifier les signaux : « Ce satellite est équipé de plusieurs magnétophones pouvant enregistrer 36 heures de messages. Faisant le tour de la Terre en 105 minutes, il retransmet ses messages lors de son passage au-dessus d'une station terrestre. Il a une capacité de quatre canaux téléphoniques et de 20 canaux télétypes, mais il ne fonctionne que 17 jours[14] ».

Quoique les techniques de lancement et de mise en orbite des satellites donnent des résultats de plus en plus satisfaisants, elles demeurent néanmoins soit des relais-réémetteurs, soit des réflecteurs de signaux. Pour effectuer le passage du satellite passif et semi-actif au satellite pleinement bidirectionnel, il importe donc de les munir d'équipements électroniques capables d'assurer des transmissions nombreuses de voies téléphoniques et d'émissions de télévision en temps réel. Il faudra attendre le programme Telstar pour l'établissement de liaisons directes et simultanées entre différents points de communication.

Entre-temps, vers la fin des années 1950, l'Assemblée générale des Nations unies forme des comités pour l'étude de l'utilisation pacifique de l'espace. Elles mettront sur pied, dix ans plus tard, un traité international de l'espace signé par plusieurs nations. La conférence de l'Unesco adopte la résolution Gaston Berger, alors président de la Commission nationale française pour l'Unesco, qui propose d'utiliser les satellites à des fins d'éducation et de lutte contre l'analphabétisme dans le monde.

Par ailleurs, quoiqu'elle fut à ses débuts en grande partie l'apanage des militaires, dans les années soixante, la recherche spatiale

---

12. Patrice Carré, *op. cit.*, p. 113.
13. D'un poids de 227 kg et d'une orbite elliptique variant de 942 à 1 200 km. Willett, *op. cit.*, p. 157.
14. Gilles Willett, *ibid.*

s'oriente peu à peu vers des utilisations industrielles et commerciales. De fait, l'année 1962 allait être l'année des grandes premières en matière de communications satellisées. Le Congrès américain adopte, en août de la même année, un projet de loi déposé par le président John Kennedy afin de créer la Communications Satellite Corporation, mieux connu sous le nom de Comsat. La moitié des actifs de cette corporation privée appartient pour une large part aux grandes firmes américaines de télécommunication.

Tout en disant répondre aux besoins publics et nationaux, la corporation veut faire des États-Unis un chef de file en matière de télécommunication par satellite. On autorise les communications par satellite pour le gouvernement, les corporations publiques et les entreprises privées. En trame de fond, les intérêts de la mise en place de cette corporation mi-publique, mi-privée correspondent aux efforts déployés parallèlement pour envoyer un homme sur la Lune. En effet, ce projet nécessite un réseau de communication global afin de pouvoir orienter les engins spatiaux et, en tout temps, relayer vers la Terre des informations en provenance de l'espace[15].

L'*objectif Lune* est une opportunité pour les grandes corporations américaines. Aussi, il n'est pas étonnant de voir resurgir d'importants acteurs de l'industrie de la téléphonie comme AT&T ou encore du domaine des médias électroniques comme RCA.

AT&T, qui détient alors le monopole des liaisons téléphoniques internationales aux États-Unis, avait déjà élaboré, en collaboration avec RCA, un premier projet d'installation d'une cinquantaine de satellites à une altitude autour de 10 000 kilomètres, correspondant à ce qu'on appelle « l'orbite basse ». Toutefois, ces satellites appartenaient à la catégorie dite à défilement, c'est-à-dire non synchrone. De son côté Hughes Aircraft, un constructeur spécialisé dans l'électronique aérospatiale, propose d'adopter la technique des satellites géostationnaires. Mais le projet de Hughes Aircraft n'est pas retenu : techniquement, il n'apparaît pas réalisable d'effectuer, à ce stade-ci, des liaisons à 36 000 kilomètres d'altitude sans provoquer des problèmes d'écho ou de chevauchement des signaux à l'aller et au retour de la transmission. Aussi, est-ce pour cela que les satellites de basse orbite et à défilement furent choisis dans un premier temps[16].

---

15. Michael G. Albrecht, *op. cit.*, p. 274.
16. Patrice Carré, *op. cit.*, p. 114.

Ainsi, en 1962 débute, aux États-Unis, le programme Telstar qui projette le lancement de deux satellites conçus par les laboratoires de Bell Telephone, donc AT&T. Le Telstar I est lancé par la NASA le 10 juillet 1962 sur une orbite basse non synchrone. Il s'agit du premier satellite relais actif de télécommunications en « temps réel » (*real time*). Compte tenu de sa vitesse de rotation, le satellite est visible des stations américaines, anglaises et françaises pendant des périodes de 30 minutes environ quatre fois par jour.

Telstar est considéré comme le satellite des grandes premières. Dès le lendemain de son lancement, il sert à transmettre 60 liaisons téléphoniques entre l'Europe et l'Amérique du Nord. Puis, le 23 juillet, c'est la première émission intercontinentale de télévision par satellite. Pendant 20 minutes, les Américains diffusent une émission de télévision vers l'Europe. Au passage suivant du satellite, c'est au tour des Européens de diffuser vers les États-Unis. Presque un siècle après les essais de TSF par Marconi, des images de télévision franchissaient pour la première fois l'Atlantique, en provenance de la station américaine d'Andover, dans le Maine. Elles sont captées en France à Pleumeur-Bodou et, un peu plus tard, à Goonhilly Downs en Grande-Bretagne. Telstar est dès lors devenu, au dire de Patrice Carré, le symbole d'une ère nouvelle : celle des télécommunications spatiales et de la mondovision. Il s'agit du premier système commercialisé de communications par satellite.

Le Telstar I est destiné aux communications transatlantiques tandis que Telstar II, lancé le 7 mai 1963, ouvre la voie aux échanges outre-pacifique. « Ces satellites servent à expérimenter la transmission de signaux à large bande et à recueillir des informations sur l'environnement spatial et ses effets sur les appareils électroniques[17]. »

Compte tenu que Telstar 1 et ses successeurs immédiats ont l'inconvénient d'être des satellites à défilement, c'est-à-dire animés d'un mouvement relatif par rapport à la Terre, ils semblent se déplacer dans le ciel. Par conséquent, ils sont visibles d'un point donné du globe à peine quelques heures par jour et il faut, pendant ce laps de temps, suivre en permanence leur déplacement. Donc la liaison n'est pas permanente et elle nécessite l'utilisation d'antennes ayant une mécanique très souple permettant un suivi

---

17. Gilles Willett, *op. cit.*, p. 157.

fiable du trajet du satellite. De plus, les signaux retransmis par ce type de satellite sont de si faible intensité que pour les capter, il faut utiliser d'énormes antennes d'un diamètre de 30 m ou de forme rectangulaire faisant 29 x 54 m. Le poids de ces antennes varie de 380 à 820 tonnes.

La transmission et la captation des signaux soit en direction soit en provenance de ces satellites asynchrones n'est donc pas une mince affaire. Tous les satellites lancés jusque-là occupent des positions variables par rapport à la Terre. En continuel mouvement, il est donc impossible de compter sur eux en permanence. Il faut les suivre constamment à l'aide des antennes au sol, mobiles et ultra-sophistiquées, qui doivent être synchronisées avec le mouvement des satellites. Compte tenu du coût exorbitant des antennes, exigeant une précision et un ajustement extrêmes, de même que du peu de temps pendant lequel les satellites sont utilisables, ce mode de transmission n'est pas très économique. Néanmoins, les satellites Telstar préfigurent déjà des possibilités que laissent entrevoir les projets de satellites synchrones.

Le 13 décembre 1962, la NASA lance le programme Relay. Moins d'un an après, en novembre 1963, Telstar est utilisé simultanément avec un des satellites de ce programme (Relay I) pour effectuer la première téléconférence médicale internationale. Durant cette période charnière des années 1962-1963, le Canada fait lui aussi sa marque dans le domaine des communications satellisées. La conception et la construction, par l'armée canadienne, des satellites expérimentaux de la série Alouette, lancés par la NASA, le placent au rang de la troisième puissance spatiale au monde.

La première génération des satellites américains lancés sur une orbite basse est d'une capacité très limitée car ils ne peuvent relayer que peu de signaux à la fois. Ces satellites furent lancés par la NASA pour le compte d'AT&T qui avait notamment développé et testé les séries de satellites Echo et Telstar durant les années 1960 à 1964. Ces premiers satellites ne sont en quelque sorte que des répétiteurs électroniques lancés en orbite. La capacité d'émission, la taille et l'espérance de vie des satellites vont croître au cours des années 1960. Les années entre 1958 et 1963 constituent certainement une phase expérimentale décisive durant laquelle sont démontrées la faisabilité technique et la rentabilité économique de la conquête de l'espace.

6.5 Le déploiement des satellites synchrones

Les premiers essais de satellites synchrones profitent de la mise au point de fusées porteuses, capables de les expédier sur une orbite à une distance de près de 36 000 km de la Terre : ce qui leur donne une position fixe à un point donné du globe, ayant ainsi comme la Terre une révolution constante. Les satellites géostationnaires sont situés dans le plan de l'équateur et tournent dans le même sens que la Terre, avec la même période de rotation. Ils apparaissent donc immobiles dans le ciel et permettent des liaisons intercontinentales permanentes.

La première de cette nouvelle famille de satellites lancée avec succès par la NASA en 1963 est la série Syncom. Elle ouvre la voie à toute une suite d'expérimentations, notamment les satellites de technologie avancée (Advanced Technology Satellites), qui ont pour but d'améliorer la stabilité des satellites et leur maintien en position, mais surtout leur solidité et leur durée de vie. Ces expériences seront essentielles à la mise en service commerciale des communications satellites.

Alors que les programmes Telstar et Relay se poursuivent, sur la base du système de satellites orbitaux mis de l'avant par les compagnies Bell Telephone et RCA, la Hughes Aircraft Company, l'une des pionnières de l'aventure spatiale, lance concurremment le programme Syncom (Synchronus Communication) avec l'aide de la Comsat. Si les deux premiers satellites Syncom sont lancés et perdus pour des raisons d'orbite faussée ou de vitesse trop rapide de révolution, Syncom 3 est, le 19 août 1964, placé avec succès sur son orbite géostationnaire au-dessus du Pacifique.

Tout en permettant de transmettre jusqu'à 2 400 canaux téléphoniques, le satellite servira à effectuer la diffusion des Jeux olympiques de Tokyo de 1964 vers l'Amérique. Puis Relay 1 et 2 serviront à les acheminer vers l'Europe. À partir de ce moment, l'évidence est faite qu'un système de satellite géostationnaire est supérieur à un système de satellite orbital, et ceci met fin à la bataille que se livraient jusque-là les compagnies Hughes Aircraft et Bell-RCA[18]. Dès lors, la construction et la mise en œuvre d'un système mondial commercial de télécommunication par satellite étaient non seulement envisageables mais concrètement réalisables.

D'ailleurs, qui dit satellite dit désormais accord international. En effet, un système commercial de liaisons par satellite ne peut être

---

18. Gilles Willett, *op. cit.*, p. 159.

viable et opérationnel sans un accord préalable de coopération entre les pays engagés au premier chef dans les communications satellisées. Aussi, en août 1964, à l'instigation de la Comsat, est créée l'organisation internationale Intelsat (International Telecommunications Satellite), un consortium né de la coopération entre une quinzaine de pays, dont ceux de l'Europe de l'Ouest, les États-Unis, le Canada, le Japon et l'Australie, autour de l'idée d'un réseau mondial de télécommunications[19]. Il s'agit de promouvoir pour les liaisons internationales un système unique de communication par satellite.

Le premier résultat de cet accord et maillon initial d'un système planétaire voit le jour moins d'un an plus tard. Premier satellite commercial de télécommunications, Early Bird (Intelsat 1) est placé en orbite géostationnaire, le 6 avril 1965. C'est le début du système commercial de télécommunication internationale par satellite dont le service commence effectivement le 28 juin 1965. Early Bird est un satellite de deux pieds de long et ayant au départ une espérance de vie d'un an et demi. Bien qu'il représente la fine pointe technologique de l'époque, sa capacité est encore modeste soit 240 voies téléphoniques simultanées ou un canal de télévision[20].

En effet, la transmission d'une image exige une bande passante beaucoup plus large, de telle sorte que la transmission des premières images télévisées exigea la fermeture des canaux pour la voix. En 1965, le coût d'une transmission par satellite entre New York et Paris était de 13 000 $ américains pour 10 minutes. Aujourd'hui, la même transmission coûterait environ 600 dollars. Toutefois, il ne permet que la liaison entre deux points. Mais il est le précurseur des satellites « modernes ». Positionné au-dessus de l'Atlantique Nord, Early Bird servira, pendant trois ans et demi, de

---

19. Depuis sa formation originale, en 1965, Intelsat a désormais 117 membres signataires et le consortium a lancé, depuis 25 ans, 34 satellites dans l'espace. La mission d'Intelsat est la télécommunication : téléphone, télégraphe, données mais aussi des signaux de télévision. Les contrats de location ou les baux peuvent s'effectuer par le biais des membres signataires. Les baux sont de courte ou de longue durée et même de très longue durée. Plus la période du bail est courte, plus les coûts du service sont chers à la minute. Le coût est aussi déterminé par le type de satellite, le type d'émetteur, le type de connexion, le type de canal vidéo et la largeur de bande requise pour le service.

20. Pour comparaison, notons qu'à peine 20 ans plus tard, soit en 1985, un satellite comme Intelsat V-A peut transporter simultanément 15 000 signaux téléphoniques, a 21 pieds de long et possède une espérance de vie d'au moins sept ans. Michael G. Albrecht, *op. cit.*, p. 274.

pont électronique entre l'Amérique du Nord et l'Europe[21]. Aux satellites à défilement succédèrent ainsi les satellites géostationnaires.

Intelsat 1 est suivi par des engins toujours plus performants tant pour leur durée de vie, leur fiabilité, que pour leur capacité de transmission : Intelsat 2 en 1967, Intelsat 3 en 1968, puis Intelsat 4 en 1971. Ces satellites sont placés sur orbite géostationnaire au-dessus du Pacifique et de l'Atlantique. Intelsat 2 est le premier satellite à accès multiples : plusieurs liaisons point à point sont réalisées simultanément. Dès 1969, quatre satellites de l'organisation Intelsat couvrent la planète. Cette phase vise le développement des télécommunications (régionales ou mondiales) et donne le coup d'envoi d'une deuxième génération d'engins satellisés : les satellites de distribution. Par exemple, dans la série Intelsat 3, chaque satellite a une capacité de 1 200 voies téléphoniques ou 4 canaux de télévision.

« C'est le début de la mondovision. Plus de 200 millions de téléspectateurs de tous les continents reçoivent des images de Paris, New York, Tokyo, Tunis, Melbourne et Vancouver. Et pendant cette émission ils passent d'aujourd'hui à demain, et même de l'hiver à l'été. Pour la première fois, peut-être, des téléspectateurs commencent à avoir une perception différente de la planète Terre[22]. »

Dans cette veine, rappelons la participation des Beatles à la première émission « live » transmise par satellite le 25 juin 1967. « Air World », une émission de deux heures fut diffusée sur les cinq continents, dans 24 pays. Le groupe britannique devait interpréter « All You Need Is Love ».

Ainsi, à partir de 1965, les télécommunications internationales par satellite sont de plus en plus structurées tandis que les échanges de programmes télévisés entre pays s'intensifient, d'une part par la série Intelsat, et, de l'autre, par la série Molnya, qui dessert les pays de l'Europe de l'Est. En effet, l'URSS place, en 1967, cinq satellites Molnya sur orbite elliptique. La série de satellites assure des liaisons téléphoniques, des fac-similés et de la radiodiffusion. La même année, le Bloc de l'Est commence à exploiter le premier réseau domestique de télécommunication au monde. Ce réseau, nommé Orbita, est constitué de 13 satellites à défilement. Ces satellites étant munis d'émetteurs puissants, l'URSS devient ainsi

---

21. Gilles Willett, *op. cit.*, p. 159.
22. Gilles Willett, *ibid.*, p. 159-160.

le premier pays à faire un usage régulier d'un système de satellites de distribution.

À partir de 1971, les satellites sont plus puissants et ont des antennes plus directives, portant leur capacité de transmission à plusieurs milliers de circuits téléphoniques et à de nombreux canaux de télévision simultanés. L'amélioration des performances est en fait le corollaire d'une forte augmentation de la demande et d'une importante réduction des coûts. Parallèlement au développement du système Intelsat, des pays de plus en plus nombreux ont fait appel aux satellites pour développer leurs propres réseaux de télécommunications.

À la même période, Télésat Canada, l'organisme créé en 1969, chargé de concevoir, de construire et d'exploiter un système national de télécommunication par satellite, fait lancer le satellite Anik I, le 9 novembre 1972. Il s'agit du premier satellite géostationnaire de communications intérieures au monde et une trentaine de stations réceptrices sont installées à travers le pays. Ce premier réseau domestique est utilisé par CNCP, Radio-Canada, Bell Canada et le réseau téléphonique transcanadien (RTT), qui louent à contrat des canaux et du temps à Télésat Canada. Ainsi, dès 1973, on assiste à la première émission de télévision retransmise par satellite à travers tout le Canada par Radio-Canada[23]. Le projet Anik comprend alors trois satellites qui sont commandés à la Hughes Aircraft Company de Los Angeles. Les radiodiffuseurs s'en servent pour couvrir l'ensemble du territoire. Le satellite y est exploité comme outil de diffusion de masse, complétant les autres moyens de diffusion des signaux de télévision.

Comme nous l'avons constaté dans le déploiement de la technologie du câble, les satellites jouent un rôle important. C'est à partir de 1972 que l'on commence à entrevoir aux États-Unis la possibilité d'offrir des services sur une base domestique, alors qu'au même moment, la FCC (Federal Communications Commission) promulgue la réglementation du « open-skies » et que l'industrie américaine du satellite prend littéralement son envol. D'ailleurs, c'est à compter de 1975 que démarre, aux États-Unis, le premier service de télévision à péage par satellite (Home Box Office – HBO). En 1976, la FCC américaine autorise la possession privée d'antennes paraboliques permettant de capter des signaux satellites.

Dès lors était envisagée la mise au point d'une troisième génération de satellites qui serviront à la diffusion directe. Ainsi, à partir

---

23. Gilles Willett, *op. cit.*, p. 162.

de 1976, le Canada et les États-Unis s'unissent pour mener quelques expériences de ce type. Un projet conjoint CTS (Communication Technology Satellite) avait déjà été annoncé en avril 1971. Il s'agit d'un nouveau type de satellite utilisant la bande de fréquence des 12-14 GHz et un tube à ondes progressives de 200 W. La NASA lance et place sur orbite, le 17 janvier 1976, le satellite CTS qui sera rebaptisé du nom d'Hermès. Techniquement, Hermès est un succès et démontre de manière définitive la faisabilité de la télévision directe par satellite.

De leur côté, les pays européens se regroupent au sein de l'organisation Eutelsat qui veillera à la mise en service, en 1983, du système ECS (European Communication Satellite). Entre-temps, la France et l'Allemagne collaborent à la construction et à la mise en œuvre du système expérimental Symphonie (deux satellites lancés en 1974 et 1975). Et en 1980, on assiste à la création d'Arianespace qui regroupe les pays de la Communauté économique européenne (CEE) et diverses sociétés aéronautiques.

Entre 1957 et 1976, 1 924 satellites ont été lancés et de ce nombre, 850 étaient encore en orbite à la fin[24] de 1976. Ces satellites ont des vocations de tous ordres, scientifique, de communication, de navigation, métérologique, d'observation de la Terre et militaire. La profusion de satellites lancés par les pays industrialisés et surtout l'arrivée d'une nouvelle génération destinée à la diffusion directe laissent craindre un certain déséquilibre à l'échelle internationale. Dès 1977, une conférence administrative mondiale est tenue par l'UIT pour les services de télédiffusion par satellite. Un plan fut adopté autorisant, pour les dernières décennies du siècle, le développement de la diffusion directe par satellite. Mais, deux ans plus tard, les États du Tiers monde réclament, lors d'une autre conférence, une répartition des ondes plus équitables, car, dit-on, « 90 % des fréquences utilisables sont attribuées aux pays industrialisés[25] ».

24. Louis Brunel, « Télécommunications. Des machines et des hommes », Sillery, *Les Dossiers de Québec-Science*, 1978, p. 48.
25. Pierre Albert et André-Jean Tudesq, *op. cit.*, p. 85.

6.6 Générations et usages des satellites

Jusqu'à aujourd'hui, il existe dans le domaine des communications satellisées au moins trois générations technologiques et autant de catégories de satellites ayant chacun des fonctions spécifiques. Par exemple, ils sont associés tantôt aux télécommunications, tantôt à la transmission des programmes de radio et de télévision, suivant qu'ils disposent d'une puissance d'émission et d'une installation particulières, correspondant à un système de réception. Outre les différences dans leur mise en orbite, on peut distinguer les satellites par leurs fonctions, c'est-à-dire le travail auquel ils sont destinés, en d'autres termes les services qu'ils offrent.

Comme dans tout réseau, il existe trois dimensions techniques qui sont autant de fonctions de l'ensemble technique qu'il constitue. Ces trois éléments essentiels au réseau sont l'émission, la transmission et la réception. Ainsi, à partir de ces traits essentiels du réseau, il est possible de ramener les trois types de satellites en deux catégories principales. Dans la première catégorie, les émissions satellites alimentent des émetteurs terrestres ou des têtes de réseaux câblés qui les acheminent auprès des usagers. Il s'agit alors de *satellites de télécommunications*. Dans la seconde catégorie, les émissions sont destinées à être captées par les usagers sans intermédiaire. Il est alors question de *satellites de radiodiffusion directe*[26].

« Toutefois, selon Balle et Eymery, la distinction entre ces deux catégories ira en s'estompant, les satellites offrant des canaux multi-usages avec une puissance d'émission compatible à la fois avec les exigences de la télévision et celle des télécommunications[27] ». Certainement que la compression numérique, utilisée pour augmenter la largeur de la bande passante et ainsi le débit des signaux transmis, jouera en faveur de cette rassemblance en devenir entre ces deux types de services satellisés.

Les satellites de télécommunication sont des satellites de liaison point à point. Ils appartiennent en quelque sorte à la première génération technique d'engins satellisés assurant des liaisons point à point entre deux ou plusieurs stations terrestres. Les satellites Intelsat sont de cette catégorie. Les satellites de télécommunication

---

26. Francis Balle et Gérard Eymery, *op. cit.*, p. 41.
27. Francis Balle et Gérard Eymery, *ibid.*, p. 41.

doivent être placés sur une orbite géostationnaire[28]. Dans ce cas-ci, les signaux retransmis par le satellite sont de faible puissance, soit aux environs de 10 à 20 W. Ils nécessitent en contrepartie des antennes de grande dimension, coûteuses et d'exploitation complexe afin de pouvoir émettre et recevoir correctement ces signaux.

FIGURE 6.4 **Système de radiodiffusion**

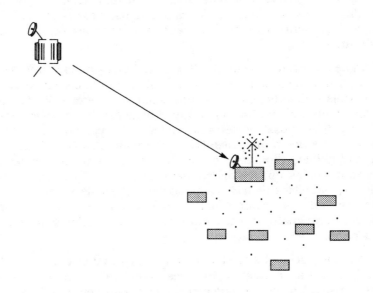

28. « Pour être mis en orbite géostationnaire, le satellite est d'abord lancé sur une orbite de transfert ayant un apogée d'environ 31 400 km et un périgée de 185 km. Il doit avoir un angle d'inclinaison de 28,3° par rapport à l'équateur. Après avoir atteint son orbite de transfert, le moteur d'apogée est mis à feu au moment où le satellite est situé à son apogée. Ainsi, l'orbite de transfert, d'elliptique qu'elle était, devient quasi circulaire et située au-dessus de l'équateur. À l'aide des moteurs d'appoint projetant de petits jets de gaz, de petites corrections et réorientations sont effectuées pour que le satellite passe de son orbite quasi circulaire à son orbite définitive, c'est-à-dire circulaire, synchrone, équatoriale et géostationnaire à la position longitudinale attribuée. » Gilles Willett, *op. cit.*, p. 152.

Système de câblodistribution

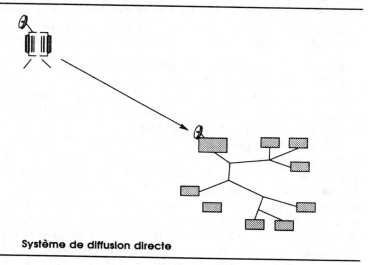

Système de diffusion directe

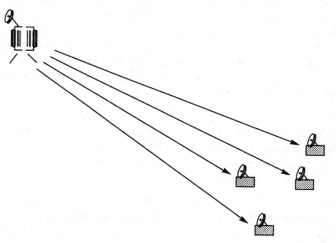

Intelsat assure près de 80 % des retransmissions internationales de programmes de télévision, ce qui ne représente pourtant que 1 % des capacités de ces satellites, dont l'essentiel est réservé aux services de télécommunication. Par exemple, lors des Jeux olympiques de Barcelone de 1992, l'une des retransmissions télévisées les plus importantes, 9 des 19 satellites du réseau Intelsat ont été mobilisés, assurant la retransmission de 23 canaux de télévision

24 h sur 24. Selon Willett, « seuls les États peuvent assumer les coûts de construction, d'entretien et d'opération de ces stations. Néanmoins celles-ci peuvent être reliées à l'un ou l'autre des systèmes de transmission d'un pays, tel le réseau téléphonique[29] ».

Il existe aussi les satellites de distribution, comme le sont ceux de type ECS – European Communication Satellite – de l'organisation européenne Eutelsat, par exemple. Ces satellites permettent en quelque sorte de multiplier le nombre de stations réceptrices atteignables par le faisceau de transmission, en le concentrant vers des zones de dimensions plus restreintes. Ils sont de dimension plus grosse et de plus en plus puissants. Aussi, ils permettent une réduction considérable de la taille des stations au sol, avec des antennes d'un diamètre de 1,80 m à 1 m, et, conséquemment, de leur coût. Ils retransmettent de nombreuses chaînes de télévision, et acheminent également les communications téléphoniques. Ces signaux nécessitent d'être redistribués jusqu'aux domiciles des usagers par des réseaux terrestres conventionnels, soit par ondes hertziennes, câblodistribution, etc. « Comme les stations demeurent coûteuses et d'opération complexe, ce sont les principales chaînes de télévision nationale qui en font l'acquisition pour étendre leur réseau. On les utilise comme station de réception pour transmettre les signaux sur des systèmes de câblodistribution, ou encore pour la distribution de signaux dans des immeubles d'habitation à logements multiples[30]. »

Aussi, un nombre croissant d'usagers, notamment des commerces ou des habitations à logements multiples, se munissent de ce type d'antennes paraboliques pour offrir à leur clientèle un choix plus vaste de programmations. Des particuliers vont également se munir de ce genre d'antenne.

Ce type de satellite offre enfin une nouvelle infrastructure aux échanges continentaux en complétant ou remplaçant le réseau au sol de radiodiffusion. Ce type d'utilisation peut être, selon Wallstein, assimilé à de la télévision indirecte par satellite, puisqu'ici le satellite remplace l'infrastructure de transport et de distribution des signaux, sur de longues distances, avant que ceux-ci soient finalement acheminés chez les usagers par les moyens classiques des réseaux hertziens, câblés ou d'immeubles[31]. Par ailleurs, le captage

---

29. Gilles Willett, *op. cit.*, p. 153.
30. Gilles Willett, *ibid.*
31. René Wallstein, *op. cit.*, p. 35.

direct par des particuliers de ces signaux destinés aux réseaux traditionnels de radiodiffusion ou du câble a d'emblée été perçu comme du piratage par les opérateurs des réseaux câblés. Ce qui a notamment entraîné le cryptage des signaux afin de contrer la perte d'abonnements.

La troisième génération est celle des *satellites de radiodiffusion directe* (SRD), connue, en anglais sous le sigle DBS (Direct Broadcasting Satellite). Certaines fois, elle est dite aussi de « télévision directe ». Cette génération équipée d'émetteurs de 200 à 300 W est beaucoup plus puissante et compte tenu d'une bande de fréquence du signal de l'ordre de 12-14 GHz, elle se prête à tous les types de transmission. Mais comme leur appellation l'indique, ils sont d'abord conçus spécifiquement pour la radiodiffusion[32]. Au contraire des deux autres types de satellites, ils sont très puissants à l'émission. De cette façon, ils nécessitent des stations émettrices et réceptrices de plus petite taille, peu complexes et beaucoup moins coûteuses. Ils permettent par exemple des réceptions domestiques à l'aide d'antennes de petite taille (de 90 et même de 30 cm, voire carrées et extraplates et à un coût relativement « abordable ») et d'un boîtier décodeur-décrypteur (adaptation des fréquences). « Ainsi, en moins de 20 ans, la dimension des antennes paraboliques est passée de 30 à 1 m de diamètre[33] ».

Les trois principales caractéristiques des satellites de diffusion directe sont une puissance d'émission élevée, des antennes très directives et une orientation d'antennes précise. Comme pour les autres technologies vues jusqu'à présent, il est possible de distinguer ici les satellites qui appartiennent soit au type de réseau de communication « point à point », soit au type de réseau de diffusion « point à masse ». Ainsi, les satellites de diffusion directe reconduisent la tradition de la diffusion de masse, exception faite des coûts à payer sous forme d'abonnement en échange du décryptage des signaux reçus par l'usager. Enfin, les satellites ne se présentent pas seulement comme des concurrents directs au câble ou à la radiodiffusion traditionnelle, servant de relais hertzien, la transmission par satellite s'inscrit dans le développement même de ces deux secteurs technologiques et industriels.

---

32. Selon la convention de vocabulaire en vigueur à l'Union internationale des télécommunications, le terme « radiodiffusion » désigne aussi bien la télévision que la radiophonie.
33. Gilles Willett, *op. cit.*, p. 153.

6.7 La diffusion directe par satellite, plus qu'une hypothèse

Traditionnellement, les signaux de télévision sont distribués par voie hertzienne. Ils sont relayés d'un point à un autre par des réémetteurs de faisceaux hertziens. Cette couverture, dans un vaste pays comme le Canada, s'avère coûteuse. Se propageant en ligne droite, le signal se heurte quelquefois à des obstacles qui en limitent la progression : montagnes, immeubles élevés, qui créent des zones d'ombre. C'est pourquoi deux autres modes de distribution ont assez rapidement complété la diffusion hertzienne du signal. D'une part, la câblodistribution : elle a débuté en retransmettant par câble, vers les zones d'ombre, le signal hertzien. D'autre part, le satellite : situé dans l'espace au-dessus du territoire à couvrir, il permet d'« arroser » directement une zone géographique plus importante, comprenant aussi bien des habitations dispersées en zones rurales que des récepteurs en zones urbaines.

Composante devenue incontournable de la distribution des signaux télévisés, le satellite est en train de changer de rôle. En passant d'une diffusion de masse à une diffusion spécialisée, par le biais d'une évolution technologique qui permet aux particuliers de capter eux-mêmes les signaux venus de l'espace, le satellite ouvre la porte à de nouvelles formes de distribution : il devient le cœur d'un nouveau réseau de distribution, concurrençant ceux des câblodistributeurs ou les réseaux herziens plus traditionnels. Il a l'avantage sur eux de bénéficier de technologies plus récentes : elles lui permettent de multiplier et de diversifier son offre en repoussant les limites qui sont encore celles des systèmes plus traditionnels de distribution.

Les services qu'offrent les nouveaux satellites de diffusion directe sont essentiellement de même nature que ceux des réseaux de câblodistribution. Mais leur avance technologique les fait bénéficier, pour quelque temps, de deux atouts sur leurs concurrents terrestres : la technologie de compression numérique du signal, qui permet de multiplier le nombre de canaux offerts, et l'adressabilité, qui permet aux abonnés des services par satellite de se composer un menu personnalisé à leur goût en puisant dans la carte qui leur est offerte. Les réseaux câblés traditionnels doivent se moderniser pour parvenir à rivaliser avec la capacité de distribution de ces nouveaux satellites. Un processus coûteux. Ils peuvent perdre un temps précieux pendant lequel le satellite pourrait exploiter ses avantages en détournant les abonnés du câble de leur distributeur traditionnel. C'est du moins ce que les câblodistributeurs veulent nous faire croire, quand ils brandissent la menace des satellites aux mille canaux, ces nouvelles « étoiles de la mort ».

L'Amérique du Nord, et plus particulièrement le Canada, est encore dans une période de transition par rapport à d'autres continents. Les satellites y sont principalement utilisés comme éléments du réseau de distribution de masse. La réception de leurs signaux par des particuliers est encore un phénomène relativement minoritaire, non prévu à l'origine, mais qui devrait prendre un essor considérable en cette fin de siècle. Les satellites de diffusion directe ont commencé à se mettre en place en Europe et en Asie, au début des années 1980, mais moins en Amérique du Nord.

En Europe, ce succès s'explique par le faible taux de pénétration du câble. Parce que la télédiffusion par satellite demeure une transmission hertzienne ́elle vient directement concurrencer les canaux établis. En fait, le satellite se joue des frontières et permet à de nouvelles chaînes nationales ou étrangères de concurrencer des chaînes hertziennes établies au niveau local ou national. Des satellites comme ASTRA de la Société européenne de satellites luxembourgeoise, ainsi que le satellite luxembourgeois de télédiffusion directe ASTRA-1A, lancé le 10 décembre 1988, desservant l'Europe de l'Ouest, sont conçus pour retransmettre des programmes de télévision susceptibles d'être captés par des particuliers disposant d'une antenne appropriée. Mais l'exemple le plus frappant est celui de BSkyB, en Angleterre, né de la fusion en 1990 de la Sky Television et de la British Satellite Broadcasting, qui permet de rejoindre près de 3 millions d'abonnés. En Asie, et particulièrement au Japon, le marché des SRD atteint 6 millions d'abonnés. Le Japon a aussi implanté un système de transmission des signaux par satellite de diffusion directe pour la télévision à haute définition.

Au Canada ou aux États-Unis, surtout dans les zones rurales, de nombreux particuliers captent déjà directement des signaux de télévision en provenance des satellites. Des immeubles disposant d'une antenne collective captent aussi les services par satellite. Mais ils se servent encore de grandes antennes, car ce qu'ils captent est officiellement destiné aux têtes de réseaux câblés, pour retransmission aux abonnés. Ce n'est qu'à partir de 1994 que le premier satellite de diffusion directe sera opérationnel en Amérique du Nord. À ce moment-là, des antennes de quelques dizaines de centimètres de diamètres (de l'ordre de 45 à 70 cm) suffiront pour en recevoir les signaux.

La notion de diffusion directe par satellite désigne donc le fait que le signal du satellite est capté directement par des antennes domestiques. Le marché est divisé en deux segments dont les limites tendent toutefois à s'estomper progressivement. D'abord, le premier segment, celui de la diffusion directe au foyer (DTH en anglais pour Direct to the Home) désigne la distribution de signaux télévisés par les satellites de puissance moyenne que l'on connaît déjà et nécessitant une grande antenne de réception. Les utilisateurs de satellites de radiodiffusion constituent déjà en soi un marché, et même une menace appréciable, en matière de perte de clientèle, pour les diffuseurs de certains signaux de télévision, tels que les câblodistributeurs. Pour éviter que n'importe qui puisse capter ces signaux pour lesquels des gens s'abonnent, les diffuseurs ont pris l'habitude de brouiller, de crypter leurs signaux. En effet, les films de la télévision payante, certains canaux spécialisés, diffusés par satellite, sont brouillés. Il faut donc, en plus d'un récepteur de signaux satellites disposer d'un décodeur capable de décrypter ces signaux.

Mais, le « vrai » marché de la radiodiffusion directe par satellite est celui qui utilise des satellites spécialisés de forte puissance pour diffuser un signal vers des récepteurs domestiques (les antennes paraboliques) d'un diamètre autour de 50 centimètres. Il constitue le deuxième segment du marché de la RDS. Ces satellites se servent de leur propre gamme de fréquence, et disposent d'un espace en orbite plus important que les autres satellites. Ils réduisent ainsi le risque d'interférence avec les signaux de satellites voisins.

En 1995, déjà près d'un million de Canadiens regardent la télévision directe par satellite. Dans certains cas, le satellite est la seule source de distraction électronique et d'information disponible hors de la communauté locale. Environ 535 000 foyers utilisent des systèmes de satellites, soit 6 % de l'ensemble des 10 millions de foyers ayant une TV au Canada en comparaison avec 7,2 millions de foyers abonnés au câble[34]. Environ 225 services sont transmis sur la bande C, dont près de la moitié en clair. Les services sont brouillés le plus souvent : 63 ne sont pas disponibles à la vente au Canada, mais les possesseurs d'antennes ont commencé à autoriser leurs systèmes à partir d'une adresse

---

34. Audiences du CRTC de mars 1993, phase 1, décembre 1992, CVRO, mémoire 307, Canadian Viewer's Rights Organization – Organisation pour les droits des téléspectateurs canadiens.

américaine. C'est ce qu'on appelle le marché gris de réception des signaux de télévision par satellite[35].

6.8   L'assignation de fréquences pour la RDS

Bien que la radiodiffusion directe par satellite (RDS) constitue une technologie nouvelle, elle prend néanmoins origine dans les années 1970, en particulier aux États-Unis avec les grandes antennes de satellite destinées à la télévision. Les opérateurs de câble recevaient les signaux de différents satellites pour ensuite les rediriger à leurs abonnés par le biais du système de câble. Les premiers satellites distribuaient leurs signaux sur une bande à faible puissance (*low power band*) nommée C-Band. Cependant, elle requérait d'énormes coupoles et des équipements dispendieux, autour de 250 000 $, en plus d'une licence de la Federal Communications Commission (FCC). Plus tard, la FCC annula l'obligation d'obtenir une licence pour ces antennes. Cela changea la dynamique du marché et à mesure que les consommateurs y entrèrent, le coût des antennes paraboliques diminua.

L'arrivée des satellites Ku-Band, dans les années 1970, qui produisaient un signal plus puissant, favorisait une meilleure réception du signal. Toutefois, peu d'entreprises portaient un intérêt à cette technologie compte tenu des contraintes de réglementation de l'époque ainsi que du choix limité offert en matière de programmation. Cela devait changer dans les années 1980. En effet, on alloua, aux États-Unis, une nouvelle bande de fréquences spécialement pour la RDS et neuf compagnies obtinrent des licences à partir de 1984. Mais les premières tentatives de mise en marché de la RDS ont connu un échec important à cause des capacités limitées des canaux, du coût élevé des antennes paraboliques et du manque substantiel de programmation.

Dans l'énergie électromagnétique, chaque onde comporte un cycle, et le nombre d'ondes émises dans une seconde, la fréquence, se calcule en hertz. Plus il y a d'ondes par seconde, plus la fréquence

---

35. Audiences du CRTC de mars 1993, phase 1, décembre 1992, SCAC-ACTS, Satellite Communication Association of Canada – Association canadienne de la télécommunication par satellite, Brief submitted to the CRTC, mémoire 285. Voir aussi : NGL Consulting Ltd, *Potential Market for US DBS in Canada*, audiences du CRTC, phase 1, mars 1993, annexe au mémoire no 332 de la Canadian Association of Broadcasters (Association canadienne des radiodiffuseurs).

est élevée. Une variation de fréquence particulière ou des ondes de dimension et de hauteur différentes sont appelées largeur de bande des fréquences. Ces largeurs de bande sont assignées aux satellites par l'UIT (Union internationale des télécommunications), un organisme régulateur des Nations unies responsable de l'allocation des orbites des satellites et de leur spectre de fréquence. La télévision directe par satellite a commencé à être réglementée, à partir de la conférence de l'UIT, tenue à Genève, en 1977. Ces largeurs de bande sont passées de 50 MHz à l'époque de Early Bird à 3 300 MHz de nos jours.

TABLEAU 6.1 **Comparaison entre les gammes de fréquences C et Ku**

Caractéristiques	**Bande C**	**Bande Ku**
Fréquences	GHz	GHz
Couverture	Bonne couverture du Nord. Assez bonne couverture des États-Unis par les faisceaux canadiens	Faible couverture du Grand Nord. Faible couverture des États-Unis par les faisceaux canadiens Faisceau spécial pour les réseaux transfontières vers les É.-U. (Anik-E)
Interférences	Utilise les mêmes fréquences terrestres que les systèmes micro-ondes (faisceaux hertziens). Nécessite une coordination des fréquences	Bande dédiée utilisée uniquement par les réseaux satellites. Pas besoin de coordonner l'utilisation des fréquences
Météo	Relativement peu sensible à la pluie	Sensible au *fading* (diminution du signal) en cas de pluie. Nécessite une plus grande marge d'affaiblissement du signal que la bande C

Source.– D'après *Satellite Communications in Canada*, p. 17.

C'est donc dire qu'on peut classifier les satellites selon les largeurs de bande dans lesquelles ils transmettent leurs signaux. Le plus commun est le satellite de bande C qui transmet de 5,9 à 6,4 GHz (un milliard de cycles par seconde). Une deuxième classe appartient à la bande Ku, plus puissante, qui transmet entre 14 et 14,5 GHz. Une classe encore plus récente, dans la bande K, transmet dans un spectre qui va de 12,2 à 17,8 GHz. Cette dernière revient aux satellites de diffusion directe. Une des raisons qui a suscité l'utilisation d'une largeur de bande plus élevée est le fait que la bande C et la bande Ku atteignent actuellement leur pleine capacité à cause d'un usage commercial très intense. Notons que l'UIT alloue d'autres largeurs de bande pour l'exploration spatiale, les communications maritimes et les applications militaires[36].

On attribue ainsi différentes gammes de fréquences aux satellites gravitant au-dessus de l'Amérique du Nord : les transmissions de services de satellites fixes (FSS) se font sur des gammes de fréquences appelées respectivement la bande C et la bande Ku. On distingue à l'intérieur de chacune de ces deux bandes, des sous-ensembles de fréquences, employées par les différents satellites.

6.9 La RDS : de nombreux projets en perspective

En Amérique du Nord, un premier projet, SkyPix, utilisant un satellite de moyenne puissance, a déjà été envisagé. Mais il n'a jamais fonctionné. En 1991, ce service prévoyait entrer dans le marché de la RDS en offrant 80 canaux, dont une bonne partie de films à la carte. Après avoir vendu une dizaine de milliers d'équipements de réception et de décodeurs au Canada, la compagnie américaine déclarait faillite à la fin de 1992.

Aujourd'hui, plusieurs projets de télévision directe qui proposent de desservir l'ensemble du territoire américain sont à nouveau envisagés, lesquels, du même coup, auront des incidences sur le développement de ce service au Canada. Plus récemment est apparu l'important projet de Hughes Communications, le numéro un mondial des satellites, de Los Angeles. Filiale de la compagnie General Motors, Hughes a déjà bâti de nombreux satellites pour le Canada, notamment, le satellite Anik-A et, en coproduction avec Spar Aérospatiale, les satellites Anik-C et Anik-D.

En décembre 1993, il lance un nouveau satellite de haute puissance capable de diffuser près de 150 chaînes, en utilisant la technique de la compression numérique et qui vise le marché de la diffusion directe au foyer. Hughes Communications Inc. (HCI) et

---

36. Dans la désignation des fréquences pour satellites (ex. : bande C = 6/ 4 GHz), le premier chiffre désigne la fréquence du signal montant vers le satellite, le deuxième chiffre la fréquence du signal descendant vers la station terrestre.

United States Satellite Broadcasting (USSB) se proposent de placer en tout deux satellites de radiodiffusion directe en orbite au-dessus de l'Amérique du Nord. USSB, le service développé par Stanley Hubbard, un pionnier de ce type de services, occupe cinq des 32 canaux du satellite de Hughes. Le service de Hughes DirecTV™ est opérationnel depuis le printemps 1994 et offre plus de 100 canaux de programmation aux consommateurs américains. HCI prévoit offrir ses programmes aux antennes de 46 cm utilisant la technologie de la compression vidéo numérique (CVN). Ce projet DirecTV se destine à la diffusion de chaînes vers des zones rurales mais également au *pay-per-view* avec une sélection de films démarrant toutes les 30 minutes.

Hughes[37] est le plus important exploitant mondial privé de satellites commerciaux. Il possède et exploite cinq satellites Galaxy fonctionnant en bande C, fréquemment utilisés pour la télévision, deux satellites Galaxy à double charge utile (*dual payload*) et trois satellites SBS fonctionnant dans le haut de la bande Ku, là où s'installent de nombreux services de télévision. Il exploite aussi le réseau global de satellites de communications de la US Navy, possède des parts importantes dans American Mobile Satellite Corp., qui offre un service de communication mobile par satellite depuis 1994. Hughes Communications est un leader du marché dans pratiquement toutes les applications de communication et de transmission par satellite.

En utilisant la technologie de la compression vidéo numérique, les 32 répéteurs du satellite DirecTV sont capables d'offrir au moins 128 canaux de programmation. Cinq d'entre eux ont déjà été achetés pour 100 millions de dollars par USSB qui se servira de ces répéteurs pour lancer ses propres services haute puissance de RDS. Hubbard espère notamment créer un réseau de paris de courses de chevaux hors piste à travers les États-Unis.

Hughes et USSB offriront donc des programmes différents et concurrents, mais ils collaborent pour la compatibilité technique et opérationnelle. Par exemple, le récepteur numérique à décodeur CVN, prévu pour les foyers, sur lequel travaille Thomson Consumer Electronics, sera compatible avec les services de Hughes et USSB. Thomson est la quatrième plus grande compagnie mondiale d'électronique grand public et le plus grand fabricant de téléviseurs aux États-Unis, vendus sous les marques RCA, General

---

37. « Spaceway Satellite Network Before FCC », *Newsbytes*, 10 décembre 1993.

Electric et ProScan. La compagnie distribuera les récepteurs domestiques par le biais de sa filiale américaine RCA Consumer Electronics.

Hughes Communication a choisi d'utiliser, pour le type de compression et le modèle de décodeurs, une technologie dont il possède les droits, et incompatible avec les autres formes de compressions numériques prévues par les autres services de satellites de diffusion directe envisagée en Amérique du Nord. Le satellite de Hughes étant lancé le premier, il aura une avance sur ses futurs concurrents. En outre, cette stratégie risque de créer des consommateurs captifs du système de décodage employé par Hughes. Il leur faudrait acheter un autre modèle de décodeur pour capter les images et les programmes proposés par les services concurrents. L'utilisateur du système de Hughes ne pourra s'en servir pour capter les autres systèmes de RDS.

En outre, Hughes a prévu un système de « protection contre la copie », dans lequel la vitesse de diffusion du signal varie pour contrecarrer les enregistrements faits par des magnétoscopes domestiques. Cela permettra à DirecTV d'offrir des films en première diffusion, des concerts et du sport en pay-per-view. Les décodeurs étant adressables, il sera possible d'activer et de désactiver des canaux spécifiques et de facturer en conséquence. Avec l'adressabilité, la compagnie pourrait respecter les exigences locales d'exclusivité tout en offrant un choix bien plus grand d'événements sportifs que n'en offrent les services sportifs par satellite actuels. Hughes et USSB sont convaincus qu'avec leur système, ils offriront une image de télévision de qualité supérieure à celle obtenue par les radiodiffuseurs hertziens traditionnels et même que celle de la plupart des services de câblodistribution.

Parmi les autres SRD en activité[38], les principaux sont actifs en Europe et en Asie. Celui de Hughes est le premier satellite de radiodiffusion directe en orbite diffusant en Amérique du Nord. Il se distingue des autres en offrant un nombre de canaux plus important et en étant le premier à offrir un service numérique avec compression de signaux pour accroître le nombre de canaux disponibles. Il y a bien sûr d'autres projets de SRD américains en développement et la FCC pourrait leur attribuer des allocations orbitales leur permettant de couvrir le continent américain. Les Canadiens de régions peuplées pourraient, de façon périphérique et accidentelle, en capter les signaux.

---

38. « DirecTV Satellite Launched », *Newsbytes*, 21 décembre 1993.

6.10 La réponse canadienne à la RDS

Le projet américain de DirecTV aura pour ainsi dire des retombées au Canada, en l'occurrence, avec le projet de Power DirecTV, contrôlé à 80 % par Power Diffusion, une filiale de Power Corporation et à 20 % par la Hughes Aircraft.

Par ailleurs, le 6 mai 1994, un consortium formé de trois compagnies de télécommunications canadiennes avait déjà annoncé qu'il se préparait à offrir une série de services de télévision spécialisés, et à péage, diffusés par satellite. Ce consortium, formé de Bell Canada Entreprise (BCE) de Montréal, Western International Communications (WIC) de Vancouver et de Cancom (Canadian Satellite Communication) de Mississauga, en Ontario, prévoyait offrir, à partir de 1995, un service numérique de diffusion directe par satellite. Une antenne de 60 cm permettrait de capter les services proposés. Ceux-ci se composeraient d'un service de base obligatoire, similaire à celui du câble, de services payants facultatifs, comprenant une sélection de chaînes américaines et canadiennes, ainsi que les super chaînes américaines, et de services de télévision à la carte, proposant des films et des événements spéciaux. Une centaine de canaux pourraient être proposés par ce service. Les signaux seraient compressés et transmis par le satellite Anik E2 exploité par Télésat Canada, propriété des compagnies de télécommunications canadiennes.

À la suite de négociations menées peu après l'annonce de ce premier projet, ce dernier devrait s'intégrer dans un projet mené en commun avec les câblodistributeurs, Shaw Communications d'Edmonton, Rogers Communications de Toronto, CFCF de Montréal et John Labatt Ltd (qui possède les canaux de sports TSN/Canal des sports, entre autres) de London, Ontario, ainsi qu'avec Astral Communication, de Montréal.

Cet accord de principe se devait être une réponse directe aux projets de DirecTV, le satellite de Hughes. Cette entente prévoyait offrir un centre de service et de distribution de programmes de télévision qui serait destiné en partie aussi aux petits câblodistributeurs des zones rurales qui n'auraient pas autrement les moyens d'offrir ces services à leurs abonnés.

Cette alliance des compagnies de télécommunications et de câblodistribution était le signe que les entreprises canadiennes prenaient au sérieux la menace d'un satellite américain de distribution directe. Bien qu'un tel système ne prévoyait pas attirer plus de 60 000 abonnés au bout de sa première année de fonctionnement, il se positionne clairement comme une première réponse unie face aux projets américains d'« étoiles de la mort ».

Mais à peine un an plus tard cette alliance ne tenait plus, et plusieurs projets distincts en provenance des télécommunications et de la câblodistribution se développaient concurremment, ceux-ci devant se positionner sur le marché de la RDS au Canada.

D'un côté le projet du consortium BCE, WIC et Cancom se poursuit sous le nom d'ExpressVu, un service disponible en français et anglais, avec pour la première fois au pays, l'offre d'une télévision à la carte francophone. Son concurrent immédiat est certes Power DirecTV. Mais, d'autres entrent en lice dont le projet Homestar, dirigé par Shaw Communications de Calgary, le deuxième câblodistributeur canadien, au nom d'un important consortium de l'industrie du câble dans lequel sont réunis Vidéotron, Cogeco, Fundy Cable, Cable Regina et Delta Cable.

Autant, dans un premier temps, la tentative d'alliance entre les entreprises de télécommunications et de câblodistribution pouvait être considérée comme une réponse commune à la présence américaine, autant aujourd'hui, la mise sur pied de projets distincts est l'indice d'une volonté de se démarquer et de s'accaparer une part importante du marché. D'ailleurs, pour les câblodistributeurs, c'est une façon d'intégrer un service qui, à court et à moyen terme, entre en concurrence directe avec leurs activités de télédistribution, tout en répondant à l'invasion tranquille des télécommunications dans le transport de signaux vidéo. Cette situation renforce l'idée que le développement d'une problématique globale de l'audiovisuel ne peut ignorer aujourd'hui l'interdépendance des technologies médiatiques du câble et du satellite.

Sur le plan technique, l'ensemble des signaux de ExpressVu seront transmis par l'entremise du satellite Anik E2 de Télésat Canada. Par ailleurs, seul le volet canadien de la programmation de Power DirecTV devait transiter par ce satellite, puisque la transmission des réseaux américains et de la plupart des services offerts à la carte sera effectuée par DBS 1 et DBS 2, tous deux des satellites américains exploités par son partenaire Hughes Aircraft[39]. De plus, chacun de ces systèmes a un standard différent, donc les équipements de réception et de décodage ne sont pas compatibles.

---

39. En décembre 1993 est largué dans l'espace le satellite DBS-1 (Direct Broadcasting Satellite-1) qui diffuse 60 canaux sur le territoire des États-Unis. DBS-2 devait suivre à compter de 1994 et grâce à la compression, pouvait transmettre entre 150 et 200 canaux.

Il revenait au CRTC de décider lesquels de ces projets et de ces services pourraient être mis en place et offerts aux usagers. D'ailleurs, lors des audiences du CRTC tenues en 1993 pour examiner la structure générale de l'industrie de la radiodiffusion, les câblodistributeurs avaient agité l'épouvantail de la venue prochaine du satellite de diffusion directe de Hughes, pour essayer d'obtenir des concessions leur permettant de rajeunir et d'adapter leurs réseaux à une offre plus diversifiée. Les satellites étrangers, disait-on, menaceraient notamment la souveraineté canadienne, en diffusant des programmes et des valeurs culturelles échappant à la réglementation canadienne. Nul doute que l'argument de la souveraineté culturelle, conjugué aux éventuelles retombées économiques d'un tel système sur l'industrie de la radiodiffusion, ont tôt fait de rallier ceux qui défendent une solution canadienne autonome à la technologie de la diffusion directe par satellite. Cela n'a pas empêché le CRTC d'accorder, à l'automne 95, deux licences de RDS à ExpressVu et à DirecTV refusant pour l'instant la démarche de Home Star. Mais depuis ce temps, la firme DirecTV a annoncé qu'elle se retirait du marché canadien.

6.11 Conclusion

Dans un premier temps, les satellites servent davantage au transport des signaux de télévision entre des stations terrestres lourdes et très éloignées. Dans une seconde étape, ils permettent d'assurer la distribution vers des stations intermédiaires de puissance moyenne, pour maintenant atteindre directement les usagers à leur domicile. Deux facteurs vont jouer un rôle important dans la transformation des types de satellites : l'augmentation de la puissance des émetteurs et l'amélioration des techniques de réception au sol. Ce qui permettra d'alléger considérablement les stations réceptrices et par conséquent, la complexité des opérations de réception et la taille des antennes utilisées.

Il est évident que pour des pays à l'échelle d'un continent comme les États-Unis, le Canada, l'URSS ou l'Indonésie, le satellite est indispensable pour couvrir des territoires aussi vastes. Les signaux peuvent être transmis dans plusieurs points du pays puis captés par de lourdes stations terrestres (antennes paraboliques très lourdes et en général de 30 m de diamètre) puis réémis par la tête du réseau hertzien qui en assure localement la diffusion. D'un point de vue strictement technique, il s'agit là d'une solution intéressante pour des pays où la mise en place de réseaux terrestres de télévision sont soit trop difficiles, soit trop coûteux. Par contre, d'un point de vue davantage social, l'approche commerciale et industrielle semble l'emporter sur les projets à caractère éducatif et culturel.

En effet, la progression rapide de la réception directe, par les particuliers, des signaux en provenance des satellites, posera tôt ou tard toutes sortes de problèmes juridiques, économiques et culturels d'ordre international ou national. Ces nouveaux contenus qui s'ajoutent à la production domestique de chaque pays sont loin d'être sans conséquence sur la sphère culturelle nationale. De toute évidence, la croissance du nombre de satellites et la compréhension de l'intérêt économique de l'orbite géostationnaire confrontent de plus en plus les nations à des problèmes de souveraineté culturelle et de libre circulation de l'information. En fait, les frontières territoriales n'existent plus pour le satellite.

Si les fréquences hertziennes sont déjà l'objet d'une concurrence à l'échelle locale et nationale, l'orbite géostationnaire se présente comme un enjeu de taille tant sur le plan continental qu'international. Le seul fait de dire que, théoriquement, trois satellites suffisent à couvrir la planète, cela montre jusqu'à quel point l'orbite géostationnaire est convoitée par les opérateurs de satellites de télécommunications ou de télédiffusion. Avec une circonférence de plus de 250 000 km, cette orbite peut certes accueillir de nombreux satellites, juxtaposés les uns après les autres à l'image des perles d'un collier, mais toutes les places n'offrent pas le même intérêt technique et surtout commercial. De plus, il est indispensable d'espacer suffisamment les satellites utilisant la même bande de fréquences radioélectriques dans le but d'éviter les interférences entre leurs émissions.

L'orbite géostationnaire est unique avec ses 180 créneaux disponibles. Deux degrés séparent chacune de ces orbites afin d'éviter les interférences des signaux. Ces orbites sont situées près de l'équateur. Plus de 120 de ces créneaux sont d'ores et déjà occupés. Mais qu'adviendra-t-il des créneaux qui restent ou qui sont à remplacer? Doit-on les réserver aux pays en voie de développement? Doit-on les réserver aux nouvelles générations de satellites qui utilisent des technologies de commutation numérique ainsi que des microprocesseurs qui vont transformer l'environnement global des télécommunications?

En somme, quelques grandes corporations compétitionnent ardemment pour le marché des RDS, mais elles devront faire face au développement de l'autoroute électronique et aux 200 canaux et plus proposés éventuellement par les câblodistributeurs. Toutefois, certains promoteurs croient que la RDS constitue en soi une inforoute, déjà complètement numérisée, qui saura s'accaparer une part importante du marché de l'information et du divertissement.

L'enregistrement magnétoscopique : de la production audiovisuelle au cinéma à domicile

7.1 Introduction

Si le paysage de la radiodiffusion s'est radicalement transformé – et continuera de se transformer – par le perfectionnement des technologies médiatiques telles que le câble et le satellite, une autre technologie audiovisuelle, appartenant cette fois à la panoplie de l'électronique grand public a également été d'une importance décisive au cours des vingt dernières années. Il s'agit de l'arrivée sur le marché domestique de l'enregistrement magnétoscopique. Effectivement, le *magnétoscope* est la première technologie du divertissement domestique à obtenir un aussi grand et aussi rapide succès commercial comme appareil périphérique de la télévision. Il est le premier appareil à s'attacher ou à se relier au téléviseur.

Mais il aura fallu près de 40 ans d'histoire pour en arriver là. Comme il l'avait fait avec la radio dans les années 1920, c'est David Sarnoff, le pionnier américain de la radiodiffusion qui fut un des premiers à s'exprimer sur l'utilisation domestique de cette nouvelle technologie qui deviendra, à peine quelques années plus tard, le magnétoscope. Déjà, il suggère, en 1953, que « l'enregistrement magnétique de signaux vidéo pourrait devenir un moyen grâce auquel le téléspectateur serait en mesure d'enregistrer des images de télévision, puis, de les visionner autant de fois qu'il le désire comme il peut le faire avec le phonographe[1] ».

Ainsi, l'idée de l'enregistrement magnétoscopique a connu depuis les années 1950 un développement continu pour aboutir à une technologie qui non seulement transforme la production audiovisuelle dans son ensemble mais qui a de nombreuses incidences sur la consommation médiatique notamment en ce qui concerne l'évolution de la vidéo domestique et de ses dérivés, comme le cinéma à domicile.

7.2 Transgresser les contraintes du temps

Si, à ses débuts, la télévision permettait de transmettre à distance des images et des sons captés par des caméras et des micros, transformés en signaux électriques, puis transportés par ondes hertziennes jusqu'à un téléviseur capable de reconstituer les images sur un écran cathodique, il était toutefois impossible de

---

1.   John Wyver, *The Moving Image : An International History of Film, Television and Video*, Oxford and New York, Basil Blackwell, 1989, p. 271-272.

conserver et de reproduire ces images et ces sons. En effet, toute émission devait se passer en temps réel, en direct (*live*). Avant l'arrivée du magnétoscope, les trois principales méthodes de présentation télévisuelle, soit l'émission en direct (*live*), le film ou encore le kinescope comportent plusieurs inconvénients.

Jusque-là, la télévision se fait donc avec tous les imprévus et toutes les angoisses du direct comme n'importe quel autre art de la scène (théâtre, musique, etc.). D'ailleurs, la télévision, à ses débuts, alimente sa programmation à partir de ce type de productions culturelles. Le direct explique en partie pourquoi nous n'avons pas de traces, ou très peu, des productions du commencement de la télévision. Les premières tentatives de conservation des images télévisuelles s'appuyèrent sur l'enregistrement sur support « film », c'est-à-dire la pellicule de cinéma. Ce procédé s'appelait le « kinescope » et consistait à filmer l'image d'un téléviseur à l'aide d'une caméra de cinéma. Mais la qualité étant médiocre, la solution du kinescope sera peu à peu abandonnée. Il fallait que les émissions soient enregistrées directement sur film, ou plus tard, sur un ruban magnétoscopique, pour qu'on puisse envisager de les archiver.

Par ailleurs, si le réseau hertzien permet de transmettre une émission de télévision d'un point à l'autre d'un pays aussi vaste que le Canada, par contre le décalage horaire (d'une à quatre heures selon l'emplacement) d'est en ouest rend impossible la diffusion simultanée d'une émission à la même heure. Le développement d'un appareil capable d'enregistrer des images sur un support magnétique s'imposera comme la seule solution aux problèmes d'exploitation de la télévision. Entre-temps, si, par exemple, un reportage doit être diffusé en différé, il est filmé sur pellicule, puis cette dernière est vite développée, montée et synchronisée avec une bande sonore sur magnétophone, avant d'être diffusée par télécinéma. Tout cela afin de simuler une apparente simultanéité dans la couverture d'un événement à l'est comme à l'ouest.

Aussi, l'évolution des bassins d'audiences stagne, la diffusion des émissions étant presque exclusivement de niveau local ou régional. Mais, la diffusion simultanée à travers le pays, donnant du même coup la possibilité d'atteindre une cote d'écoute nationale, serait un atout décisif auprès des publicitaires qui sont les partenaires majeurs de l'économie de la télévision commerciale. Ainsi, parce qu'elle représente un enjeu économique de taille pour les grands réseaux de télévision américains, la poursuite d'une solution efficace et de qualité pour enregistrer des images télévisuelles bénéficiera donc vers le milieu des années 1950 des efforts de plusieurs laboratoires de recherche en électronique.

Comme toutes les technologies vues précédemment, le magnétoscope est loin d'être une machine « innocente », sans « intentions » dirait Raymond Williams. La mise en marché de cette technologie et de tous les produits connexes sont devenus des enjeux industriels et commerciaux. La vidéographie conjugue d'une part une technologie capable de produire des enregistrements et d'autre part, un support média sous la forme d'un ruban magnétique, qu'il soit vierge ou préenregistré, comme c'est le cas d'un film qu'on loue ou qu'on achète au club vidéo du coin.

Et pas plus tard qu'en 1964, tandis que des images des Jeux olympiques de Tokyo sont retransmis par le satellite Telstar, s'amorce une autre « révolution » technologique, celle des vidéocassettes. Si le satellite allait permettre de contrer les espaces les plus vastes pour transmettre des images, le ruban magnétoscopique allait offrir une nouvelle capacité de transgresser les contraintes de temps d'écoute de la programmation des réseaux télévisuels.

Le magnétoscope, connu en anglais sous l'expression abrégée de VTR pour *video tape recorder*, se présente comme un appareil capable d'enregistrer sur un ruban magnétique les signaux audio et vidéo de télévision et de les restituer à l'aide d'un téléviseur sur lequel il est branché.

Le développement du magnétoscope domestique s'est appuyé sur l'idée que les individus pourraient obtenir un certain contrôle sur la programmation télévisuelle acheminée par les différents réseaux. En fait, il offre aux gens la possibilité de devenir leurs propres programmateurs de télévision. Non seulement permet-il de choisir les émissions qu'ils regarderont, mais aussi quand ils le feront. D'où l'expression de l'écoute différée (*timeshifting*) qui fut en fait la fonction première sur laquelle s'est fondée l'engouement social pour cette technologie. De plus, avec la commercialisation de vidéocassettes préenregistrées (films longs métrages, pornographie, vidéo d'exercices, etc.), ou la production d'enregistrements personnalisés (du style vidéo maison), les usagers ont dorénavant accès à des programmes autres que ceux traditionnellement transmis par la télévision.

Ces deux fonctions, écoute différée de programmes de télévision et visionnement de documents audiovisuels préenregistrés, seront aussi des facteurs de l'évolution et de la croissance de la technologie magnétoscopique. Chacune de ces fonctions a une incidence distincte sur la relation qu'entretiennent les téléspectateurs avec la télévision et les autres produits culturels audiovisuels.

Au point de départ, ce que l'on connaît comme le magnétoscope à cassettes, le VCR, n'a été inventé ni à des fins de grande consommation et ni par les Japonais, même si la majorité des magnétoscopes sont voués au marché grand public et que la majeure partie des appareils aujourd'hui retrouvés sur le marché sont de fabrication nippone.

Cet appareil est né d'abord dans une forme industrielle, désignée par le terme VTR, destinée aux milieux de la production professionnelle. D'ailleurs, l'usage des termes VTR et VCR (*videocassette recorder*) pour désigner les machines d'enregistrement vidéographique ont été respectivement réservés, l'un au domaine professionnel, l'autre au marché grand public. Mais cette distinction tend à s'estomper, les manufacturiers étant les premiers à de moins en moins la faire.

Le précurseur, ou encore l'ancêtre pourrions-nous dire, du magnétoscope grand public, fut développé pour les fins de la production commerciale par la compagnie Ampex en avril 1956. Plusieurs manufacturiers travailleront dès 1966 à la mise au point d'un modèle de magnétoscope à bobine ouverte destiné au grand public. Ampex aurait elle-même vendu 500 magnétoscopes pour l'usage domestique avant 1967. Toutes ces machines étaient non seulement très chères mais également difficiles d'utilisation. Ce n'est qu'à partir 1972 que Sony mettra en marché un magnétoscope à cassettes pour un usage domestique.

Comme toutes les technologies médiatiques, le magnétoscope a aussi une histoire qui remonte à la fin du XIXᵉ siècle, mais qui n'a connu de résultat tangible qu'à partir de la Seconde Guerre mondiale, avec le développement de l'enregistrement magnétique.

7.3 Généalogie de l'enregistrement magnétique

La nouvelle technologie médiatique trouve sa genèse dans le Danemark du tournant du XIXᵉ siècle. Rappelons-nous, d'abord proposé par Oberlin Smith dès 1888, le principe de l'enregistrement magnétique est expérimenté, en 1898, par le physicien Valdemar Poulsen. Il propose sa théorie du télégraphophone, basée sur l'utilisation de l'enregistrement magnétique sur un fil métallique : la transcription du son s'appuie sur le changement du champ magnétique. Son appareil est quelque peu utilisé comme dictaphone au bureau, mais l'enregistrement est de trop faible intensité pour être utilisé de façon domestique.

L'hypothèse de Poulsen est reprise, poussée et enfin brevetée en Angleterre par Boris Rtcheouloff en 1927. C'est lui qui suggère plus particulièrement l'idée que ce principe puisse être adapté à l'enregistrement de signaux de télévision sur une surface magnétique. Par contre, il n'est pas clair qu'il soit parvenu à construire un prototype concluant.

L'année suivante, le professeur allemand Fritz Pleumer fait breveter ce qui sera en fait le premier ruban magnétique : c'est-à-dire un papier ou un plastique recouvert d'une poudre magnétique. Entretemps, en Grande-Bretagne, John L. Baird, l'inventeur du système de télévision mécanique, expérimente de son côté un procédé d'enregistrement de signaux de télévision sur des disques phonographiques de cire qu'il appela *phonoscopes*. Il s'agit d'une sorte de vidéodisque avant l'heure qui tourne à 78 tours minute et qui a une définition grossière de 30 lignes, à raison de 12,5 images à la seconde. Mais Baird, semble-t-il, ne persévère pas dans cette voie.

En revanche, en 1928, deux entreprises allemandes, AEG (Allgemeine Elektrizitats Gesellschaft) et BASF, travaillent au développement du concept de l'enregistrement magnétique. Les recherches de AEG aboutissent à un prototype d'enregistrement du son, baptisé *magnétophone*[2]. Ces appareils enregistrent et reproduisent les sons avec beaucoup moins de bruits parasites que tous les autres systèmes connus à l'époque. Du reste, en 1934, commence en Allemagne la fabrication industrielle des premiers rubans magnétiques. Durant la Seconde Guerre mondiale, les magnétophones sont adoptés par le Troisième Reich comme standard de l'enregistrement radiophonique. En effet, les nazis améliorèrent le magnétophone et l'installèrent systématiquement dans les stations de radio, afin d'enregistrer et de diffuser leur propagande. Hitler insiste pour que tous les programmes soient enregistrés afin d'en assurer le contrôle[3].

Impressionné par la supériorité de l'enregistrement et de la reproduction sonore de ces appareils, un électronicien de l'armée américaine, John T. Mullin, en rapporte quelques exemplaires avec lui à son retour d'Europe[4] en 1945. Au même moment, aux États-Unis,

---

2. Eugene Marlow et Eugene Secunda, *Shifting Time and Space. The Story of Videotape*, New York, Praeger Publishers, 1991, p. 13.

3. Steven Lubar, *InfoCulture*, p. 182-183.

4. Eugene Marlow et Eugene Secunda, *ibid.*, p. 14.

la Minnesota Mining and Manufacturing Company (3M) commence à expérimenter la fabrication du ruban magnétique. Deux ans plus tard, le chanteur vedette de la radio américaine, Bing Crosby, entend parler de ces machines qu'entre-temps Mullin a améliorées et rendues publiques. Crosby l'invite à enregistrer ses spectacles sur support magnétique pour ultérieurement les retransmettre sur le réseau radiophonique ABC. Ces retransmissions constituent, en 1947, une première aux États-Unis dans l'utilisation professionnelle du ruban magnétique à des fins de programmation en temps différé.

Le succès de ces expérimentations incite la compagnie Ampex Electric Corporation, de Californie, à développer un plan d'amélioration et de mise en marché du magnétophone. Ampex est d'ailleurs la première compagnie à commercialiser avec succès un magnétophone de fabrication américaine. C'est à partir de ce moment qu'une nouvelle branche de l'industrie électronique voit le jour, positionnant momentanément les États-Unis à titre de leader dans le domaine de la technologie de l'enregistrement magnétique.

Ampex, auparavant un fabricant de moteurs d'avion, est vite devenu un acteur majeur de ce nouveau secteur. D'autant plus que la totalité de l'industrie radiophonique adopte rapidement cette nouvelle technologie, se libérant ainsi des contraintes et limites des émissions produites en direct, souvent devant un public. Parallèlement à ce succès dans l'enregistrement magnétique du son, Ampex enjoint à ses ingénieurs de se pencher sur le transfert des connaissances acquises sur le sujet, dans le but de les mettre à profit dans le secteur de la télédiffusion. La compagnie californienne ne tarde pas à développer, dès 1951, le premier prototype d'une machine capable d'enregistrer sur un ruban magnétique des signaux vidéo et de les reproduire. Elle sera dès lors en mesure de s'établir comme une entité dominante dans le marché de la radiodiffusion et de la production audiovisuelle professionnelle.

D'autres compagnies de l'industrie de l'électronique sont également dans la course dont les laboratoires RCA, pour lesquels, on se souvient, Zworykin, l'inventeur de la télévision électronique, travaillait. RCA, à la fois un manufacturier de produits électroniques domestiques et un acteur majeur dans la rapide expansion que connaît l'industrie de la radio et de la télévision[5], commence à s'intéresser sérieusement à l'enregistrement magnétoscopique. RCA produit un prototype de son système en 1953, mais il est jugé

---

5. À l'époque, pas moins de 25 % des foyers américains possède déjà la télévision.

peu pratique et ne sera jamais suffisamment amélioré pour prétendre à une mise en marché.

S'appuyant sur la technique de l'enregistrement sonore, dans laquelle un étroit ruban revêtu de particules d'oxyde de fer défile devant une tête (d'enregistrement et de lecture) fixe, longitudinale, les ingénieurs de la compagnie RCA réussissent à reproduire une image rudimentaire à partir d'un enregistrement vidéo sur ruban d'un demi-pouce de large. Ils utilisent un système d'enregistrement longitudinal similaire à celui de l'enregistrement sonore. Cependant, compte tenu de la largeur de fréquences du signal vidéo, la vitesse d'enregistrement doit être grandement accélérée, par exemple le ruban du magnétoscope de RCA défile à 30 pieds à la seconde. Imaginez le nombre de pieds de ruban que cela devait prendre pour enregistrer ne serait-ce qu'une minute!

L'ingénieur chef Charles P. Ginsburg est à l'emploi de la corporation Ampex. Il dirige alors une petite équipe de chercheurs dont fait partie un autre ingénieur, Ray Dolby, connu pour ses recherches sur la stéréophonie et surtout pour son système de réduction de bruit (*noise reduction*). Cette équipe travaille déjà depuis quatre ans sur l'enregistrement de signaux vidéographiques. Écartant la solution du défilement linéaire du type magnétophone, Ampex opte pour des têtes tournantes. En effet, le magnétoscope d'Ampex possède quatre têtes rotatives révolutionnant à très haute vitesse (250 tours par seconde). Elles balayent un ruban d'une largeur de deux pouces (cinq centimètres), monté sur une bobine ouverte, transversalement à la direction de son défilement. Ce qui permet ainsi de réduire la vitesse du ruban à 15 pouces par seconde.

La multiplication des têtes d'enregistrement permet ainsi d'emmagasiner plus d'informations électroniques, avec une plus grande qualité, du moins celle jugée satisfaisante pour l'époque. Notons en passant que la reproduction d'une image vidéo d'une certaine qualité exige plus de 200 fois plus d'informations que l'enregistrement du son. Le système d'Ampex sera connu sous le nom de format « quadraplex », à cause des quatre têtes vidéo séparées qui servent à l'enregistrement. L'amélioration dans la fabrication du ruban, des têtes ainsi que le perfectionnement du système d'enregistrement ont par conséquent permis de réduire considérablement la consommation du ruban tout en améliorant la « qualité ».

Enfin, Ampex fait en 1956 une première démonstration publique d'un magnétoscope qui sera rapidement adopté comme le standard de l'ensemble de l'industrie de la télévision, contrecarrant du même coup les efforts de ses compétiteurs. Toutefois, ces magnétoscopes étant lourds, encombrants et surtout chers, il est difficile d'entrevoir des utilisations domestiques. En fait, Ampex commercialise un appareil vidéographique, le VR-1000, voué exclusivement à un usage professionnel, c'est-à-dire prioritairement pour les sociétés de télévision.

À ce sujet, John Wyver rapporte cette anecdote qui en dit long sur l'envergure de cette percée technologique, lors de la présentation, le 14 avril 1956, à la NAB (National Association of Broadcasters) devant plus de 200 responsables de stations de télévision. « En avril 1956, le Hilton de Chicago est l'hôte de la convention annuelle de l'Association nationale des radiodiffuseurs, regroupant les principaux intervenants de l'industrie américaine de la radio et de la télévision. Au milieu de la première matinée du congrès, Charles Ginsburg interrompt l'image produite en direct par un système de télévision en circuit fermé pour y diffuser des scènes enregistrées quelques minutes plus tôt. Il y eut, dans l'assistance, quelque deux à trois minutes d'un silence intense, et puis ce fut l'euphorie. Les gens se levèrent de leur chaise, criant et hurlant. Ce fut une véritable bombe[6]. »

Nonobstant l'enthousiasme des exécutifs de la télévision américaine face à cette nouvelle machine, ils ne soupçonnent pas l'impact énorme que produira cette technologie médiatique, de par le monde, au cours des décennies suivantes. En effet, pour la plupart des professionnels de la télédiffusion, le magnétoscope est une brillante solution aux problèmes multiples de la production mais aussi de la programmation télévisuelle (*scheduling*). Ils n'avaient pas prévu que cette technologie allait passer de la régie de télévision au salon des consommateurs dans un intervalle aussi court que 20 ans. Il est vrai que l'enjeu commercial est de taille pour la première compagnie qui saura mettre en marché un magnétoscope de qualité professionnelle, et ce, même si les images sont uniquement en noir et blanc.

Il faut souligner que, depuis les débuts commerciaux de la télévision aux États-Unis, qui se situent dans l'après seconde-guerre, l'industrie est aux prises avec les contraintes de la production de programmes en direct. Jusqu'à l'arrivée du système de magnétoscopie Ampex, les sociétés de télévision radiodiffusent une programmation produite en direct, à l'exception de la diffusion de films long métrage, originellement produits pour l'exploitation en salle. Les notions de diffusion en *différé* (*time shifting*) et en *direct*

---

6.   John Wyver, *op. cit.*, p. 264.

(*live*, ou *real time*) prenaient leur sens distinctif : l'un signifiant la capacité d'enregistrer un programme et de le diffuser le moment voulu (par exemple, la télésérie, le téléroman, etc.); l'autre désignant l'accès direct à un événement au moment même de sa réalisation et de sa mise en ondes (par exemple, les événements sportifs ou d'actualités présentés en direct, soit au moment même où ils se produisent).

L'adoption du magnétoscope Ampex par les producteurs de programmes a transformé l'industrie de la télévision. Il était désormais possible d'enregistrer n'importe quel programme au moment qui convenait le mieux aux producteurs, puis de le transmettre aux stations affiliées par la voie d'un câble coaxial. Ayant été enregistrés, les programmes pouvaient être enfin télédiffusés localement au même moment à travers l'ensemble du pays. En plus de donner des atouts commerciaux aux radiodiffuseurs, la magnétoscopie transformait considérablement la conception et la production des programmes de même que l'expérience télévisuelle des consommateurs.

Malgré son coût élevé, la technologie magnétoscopique fut rapidement et largement adoptée dès la fin de 1956 par les stations de télévisions américaines, puis, au début de 1958, l'Associated-Rediffusion prit livraison des premiers magnétoscopes Ampex en Europe. Bien que la BBC ait elle-même expérimenté son propre système du nom de VERA (Vision Electronic Recording Apparetus), elle adopte, elle aussi, les magnétoscopes construits par Ampex[7].

Dans un premier temps, les magnétoscopes servent seulement à enregistrer des programmes en temps réel, sans interruption. Il est en effet impossible d'effectuer un montage des images. Ce n'est qu'en 1960 que la technologie finit par permettre de joindre des segments préenregistrés à la diffusion d'un programme en direct (*live signal*). Puis, à partir de 1963, le ruban a pu être monté (*edited*), quoique fort laborieusement, avec une précision d'un dixième de seconde. La technique de montage vidéographique est loin d'être au point et le travail de montage comporte alors son lot de difficultés, jusqu'à l'introduction de systèmes électroniques de montage à la fin des années 1960.

Les magnétoscopes et les caméras sont aussi lourds et encombrants, sans aucune mesure avec la flexibilité offerte par les légères caméras vidéo d'aujourd'hui. Non seulement la technologie

---

7.   John Wyver, *op. cit.*, p. 265.

naissante de la vidéo est-elle difficile à opérer, mais elle demeure également fort chère, essentiellement accessible aux radiodiffuseurs et aux grandes corporations. C'est pourquoi, pendant que la compagnie Ampex se concentre exclusivement sur la production et la vente d'équipements professionnels, d'autres firmes aux États-Unis, en Europe et plus particulièrement au Japon, vont commencer à s'intéresser au marché domestique de l'enregistrement vidéographique.

Le développement du magnétoscope suit en quelque sorte la logique naturelle de l'essor que connaît l'industrie de l'enregistrement sonore, en particulier aux États-Unis. Il faut rappeler que celle-ci s'est vue grandement stimulée par les besoins spécifiques provenant des domaines de la radiodiffusion, de l'éducation et de la production professionnelle indépendante. C'est ainsi que les grands manufacturiers d'enregistreurs sonores se sont mis à explorer les possibilités d'adapter les connaissances de même que les technologies existantes dans le but de produire une machine capable d'enregistrer et de reproduire électroniquement des images. Cette capacité technique ouvre la voie à une compétition accrue non seulement dans le marché professionnel de la télévision, mais aussi plus spécifiquement dans l'industrie de l'électronique grand public.

7.4 Du côté des industriels japonais

Plusieurs compagnies tant aux États-Unis qu'à l'étranger vont donc commencer à explorer le marché potentiel que représente l'usage domestique de la nouvelle technologie vidéo. Pendant qu'Ampex conquiert littéralement le marché professionnel, du côté japonais certains projets techniques voient le jour. Ils constitueront pour l'industrie électronique nippone ni plus ni moins que les fondations d'une éventuelle domination du marché domestique mondial.

Dès le début des années 1950, la corporation Sony[8], dirigée par son président Akio Morita, projette en effet de produire et de mettre en marché des magnétoscopes destinés au marché grand public. Sony et d'autres compagnies japonaises de l'électronique seront directement supportées dans cette démarche par le gouvernement

---

8. En août 1946, est créée la Tokyo Telecommunications Engineering Corporation qui allait devenir la Sony Corporation.

japonais puisque celui-ci développe une large approche industrielle pour encourager la recherche et le développement dans ce secteur. C'est ainsi qu'en 1959, Sony, Matsushita Electric Corporation, le premier rival de Sony, et d'autres firmes japonaises développent des prototypes de magnétoscopes qui utilisent un système d'enregistrement différent de celui mis au point par la compagnie Ampex.

Ce système s'appelle le balayage hélicoïdal. Il rompt ainsi avec le standard Ampex et son ruban de 2 pouces de largeur et permet l'enregistrement de beaucoup plus d'informations sur le ruban. C'est un chercheur de la compagnie Toshiba, le Dr Sawasaki, qui produit le premier magnétoscope avec balayage hélicoïdal, destiné à devenir le principe de base du magnétoscope moderne.

Même si, depuis ce temps, plusieurs améliorations ont été apportées à l'enregistrement magnétoscopique, ce système est demeuré jusqu'à aujourd'hui la norme de cette technologie. Ce qui changera, c'est l'intégration du ruban dans un boîtier qu'on a appelé vidéocassette, laquelle allait éliminer les problèmes causés par la manipulation et l'installation du ruban.

Ampex, comme plusieurs autres firmes, adopte, à partir du milieu des années 1960, ce principe de la lecture hélicoïdale. Cependant, même si les manufacturiers américains et européens produisent des magnétoscopes à partir des mêmes designs techniques, ils sont d'une façon ou d'une autre pratiquement incompatibles, standards obligent. Sans compter que nombre de manufacturiers produisent des machines qui, faute d'un volume de vente suffisant, n'auront aucun succès.

La corporation Sony veut devenir une force majeure dans la fabrication et la mise en marché de produits électroniques de consommation grand public et commence très tôt à explorer le champ de la vidéo domestique. D'ailleurs, la logique de Sony s'appuyait sur l'idée qu'« il n'y a pas de raison pour que les gens ne veuillent pas d'enregistreurs vidéographiques à la maison, comme ils ont déjà des magnétophones pour leur usage domestique et personnel[9] ». Cette logique semble également se fonder sur des visées commerciales japonaises très précises, d'une part, quant à la protection de son marché domestique et, d'autre part, quant à l'expansion industrielle nippone internationale.

---

9. Akio Morita, *Made in Japan*, New York, E. P. Dutton, 1986, p. 111.

Pendant que le Japon mène ses propres recherches sur le magnétoscope, la compagnie Ampex pénètre le marché de l'éducation et de la radiodiffusion professionnelle. Malgré que cet appareil soit protégé par le dépôt des brevets, pour neutraliser le succès de Ampex, les manufacturiers japonais ont commencé à produire et mettre en marché des copies de son magnétoscope. En 1964, incapable de convaincre le gouvernement japonais d'enrayer la violation des brevets, Ampex signe une entente exclusive avec Toshiba établissant un partenariat appelé Toshiba Ampex K. K. pour manufacturer et mettre en marché au Japon des magnétoscopes d'après le design technique américain. Ce n'est qu'à partir de ce moment que la violation des brevets par d'autres compagnies japonaises prend fin[10].

Quatre ans plus tôt, soit en 1960, Ampex avait signé un accord avec la compagnie Sony afin d'avoir accès à la technologie du transistor – pourtant une technologie inventée par les Américains – qui a atteint un développement avancé au Japon. Aussi, en échange de circuits transistorisés dessinés et fournis par Sony, lesquels seront utilisés dans une version portable du magnétoscope Ampex, jusque-là une trop lourde machine, la compagnie américaine concède à Sony les droits d'utilisation de ses brevets pour la fabrication de magnétoscopes pour des marchés en dehors du domaine de la radiodiffusion. Sony exploite rapidement cet arrangement et introduit ainsi son premier magnétoscope en 1961.

C'est un peu plus tard et après avoir concédé une forte longueur d'avance aux entreprises japonaises, que la firme Ampex s'éveille au potentiel que représente le marché domestique. En 1961, il présente sur le marché américain son premier magnétoscope « domestique » au prix exorbitant[11] de 30 000 $.

Bien que Ampex et Sony se soient en quelque sorte départagé le marché, d'un côté la radiodiffusion, de l'autre la vidéo domestique, ils deviennent vite des concurrents sur le marché américain de la consommation grand public, corporative et institutionnelle. Ampex brise alors l'arrangement avec Sony et poursuit en justice les compagnies japonaises pour violation de brevet en 1966. Sony poursuit à son tour pour restriction de commerce. Les litiges sont réglés deux ans plus tard[12].

---

10. Eugene Marlow et Eugene Secunda, *op. cit.*, p. 110.
11. Steven Lubar, *op. cit.*, p. 268.
12. J. Lardner, *Fast Forward : Hollywood, the Japanese and the VCR Wars*, New York, W. W. Norton & Company, 1987, p. 68.

Pendant que Sony et Ampex se battent en justice, d'autres grandes corporations aspirent à exploiter le marché domestique de la magnétoscopie. C'est ainsi que des entreprises américaines, européennes et japonaises se lancent dans la course pour produire et mettre en marché des magnétoscopes domestiques afin d'exploiter ce marché. Toutefois la plupart ne dépassent pas l'étape du prototype.

Les tentatives américaines pour maintenir le contrôle du marché de la vidéo domestique seront partielles et peu ou pas du tout fructueuses, comme cette tentative des laboratoires CBS, sous la direction du Dr Peter Goldmark, avec son EVR (Electronic Video Recording), qui a un format radicalement différent du ruban magnétique de ses compétiteurs. Malgré un bruyant lancement en décembre 1968, le EVR n'a aucun succès significatif et doit être abandonné en décembre 1971.

RCA avait été parmi les premières compagnies à investir dans l'expérimentation de l'enregistrement magnétoscopique, avant de se voir damer le pion par Ampex. Une fois perdu le marché industriel de la radiodiffusion, RCA ne tarde pas à s'orienter vers le marché de la vidéo domestique. La compagnie sort un premier appareil présenté à la presse en octobre 1969. Malgré les velléités de RCA de le mettre en circulation sur le marché américain à partir de 1972, cette technologie ne sortira jamais des laboratoires. À défaut de ne pouvoir développer sa propre technologie, la firme RCA adopte un système japonais et le met sur le marché sous l'étiquette RCA. Certaines autres compagnies américaines dont General Electric choisissent d'emblée d'investir le marché américain avec des produits fabriqués sous leur étiquette mais par des géants japonais de l'électronique : Sony, JVC et Matsushita Electric.

Après les échecs de plusieurs essais pour s'imposer sur le marché du magnétoscope domestique aux États-Unis et le choix d'importer plutôt que de développer leur propre technologie, les manufacturiers américains abdiquent leur rôle d'innovateur et de leader dans le design des produits électroniques grand public et doivent ainsi s'astreindre à jouer un rôle de distributeur et de promoteur des produits japonais. Le fait est que les entreprises américaines de produits de divertissement domestique (comme Zénith et RCA) n'investissent plus dans la recherche et le développement du magnétoscope. C'est pourquoi au moment où Sony lance son système Betamax à l'automne 1975, il n'existera guère de résistance du côté des manufacturiers américains, ceux-ci étant en quelque sorte entièrement dépendants de l'innovation japonaise.

À la fin des années 1960 et au début des années 1970, il semble y avoir un consensus dans l'industrie de l'électronique, pour dire que la vidéo domestique est une technologie représentant un énorme marché potentiel. La preuve se retrouve dans la quantité de systèmes différents qui sont annoncés autour de 1970, il y en a environ une vingtaine, dont la presque totalité sont incompatibles entre eux. D'ailleurs, ce manque de standardisation est universellement décrié, la raison étant que chaque compagnie de l'électronique croit que son concept deviendra un jour le standard de l'industrie.

De nouveau à l'initiative du gouvernement japonais, les principaux représentants de l'industrie de l'électronique (Sony, Panasonic, JVC, Hitachi) vont créer en 1971 un comité d'ingénieurs afin de rechercher un standard unique.

7.5 Le portapak, le U-Matic et les autres

Reconnaissant un marché potentiel pour la vidéo dans les domaines de la formation et de l'éducation et contente de pouvoir faire une percée sur le marché américain de grande consommation, la firme d'électronique japonaise Sony invente un système très simple de caméra et de magnétoscope qu'on appellera *portapak*, qui emmagasine des images noir et blanc sur un ruban magnétique de 1/2 pouce de largeur. Contrairement à la qualité de l'image et du son du standard professionnel de la radiodiffusion, les deux composantes audio et visuelle sont de qualité assez pauvre, mieux indiquée pour l'utilisation en circuit fermé.

Le coût de cet appareil est relativement bas, facile d'utilisation par une seule personne, et contrairement au film, le ruban est réutilisable. Avec cet équipement, la fabrication d'images électroniques devient presque à la portée de n'importe qui. Auparavant, les cinéastes indépendants travaillaient avec les supports cinématographiques du 16 et du 8 mm, mais avec l'arrivée de la vidéo, une nouvelle forme d'autonomie technique et financière est possible. Par-dessus tout, la lecture instantanée de l'enregistrement élimine le recours au laboratoire (développement chimique de la pellicule) alors que la synchronisation du son s'effectue simultanément à l'enregistrement de l'image. Les possibilités de montage sont toutefois limitées. En revanche, pour un temps, cette contrainte s'avère une caractéristique distinctive de l'esthétique vidéographique.

Le portapak est d'abord largement utilisé dans le domaine de l'éducation et de la formation, mais il donne naissance aussi à deux traditions distinctes qui s'enchevêtreront constamment : d'une part les initiatives à caractère social et politique, en particulier dans leur forme documentaire et articulées à des problématiques locales. Par exemple, avec la percée graduelle de la câblodistribution, nombre de groupes communautaires ont utilisé la voie du câble pour montrer des programmes produits à l'aide du portapak. Au Québec, le couplage des technologies du câble et de la vidéo fait l'assise technique du concept de télévision communautaire.

D'autre part, la technologie vidéo est reprise par un certain nombre d'artistes visuels qui l'utilisent comme moyen d'expression au même titre que les approches plus « traditionnelles » de la peinture, de la sculpture ou de la photographie. On lui a donné au cours des années le titre de vidéo d'art, une étiquette pour le moins insatisfaisante pour parler de recherche plus structurée sur le médium technique[13].

La première configuration du magnétoscope domestique utilise des rubans montés sur bobines et exige une manipulation manuelle. Ce qui est en fin de compte un handicap pour l'utilisation domestique. Handicap qui sera surmonté plus tard par l'arrivée de la vidéocassette. En effet, dès 1969, Sony introduit son système de magnétoscope à cassettes U-Matic, utilisant un ruban de 3/4 de pouce et permettant cette fois l'enregistrement de la couleur. D'ailleurs, lors du lancement du système U-Matic auprès de la presse new-yorkaise, le président de Sony, Akio Morita, avait parlé de « phonographe vidéo couleur »[14]. Cet enregistreur est beaucoup plus facile d'utilisation que le précédent système bobine à bobine (*reel to reel*) du type portapak.

Malgré les tentatives de Sony d'introduire le modèle U-Matic sur le marché domestique, son prix relativement élevé, autour de 2 500 dollars américains, et sa durée limitée d'enregistrement demeurent des handicaps majeurs. En revanche, ce système est le premier à avoir un succès commercial, puisque le U-Matic représente pour l'époque une meilleure qualité de l'image et une simplification du système d'enfilement du ruban. Il est partiellement adopté par le milieu de la télévision qui voit là un moyen économique de remplacer les magnétoscopes deux pouces Ampex des

---

13. John Wyver, *op. cit.*, p. 266.
14. Cité par Eugene Marlow et Eugene Secunda, *op. cit.*, p. 114.

années 1950. Il est également adopté par les secteurs des affaires et de l'éducation comme un moyen audiovisuel privilégié, menaçant même l'emploi du film 16 mm alors utilisé[15]. Contrairement aux premiers appareils bobine à bobine, dont les fonctions de montage sont déficientes, l'appareil U-Matic est équipé d'un dispositif *editing* permettant ainsi le montage séquence par séquence. On peut dire que le U-Matic constitue le précurseur du système Betamax que mettra en marché la compagnie Sony quelques années plus tard.

Matsushita et JVC eux aussi travaillent simultanément sur un prototype de magnétoscope 3/4 de pouce cassette, mais après une entente avec Sony, ils adopteront la technologie du format U-Matic. Les trois compagnies s'entendent aussi pour collaborer et partager sans restriction les résultats d'innovations ultérieures autour du magnétoscope à cassettes. Cette entente, l'avenir le confirmera, ne sera que temporaire.

Sony commence la commercialisation du U-Matic aux États-Unis à partir de 1971. Matsushita et JVC suivent peu après avec leurs propres versions de ce modèle. Mais Sony s'est déjà acquis une part importante du marché de la radiodiffusion, des affaires et de l'éducation. Les efforts répétés de ses concurrents ne réussiront que de façon mineure à gruger un petit pourcentage du marché, largement dominé par Sony.

Malgré les tentatives de mise en marché du U-Matic par ces trois entreprises, comme par les autres firmes ayant obtenu une licence de fabrication du modèle, aucune ne réussira pourtant à s'imposer sur le marché domestique. Verdict : appareil trop coûteux et encore trop gros pour le domicile. À l'exception de Sony qui fit quelques modestes profits du côté de la vidéo domestique avec son modèle U-Matic, le reste des manufacturiers perdit même de l'argent.

« Quelques tentatives sont faites, dès ces années-là, pour offrir des matériels susceptibles de faire émerger des usages « grand public » : Akaï lance le format 1/4 de pouce à bande, un équipement très léger destiné à supplanter le cinéma amateur Super 8; Philips invente le premier magnétoscope à cassettes 1/2 pouce, le VCR, en 1972. [...] Toutes ces tentatives se soldent par des échecs : aussi bien pour des raisons techniques (manque de fiabilité et de

---

15. Akio Morita, *op. cit.*, p. 111-112.

maniabilité du matériel), que pour des raisons commerciales (coûts trop élevés, et absence de stratégies claires[16]. »

À peine quelques années plus tard, le magnétoscope à cassettes de format 1/2 pouce allait être mis au point par les compagnies japonaises, en 1975, et avec lui débutera vraiment l'ère de la vidéo domestique. Bien que la technique d'enregistrement reste la même, la compétition entre les industriels de l'électronique les pousse à adopter des normes d'enregistrement magnétique qui définissent des « standards » différents et donc incompatibles entre eux. Certains sont carrément tombés aux oubliettes de l'histoire « techno-commerciale » comme le SVR de Philips et le LVR de Toshiba et de BASF.

Bien que la cassette contenant un ruban de 1/2 pouce de largeur devienne le format dominant à la fin des années 1970 dans la vidéo domestique, le marché est d'ores et déjà divisé entre deux systèmes. Ces deux appareils sont toutefois incompatibles. Il s'agit du Betamax de Sony, introduit en 1975, et du VHS (Video Home System) créé en 1976 par la Japan Victor Company (JVC), filiale de la corporation Matsushita.

Le système VHS avait dès le départ un avantage, celui d'enregistrer jusqu'à deux heures, ce qui permettait d'enregistrer un film au complet, contrairement au système Betamax limité à une heure. Cependant, les modèles à venir allaient être munis de fonctions comparables. La plupart des compagnies retrouvées sur le marché de la vidéo domestique adopteront l'un ou l'autre de ces deux systèmes, à l'exception de la firme Philips-Grundig qui, vers la fin de 1981, s'entêtera à imposer sans succès son système V-2000[17].

7.6 Le « magnétoscope grand public » est né

Abandonnant donc la technologie U-Matic comme modèle de référence pour le développement d'un magnétoscope domestique, JVC commence en 1971 la conception d'une technologie de format VHS. De son côté, Sony, peu de temps après le lancement du U-Matic aux États-Unis, entame des recherches à partir du concept de la cassette 3/4 de pouce, pour en arriver à un système de format cassette de 1/2 pouce, connu sous le nom de Betamax[18].

---

16. J. C. Baboulin, J. P. Gaudin, P. Mallein, *Le magnétoscope au quotidien*, Paris, Aubier Montaigne/INA, 1983, p. 18 et 19.

17. John Wyver, *op. cit.*, p. 272.

18. J. Lardner, *op. cit.*, p. 91-93.

JVC est créée avec la Seconde Guerre mondiale par la Victor Talking Machines Company, de propriété américaine, affiliée à la RCA. En 1953, elle est acquise par la Matsushita Electric Industrial Company Ltd et s'établit comme une filiale indépendante. À ses débuts, JVC évolue dans la fabrication de disques et d'appareils haute fidélité. La compagnie produit son premier magnétoscope en 1961, cinq ans après que la compagnie Ampex ait lancé, avec un succès phénoménal, son magnétoscope en 1956. JVC continue durant les années suivantes à produire des magnétoscopes mais jamais avec le succès que connaissent sa compagnie mère Matsushita et Sony, sa concurrente. D'ailleurs, comparativement aux ressources financières et humaines investies par Sony dans l'aventure du développement du magnétoscope domestique, les efforts de JVC sont beaucoup plus modestes[19].

Un petit groupe d'ingénieurs de la compagnie JVC, conduit par Yuma Siraishi and Shizuo Yakano, commence à explorer de nouvelles approches. Ceux-ci établissent une liste d'une douzaine d'objectifs pour guider leur recherche d'un prototype universel. D'abord, le magnétoscope doit être en mesure de se brancher sur un téléviseur conventionnel, de reproduire la qualité du son et de l'image du téléviseur ordinaire, d'enregistrer un minimum de deux heures, être compatible avec les appareils des autres manufacturiers afin que le support soit interchangeable et comprendre enfin une large gamme de fonctions, permettant l'utilisation avec des programmes préenregistrés ou une caméra vidéo. Pour l'usager, le magnétoscope ne doit pas être trop cher, d'opération facile et à des coûts d'opération (ruban, pièces de rechange, réparation, etc.) abordables. Pour les manufacturiers, il doit être raisonnablement facile à produire, conçu pour que les parties puissent être utilisées dans nombre de modèles et l'entretien doit être facile. Enfin, pour la société, il doit servir comme véhicule d'information et de culture[20]. L'équipe de JVC produit son premier prototype de travail en 1974.

Si la technologie U-Matic fut le résultat de la concertation des trois grandes entreprises japonaises Sony, JVC et Matsushita, le développement du système Betamax est l'affaire exclusive de Sony.

Depuis sa fondation en 1946, Sony a maintenu une tradition d'indépendance. D'ailleurs, sous la gouverne de son fondateur, Masaru Ibuka, elle se positionne très rapidement comme une concurrente de taille face aux autres entreprises japonaises

19. R. P. Nyak et J. M. Ketteringham, *Breakthroughs*, New York, Rawson Associates, 1986, p. 23-28.
20. R. P. Nyak et J. M. Ketteringham, *ibid.*, p. 28-31.

traditionnellement présentes dans le domaine de l'électronique, sur le marché nippon comme partout à travers le monde. Sony s'avère rapidement une force dirigeante dans l'électronique grand public. Sans toutefois être devenu le plus grand manufacturier sur le plan corporatif, il s'est toutefois bâti une forte réputation d'innovation technologique avec un sens astucieux du marché. Ceci se reflétera notamment dans le développement et l'introduction du système Betamax.

Ce système est créé dans les laboratoires Sony, sous la direction de Nobutoshi Kihara, ingénieur responsable du développement du U-Matic. Le patron de Sony, Ibuka, avait en quelque sorte déterminé le standard lorsqu'il a demandé à Kihara et ses collaborateurs, de créer un magnétoscope domestique utilisant une cassette de la taille maximale d'un livre de poche. Au milieu de l'année 1974, une premier prototype est créé, donnant naissance au Betamax[21]. Le premier appareil de Sony est une combinaison d'un magnétoscope et d'un téléviseur intégré, par la suite ils seront distincts.

Au même moment, Sony tâte le terrain auprès de la RCA afin qu'elle adopte le modèle Betamax pour le marché américain. Cette proposition fut d'abord rejetée par RCA, celle-ci espérant toujours mettre sur le marché son propre système, le MagTape. Bien qu'elle doute déjà de son succès commercial, RCA est cependant peu disposée à conclure une entente de distribution du modèle Betamax compte tenu qu'une compagnie américaine de recherche marketing a démontré que les Américains n'adopteraient pas un magnétoscope dont la durée d'enregistrement ne serait que d'une heure. Sur ce point, le pdg de Sony, Morita, est inflexible, prétextant que la capacité d'une heure est suffisante. RCA abandonne son MagTape, mais n'accepte pas pour autant le système Betamax de Sony, préférant attendre qu'un système plus approprié aux attentes du marché américain soit disponible[22].

À l'automne 1974, Sony change rapidement de stratégie et propose à Matsushita et JVC de développer conjointement un magnétoscope demi-pouce comme ils l'avaient fait lors de leur collaboration autour du modèle U-Matic. Pourtant, Sony a déjà commencé la production du système Betamax en préparation d'une vaste campagne de publicité de masse. Les administrations de Matsushita et JVC savent déjà que Sony a tenté d'établir un

---

21. *Beta* est un mot japonais qui décrit un épais trait de brosse qui couvre d'un seul coup la surface à peindre.
22. Eugene Marlow et Eugene Secunda, *op. cit.*, p. 118.

accord avec RCA et que celle-ci a refusé, avant de les approcher. De plus, ils n'ont aucune marge de manœuvre, ils doivent accepter le produit déjà élaboré par Sony ou carrément refuser l'offre. Après une série de rencontres sans issue, ils aviseront Sony en mai 1976 qu'ils prendront leur propre chemin, insinuant fortement qu'ils adopteront tous deux le format VHS développé par JVC[23].

C'est à partir de ce moment que Sony lance, seul et contre tous, le système Betamax. En effet, en mai 1975, neuf mois seulement après avoir initié les discussions avec ses compétiteurs pour adopter un format commun, Sony introduit son premier Betamax sur le marché grand public japonais. Ce fut un succès immédiat. Quelques mois plus tard, soit en novembre 1975, le système Betamax fait son apparition sur le marché américain.

7.7 **Betamax** *versus* **VHS**

Quoique JVC, filiale du géant japonais de l'électronique Matsushita Electrical Industry Company Inc., puisse se prévaloir des accords signés pour l'utilisation des brevets reliés au système U-Matic, il les délaisse pour développer son propre standard, ayant la capacité d'enregistrer et de reproduire des programmes sur une plus longue durée, c'est-à-dire un minimum de deux heures. Contrairement à la philosophie développée par les tenants du système VHS, les dirigeants de Sony s'entêtent à penser que les consommateurs se contenteront d'une durée d'enregistrement d'une heure. Cette vision sera funeste pour Sony. JVC, de même que les autres compétiteurs de Sony, tous tenants du VHS, en feront définitivement la preuve plus tard en supplantant le système Betamax.

Si, durant les années 1960 et 1970, une variété de magnétoscopes domestiques ont été mis en marché, aucun n'aura jamais eu de véritable succès commercial avant l'arrivée du format Betamax de Sony en 1975. Un an plus tard, JVC sort le VHS. Les deux utilisent le principe de l'enregistrement par balayage hélicoïdal sur un ruban de 1/2 pouce de largeur, ruban contenu dans une cassette. L'enregistrement ou la lecture du signal vidéo s'effectue selon le principe hélicoïdal. Ce signal est magnétisé sur la portion centrale du ruban. Deux têtes rotatives sont intégrées à l'intérieur d'un cylindre autour duquel le ruban défile. La tête d'enregistrement et de lecture sonore est fixe et le son est magnétisé en bordure du

---

23. R. P. Nyak et J. M. Ketteringham, *op. cit.*, p. 38-40.

ruban. Sur l'autre bordure est magnétisée, au moment de l'enregistrement, la « piste de contrôle », qui est constituée d'un train d'impulsions électroniques d'une fréquence de 60 Hz. Cette piste de contrôle joue le même rôle que les perforations d'un film. Elle contrôle la vitesse de défilement du ruban en fonction de la rotation des têtes vidéo afin de synchroniser la lecture du signal magnétique.

Les systèmes Beta et VHS ont seulement quelques différences mineures entre eux, pourtant ils sont incompatibles, à savoir par exemple qu'il est impossible d'enregistrer un ruban sur un système et de le lire sur l'autre. D'ailleurs, le format même la cassette est différent : celle du système Beta est plus petite que la VHS.

Au printemps de 1976, Sony fait une dernière tentative pour persuader les tenants du VHS d'accepter le format Beta. Il presse même le gouvernement japonais d'intercéder dans le contentieux, par l'entremise du MITI (Ministry of International Trade and Industry), afin de parvenir à l'établissement d'un standard unique. Mais les tentatives du MITI sont vaines, chaque partie ne voulant pas abandonner son propre concept. Il s'agira de la dernière tentative du gouvernement nippon pour établir un standard universel dans la magnétoscopie domestique. Les grandes lignes de la lutte entre les systèmes Beta et VHS étaient déjà toutes tracées.

Avant même que les négociations entre Sony et les défenseurs du VHS achoppent définitivement, les protagonistes ont déjà commencé à chercher des alliés pour l'inévitable confrontation entre les deux systèmes. Ainsi donc, les compagnies Hitachi, Mitsubishi et Sharp sont les premières à s'afficher publiquement en faveur du format VHS de JVC. D'ailleurs, ils commencent, dès décembre 1976, à distribuer leurs propres produits VHS. JVC, de son côté, a déjà lancé au début d'octobre de la même année un modèle de magnétoscope utilisant une cassette dont l'enregistrement est de deux heures. Son prix de lancement se situe autour de 885 dollars américains, presque 200 $ de moins que le système Betamax, limité à une heure d'enregistrement[24].

La mise en marché du système Betamax s'effectue donc aux États-Unis à la fin de 1975. La campagne de publicité se veut peu agressive jusqu'au début de l'année 1976, c'est-à-dire jusqu'à ce qu'il ait à se défendre des critiques adressées à son prix, plus de 1 000 dollars américains, et surtout à son incapacité d'enregistrer plus d'une heure. On parle même d'une sorte de coalition,

---

24. R. P. Nyak et J. M. Ketteringham, *op. cit.*, p. 42.

déclenchée par les manufacturiers japonais concernés par l'impact du Betamax sur le marché domestique, dans le but d'arrêter l'avancée de Sony[25].

La position de Sony se voit cependant renforcée de façon significative lorsqu'en février 1977, la Zenith Radio Corporation, le plus grand manufacturier américain de téléviseurs, annonce la mise en marché du système Betamax, destiné aux consommateurs américains, et s'engage dans une vaste campagne de promotion. Plus tard, on apprend que Toshiba et Sanyo, deux autres fabricants majeurs de l'électronique japonais, se joignent à la famille Beta[26].

Les défenseurs du VHS vont cependant gagner le prochain round lorsque, un mois plus tard, RCA, le second plus important fabricant de téléviseurs, annonce la signature d'un contrat, l'engageant à distribuer aux États-Unis les magnétoscopes de format VHS fabriqués par Matsushita. La RCA sera aussi la première compagnie aux États-Unis à offrir un magnétoscope avec une capacité d'emmagasiner 4 heures de vidéo. Deux mois plus tard, Magnavox et Sylvania, deux autres entreprises majeures dans la fabrication de téléviseurs, emboîtent le pas à RCA et s'engagent, elles aussi, à distribuer la version de 4 heures du magnétoscope de Matsushita. Sears Roebuck joint également le groupe VHS un mois plus tard[27].

Indépendamment des formats, le marché du magnétoscope connaît un essor fulgurant et, en juin 1977, pas moins d'un an et demi après l'entrée officielle de Sony sur le marché américain, les magnétoscopes japonais sont vendus par au moins une quinzaine de manufacturiers américains qui les distribueront sous leur propre marque. Paradoxalement, le pays qui donna naissance à l'enregistrement magnétique de l'image se retrouve à importer du Japon les équipements de magnétoscopie domestique. Les Japonais, qui ont auparavant capitalisé sur les résultats de la recherche et développement de l'industrie américaine de l'électronique, deviennent les premiers fournisseurs d'électronique grand public aux États-Unis. De plus en plus, les manufacturiers jouent un rôle de distributeurs de produits importés plutôt que d'innover dans le développement de nouveaux produits.

Le désaccord entre Sony d'un côté, et JVC et Matsushita de l'autre, sur l'établissement d'un standard unique, entraîne une forte polarisation des factions concurrentes, chacune s'alliant des

---

25. Eugene Marlow et Eugene Secunda, *op. cit.*, p. 120.
26. R. P. Nyak et J. M. Ketteringham, *op. cit.*, p. 43.
27. Eugene Marlow et Eugene Secunda, *ibid.*, p. 121.

entreprises prêtes à mettre en marché leurs produits respectifs. Chaque partie espère obtenir très tôt une part décisive du marché qui lui permettra d'atteindre une position stratégique, nécessaire pour imposer son standard. C'est ainsi que Sony comme les JVC et Matsushita tentent de signer des accords de fabrication et de commercialisation avec des compagnies américaines ou d'autres compagnies japonaises.

Dès lors la compétition entre les deux formats pour la prédominance du marché ne fait que s'accentuer. Si les parts du marché de l'un et l'autre de ces systèmes sont comparables dans les premières années, la grande disponibilité de produits audiovisuels enregistrés sur cassette VHS entraîne progressivement le déclin du format Betamax aux États-Unis et au Canada. Par contre, ce format n'est pas, dit-on, totalement disparu, il continue d'être utilisé – mais pour combien de temps? – dans plusieurs parties du globe, incluant le Mexique et l'Indonésie.

Quiconque a suivi de près la saga Betamax-VHS sait comment le système Betamax s'est éteint lentement, au profit du système VHS. À partir du moment où le magnétoscope VHS fut introduit sur le marché américain sous l'étiquette de la compagnie RCA en août 1977, commença une véritable bataille entre les deux systèmes. Moins coûteux, pouvant enregistrer plus longtemps, le système VHS ne prit que deux ans pour contrôler 57 % du marché du magnétoscope domestique américain[28].

Sur ce plan, si l'on recule à la fin des années 1970, avant que les studios d'Hollywood ne fassent leur apparition sur le marché de la vidéo domestique, le match était en quelque sorte nul, entre les deux parties Betamax et VHS. L'erreur de Sony, qui lui sera d'ailleurs fatale, c'est de s'être très tôt coupé de ce marché potentiel, en privilégiant la qualité plutôt que la capacité d'enregistrement de son magnétoscope. Bien que Sony se réajusta avec le temps, le marché lui avait déjà échappé : les rubans Beta ont, en 1988, un temps maximum d'enregistrement de 5 h 1/2 tandis que les rubans VHS atteignent 8 heures. De plus, les machines VHS continuent d'être à un coût fort compétitif.

La plupart des analystes considèrent généralement l'année 1979 comme le point tournant du développement du marché de la vidéo domestique (*VCR home market*). Cette année-là, aux États-Unis, les ventes de magnétoscopes domestiques dépassent le million et,

---

28. Bruce C. Klopfenstein, « The Diffusion of the VCR in the United States », *in* Mark R. Levy (ed.), *The VCR Age. Home Video and Mass Communication*, Newbury Park, Sage Publications, 1989, p. 24.

à peine deux ans plus tard, plus de trois millions d'appareils sont vendus chaque année. La même poussée est remarquée en Europe, lorsque les ventes commencent à croître à un bon rythme au début des années 1980. Le coût des magnétoscopes commence à légèrement fléchir pour se retrouver à une moyenne de 900 $.

En 1982, une cassette standard VHS E 240 (support vierge) est mise sur le marché, permettant une durée d'enregistrement de 4 heures. Une nouvelle machine de JVC est introduite à partir de 1984. Il s'agit d'un magnétoscope VHS capable d'enregistrer à demi-vitesse (LP/long play). Ce nouvel appareil pourra donc enregistrer jusqu'à 8 heures de programmes sans interruption. Cependant la qualité de l'enregistrement est moindre mais encore acceptable. Il s'agit de faire un compromis entre la durée et la qualité et de permettre des enregistrements à moindre coût pour le consommateur, car les machines sont devenues relativement moins chères. Autour de 1982, la lutte commerciale entre les deux grands formats (Beta et VHS) aboutit à une guerre des prix qui force à vendre les appareils presque au prix coûtant.

Par ailleurs, ce boom de la vente de magnétoscopes n'est pas sans coïncidence avec la mise en marché de produits audiovisuels. En effet, 1979 est aussi la première année où les majors d'Hollywood commencent à distribuer leurs films à des fins domestiques sur support vidéographique, disponibles soit pour vente ou location. C'est à partir de ce moment, au début des années 1980, que l'industrie de la vidéo domestique prend radicalement son envol. Un nouveau support média faisait son apparition, de même que le réseau de distribution qui lui sera propre : le club vidéo.

Déjà en 1985, aux États-Unis, les revenus de la vente ou de la location de films sur cassette, retournés aux distributeurs cinématographiques, se trouvaient à un niveau comparable à ceux de l'exploitation en salle. Les compagnies dépensent désormais des sommes fabuleuses dans la publicité de films sortis sur support vidéographique; la force du marketing est telle que certains films, ayant eu peu ou pas de succès en salle, arriveront à obtenir des revenus appréciables dans leur forme vidéo. L'année 1987 sera par ailleurs l'année du premier spot publicitaire sur cassette vidéo, alors que la version vidéo du film *Top Gun* était précédée d'une publicité de Diet-Pepsi[29].

Bien que le système VHS soit le second à s'implanter sur le marché américain, il ne lui faut que peu de temps pour dépasser Sony

---

29. John Wyver, *op. cit.*, p. 272.

dans le partage du marché du magnétoscope domestique. En 1983, les ventes de magnétoscopes atteignent les 3 millions d'unités. En août 1986, le magazine *Videoweek* rapporte que le marché du Betamax était tombé à 17 % en 1984, 10 % en 1985 et 5 % en 1986. Deux ans plus tard, Sony annonçait son intention de produire elle aussi des magnétoscopes de format VHS et de laisser tomber son propre standard. C'est en 1987 que JVC présente son système Super VHS, prenant avantage de la mise en marché de cassettes de meilleure qualité.

En 1986, 13 millions de magnétoscopes ont été vendus aux États-Unis et le taux de pénétration atteint déjà les 40 % des foyers américains. Ce taux passera à 52 % en 1987. En 1988, le marché du système Betamax correspond à moins d'un pour cent. On peut dire que le système Betamax est pratiquement mort autant aux États-Unis qu'en Europe.

L'abdication de Sony en 1988 signifie que finalement le système VHS devient le format standard de la cassette 1/2 pouce. D'ailleurs, on estimait à moins de 10 % les foyers américains possédant seulement une machine Beta[30]. L'ironie, c'est que le VHS n'a pas gagné la guerre des formats parce qu'il était de qualité supérieure. Dans son ensemble, du moins dans les premières générations, au dire de certains experts, le système Betamax produisait une image supérieure à sa contrepartie VHS.

Cela peut à première vue apparaître comme une simple compétition entre deux standards techniques, mais cette lutte cache des stratégies commerciales et industrielles distinctes. D'un côté JVC, qui a développé le format VHS, avait pour objectif premier ne pas distribuer un magnétoscope incapable d'enregistrer moins de deux heures de programmes. De l'autre, les visées de Sony sont d'envahir le premier le marché et d'imposer son magnétoscope Beta comme standard.

7.8 Le procès Betamax

Pendant que Sony doit se battre contre ses concurrents japonais dans la conquête du marché américain, la compagnie doit également se défendre devant les tribunaux des accusations portées par certains grands studios de production d'Hollywood. Cette

---

30. Bruce C. Klopfenstein, *op. cit.*, p. 28.

poursuite menace la capacité de Sony de vendre ses magnétoscopes aux États-Unis sans aucune autre considération. Bien que Sony soit plus spécifiquement la cible de ces poursuites, les studios remettent en question le droit légal de quiconque possède et utilise un magnétoscope domestique, indépendamment de la marque du manufacturier.

Un an à peine après que Sony ait introduit ses magnétoscopes sur le marché américain, débute en effet ce qu'il est maintenant convenu d'appeler « le cas Betamax ». Les studios MCA/Universal et les productions Walt Disney logent en 1976 une poursuite à la cour fédérale du district de Californie, accusant la compagnie japonaise d'enfreindre les droits d'auteur. Ils allèguent que Sony, dans la publicité de son magnétoscope Betamax, encourage les Américains à enregistrer « illégalement » des émissions de télévision que les studios produisent et dont ils possèdent les droits réservés. Légalement ou illégalement, la publicité du système Betamax fait clairement la promotion du concept selon lequel les propriétaires de magnétoscope sont en mesure d'établir leur propre horaire de télévision.

En faisant la promotion de l'écoute différée, puis en procurant le moyen d'y accéder, Sony enclenche un processus qui ultimement conduira une majorité des foyers à utiliser une technologie faisant une concurrence directe à la programmation des trois plus importants réseaux de télévision. Du même coup, elle s'attaque à la mainmise qu'exercent les studios d'Hollywood sur la distribution de produits depuis les débuts de l'industrie cinématographique.

Mais pourquoi Sony est-elle choisie comme bouc émissaire? Deux raisons semblent plausibles. D'une part, Sony est la première compagnie à promouvoir avec succès sa technologie magnétoscopique aux États-Unis. Effectivement, jusqu'à ce que Sony entre sur ce marché, aucun autre fabricant n'avait eu de succès commercial. Au moment où les studios entament donc leur poursuite, le système Betamax est le seul à être largement vendu aux États-Unis. D'autre part, la campagne énergique de publicité par laquelle Sony incite les consommateurs à « pirater » des émissions de télévision et à les visionner à leur convenance est interprétée par les studios MCA/Universal et Disney comme un encouragement à la violation du copyright de leurs productions.

En octobre 1979, trois ans après le début de la cause Betamax, un juge de la cour fédérale de Californie statue que l'utilisation non commerciale du magnétoscope pour enregistrer des émissions télédiffusées est légale. Sony a donc gagné la première partie.

Le cas Betamax suit les dédales du système fédéral américain pendant huit ans. Bien que Sony ait été lavé de tout blâme lors d'un premier jugement, la décision de la cour du district de Californie est renversée à la cour d'appel des États-Unis en 1981. La cour juge que, même effectué à la maison pour un usage privé, l'enregistrement magnétoscopique de programmes de télévision protégés par un copyright est une violation des droits de ceux qui en ont la propriété[31].

Le renversement de la décision satisfait les studios d'Hollywood mais assomme littéralement l'industrie de l'électronique grand public car la cible s'élargit. Chaque compagnie manufacturant, faisant la promotion ou vendant des magnétoscopes est techniquement susceptible d'être poursuivie. C'est ainsi qu'en 1981, la bataille entre partisans et adversaires du magnétoscope se transporte dans l'arène politique de Washington DC. De part et d'autre, est mis en place un fort lobby afin de persuader le Congrès américain de légiférer en leur faveur. D'un côté, Sony n'est plus seule dans la lutte, elle est rejointe par tous les autres grands fabricants d'électronique de consommation domestique, formant la coalition *Right to tape*. De l'autre, la MPAA (Motion Picture Association of America), déjà très active à titre de défenseur de la cause de l'industrie cinématographique auprès de Washington, accepte la responsabilité de représenter non seulement le point de vue des entreprises MCA/Universal et de Disney mais aussi de tous les autres grands studios[32].

Aux accusations d'incitation à la violation des droits d'auteurs portés par la MCA/Universal, notamment pour deux titres produits par elle, *Kojak* et *Columbo*, Sony réplique en prétextant que c'est davantage le concept de l'écoute différée qui est en jeu et la liberté que ce nouveau concept représente pour les gens, notamment en leur offrant la capacité d'organiser leur propre horaire de visionnement[33].

Il a été suggéré à l'époque que la décision prise originellement par la MCA/Universal de poursuivre Sony était en partie liée au projet de la MCA de lancer son système de vidéodisque. À ce moment-là, le vidéodisque était envisagé comme un possible rival dans le marché du divertissement domestique. D'ailleurs, y aurait-il un autre lien à établir entre le cas Betamax (poursuite de Sony par les majors américains, MCA et consorts) et le fait que les majors vont

---

31. Eugene Marlow et Eugene Secunda, *op. cit.*, p. 19.
32. J. Lardner, *op. cit.*, p. 206-207.
33. Akio Morita, *op. cit.*, p. 208.

choisir la technologie VHS pour distribuer la version vidéo de leurs films?

De toute façon, le cas Betamax se termine devant la cour suprême des États-Unis en janvier 1984, avec un jugement en faveur de Sony. Durant ce temps, les ventes de magnétoscopes aux distributeurs américains sont passées de 55 000 unités en 1976 à plus de sept millions et demi d'unités[34] en 1984.

7.9 La pénétration du magnétoscope dans les foyers

La pénétration de la vidéo, c'est-à-dire le pourcentage des foyers possédant un magnétoscope, est un bon indicateur de l'importance prise par cette technologie domestique au cours des dernières années et de la perspective de son évolution future.

Deux éléments furent nécessaires pour que le magnétoscope domestique devienne ce qu'il est si rapidement devenu au cours des années 1980. Le premier concerne la facilité d'utilisation, abstraction faite de la guerre des formats et en dépit du fait qu'encore aujourd'hui le magnétoscope malgré son nombre impressionnant de fonctions n'est pas encore totalement convivial (*user-friendly*). Le second nous entraîne sur le terrain du *software*, c'est-à-dire celui des programmes, en l'occurrence ici les versions vidéographiques de films.

Au moment de l'apparition des premiers magnétoscopes, le seul argument de mise en marché repose sur l'écoute différée des programmations télédiffusées. C'est ainsi que toutes les programmations télévisuelles sont des sources potentielles de programmes à enregistrer. Dans les débuts du magnétoscope, la location de rubans préenregistrés n'existe pas ou presque.

Au début, l'industrie productrice des équipements électroniques se retrouve donc dans une impasse classique : les consommateurs ne veulent pas acheter de machines tant et aussi longtemps qu'il n'existe pas de produits à regarder, appartenant préférablement à la catégorie divertissement. Par ailleurs, les grands studios d'Hollywood, détenteurs de la majorité des titres cinématographiques, ne veulent pas non plus épuiser leurs ressources dans un marché où seulement un petite partie des foyers possède un magnétoscope.

---

34. Eugene Marlow et Eugene Secunda, *op. cit.*, p. 126.

Par exemple, en 1979, près de 75 % de tous les enregistrements dans le circuit de distribution vidéo sont des « films pour adultes » (*X-rated movies*). Par contre, en 1991, à la suite d'une présence de plus en plus systématique des distributeurs de films dans le marché des clubs vidéo, ce ratio est réduit à 7 %.

S'il est un pays où on peut constater l'accélération rapide et continue de la pénétration du magnétoscope dans les foyers, c'est bien aux États-Unis. Il en sera de même avec le Canada. La diffusion de cet appareil s'est effectivement effectuée plus rapidement que n'importe quelle autre technologie télévisuelle auparavant. Au point que le magnétoscope est, dès 1989, le second produit de télévision dont la diffusion est la plus large, avec 65,8 % des foyers américains, après la télévision couleur, dont le taux de pénétration atteignait 99 % en 1992.

Au Québec, depuis la moitié des années 1980 jusqu'à 1994, la proportion des foyers ayant un magnétoscope a plus que doublé passant de 36 % à 74 % tandis que le reste du Canada affiche une progression similaire[35] avec 38 % en 1985 et 79 % en 1994. Même si les statistiques canadiennes et américaines se rapprochent, cela représente évidemment un parc de magnétoscopes beaucoup plus important, compte tenu de la population américaine.

Aux États-Unis, l'Electronic Industries Association prédit que même si les ventes de magnétoscopes domestiques semblent s'être stabilisées au tournant des années 1990, elles reprendront parce que plusieurs consommateurs ayant acheté très tôt un appareil voudront le remplacer par un plus performant et qu'il y aura une demande pour un deuxième et un troisième magnétoscope dans les foyers. Ce qui devrait entraîner des ventes à la hausse dans le futur. C'est déjà le cas au Canada et au Québec, où, respectivement, 14 % et 11 % des foyers avaient, en 1994, deux magnétoscopes et plus[36].

Le magnétoscope semble avoir été adopté de par le monde. En Grande-Bretagne, par exemple, le taux de pénétration est de 69 % dans les foyers ayant des enfants de 16 ans et moins. D'ailleurs, enfants et magnétoscopes semblent aller de pair. Plus de 80 % des familles avec enfants possèdent un magnétoscope aux États-Unis[37].

---

35. Statistique Canada, *L'équipement ménager*, mai 1994, catalogue 64-202 annuel.

36. Statistique Canada, *ibid.*

37. Jacqueline Quigley, « Videocassette Recorders », *in Communication Technology : A Survey*, Dana Ulloth (édit.), Lanham (Maryland), University Press of America, 1992, p. 164-165.

Mais cette rapide adoption par les foyers de la technologie magnétoscopique ne va pas sans certaines retombées et incidences sur la programmation télévisuelle et la circulation des produits audiovisuels en général.

Le magnétoscope a une double fonction. D'une part, il devient en quelque sorte une extension de l'infrastructure de la télédiffusion lorsqu'il sert à enregistrer et visionner plus tard des programmes télévisés. D'autre part, il devient un périphérique de la télévision, à des fins de divertissement, c'est-à-dire lorsqu'il sert à la lecture de cassettes vidéo préenregistrées, comme celles louées ou vendues dans un magasin vidéo.

D'un côté, le magnétoscope a permis à la radiodiffusion commerciale de mieux gérer et de produire des programmes mis en ondes en temps différé, et par conséquent maximaliser le nombre de téléspectateurs ayant accès en même temps, à la minute même, à une même programmation, ce qui permet d'accroître potentiellement la cote d'écoute d'un programme et fidéliser un public à l'échelle d'un pays. En contrepartie, l'évolution de cet appareil et l'utilisation du différé par les usagers ont, dans les années 1980-1990, certaines conséquences sur la programmation des réseaux. En effet, si l'écoute différée permet de prolonger la structure de diffusion, elle n'en demeure pas moins aussi une menace pour une programmation qui s'appuie sur les traditionnelles notions de *prime time* et de cote d'écoute. Ces dernières seraient remises en question au moment où l'usager devient à son tour un programmateur domestique.

Le premier indice de l'importance du magnétoscope domestique est visible dans les rapports entre la télévision traditionnelle et sa dépendance au marché de la publicité. Cela a suscité quelques interrogations sur la pertinence pour les publicitaires et les programmateurs d'investir d'importantes sommes dans des programmes attrayants et susceptibles de fidéliser les auditoires durant le *prime time*, alors qu'ils seront tôt ou tard emmagasinés, stockés et visionnés à d'autres heures plus propices pour l'écoute, quand les usagers pourront syntoniser, en même temps qu'ils effectueront leur enregistrement, la programmation offerte par des compétiteurs.

On peut certainement imaginer que les effets de l'écoute en différé des programmations fut à ce point considérée comme nuisible aux publicitaires, commanditaires et manufacturiers de produits annoncés pour qu'il en résulte une poursuite légale contre le système Betamax. Pour illustrer l'ampleur du problème, notons que déjà en 1986, G. Metzger démontrait à partir d'un sondage auprès des propriétaires de magnétoscopes que 50 % d'entre eux passait en avancement rapide pour éviter les commerciaux enregistrés en même temps que leur programme[38].

La possibilité pour la population de gérer son temps d'écoute, de sélectionner le type de programme désiré ou encore d'éliminer la présence de la publicité en fait des programmateurs domestiques. Cette technologie fait partie de l'ère de la programmation personnalisée, s'appuyant sur une multitude de canaux offerts tant par la radiodiffusion traditionnelle, le câble et bientôt le satellite, sans compter les autres accès à des programmes audiovisuels comme le club vidéo ou encore des services de vidéo sur demande.

De toute façon, si le marché des magnétoscopes ne semble pas pour le moment se tarir, il sera tôt ou tard en compétition avec deux nouvelles technologies médiatiques : la première reste une technologie autonome, le disque optique compact vidéo, la seconde, c'est le service de télévision à péage offert soit par câble, soit par satellite.

De plus, il y a un bond spectaculaire dans la vente et la location de la vidéocassette dans la période de 1986 à 1991. Des données américaines indiquent que le marché de la vidéo domestique a augmenté de façon continue durant cette période. Sur cette base, il est difficile de prétendre que l'écoute différée des programmes télédiffusés est l'utilisation majeure du magnétoscope dans les foyers canadiens. Il est plausible qu'à partir des années 1990, la principale activité reliée à l'utilisation du magnétoscope soit celle de l'écoute de produits audiovisuels loués ou achetés. Si cette observation se vérifie, le magnétoscope plutôt que d'ajouter une audience supplémentaire (*bonus audience*) aux programmes télédiffusés, par l'entremise de l'écoute différée, va continuer à drainer les spectateurs vers le marché de la vidéo domestique. Et ce, au fur et à mesure que les techniques d'enregistrement et de reproduction audiovisuelles se raffineront.

7.10 **Le vidéodisque : le magnétoscope des années 1990?**

Dès le début des années 1970, les grandes compagnies américaines et européennes de l'électronique domestique ont exploré de nouvelles voies pour maintenir leur suprématie sur une

---

38. Metzer, G. (1989), « Home Video Recorders : Their Impact on Viewers and Advertisers », *Journal of Advertising Research*, 19-27, cité par Jacqueline Quigley, p. 163.

industrie qui semble de plus en plus leur échapper au profit des entreprises japonaises. Presque par coïncidence, ces géants occidentaux ont choisi la technologie du vidéodisque pour tenter de contrecarrer l'expansionnisme nippon sur le marché mondial de la vidéo. En effet, la technologie du vidéodisque est pour la première fois présentée avec fanfare et trompettes à peu près au même moment que Sony lance son premier magnétoscope.

Ainsi, dès 1972, la compagnie d'origine hollandaise Philips Electronics, ainsi que la MCA, une compagnie américaine du secteur du divertissement, annoncent l'intégration de leurs deux systèmes, dont la conception est passablement similaire. Tous deux utilisent la technologie optique du rayon laser, pour reproduire les sons et les images enregistrés sur un disque de format comparable à un 33 tours. Il s'agit d'un appareil dont la qualité de l'image est supérieure à celle produite par n'importe quel magnétoscope et qui peut emmagasiner un nombre énorme d'informations qu'on peut retracer sur demande. Cette technologie fut introduite en 1978 et baptisée au États-Unis du nom de DiscoVision.

Elle offre donc une grande qualité d'image, un son stéréophonique, un mode d'accès aléatoire et la possibilité de « geler » l'image dans un mode pause (*freeze frame*). Toutefois, il est important de faire une distinction entre le disque laser vidéo et le disque compact audio (CD). Le CD est totalement numérique alors que le disque laser vidéo est encodé avec des données numériques et analogiques (voir chapitre 8).

Ce dernier utilise en effet une technologie qui consiste à prendre un laser pour lire et interpréter des trous microscopiques de longueur variée créés dans un support vidéo analogique. Le rayon laser agit de façon similaire à l'aiguille d'une table tournante qui interprète les variations des signaux analogiques imprimés sur le disque de vinyle.

DiscoVision était menacé par une absence de standard dans l'industrie du disque laser ainsi que par l'émergence de compétiteurs tel RCA, le géant américain de l'électronique. RCA estimait que pour satisfaire la demande – ou n'est-ce pas plutôt une façon de la créer – il faut offrir un appareil moins cher que le magnétoscope et une grande quantité de films en vidéodisque. RCA lance donc en 1981 le « Capacitance Electronic Disc » (CED), connu aussi sous le nom de Selectavision Videodisc. Au contraire de celle développée par Philips, cette technologie n'utilise pas encore la lecture au laser mais un système mécanique d'une aiguille réagissant suivant les creux inscrits sur la surface du disque qui correspondent aux informations enregistrées. Le système remporte un succès mitigé, moindre que celui anticipé mais supérieur à celui de DiscoVision. RCA abandonne sa production après avoir accumulé des pertes importantes se situant autour de 580 millions de dollars[39].

Ces deux compagnies compétitionnent, mais sans grand résultat, du moins pas vraiment de façon significative en matière de pénétration du marché. Le disque laser vidéo était voué à supplanter le magnétoscope, ce qu'il ne réussit jamais. Même s'il offrait une qualité visuelle et sonore impeccable, voire supérieure à ce que peut offrir le magnétoscope, mais il ne pouvait que reproduire un vidéo préenregistré. Le magnétoscope, en plus d'offrir cette fonction, permet aussi d'enregistrer des émissions télévisées, ce qui constituait un avantage aux yeux du consommateur.

En fait, les deux systèmes, contrairement aux magnétoscopes, ne sont pas réversibles, c'est-à-dire qu'ils n'offrent aux consommateurs que la technologie de la reproduction, délaissant celle de l'enregistrement. C'est certainement une lacune fort difficile à surmonter lorsqu'on sait que les magnétoscopes japonais sont devenus populaires justement parce qu'ils offraient cette double capacité technique. Cependant, les fabricants de magnétoscopes, considérant le lecteur de vidéodisques comme un concurrent potentiel, baissèrent le prix des appareils et des rubans afin de contrecarrer son expansion. Apparemment, le public nord-américain n'a pas voulu de cette technologie. Comme l'a montré la guerre Beta/VHS, le pauvre accueil réservé au vidéodisque démontre qu'il y a, pour les consommateurs, des avantages plus importants que la qualité du son et de l'image.

Pourtant le vidéolaser offre une qualité de reproduction supérieure à ce que peut prétendre n'importe quel format vidéo; il utilise un support rigide, incassable, qui ne peut rétrécir ni s'user, et de ce fait, est plus durable que le ruban. En revanche, le ruban a un atout très pratique qui dépasse ces facteurs de qualité, du moins pour plusieurs consommateurs : la réversibilité, ou la capacité pour le ruban d'enregistrer, effacer et réenregistrer autant de fois qu'on veut jusqu'à la détérioration du ruban.

C'est sans doute pourquoi les grands studios d'Hollywood étaient en fait beaucoup plus enthousiastes à endosser le support vidéodisque que le support cassette pour la simple raison qu'avec le vidéodisque, l'incapacité d'enregistrer étant une assurance contre la violation du droit d'auteur.

---

39. Steven Lubar, *op. cit.*, p. 269.

7.11 Le marché de la vidéo : un point tournant

En définitive, la pénétration très rapide du magnétoscope dans les foyers et, plus spécifiquement, la réussite du système VHS sur le marché nord-américain, correspond en majeure partie à la distribution progressive de produits audiovisuels, pour la plupart des films. Encore une fois, le tandem *hardware* et *software* peut être évoqué, l'un et l'autre étant indissociables sur le plan de la mise en marché des technologies et des produits médiatiques.

Le marché du *software* vidéo progresse de façon accélérée en grande partie grâce à la demande de supports magnétiques, soit vierges, soit préenregistrés. L'Electronic Industries Association estime qu'en 1992 pas moins de 378 millions de cassettes vierges furent vendues aux États-Unis, pour des ventes totalisant 944 millions de dollars. L'association évalue également que les consommateurs américains ont dépensé près de 15 milliards de dollars pour la location et l'achat de vidéocassettes préenregistrées et de vidéodisques. Les longs métrages sont les plus populaires, néanmoins de nouveaux marchés pour des programmes spécialisés sont en train de devenir de plus en plus importants. Parmi ces nouveaux produits, notons les vidéos musicaux (spectacles, clips), les spectacles pour enfants, des spectacles de comédie, des productions éducatives ou informatives sur la santé, l'exercice physique, les voyages, le sport ou encore la rénovation (*do-it-yourself repair*).

La multiplication constante des réseaux de distribution et de location demeure un élément déterminant dans l'augmentation de la demande de produits audiovisuels sur support vidéographique. On estime, en 1992, qu'il existe aux États-Unis 267 000 points de vente qui peuvent potentiellement offrir des vidéocassettes. De nouveaux produits, comme la location de jeux vidéo, sont responsables d'une nouvelle vague d'activités dans les clubs vidéo et dans les rayons vidéo des supermarchés à travers les États-Unis. Ainsi donc, en pas moins de 15 ans, la mise en marché de produits audiovisuels préenregistrés favorise l'acquisition d'un magnétoscope par les foyers.

C'est A. Blay, un homme d'affaires de Détroit, qui démarre, à la fin des années 70, cette nouvelle industrie alors qu'il acquiert du *major* Twentieth Century Fox Film Corporation les droits de vente d'un certain nombre de titres de films reproduits sur support vidéographique. Il crée une compagnie de distribution qui s'appelle Video Club of America et fait la promotion de la vente postale de ses produits par l'entremise de magazines de portée nationale. Le concept a tout de suite du succès, favorisant du même coup la vente de magnétoscopes auprès des consommateurs désireux de voir les nouvelles productions d'Hollywood sans être obligés d'attendre leur diffusion à la télévision[40].

À peine quelques mois après que Blay ait ouvert ce nouveau marché, il y a prolifération de magasins au détail qui vendent des vidéos. Il faut rappeler que les films reproduits sur support vidéo sont alors essentiellement vendus et non loués comme c'est largement le cas aujourd'hui. Mais les détaillants ne tardent pas à louer les vidéos aux consommateurs qui résistent à payer un coût de l'ordre de 70-80 dollars américains pour l'achat d'une cassette de film, ceux-ci étant toutefois d'accord pour payer 10 $ et moins pour une location d'un soir.

Le succès extraordinaire de la location de films sur support vidéo fait vite réagir les studios d'Hollywood. Au point de départ, ces derniers sont heureux de permettre aux distributeurs vidéo le droit de vendre des copies vidéographiques de leurs films, l'opération leur procurant une publicité indirecte à leurs activités. Mais le volume de films vidéo loués augmentant considérablement, les studios d'Hollywood cherchent à pratiquer un contrôle plus serré sur les locations. Hollywood s'inquiète de son incapacité à freiner cette nouvelle industrie du Home Video, ce qui entraîne toute une série d'actions légales qui se poursuivront tout au long des années 1980. Pendant que les grands studios de films et l'industrie de la vidéo domestique sont aux prises avec cette situation, les ventes de magnétoscopes ne cessent cependant d'augmenter.

Actuellement, un magnétoscope coûte entre 200 et 300 dollars (US). On évalue que 70 millions de foyers américains en possèdent un. Quant au prix de location d'une cassette, il varie de 1 à 5 dollars. On peut aussi les acheter pour un prix variant de 10 à 100 dollars. En 1993, la location et la vente de cassettes vidéo a représenté un chiffre d'affaires de près de 18 milliards aux États-Unis. La même année, la vidéocassette du film *Aladin* a été vendue à plus de 21 millions d'exemplaires. Disney, qui a produit le film, vendait chaque copie 25 dollars environ. Ce succès constitue un point tournant dans cette industrie car on a constaté que les enfants aiment regarder plusieurs fois la même cassette vidéo. Il devient donc plus rentable d'acheter la cassette que de la louer plusieurs fois. L'année 1993 marque aussi la fusion de chaînes d'entreprises

---

40. Eugene Secunda, « VCRs and Viewer Control over Programming : An Historical Perspective », p. 17, *in* Julia R. Dobrow (édit.), *Social and Cultural Aspects of VCR Uses*, Hillsdale N.J., Lawrence Erlbaum Associates, 1990.

de location de cassettes vidéo tels Blockbuster et Virgin Retail. Ces magasins tendent aussi à se diversifier dans d'autres domaines en offrant notamment la vente au détail de produits musicaux.

Au Québec, en 1993, le marché du commerce au détail de matériel vidéo a rapporté en revenus bruts aux distributeurs 133,8 millions de dollars comparativement à 107,6 millions en 1992, une hausse de 24 %. Il est plus facile de comprendre l'importance du marché du cinéma à domicile lorsqu'il est comparé à la distribution en salle qui rapportait 47,6 millions comparativement à 33,2 millions l'année précédente, une hausse[41] pourtant de 43 %.

Mais les seules données fiables relatives au marché de la vidéocassette nous proviennent de la Régie du cinéma. Ces données portent essentiellement sur l'offre. Il y a 4 441 établissements détenant un permis de commerce au détail de matériel vidéo émis par la Régie du cinéma comparativement à 4 097 en 1992, soit 8,4 % d'augmentation. Des 4 441 établissements, 1 221, soit 27,5 %, faisaient de ce commerce leur activité principale. Alors que 3 220 établissements (72,5 %) considèrent cette activité comme secondaire. La marché de la distribution de films en vidéocassettes est en pleine expansion.

La tendance à une forte pénétration de la technologie magnétoscopique semble se confirmer, en 1993, un peu partout dans les pays industrialisés alors qu'il y avait 79 % des foyers en Australie, 62,3 % en France, 77,7 % au Royaume-Uni, 67 % en Suède qui possèdent un magnétoscope. Étrangement, la Belgique ne dépasse pas les 50 %. Ici, la forte pénétration du câble, autour de 90 % dans ce pays, et d'un nombre considérable de programmations viendraient peut-être expliquer cet écart.

7.12 **Nouveaux modèles, nouveaux formats, nouvelles guerres?**

Désormais, pour les gens qui veulent faire l'acquisition d'un magnétoscope, le système disponible demeure le VHS. Mais combien sont ceux qui ont vécu la saga Betamax et VHS, l'incompatibilité de ces systèmes et la difficulté de trouver des produits audiovisuels sur les supports adéquats. Ces problèmes se sont éclipsés à mesure que s'imposait un standard unique, le VHS,

---

41. Richard Cloutier, *Statistiques sur l'industrie du film, Édition 1994*, Les Publications du Québec, p. 246-247.

alors qu'il faisait mordre la poussière à son concurrent le Betamax. Mais derrière cette lutte commerciale, se cachent nombre d'enjeux financiers et industriels.

Si le VHS a eu raison du Betamax, d'autres formats sont cependant apparus durant les années 1980. En 1984, la technologie du magnétoscope de format 8 mm fait son apparition. Elle utilise une cassette approximativement de la dimension d'une cassette audio standard et un ruban de 8 mm seulement de largeur. Le format réduit de la cassette destine cet appareil à des applications demandant souplesse et mobilité d'utilisation, tel qu'on le fait avec un *camcorder* (camescope), néanmoins des magnétoscopes domestiques (de table) sont aussi disponibles. Deux autres formats, le S-VHS et le Hi8 vont augmenter en popularité. D'un côté, le S-VHS procure une qualité d'image supérieure, avec plus de détails et une résolution presque aussi bonne que celle des disques laser (400 lignes plutôt que les 240 du VHS conventionnel). De l'autre, le Hi8 combine une supériorité de la résolution, un son haute fidélité et surtout un support plus petit de 8 mm.

Il suffit de rappeler que le système S-VHS a été inventé et mis en marché par les mêmes fabricants que le VHS, et que les systèmes 8 mm et Hi8 sont la création de Sony et consorts pour que se pointe la perspective d'une nouvelle guerre de standard à l'horizon. À moins que le disque optique vidéo ait une popularité grandissante au cours des prochaines années.

Mais l'un des faits significatifs du domaine de la vidéographie, c'est l'usage accru du camescope qui remplace ou double l'acte photographique. Le magnétoscope portable doublé d'une caméra fait son apparition au début des années 1980, permettant aux gens d'enregistrer des films maison, comme leurs parents ou leurs grands-parents le faisaient avant eux à l'aide des films 8 mm et Super 8. Si la vente des premiers appareils est plutôt lente, elle prendra du mieux avec la mise en marché de plus petits formats et surtout la sophistication électronique de modèles combinant dans un seul boîtier caméra et magnétoscope, qu'on appellera le camescope. Aux États-Unis, la vente de camescopes a augmenté de manière significative durant les années de 1986 à 1992, atteignant les 20 % de pénétration des foyers américains.

La possibilité d'utiliser une cassette de format plus petit, tel que le 8 mm, permet aux fabricants de construire des camescopes toujours plus réduits, de la taille d'une main humaine. Pour concurrencer ces avantages, les fabricants du VHS ont développé le modèle de format VHS-C qui utilise un ruban régulier de 1/2 pouce dans une très petite cassette. Dans chacun des cas, Hi8 ou S-VHS, il est désormais possible pour les consommateurs d'enregistrer des images et des sons avec une qualité se rapprochant de plus en plus de celle des programmes télédiffusés. D'ailleurs, la preuve de la qualité de ces formats se retrouve dans l'utilisation de plus en plus fréquente de ces formats pour la fabrication de reportages destinés aux nouvelles télévisées.

Consumers Reports démontre que sur 20 magnétoscopes vendus aux États-Unis, en 1992, 19 sont de modèle VHS. Les autres formats tels que le Hi8 ou S-VHS, par exemple, sont populaires auprès des propriétaires de camescopes et de consommateurs exigeant l'image la plus précise que la télévision peut offrir.

Par ailleurs, la majorité des usagers sont encore intimidés à l'idée de programmer leur magnétoscope pour l'enregistrement d'émissions télévisées. Les manufacturiers ont donc tenté de rendre leur machine plus conviviale sur ce point avec, entre autres, des menus de programmation affichés à l'écran. Par ailleurs, le modèle le plus simple de programmation est le VCR plus (*VCR Plus control system*), une méthode qui, dans une seule opération, permet de programmer le canal, la date, l'heure du début et de la fin de l'enregistrement et de le mettre en marche au moment voulu, à partir d'un code numérique qu'on retrouve maintenant dans les horaires télé.

Parmi les autres développements récents, on peut mentionner la programmation du magnétoscope par un système utilisant la voix. Ce système permet aussi de zapper les commerciaux en accélérant automatiquement la vitesse de déroulement de la bande au moment opportun. Enfin, on travaille également à la conception d'un magnétoscope capable d'enregistrer les signaux de la télévision numérique.

Mais ce ne sont pas tous les magnétoscopes qui sont équipés de tels mécanismes et avec une telle qualité. Certainement que ces nouvelles fonctions participeront des incitatifs techniques et commerciaux déployés auprès des consommateurs pour mousser le renouvellement de leurs appareils au cours des années à venir.

7.13 Conclusion

Apparus sur le marché à la fin des années 1970, les magnétoscopes domestiques sont aujourd'hui largement répandus et ne servent pas seulement à l'application originale à laquelle ils étaient destinés, c'est-à-dire l'enregistrement de programmes de télévision en vue d'une écoute en temps différé, mais ils servent également, et de plus en plus, à l'écoute de vidéocassettes préenregistrées. En outre, les récents développements dans la fabrication de camescopes (*camcorder*) – un enregistreur jumelé à une caméra dans un boîtier unique – ont permis de « démocratiser » la production de vidéos personnalisés en facilitant leur manipulation. D'ailleurs leur mise en marché vante la facilité d'utilisation, la qualité des images produites, les coûts relativement réduits d'opération. L'engouement est tel que le camescope, avec la présence d'un son synchronisé à l'image, est devenu un sérieux concurrent de la photographie dans l'enregistrement du souvenir : activités sociales et familiales, vacances et autres événements solennels (mariage, baptême, etc.).

Ainsi, parmi les technologies médiatiques à utilisation individuelle, ouvrant la voie à une certaine autonomie de l'usager quant au visionnement ou à la production domestique de produits audiovisuels, on retrouve donc le magnétoscope à cassettes (lecteur vidéo) commercialisé à partir de 1975, le camescope (combinaison d'une caméra et d'un magnétoscope intégré) datant de 1985 et le lecteur de disque vidéo (vidéodisque). Depuis le début des années 1990, le marché du camescope et du magnétoscope a connu un développement accéléré. Ces trois technologies, propres à ce qu'on appelle la vidéo domestique, sont en quelque sorte des périphériques du téléviseur-moniteur. Chacune a en effet besoin d'un écran de visualisation constitué d'un tube cathodique pour visionner, « lire » les images enregistrées sur les supports cassettes ou disques.

D'abord considéré comme « un prolongement naturel de l'appareil de télévision », le magnétoscope domestique est voué à jouer un rôle utile mais relativement mineur pour l'enregistrement des programmes télévisés. Objet de luxe à ses tous débuts, le magnétoscope est maintenant considéré presque au même titre que le téléviseur. De toute façon, l'un et l'autre semblent désormais indissociables. Le magnétoscope domestique paraît avec le temps avoir acquis un statut bien à lui, alors qu'il est devenu un élément quasi indispensable dans le monde de la télévision et de plus en plus du cinéma. Il est presque devenu l'équivalent du récepteur télévisuel comme fenêtre de diffusion de la production audiovisuelle.

Par ailleurs, le concept même de « vidéographie » s'étend à mesure que se multiplient les procédés de télécommunication nécessitant un écran de visualisation aux fins de présentation de messages alphanumériques ou graphiques. D'ailleurs, c'est la notion même de téléviseur qui se transforme. Il ne s'agit plus, comme jadis, du classique téléviseur familial, seulement un récepteur de signaux de télévision par ondes hertziennes, il est devenu un écran de visualisation, une interface autant des signaux de télévision de toutes provenances, que des images reproduites à l'aide d'un magnétoscope, d'un vidéodisque ou encore, provenant d'une console de jeu vidéo ou d'un ordinateur personnel. L'écran cathodique devient ainsi le pendant visuel des enceintes sonores qui reproduisent des sons de différentes origines (lecteur de disque optique compact, magnétophone à cassettes, récepteur-radio).

En définitive, on peut dire que le magnétoscope est non seulement une technologie, mais aussi la pièce maîtresse du marché de la vidéo domestique. Certes, il a transformé les habitudes d'écoute de la télévision, mais il a également stimulé de nouvelles stratégies de marché chez les *majors* d'Hollywood. Le magnétoscope a dorénavant acquis une position dominante dans le marché du divertissement domestique.

VERS LE TOUT NUMÉRIQUE : DU DISQUE COMPACT À LA TÉLÉVISION HAUTE DÉFINITION

8.1 Introduction

Un siècle à peine s'est écoulé entre la toute première liaison sans fil réalisée en 1895 par Marconi sur une distance de 2 400 mètres et l'époque moderne, où d'un simple coup de téléphone quiconque peut converser avec un interlocuteur résidant à l'autre bout de la planète. Durant cette période, les innovations et les développements technologiques n'ont cessé de constamment améliorer les moyens de transmission, de diffusion et de réception de messages à distance. On est bien loin des pigeons voyageurs et des messagers à dos de cheval.

À l'orée du XXIᵉ siècle, une toute nouvelle ère s'amorce, celle qui consacre la numérisation croissante des technologies médiatiques qu'il s'agisse des médias autonomes (supports-lecteurs-enregistreurs) dont l'utilisation relève du mode local, ou encore des médias de diffusion-distribution et de communication (les infrastructures de réseaux) qui appartiennent, eux, au mode des liaisons à distance.

Ce nouveau paradigme technologique est aussi capital et moteur de bouleversements que le fut au XVᵉ siècle l'invention de l'imprimerie de Gutenberg ou encore au XIXᵉ, la TSF de Marconi. Le développement numérique, dit-on, change profondément tous les secteurs qu'il touche en plus de provoquer une transformation majeure des processus de création et de consommation culturelle. D'ailleurs, une particularité paradoxale de son omniprésence est sa progressive invisibilité ou transparence au fur et à mesure de son envahissement des activités humaines[1]. Il s'agit en quelque sorte d'une révolution technologique, au sens où l'entend Pascal Griset, en ce que le numérique vient bouleverser le développement des technologies médiatiques comme l'ont fait auparavant les paradigmes électrique et électronique, tout en donnant lieu à des innovations touchant toutes les activités et dimensions des communications.

8.2 Un nouveau paradigme intégrateur

Plus particulièrement, à partir des années 1990, l'ensemble des médias connaît ainsi à la fois une profonde transformation

---

1. Jean-Michel Saillant, *Passeport pour les médias de demain*, Lille, Presses universitaires de Lille, 1994, p. 15.

et un nouvel essor avec la généralisation systématique de la technologie numérique. L'informatisation des moyens de communication traditionnels entraîne un renouvellement autant des outils que des pratiques médiatiques. En effet, aucun secteur d'activités médiatiques, qu'il s'agisse de la presse, de la radiodiffusion, des télécommunications, de l'enregistrement visuel et sonore, enfin même de la photographie, n'échappe à cette mutation. L'ordinateur est devenu indispensable, étant un signe distinctif et un maillon essentiel des nouvelles technologies de communication, tantôt servant à la commutation téléphonique, tantôt reliant des salles de presse, tantôt encore donnant naissance à de nouveaux réseaux. D'ailleurs édition électronique, infographie, télématique, autoroute de l'information, etc. riment désormais avec informatique.

La caractéristique fondamentale de la numérisation est certainement son rôle unificateur, c'est-à-dire qu'en traduisant dans un même langage informatique des informations au point de départ de nature distincte (textes, images, sons), l'encodage numérique leur donne une même configuration, rendant ainsi réalisable soit leur transport et leur exploitation sur les mêmes réseaux, soit encore leur stockage sur un support identique. D'ailleurs, ce type de codage ouvre la voie au multimédia au sens strict du terme en permettant la combinaison et l'exploitation simultanée, sur un même support ou un même réseau, de données à l'origine de forme différente. Les dispositifs informatiques ont donc un double impact : d'un côté sur l'échange et la transmission des données, de l'autre, sur le mode de conversion des données elles-mêmes en langage informatique.

Le nouveau paradigme repose sur le changement du système d'encodage des informations et par conséquent de la particularité même du signal, c'est-à-dire que la traduction numérique (et les techniques de compression numérique) des informations remplace graduellement la conversion analogique des sons et des images telle qu'elle a évolué pendant près d'une centaine d'années. De la même manière, s'opèrent certaines transformations des supports des informations, par exemple pour ce qui est des médias autonomes, les supports optonumériques se substituent progressivement aux supports traditionnels tels que le disque de vinyle ou le ruban magnétique.

De ce fait, représentant un moment charnière dans l'évolution techno-industrielle des communications, le paradigme numérique inaugure la convergence possible des technologies médiatiques jusque-là distinctes et du même coup d'un éventuel décloisonnement des secteurs industriels qui se sont historiquement constitués autour de chacune d'elles. Aussi les mots clés de l'univers des communications sont désormais numérisation, compression, convergence, inforoute ou encore multimédia, représentant autant d'enjeux sociotechniques et industriels.

En effet, la numérisation favorise une sorte de convergence technologique tant sur le plan des médias autonomes que des médias de distribution et de communication, dont les fonctions respectives étaient longtemps confinées à des champs d'application bien distincts, bien séparés.

L'utilisation accrue de l'informatique dans tous les domaines des communications, une miniaturisation de plus en plus poussée des circuits intégrés, des informations dans des proportions colossales qui se matérialisent non plus sous la forme d'onde électromagnétique ou électrique, mais sous celle plus abstraite, immatérielle d'un langage informatique composé de 0 et de 1, telles sont les tendances majeures qui marquent désormais l'univers des communications et des technologies médiatiques. Tendances qui sonnent à longue échéance le glas des systèmes analogiques classiques, tels que nous les connaissons depuis un peu plus d'un siècle.

8.3 Le passage de l'analogique au numérique

Quelles que soient les technologies médiatiques utilisées, toute communication implique qu'il y ait transmission d'informations représentées sous diverses formes : textes écrits, sons, images, données informatiques. Cela implique aussi que ces informations soient traduites pour ensuite être véhiculées à distance par l'intermédiaire des divers réseaux, téléphonique, hertzien, câblé ou satellisé qui forment l'ensemble du système médiatique.

Par nature, les phénomènes acoustiques et optiques sont analogiques. Aussi, les dispositifs analogiques reposent sur la saisie, la manipulation, le stockage, la transmission et l'affichage des informations sous formes mécaniques, magnétiques, chimiques ou électriques. Pour transporter cette information, « il faut la convertir en signaux, soit en conservant une analogie avec l'original (signaux analogiques), soit en décomposant l'information en éléments binaires (signaux numériques). Il faut ensuite faire porter les signaux par une onde, en les empilant de façon plus ou moins complexe; c'est la modulation pour les signaux analogiques ou le codage pour les signaux numériques[2] ».

La transmission des signaux analogiques par la voie des ondes électromagnétiques a été rendue possible grâce à l'énergie électrique. L'information est donc représentée sous la forme d'une variation de l'intensité électrique proportionnelle à celle de l'intensité du phénomène acoustique ou optique capté par exemple à l'aide d'un microphone ou d'une caméra vidéo.

Effectivement, comme nous avons pu l'observer au cours des chapitres précédents, dans les domaines de la téléphonie comme de la radiodiffusion, la transmission du signal s'est longtemps effectuée presque exclusivement sous une forme *analogique*. Le signal prend la configuration d'ondes électriques continues ayant des caractéristiques analogues à celles d'un phénomène physique, dans la mesure où elles varient proportionnellement à ce phénomène.

Par exemple, en ce qui concerne plus spécifiquement le domaine de l'enregistrement sonore, qui fut un des premiers à être touché par la vague du numérique, rappelons que, depuis 1876, année de l'invention du phonographe par Thomas Edison, analogiques ces appareils étaient, analogiques ils sont principalement restés. Le phonographe de Edison était, on s'en souvient, composé de trois éléments : premièrement l'enregistreur, soit un cylindre de cire qu'on faisait tourner à l'aide d'une petite manivelle, deuxièmement un récepteur ayant la forme d'un cornet acoustique renversé et troisièmement, un reproducteur, soit un cône métallique creux. Lors de l'enregistrement analogique sur le phonographe, le son est traduit sous une forme matérielle semblable ou analogique à la vibration correspondante, ce qui se traduit graphiquement par un sillon tracé d'abord sur le cylindre de cire, puis sur le disque de zinc et plus tard sur le disque de vinyle.

Dans le système analogique, l'onde sonore – une vibration mécanique de l'air – est captée par le microphone et traduite dans un signal d'une intensité électrique proportionnelle ou analogique à la vibration que l'onde a produite sur la membrane du microphone. Puis, le signal ainsi produit actionnera le graveur

2. François du Castel, *Communiquer*, Paris, Éditions Messidor/La Farandole, 1991, p. 24.

du disque, produisant un sillon qui contiendra l'ensemble des variations sonores captées par le microphone. Une fois le disque gravé, il est possible d'effectuer le chemin inverse. Une aiguille de gramophone suit le sillon tracé reproduisant les variations d'intensité du signal électrique qui, une fois amplifié, provoque le déplacement de la membrane des enceintes acoustiques et, du même coup, reproduit les sons enregistrés. Les microphone, diamant, lecteur et haut-parleur sont considérés comme autant de dispositifs transducteurs servant à transformer l'onde en variation électrique ou inversement.

L'ordre de grandeur ou d'intensité de l'onde sonore et ainsi du signal électrique est analogique : par exemple un son de volume faible se traduit par un signal électrique de faible intensité. La forme continue du signal est la caractéristique singulière du système analogique, ce qui n'est pas sans causer, dans tous les domaines d'application, un problème de taille : il entraîne inexorablement la détérioration du signal transmis ou recopié. Peu importe les transformations apportées par les techniques électriques et électroniques, le procédé de transduction analogique est demeuré sensiblement le même et d'usage courant jusqu'à 1979, date à laquelle il sera progressivement supplanté par le procédé d'enregistrement numérique[3].

Dans un système *numérique*, par contre, une nouvelle forme d'encodage de l'information s'impose : le langage est celui du système binaire de l'informatique[4]. Les signaux sont codés dans une série de nombres, représentés sous forme binaire par des groupes de 0 et de 1. Un texte, un son, une image peuvent alors être transformés en une suite de chiffres. Ces deux éléments sont appelés « bit », contraction de l'expression anglaise *Binary DigIT*.

Ce codage n'est pas sans rappeler l'interruption momentanée (ouvert-fermé) du courant électrique du télégraphe et les « tiret-point » de Morse, et même avant, les « bras haut-bras bas » du télégraphe optique de Chappe. D'ailleurs, lorsqu'on parle de

---

3. Michel Rival, *Les grandes inventions*, Paris, Larousse, La mémoire de l'humanité, 1991, p. 211.

4. Le « langage binaire » est aussi appelé le « code machine » : « l'association d'une succession de nombres à une opération dépend du fonctionnement de chaque processeur, c'est-à-dire la puce qui contient des transistors et autres composants dont les fonctions sont de trier les nombres binaires ». Jean-Michel Saillant, *Passeport pour les médias de demain*, p. 44.

mémoires vives RAM (Random Access Memory) et plus particulièrement de DRAM (Dynamic Random Access Memory), il s'agit de mémoires de silicium composées de cellules où la présence d'une charge électrique est tout simplement interprétée comme un « 1 » et l'absence de charge par un « 0 ».

Dans le cas de données *discrètes*, la numérisation est facile. Par exemple, un texte qui est constitué de valeurs discrètes, c'est-à-dire composé d'éléments séparés, invariables, peut être facilement codé à l'aide d'une table de codage : chaque lettre, chiffre, signe de ponctuation, etc. correspond à un chiffre ou à une suite de chiffres comme c'est le cas par exemple dans le code ASCII (American Standard Code for Information Interchange)[5].

Cependant, dans le cas de données analogiques, c'est-à-dire en continuelle variation, par exemple l'audio ou la vidéo, la numérisation doit être précédée des étapes de l'échantillonnage puis de la quantification. En effet, contrairement au procédé analogique, le signal numérisé se compose d'un ensemble discontinu, composé de nombres et non plus d'impulsions électriques proportionnelles au phénomène enregistré. D'ailleurs, ce ne sont pas les paramètres du phénomène lumineux ou acoustique qui sont transmis, mais leur mesure. Texte, son, image fixe ou animée sont désormais traduits en fichier de données, entièrement de nature informatique.

Aussi, s'il est possible de représenter schématiquement un signal analogique sous la forme d'un ensemble de courbes continues, il faut par contre, pour numériser ce signal, l'échantillonner, soit le décomposer en éléments quantifiés. Dans ce processus d'*échantillonnage*, ce n'est plus la valeur continue de la tension du signal qui est prise en considération mais des tensions relevées à des intervalles réguliers. Ainsi, les courbes disséquées en une série de points, très brefs, sont de l'ordre de 44 100 fois par seconde pour le CD. Ce qui se traduit par une suite de 44 100 échantillons. Ainsi, un disque compact est généralement échantillonné à la fréquence de 44,1 kHz, ce qui veut dire que l'intensité électrique du signal est mesurée 44 100 fois à la seconde. Plus la fréquence de l'échantillonnage est élevée, meilleure s'avère la qualité.

---

5.   Jean-Michel Saillant, *op. cit.*, p. 28.

FIGURE 8.1   **Schéma de l'échantillonnage et de la quantification**

Échantillonnage

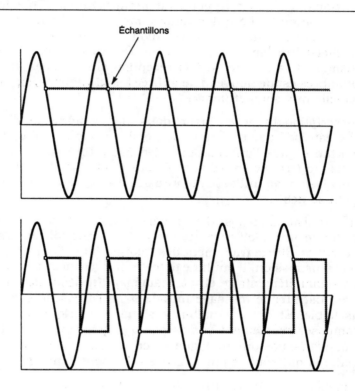

Quantification

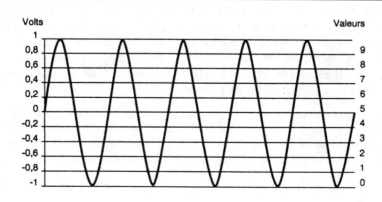

Puis, la tension de chacun des échantillons est mesurée en regard d'une échelle constituée d'un ensemble suffisant de niveaux ou de valeurs afin de reconstituer fidèlement les variations, ce qu'on appelle la *quantification*. Finalement, l'amplitude de l'échantillon ainsi quantifié est traduite par le nombre entier qui la mesure, d'où la numérisation. C'est seulement l'ensemble de ces mesures qui est enregistré ou transmis[6]. À la lecture ou à la réception des données, la suite de nombres est de nouveau déchiffrée afin de donner leur forme originelle aux sons et images.

La description du niveau sonore dans chaque intervalle échantillonné est codé par une suite de nombres. Plus cette suite est importante, plus l'information est dense et précise. Le codage du disque CD est en 16 bits. Pour caractériser la vitesse de transmission, on utilise le nombre de bits par seconde, ce qu'on appelle le débit.

La numérisation dispose d'avantages considérables. D'une part, elle donne une meilleure qualité de transmission et, d'autre part, elle facilite le traitement des informations. Pour ce qui est de la transmission, il suffit de détecter la présence ou l'absence d'un signal élémentaire et, en réaménageant les informations, de reconstituer le message initial. Dans ce cas, le signal est plus fiable. Et, même affaibli, le signal numérique permet de recomposer exactement le message d'origine car, au contraire de la transmission analogique, ce ne sont pas toutes les variations qui sont retenues grâce à l'échantillonnage.

Le signal numérisé a d'autres atouts. La transmission numérique permet d'emprunter divers réseaux tout comme de stocker les données sur des supports de grande capacité. Beaucoup moins sensible aux interférences, il permet d'utiliser des fréquences voisines les unes des autres sans risque de brouillage, alors que dans le cas de signaux analogiques, les canaux utilisés sont obligatoirement séparés par des bandes de fréquences laissées inemployées. La numérisation permet la transmission par voie hertzienne d'un signal de bonne qualité à destination de récepteurs portatifs et mobiles.

En ce qui concerne le traitement, un signal numérisé peut être facilement modifié grâce aux techniques informatiques actuelles. Il suffit de penser à l'amélioration de la qualité du son d'enregistrements anciens simplement par la suppression de certains

6. Frédéric Vasseur, *Les médias du futur*, Paris, PUF, « Que sais-je? », 1992, p. 7.

bruits parasites ou encore de regarder du côté de la création de voix synthétiques. Même capacité du côté de l'image fixe ou animée. La retouche de photographies ou la fusion d'images de synthèse à des séquences filmées offrent autant d'exemples du traitement informatique du signal numérisé. Les dinosaures du *Parc Jurassique*, pour ne nommer que ce film, nous ont désormais habitué à l'utilisation de ce type d'effets spéciaux.

Mais tout avantage ne va pas sans inconvénient. Les signaux numérisés ont besoin d'une grande densité d'informations numériques afin de restituer le signal. Ce qui amène le système à être très gourmand en débit et en volume de stockage. Car si les capacités des composants électroniques ne cessent d'augmenter à un rythme soutenu, les flux d'informations à transmettre restent toutefois considérables. Grâce à des techniques de compression complexes et de plus en plus performantes, il est possible de stocker sur des supports divers et de transporter sur différents réseaux une quantité impressionnante d'informations.

8.4 Quand numérisation rime avec compression

L'échantillonnage numérique qui renvoit au sens strict à des séries de petites quantités d'un produit quelconque destinées à en préserver la qualité, représente en bout ligne des sommes énormes de données (son, texte, images fixes et animées, graphiques, etc.), tellement énormes que leur configuration réelle dépasse quelquefois tout effort de visualisation, voire d'entendement. Dans les faits, les signaux numériques sont beaucoup plus volumineux que les signaux analogiques, ils occupent énormément de place. Par exemple, une photo couleur peut facilement saturer à elle seule le disque dur d'un ordinateur de 40 Mo. Il faut donc comprimer et réduire le volume du signal numérique en éliminant certaines données dites inutiles.

Les diverses techniques et standards de compression servent en d'autres termes à faire une sorte de ménage à l'intérieur même du signal numérique, et à ainsi réduire le volume d'information de même qu'à favoriser une transmission numérique de haute qualité. Si leurs configurations technologiques renvoient à des schémas complexes, leur objectif est relativement simple : il s'agit de ne retenir que l'information utile afin que celle-ci occupe un minimum d'espace sur le support d'enregistrement ou de transport.

Ainsi les systèmes numériques sont-ils tous soumis à des techniques de compression, autrement nommées algorithmes de compression. Les algorithmes les plus performants, les plus réducteurs, généralement mis au point par les chercheurs des grandes firmes de l'électronique, deviennent graduellement des standards internationaux et sont repris à leur compte par l'ensemble des acteurs industriels qui œuvrent dans les différents secteurs des communications.

Deux standards ou normes techniques de compression sont utilisés dans le domaine de l'enregistrement sonore numérique : il s'agit de Musicam (*Masking Pattern Adapted Universal Sub-band Integrated Coding and Multiplexing*) et de PASC (*Precision Adaptative Sub-band Coding*) conçu par Philips et Matsushita. Ce sont deux procédés de compression du son notamment utilisés pour les CD (disque compact), les CD-I (disque compact interactif), la cassette audionumérique du type DCC ainsi que pour la radiodiffusion audionumérique. Nous revenons un peu plus loin sur ce dernier exemple.

Le Mini-Disc de Sony repose pour sa part sur une nouvelle forme de codage, le codage ATRAC (*Adaptive Transform Acoustic Coding*) qui permet un taux de compression de 5 pour 1, un codage sur 20 bits et qui assure une importante compression du signal sans qu'il y ait perte de la fidélité du son. Elle permet en outre de gommer littéralement les effets des vibrations sur le disque. Le procédé porte à 74 minutes la durée d'enregistrement possible sur un Mini-Disc. L'ATRAC comporte donc deux aspects de codage soit la compression du son, c'est-à-dire l'élimination des informations inutiles pour la restitution de la haute fidélité, et, à la lecture, la mémorisation du signal comprimé pour le libérer ensuite en le dépouillant des vibrations[7].

D'autres standards de compression touchent par ailleurs l'image *fixe* et l'image *animée*. Qu'il s'agisse d'emmagasiner sur un support ou de transmettre sur un réseau des signaux numériques, il est important de pouvoir réduire la taille des informations ou du moins de les compacter suffisamment afin qu'elles puissent être insérées ou véhiculées.

Dans son ensemble, la vidéocompression numérique (VCN) est une technologie qui numérise et compresse les images vidéo de

---

7. Roger Monceau, « La révolution du Mini-Disc », dans « Dossier : La Troisième vague du numérique », *Science et Vie High-Tech*, n° 3, septembre 1992, p. 35.

façon qu'elles puissent être traitées, distribuées et stockées avec facilité et flexibilité. Cette technologie s'applique tant aux cartes graphiques des ordinateurs (*desktop video processing and editing*) qu'au multiplexage dans le domaine de la radiodiffusion, aux 500 canaux câblés, au réseau de vidéoconférence ou aux applications interactives de l'inforoute. Le numérique est donc aussi synonyme de multiplication des programmes.

C'est dans les années 1950 que la première compression d'un signal vidéo est réalisée lorsque des ingénieurs conçoivent un système pour ajouter de la couleur sans excéder la largeur de bande utilisée pour la télévision en noir et blanc. En 1957, AT&T développe le visiophone (*PicturePhone*) en comprimant suffisamment l'information visuelle afin de rendre une image fixe de l'émetteur, en noir et blanc, au destinataire par ligne téléphonique.

Dans les années 1970 et 1980, l'University of Southern California et le Media Lab du MIT deviennent les principaux centres de recherche dans le traitement des images. De nombreuses entreprises privées ont depuis emboîté le pas, notamment le David Sarnoff Laboratories. Mais c'est au tournant des années 1990 que les avancées dans le développement du matériel sont majeures alors que les microprocesseurs offrent plus de pouvoir, une plus grande vitesse de traitement et une capacité plus élevée de stockage.

Si la numérisation crée des fichiers d'information sous une forme binaire, la compression a pour but de réduire la taille de ceux-ci tout en préservant l'intégrité des informations. Voici en quoi consistent ces deux procédés réalisés par l'entremise d'un codex (codeur/décodeur). La forme d'une onde vidéo analogique est continue dans le temps et dans son amplitude. La première étape de la numérisation est l'échantillonnage, qui consiste à convertir les aspects temporels de la forme continue de l'onde dans des valeurs de fréquences discrètes ou unité binaire « 0 » et « 1 », la fréquence étant le nombre de répétitions du signal dans un intervalle de temps donné. La deuxième étape est la quantification qui consiste à convertir l'amplitude de l'onde vidéo en valeurs discrètes.

Pour numériser un signal vidéo, l'image est décomposée en une série de points appelés pixels (*picture elements*), unités élémentaires de l'image vidéo, auxquels sont attribués des valeurs de luminance et de chrominance. Sachant que la caractérisation de chaque point requiert un grand nombre de données, il faut une capacité de mémoire et un flux d'information considérables. Par exemple, un film de 60 minutes pourrait occuper jusqu'à 100 milliards d'octets (100 Go), soit l'équivalent de plus de 8 millions de pages de texte. Ainsi, une seule seconde de diffusion nécessite 150 millions de bits, soit 18,5 fois plus d'information.

Certaines compressions peuvent s'effectuer dans la phase de quantification en réduisant l'étendue de la matrice des fréquences. Par exemple, une onde qu'on aurait divisée en 256 valeurs peut être encore divisée par 8 et être ainsi représentée par 32 valeurs. Cette compression spatiale est aussi appelée « intracadre » (*intraframe compression*) puisqu'elle réduit les données à l'intérieur même d'un cadre (*frame*) de la matrice des fréquences. On utilise ici la « redondance spatiale ».

Puisque des surfaces importantes sont quasiment identiques à l'intérieur d'une même image, au lieu de transmettre les informations relatives à chaque point de l'image, on ne code, pour chaque point, que les différences entre les images successives. Compte tenu que ces différences sont pour la plupart assez faibles autant pour l'image que pour le son, leur transmission occupe beaucoup moins de place que la transmission intégrale de l'information. À la réception, l'information est rétablie en modifiant les valeurs précédentes, mises en mémoire, en fonction des différences transmises. En outre, pour utiliser les redondances spatiales, l'image est divisée en petits carrés de 8 x 8 pixels. Pour chacun d'eux, on regroupe les informations redondantes, par exemple dans le cas d'une teinte unique. À la réception, le processus inverse permet de rétablir une image normale sur le téléviseur.

Cependant, la compression ne doit pas mener à une perte de la définition de l'image et c'est ce qui explique que l'encodage des fréquences du signal vidéo se fonde en grande partie sur des données psychophysiologiques notamment la perception visuelle humaine. À cet effet, nous sommes davantage sensibles aux variations de la luminance qu'aux variations de la couleur et c'est pourquoi le système de compression effectue un échantillonnage moins fréquent des données sur la couleur que des données sur la luminance.

L'autre méthode de compression numérique consiste à identifier puis réduire la représentation des données redondantes de l'image vidéo numérisée dans le temps. Ce procédé repose sur la redondance dite « temporelle » des informations entre une image et la suivante lorsque beaucoup d'éléments changent peu de forme ou de couleur. Pour illustrer ce procédé, prenons l'exemple d'un ensemble d'images qui montrent la course d'un cheval dans une séquence de film. Dans cette séquence, la partie supérieure de l'image représente continuellement un ciel bleu. Plutôt que de stocker l'ensemble des données de chaque cadre, on va stocker seulement les éléments d'information qui varient d'un cadre à l'autre.

Ce procédé est un codage à rafraîchissement conditionnel car seules les zones de mouvement sont transmises au décodeur. On conserve ainsi d'un cadre-image à l'autre l'information des zones immobiles de l'image. De plus, comme on sait que l'œil perçoit moins bien les détails des parties de l'image en mouvement, il est donc possible d'en limiter la précision. Une image de qualité égale ou même supérieure à la forme analogique peut être obtenue grâce, entre autres, à la suppression de certaines carences qui lui sont inhérentes. Compte tenu qu'en télévision le taux cumulé des redondances spatiale et temporelle est de l'ordre de 95 %, il est important de faire le nettoyage des données inutiles afin de réduire la densité des informations et ainsi augmenter d'autant la capacité de transport et de stockage.

Finalement, la compression numérique consiste à supprimer les informations répétitives présentes dans chaque image et à ne présenter que celles qui changent. L'œil humain ne perçoit pas la différence : quand un personnage évolue dans un décor figé, la compression vidéo numérique ne conserve du signal envoyé à l'écran de visualisation que les éléments mobiles. L'image, réactualisée chaque fraction de seconde par le balayage de l'écran nécessite ainsi une moins grande quantité d'information.

8.5 Les standards de compression

À leur façon, ces deux techniques visent à limiter le nombre des informations à transmettre. Toutefois, suivant la technique de compression utilisée, le taux de compression et la qualité de l'image peuvent varier. Mais dans la plupart des cas, on tente de conserver une définition au moins égale à celle des standards de télévision actuels et même parfois plus. Il existe quatre fonctions pour la vidéocompression numérique et quatre standards qui permettent de les appliquer.

Le tableau 8.1 définit ces fonctions, leurs standards et leurs noms.

TABLEAU 8.1 **Fonctions et standards de la vidéocompression**

Fonction	Standard	Nom
Compression pour fils téléphoniques	CCITT (Comité consultatif international télégraphique et téléphonique)	H.261 (ou P*64)
Compression d'images fixes	ISO (International Standards Organization) Joint Photographic Expert Group (JPEG)	JPEG (prononcé « jay-peg »)
Compression d'images animées qualité VHS : 352 pixels par 240 lignes	ISO Motion Pictures Expert Group (MPEG)	MPEG-1 (prononcé « em-peg »)
Compression d'images animées qualité studio : 704 pixels par 480 lignes qualité télévision haute définition : 1 440 pixels par 1 050 lignes	ISO Motion Pictures Expert Group (MPEG)	MPEG-2

Le standard P*64 du CCITT utilise la compression intra et intercadre afin de produire une image de faible résolution plus lente que la vitesse en temps réel. Le standard JPEG n'utilise que la compression intracadre pour des images fixes de très haute résolution. Les images médicales constituent sa plus importante application. Les cartes graphiques d'ordinateurs de bureau (*desktop video system*) utilisent également le JPEG alors que le MPEG-1, plus complexe, est le standard technologique de vidéocompression utilisé pour les images du CD-ROM (*Compact Disc Read Only Memory*). Le développement du MPEG-2 prend son essor avec les nouveaux disques optiques vidéo.

Pour l'image *fixe*, par exemple une image photographique, la norme internationale en matière de compression a été déterminée par le Joint Photographic Expert Group (JPEG), composé d'industriels du domaine de la photographie dont la compagnie Kodak, et de spécialistes en matière de normalisation, membres de l'International Standard Organisation (ISO) et de l'International Telegraph and Telephone Consultative Committee (ITTCC) organisme relevant de l'Union internationale des télécommunications (UIT). « Ainsi, une image numérisée sur 18 millions de pixels en 16,7 millions de couleurs n'occupe sur le CD Photo plus que 6 Mo au lieu de 18 Mo. Compte tenu de la capacité du CD, environ 600 Mo, et de ce facteur de compression de 3 pour 1, il est donc possible de stocker une centaine de photos sur un seul disque[8]. »

Les acteurs majeurs internationaux de l'industrie électronique sont également très actifs dans le domaine de la recherche d'une norme mondiale pour la compression numérique, celle-ci pouvant aussi bien servir de base aux ordinateurs multimédias qu'à la télédiffusion par satellite ou par câble. Ces acteurs sont regroupés dans le Motion Pictures Expert Group (MPEG) également créé au sein de l'ISO. Des ingénieurs provenant de toutes les grandes firmes de l'électronique, de Matsushita à Thomson, de Philips à Intel, sans oublier les opérateurs des télécommunications et les grands studios d'Hollywood, bref près de 200 experts internationaux y siègent. Ils élaborent depuis 1990 les normes de compression et de décompression des images vidéo devant servir de base aux industriels pour le développement des composants électroniques entrant dans la fabrication de nouveaux équipements.

Films, télévision et séquences vidéo sont plus difficiles à comprimer que le son, en fait le débit d'information est énorme et se calcule en milliards de bits par seconde. Ainsi, la diffusion d'un tel débit dans l'espace hertzien exigerait une bande passante de plusieurs dizaines de mégahertz, soit 4 à 6 fois plus que le nécessitent les standards de télévision actuels, NTSC, PAL ou SECAM. Mais, ceci est à toutes fins pratiques impossible à réaliser compte tenu du nombre élevé de chaînes de télévision à l'échelle mondiale et des limites intrinsèques de l'espace hertzien. La solution du problème réside bel et bien dans la compression du signal afin qu'il occupe une largeur de bande identique à celle des télévisions actuelles, soit de 6 à 8 MHz, selon les pays et les systèmes[9].

La norme internationale de compression proposée par l'ISO est MPEG 1 et 2. Le MPEG-1 a besoin d'une puissance de calcul énorme, mais il peut réduire le volume des données transmises

8. Philippe Benard, « La photo sans pellicule », dans « La révolution numérique », hors série, *Science et Avenir*, n° 95, décembre 1993-janvier 1994, p. 17.

9. Jean-Marie Bret, « La course à la TVHD numérique », dans « Dossier : la Troisième vague du numérique », *Science et Vie High Tech*, n° 3, septembre 1992, p. 80.

dans un rapport pouvant atteindre 30 à 40 pour 1. Son débit actuel est de 150 Mbit à la seconde, soit à peine suffisant pour la transmission de télévision d'une qualité domestique (VHS).

Reposant sur le même principe, le MPEG-2 devrait permettre des débits de 3 à 6 fois supérieurs donnant accès à une qualité professionnelle (studio ou broadcast). Aussi, en regard de la séquence d'images, le taux de compression[10] pourrait atteindre jusqu'à 200 pour 1. La norme de compression MPEG-2 ferait ainsi passer les débits de l'image compressée autour de 5 à 10 mégabits par seconde.

Finalement, en ce qui concerne la compression des images en micro-informatique, on utilise principalement deux algorithmes de compression. D'abord, il y a le MPEG-2, mis au point pour la télévision. Ensuite, il y a le standard DVI (*Digital Video Interactive*, de Intel), établi spécifiquement pour la micro-informatique. Le DVI a été adopté par Microsoft (dans Vidéo pour Windows), par Apple (dans Quick Time) et par IBM (dans Matinée pour OS/2), ce qui, de fait, conduit à le reconnaître comme standard[11]. Enfin, et plus particulièrement pour le CD-ROM, Microsoft, Sony et Philips ont choisi de développer la norme XA (*eXtended Architecture*) afin de d'intégrer et d'entre-lacer plus facilement des données variées (images, sons et texte)[12].

8.6 Du magnétique à l'optonumérique

Le domaine de la reproduction du son et de l'enregistrement sonore s'est constamment transformé tout au long du XXe siècle. Les tableaux 8.2 et 8.3 permettent d'apprécier cette évolution diachronique en recensant les inventions réalisées jusqu'à nos jours.

10. François-Xavier Mery, « Vers la télévision numérique », dans « La révolution numérique », hors série, *Science et Avenir*, n° 95, décembre 1993-janvier 1994, p. 41.

11. Lionel Dupré, « L'ordinateur intégral », dans « La révolution numérique », hors série, *Science et Avenir*, n° 95, décembre 1993-janvier 1994, p. 54 à 57.

12. Marcel Lévy, « La révolution du CD-ROM », dans « La révolution numérique », hors série, *Science et Avenir*, n° 95, décembre 1993-janvier 1994, p. 58 à 63.

Dans une première « longue » période, allant de 1877 à 1979, l'univers de la reproduction sonore est marqué principalement par le développement de systèmes analogiques servant la reproduction et l'enregistrement sonore par le biais du cylindre, puis du disque (78, 33 et 45 tours) et enfin de la bande magnétique. Mis au point dès le départ par des « inventeurs », principalement allemands et américains, ces supports vont, entre les deux grandes guerres mondiales, être exploités par des firmes ou des entreprises à des fins commerciales.

Mais à partir de 1979, le domaine commence à se transformer profondément avec le développement de systèmes numériques servant la reproduction et l'enregistrement sonore, soit grâce aux disques compacts audionumériques à lecture laser. Pour Philips, à qui revient la paternité du disque compact, c'est là le résultat de plus de 20 ans de recherche dans le domaine de l'optoélectronique. Cette courte période est aussi celle de la consécration en matière de recherche et de développement des équipes de chercheurs qui travaillent pour le compte des grandes firmes qui dominent le secteur des industries de la reproduction et de l'enregistrement sonore. Il s'agit toujours pour ces dernières d'être les premières dans la course aux « inventions », mais surtout dans la course des normes et standards de ces nouveaux produits numériques : la conquête des marchés mondiaux dépend de ce classement.

Donc, le numérique, ce n'est pas seulement une nouvelle façon d'encoder le signal, mais c'est aussi l'apparition et le développement phénoménal d'un tout nouveau support sur lequel le signal est enregistré. On passe en effet graduellement du support magnétique classique et familier, à un nouveau support, le support optique. Et ce glissement est également observable au niveau des appareils lecteurs et enregistreurs.

TABLEAU 8.2 **Chronologie sommaire de l'histoire de la reproduction sonore**

de 1877 à 1979

Charles Cros (France)	1877	Paléophone	Cylindre enregistreur du son.
Thomas Edison (USA)	1877	Phonographe	Cylindre d'enregistrement du son.
Chichester Bell et Charles Summer Tainter (USA)	1886	Graphophone	Appareil proche du phonographe. L'exploitation de cette invention sera à l'origine de la CBS.
Emile Berliner (Allemagne - USA)	1887	Disque	Matrice : galettes de zinc couvertes de cire sur lesquelles sont tracés des sillons.
Oberlin Smith (G.-B.)	1888	Magnétophone	Principe du magnétophone et de l'enregistrement magnétique.
Emile Berliner	1888	Disque	Duplication des disques par le biais de matrices métalliques (galvanoplastie).
Emile Berliner	1889	Gramophone	Premier tourne-disque pour disques en ébonite de 12,5 cm de diamètre.
Valdemar Poulsen (Danemark)	1898	Télégraphophone (magnétophone)	Premier appareil d'enregistrement magnétique de la voix.
Emile Berliner	1898		Fonde la Deutsch Grammophone Gesselschaft.
	1900-1910	Naissance du disque 78 tours	Enregistrement du son par l'utilisation de l'énergie électrique.
	1919		Disparition du cylindre enregistreur.
Joseph Maxfield (USA) Laboratoire Bell	1925	Microphone	Mise au point de l'enregistrement électrique : transforme le son en variations d'un courant électrique.
Sociétés Columbia et Victor (USA)	1925	Commercialisation des premiers disques enregistrés électriquement.	Produits par gravure électrique et utilisant microphones et amplificateurs. Fin des enregistrements acoustiques.
Fritz Pfleumer (Allemagne)	1927	Bande magnétique	Par les firmes AEG et BASF.
Alan Dower Blumlein Produit par la firme britannique EMI	1933	Disques stéréophoniques 78 tours expérimentaux	Enregistrement par le biais de deux microphones de 78 tours stéréo.

Firme allemande AEG et IG Farben	1935-1936	Magnétophone	Fabrication du premier appareil d'enregistrement sonore sur bande magnétique défilant à raison de 7,6 mètres/seconde.
René Sepvangers, Peter Goldenmark (USA) pour la firme CBS	1945-1948	Invention du microsillon 33 tours.	Remplacement du 78 tours. La vitesse de rotation du disque est de 33 1/3 tours par minute. Début du 45 tours.
Audio Fidelity (USA) et Decca et Pye (G.-B.)	1958	Commercialisation des premiers disques stéréo.	Début de la haute-fidélité.
Philips	1963	Minicassette audio et magnétophones à cassette	Pour imposer son modèle à l'échelle mondiale, Philips cède gratuitement son brevet à tous les fabricants qui veulent l'utiliser.

Sources.– Francis Balle, *Médias et Société*, Presse, Audiovisuel, Télécommunication, Paris, 6ᵉ édition, Montchrétien, 1992, 735 pages.

Michel Rival, *op. cit.*

Le livre mondial des inventions, Paris, 1994, Éditions n° 1.

Frédéric Vasseur, *op. cit.*

Depuis le début des années 1980, les supports ainsi que les équipements de lecture et d'enregistrement intégrés à l'environnement domestique affichent des transformations technologiques majeures et rapides. Le disque vinyle a disparu en quelques années, cette disparition provoquant par ricochet celle des électrophones ou tourne-disques traditionnels. D'autres équipements analogiques tels la minicassette audio classique, la cassette vidéo et leurs lecteurs-enregistreurs respectifs, résistent encore, mais pour combien de temps? S'ils ne disparaissent pas à court terme, ils seront passablement transformés.

TABLEAU 8.3 **Vers un lecteur-enregistreur polyvalent**

Philips	1979	Disque compact audio à lecture laser	Gravure numérique : signal codé sous forme binaire (0 et 1).
Philips et Sony	1985	CD-ROM pour l'ordinateur	Adapté à l'usage informatique, permet seulement la lecture.
Sony et Matsushita	1987	DAT (Digital Audio Tape) cassette audionumérique	Standard adopté par la plupart des constructeurs; lecteur de cassettes audio à enregistrement numérique; qualité sonore du disque compact.
Philips	1988	CD-V (Compact Disc Video) renommé Laser Disc en 1990	Son numérique et images analogiques Trois formats : • 12 cm : diffusion de clips, 6 minutes d'images vidéo; • 20 cm : 20 minutes d'images par face; • 30 cm : 60 minutes d'images par face, support pour la diffusion de films.
Philips et Sony	1991	CD-I (disque compact interactif) : appareils de lecture compatibles avec les CD photo et audio branchés sur la télévision	CD de 12 cm de diamètre qui comporte des informations numériques (son, images fixes ou animées, textes) Catalogue axé sur les jeux, les programmes éducatifs et la culture.
Philips en collaboration avec Matsushita (Panasonic, Technics)	1992	Cassette DCC (Digital Compact Cassette) et magnétophone DCC	Son numérique; compatibilité avec cassettes audio standard. Enregistrement de 60, 75 et 90 minutes.
Sony	1992	Mini-Disc compact	Effaçable et enregistrable; 64 mm de diamètre et 74 minutes de son numérique.
Kodak	1992	CD photo : lecteur compatible avec CD audio et CD-I, branché sur la télévision	Disque optique compact de 12 cm de diamètre contenant jusqu'à 100 photos numérisées.

Toshiba, Philips, Sony, etc.	1996	DVD (Digital Video Disc); lecteur laser numérique	Disque compact de 12 cm d'une capacité de 5 à 12 Go.

Sources.– Francis Balle, *Médias et Société*, Presse, Audiovisuel, Télécommunication, Paris, 6ᵉ édition, Montchrétien, 1992, 735 pages.

Michel Rival, *Les grandes inventions*, Paris, Larousse, La mémoire de l'humanité, 1991, 320 pages.

Le livre mondial des inventions, Paris, 1994, Éditions n° 1.

Frédéric Vasseur, *Les médias du futur*, Paris, PUF, « Que sais-je? », 1992, 127 pages.

Au commencement de la grande aventure optonumérique, il y a eu le *disque optique compact*, un disque audionumérique à lecture laser, une innovation mise au point par la société hollandaise Philips, en collaboration avec la firme japonaise Sony. Déjà en 1978, Philips, aidé de sa filiale de production discographique Polygram, était en mesure d'enregistrer une heure de son stéréophonique sur un disque compact[13]. Puis, au début des années 1980, Philips, Sony de même que Hitachi et JVC s'entendent sur des normes communes pour le développement du disque compact audio et de son lecteur de même

---

13. Dominique Cotte, « Le disque interactif est arrivé », dans « Dossier : la Troisième vague du numérique », *Science et Vie High Tech*, n° 3, septembre 1992, p. 26 à 29.

que sur un standard mondial. Ces normes sont adoptées dès 1981 par les plus grandes firmes de fabrication de matériel électronique. Aussi, près de 40 compagnies achètent les licences Philips/Sony pour la fabrication de lecteurs et de disques audionumériques. Le disque compact est commercialisé sur une grande échelle à partir de 1983. Son succès est à l'origine de la disparition du marché des disques vinyle. En effet, en moins d'une dizaine d'années, le disque compact a détrôné définitivement le microsillon[14].

Pour saisir l'ampleur du marché du disque compact sonore et la rapidité avec laquelle il s'est répandu, notons que selon la Recording Industry Association of America, en 1993, les manufacturiers avaient mis sur le marché 500 millions de disques compacts, alors qu'en 1983, ils n'avaient pas dépassé le million d'exemplaires. Pourtant, la même année, 209 millions de microsillons avaient été vendus. Non seulement cela signifie la mort du support vinyle mais aussi une recrudescence et une lucrativité sans précédent du marché de l'enregistrement sonore, avec une multiplication de titres édités.

Contrairement aux anciens supports, le disque compact est pratiquement inusable, il ne s'abîme pas et de plus, il offre des sons de qualité supérieure Pendant quelques années, il y a cependant une ombre au tableau : tous ces disques compacts membres de la famille des ROM (*Read Only Memory*) ne peuvent être ni effacés, ni servir pour enregistrer, bref, ils ne sont pas réversibles. L'année 1992 va mettre un terme à cette zone d'ombre et être celle du lancement des premiers disques magnéto-optiques enregistrables et effaçables : par exemple le Mini-Disc de Sony, 64 mm de diamètre, avec une capacité d'enregistrement de 74 minutes de son numérique.

Cependant le disque compact ne va pas se limiter, loin de là, au seul stockage du son numérique, et en moins d'une dizaine d'années, il va devenir un support notamment pour les applications multimédias servant à stocker d'autres informations telles que le texte, les images fixes ou animées et les données informatiques, contenues entre autres sur les CD-I et CD-ROM,

---

14. « Car même en faisant abstraction de son caractère « inusable » […] le CD représente un gain de plus de 30 dB en dynamique, une distorsion harmonique de seulement 0,0004 % à 1 kHz (contre 1 à 2 %) et une bande passante qui s'étend de 20 Hz à 20 kHz +/- 0,5 dB (contre 30 Hz – 20 kHz+/- 2dB). Avec ces chiffres sans appel, le son numérique sonne le glas de l'ère analogique. » Michel Rival, *Les grandes inventions*, Paris, Larousse, La mémoire de l'humanité, 1991, p. 314-315.

mis au point eux aussi par Philips et Sony. De fait, le succès commercial du disque compact audio a provoqué la mise en place d'une véritable filière industrielle, allant de la numérisation des données jusqu'au pressage, et ouvrant la voie à la création, au développement, à la fabrication et à la commercialisation de divers autres produits d'enregistrement numérique.

Le DAT (*Digital Audio Tape*), qui commence à être commercialisé à partir de 1986 par Sony et Grundig, en est une retombée. Le marché de l'enregistrement numérique par les particuliers atteint alors un niveau de qualité sonore auparavant réservé au milieu professionnel. Le domaine de l'enregistrement numérique sera à partir de ce moment la scène d'une guerre âpre opposant les industriels japonais aux éditeurs de disques compacts américains et européens. Le DAT se présente comme un appareil avec lequel on peut enregistrer numériquement un disque compact audio et dupliquer autant qu'on le désire une cassette numérique sans la moindre perte de qualité.

Les éditeurs de disques compacts considèrent alors le DAT d'un mauvais œil, craignant qu'il favorise un accroissement du piratage. D'ailleurs, peu avant le lancement des premiers DAT, ils adoptent une norme qui rend carrément impossible l'enregistrement d'un disque compact avec cet appareil. L'enregistreur DAT fonctionne avec un échantillonnage de 48 180 Hz, alors que les disques compacts sont échantillonnés à 44 100 Hz. La copie de numérique à numérique est par conséquent impossible[15].

Mais les industriels japonais n'entendent pas en rester là et vont résister à cette norme appliquée au disque compact qui dévalorise, disent-ils, leur appareil. En 1987, le ministère japonais du commerce autorise la fabrication de DAT comportant les deux fréquences d'échantillonnage numériques courantes : celle de la norme DAT, mais aussi celle du disque compact[16]. La riposte américaine ne se fait pas attendre et l'administration Reagan interdit tout bonnement la vente de ces appareils aux États-Unis. Quant à la riposte européenne, elle est assurée par les grands éditeurs musicaux tels que Polygram et Thorn-EMI qui vont refuser d'accorder des licences pour la commercialisation de leurs catalogues sur cassettes numériques[17].

15. Frédéric Vasseur, *op. cit.*, p. 123.
16. Frédéric Vasseur, *ibid.*
17. Frédéric Vasseur, *ibid.*

Cette guerre économique sur fond technologique va cependant se terminer par la négociation en raison de l'apparition d'une nouvelle convergence des intérêts des protagonistes. En effet, les fabricants japonais ayant pris le contrôle des plus grandes firmes de l'édition américaine, notamment lorsque Sony rachète Columbia, puis Matsushita, la MCA (Music Corporation of America), ils vont se trouver à leur tour très intimement concernés par tous les débats entourant la question de la protection du droit d'auteur. Des négociations entre les éditeurs phonographiques et les fabricants de matériels vont aboutir, en 1989, à l'adoption d'une nouvelle norme de protection, la SCMS (*Serial Copy Management System*) qui permet d'enregistrer de numérique à numérique, d'un disque compact vers un DAT, mais qui empêche la reproduction de la cassette enregistrée. Cette norme devrait en particulier éliminer le piratage industriel à grande échelle, en rendant l'original impossible à copier. C'est ainsi que la plupart des industriels japonais de la haute fidélité dont Aïwa, Casio, Denon, JVC, Kenwood, Nakamichi, Sony, Technics lancent, au cours de 1991, des modèles de DAT fondés sur ces nouvelles assises techniques et surtout protectionnistes[18].

Mais la cassette DAT requiert des magnétophones coûteux et elle est incompatible avec les cassettes compactes analogiques qui se chiffrent par milliards aux quatre coins de la planète. Aussi, en matière d'enregistrement numérique, les Européens ne chôment pas et en particulier Philips qui, dès 1992, commercialise un magnétophone lecteur et enregistreur numérique qui peut lire à la fois les cassettes numériques DCC *(Digital Compact Cassette)* et les cassettes analogiques classiques. Ce que le DAT ne peut faire, utilisant des cassettes de petit format. Moins cher que le DAT, davantage dédié au milieu professionnel, ce magnétophone à vocation grand public permet de réaliser des enregistrements numériques de la qualité du disque compact mais il est doté du même système de protection SCMS. Néanmoins, les magnétophones numériques, surtout le DAT, à cause de son prix sûrement, n'ont pas encore connu un succès commercial équivalent à celui du disque compact.

Ce choix technologique démontre bien que Philips est resté fidèle au standard de la minicassette qu'il a su imposer dans les années 1960. Néanmoins, ce choix n'est pas sentimental. Il est à la fois technologique et économique. En effet, chaque année, la cassette compacte de Philips est vendue à plus de

---

18. Frédéric Vasseur, *op. cit.*, p. 125.

4 milliards d'exemplaires dans le monde tandis que les cassettes analogiques et préenregistrées de Philips restent le support de diffusion sonore le plus utilisé. Sur l'ensemble des supports musicaux, la cassette compacte détient 70 % des parts de marché dans le monde[19]. En définitive, du jour au lendemain, les usines de duplication, dont plusieurs appartiennent à Polygram, une filiale de Philips, peuvent se convertir au DCC en se contentant d'adapter les machines existantes, sans devoir les renouveler[20].

Finalement, il semble que les équipements de type analogique sont inexorablement destinés à être graduellement remplacés par des équipements fonctionnant selon le mode numérique. Si, pour le moment, il sert sous différentes formes (ruban, disquette, etc.), le support magnétique risque de s'éteindre à plus ou moins long terme devant le support optonumérique dont le représentant par excellence est le disque optique compact (DOC) de 12 centimètres de diamètre, sur lequel désormais convergent de plus en plus son, image et texte. Toutefois, il faudra pour cela que les graveurs de disques compacts puissent être accessibles à un prix abordable.

TABLEAU 8.4 **Les supports d'enregistrement**

	Sur support magnétique	**Sur support optique**
Signal analogique	Cassette audio Cassette vidéo	Laser Disc : système analogique à lecture laser : son numérique et image analogique.
Signal numérique	DAT (Digital Audio Tape) : enregistrement numérique sur support magnétique	Lecture seulement CD audio CD-ROM
	Disquettes magnéto-optiques DCC Mini-Disc	CD-I CD photo CD vidéo Enregistrement : CDR

19. Henri-Pierre Penel, « La cassette compacte convertie au numérique », dans « Dossier : la Troisième vague du numérique », *Science et Vie High Tech*, n° 3, septembre 1992, p. 38 à 42.

20. Frédéric Vasseur, *op. cit.*, p. 124-125.

8.7 Le disque optique compact à la croisée des technologies médiatiques

Au fur et à mesure que se perfectionnent les outils de compression numérique, il est possible d'envisager une utilisation de plus en plus variée du disque optique compact (DOC) et d'étendre le type de produit médiatique pouvant y être emmagasiné. Aussi, tous les médias convergent vers l'adoption de ce support comme standard de l'intégration multimédia. Le disque compact est non seulement sonore, mais il devient aussi le support de textes, graphiques, images fixes ou animées, de données informatiques, etc., séparément ou tous entrelacés. En fait, le DOC est devenu un support polyvalent.

Il a déjà été signalé que la technologie qui serait la plus susceptible de remplacer tôt ou tard la cassette vidéo serait le disque laser vidéo. Mais, étrangement, bien que ces deux technologies se soient côtoyées durant près de vingt ans, le disque vidéo n'a jamais déstabilisé le marché de la cassette qui semble fortement implanté. Du reste, aucun produit audiovisuel n'est actuellement aussi peu coûteux que le stockage sur vidéocassette. On ne peut en dire autant du vidéodisque dont l'histoire est balisée d'une série d'échecs techniques et commerciaux. Avant le milieu des années 1990, il y a toujours eu une certaine confusion sur les standards, la complexité de la technologie et la capacité d'offrir un produit à un prix compétitif.

On se souviendra que déjà en 1965, le procédé américain Phonovid de Westinghouse permet d'enregistrer jusqu'à 200 images fixes sur disque. En 1970, les firmes européennes AEG-Telefunken et Decca mettent au point le Teldec mais son exploitation commerciale se solde par un échec. Le Laservision n'aura guère plus de chance. Conçu en 1972 par Philips, bien qu'il poursuive sa carrière au Japon et aux États-Unis, celle-ci s'interrompt en Europe deux ans à peine après son lancement 1982. Enfin, en 1988 arrive le CDV (*Compact Disc Video*), compatible avec le Laservision et offre trois formats de disques. Il sera rebaptisé Laser Disc en 1990 et commercialisé dans tous les pays d'Europe de même qu'aux États-Unis et au Japon.

Le Laser Disc est un disque compact bien particulier. Le son est numérique, aussi il peut assurer la lecture des disques compacts audio, alors que les images sont analogiques. Ce qui permettait à ce moment de stocker plus d'images qu'avec le codage numérique. En 1994, il existait en trois formats. Le Laser Disc de 12 cm sert principalement à la diffusion de clips, soit un maximum de six minutes d'images vidéo, le disque de 20 cm peut contenir 20 minutes d'images par face, tandis que celui de 30 cm permet l'enregistrement de 60 minutes d'images par face et constitue ainsi un bon support de diffusion de films.

Un nouvel essor semble marquer l'évolution du disque laser vidéo. Cet essor se caractérise par les technologies interactives qui ouvrent la voie à des applications éducatives et à des jeux interactifs. Les possibilités liées à ces applications ont incité des géants de l'industrie tels que Sony, Matsushita et JVC à se lancer dans la production de ces appareils. De plus, un lien était établi entre la technologie du disque laser et celle du disque compact.

Des alliances avec des distributeurs ont favorisé l'acceptation commerciale du disque laser vidéo. Par exemple, la compagnie Image Entertainment Inc. a établi des ententes avec Disney afin de produire et de distribuer des films et des vidéos musicaux dans le format des disques laser vidéo. Malgré cette percée, le vidéodisque laser n'a pas atteint le succès commercial des cassettes vidéo. Cela s'explique par le fait que, d'une part la cassette vidéo permet d'enregistrer des émissions et, d'autre part, que cette industrie a établi des canaux de distribution très solides. En effet, les créateurs (ou producteurs), les distributeurs et les détaillants possèdent des réseaux commerciaux bien établis pour la cassette vidéo, ce qui a nui à l'adoption généralisée du disque laser vidéo.

À la fin de 1991, Pioneer lance le premier disque laser vidéo qui permet d'enregistrer des images. Son usage est réservé aux maisons de production car son prix est de 25 000 $. À la fin de 1993, il existait 47 modèles d'appareils vendus par 19 manufacturiers. En 1994, environ 8 000 titres sont disponibles en disque laser vidéo et c'est au Japon que cette technologie est la plus populaire. Pioneer fait office de promoteur de cette technologie car en 1993-1994, elle lance son « LaserActive multiplayer » qui permet de manipuler dans un même appareil le disque laser vidéo, le disque compact ainsi que le CD-ROM.

Le disque laser vidéo offre une image d'une qualité très supérieure à celle des magnétoscopes. De surcroît, contrairement au ruban, il est inusable. L'inconvénient par rapport au magnétoscope est que le lecteur n'est pas réversible et qu'il ne peut enregistrer des émissions de télévision. Pour le moment, il conserve le marché des amateurs de films et autres passionnés de l'image. Le disque laser vidéo semble être toutefois condamné par la technologie numérique. Il suffit que les techniques de compression permettent de préserver une qualité de l'image en prenant moins d'espace sur le disque et que parallèlement celui-ci prenne du volume, pour que la technologie du disque laser vidéo de type analogique soit définitivement déclassée.

En septembre 1995, un accord signé entre les multinationales de l'industrie électronique dont les firmes Toshiba, Philips, Sony, etc. pour l'établissement d'une norme unique pour la construction d'un nouveau type de lecteur laser numérique, le DVD, (*Digital Video Disc*), va dans ce sens. Évitant la répétition d'une guerre des standards comme ce fut notamment le cas avec le magnétoscope, les grands groupes de l'électronique s'entendent sur la compatibilité de leurs appareils respectifs ainsi qu'avec les lecteurs de disques compacts et de CD-ROM. Ainsi, le disque laser vidéo a la dimension des DOC actuels et, utilisant le standard de compression MPEG-2, possède cette fois une capacité de stockage au-delà de 4 à 5 giga-octets, ce qui permet de restituer dans de meilleures conditions les films longs métrages. À moyen terme, la quantité d'informations pourrait atteindre même jusqu'à 17 giga-octets. Cela indique bien que les manufacturiers reconnaissent désormais la demande des grandes entreprises de divertissement quant au standard de haute qualité des images. Dans cette perspective, il est certain que la technologie du disque compact connaîtra au tournant de l'an 2000 des changements majeurs tant dans les procédés de compression que dans la capacité des DOC de tout genre.

En attendant, le disque compact photo, réalisation de Philips et de Kodak, et mis en marché à partir de 1992, sert à la photographie, soit à l'image fixe. Il permet de numériser et de stocker des photographies (négatifs, diapositives, noir et blanc, couleur) sur un disque compact laser de 12 cm de diamètre, visionnable par le biais d'un lecteur de disque compact photo, soit un lecteur de CD-ROM branché sur un micro-ordinateur, soit un lecteur de CD-I relié à un téléviseur. D'autres appareils ayant les mêmes capacités font leur apparition. Ainsi, le développement des pellicules classiques peut se réaliser non plus seulement sur un support diapositive ou un support papier, mais aussi sur un disque optique compact.

Le disque compact photo conserve la haute définition de la photographie traditionnelle. Une image 24 x 36 contient jusqu'à 18 millions de pixels. La station de numérisation fabricant le disque compact photo traite chacun de ces points et, une fois comprimée, la taille de la photo est réduite de 18 Mo à 6 Mo, soit un facteur de 3 pour 1. D'où la possibilité d'inscrire 100 photos sur un disque de 600 Mo. Chaque photographie est indexée et peut être ainsi facilement retracée pour la faire apparaître à l'écran. La mise au point de cette unité de stockage de photographies numérisées ouvre également la voie à toute une panoplie d'outils de traitement de l'image exploitables sur micro-ordinateur.

C'est aussi en 1992 que Philips lance à la fois les lecteurs et les programmes CD-I (*Compact Disc Interactive*). Ils comportent du texte, du son, des images fixes ou animées, soit autant de données enregistrées sous forme numérique. Ce support d'application *multimédia* vise le « grand public ». Tout en étant branché et visionnable sur le téléviseur, il relève pourtant bel et bien d'un système informatique habilement camouflé. En effet, le système CD-I n'est rien d'autre qu'un micro-ordinateur capable de lire un disque optique compact avec sa combinaison d'objets sonores et visuels. À l'instar du magnétoscope ou du lecteur de disque compact audio, Philips en a fait volontairement un produit de l'électronique grand public. D'ailleurs, son habillage, son raccordement à la télévision ou à la chaîne haute fidélité font oublier l'aspect informatique du produit, susceptible de gêner les usagers[21].

Un CD-I qui dispose d'une capacité de stockage de 600 Mo peut donc aisément contenir 7 000 images ou 72 minutes de son numérique ou encore 19 heures de paroles ou enfin 240 000 pages de texte. Il est capable de digérer et de reproduire à lui seul une encyclopédie de plusieurs volumes[22].

Le CD-I propose actuellement une gamme de programmes qui concernent principalement les domaines des jeux, de la culture et de l'éducation. Son lecteur, qui ressemble comme un frère à un lecteur de disque compact audio, est branché sur la télévision et peut être aussi connecté sur le système de son pour une meilleure qualité sonore. Le lecteur peut également lire des disques compacts audio et photo. L'interactivité est rendue possible par le biais d'une télécommande de même type que celle de la télévision et qui permet à l'utilisateur de déplacer le curseur et de piger selon son choix dans des menus qui paraissent à l'écran.

---

21. Dominique Cotte, *loc. cit.*
22. Dominique Cotte, *ibid.*

Actuellement, le CD-I est déjà commercialisé mais son succès auprès du public va certainement dépendre de la gamme des programmes proposés, laquelle doit être suffisamment consistante pour inciter les gens à acheter un lecteur de CD-I. Mais reste à savoir, maintenant, comment se départageront dans l'avenir la production et les ventes de CD-I ou de CD-ROM. L'un étant davantage un appareil périphérique du téléviseur (utilisant une télécommande), l'autre appartenant au monde des ordinateurs (donc avec clavier). Certainement que le marché, comme dans le cas du disque compact, sera orienté par le type de programmes qui seront commercialisés pour chacune des technologies. Le risque est grand de se retrouver pris comme dans un étau, entre d'une part, tout le fort marché des jeux vidéo du type Nintendo, et, de l'autre, un marché de plus en plus foisonnant de CD-ROM multimédias de toutes sortes.

Frère aîné du CD-I, puisqu'il a été inventé par Philips en 1985, le CD-ROM (standard ISO 9660) est souvent d'emblée défini comme un disque compact multimédia. D'ailleurs, chez Philips, le parallèle est souvent évoqué entre la naissance de l'imprimerie et la diffusion de l'écrit et celle du CD-ROM qui rend disponibles des informations de toutes natures directement utilisables dans l'environnement informatique.

Le CD-ROM a en effet une capacité de stockage qui équivaut au contenu de plus de 400 disquettes de 1,4 Mo et peut emmagasiner jusqu'à 350 000 pages de texte. Mais, il peut contenir en plus des sons, des images, etc. Il est actuellement un support qui permet la diffusion des catalogues professionnels des grandes entreprises dans les secteurs les plus divers : aéronautique, agriculture, marketing direct, urbanisme, banque, chimie, économie du droit, médecine, science. Signe de l'intérêt que lui porte l'industrie informatique, les constructeurs d'ordinateurs figurent parmi les premiers utilisateurs, en particulier pour la diffusion de leurs documentations techniques et des logiciels[23].

Cependant, outre une présence dans des domaines essentiellement professionnels, comme les catalogues, rapports et autres documents commerciaux créés pour des grandes entreprises, le CD-ROM est aussi destiné à des usages davantage grand

---

23. Frédéric Vasseur, *op. cit.*, p. 112.

public. Il suffit de penser aux atlas, encyclopédies, dictionnaires, cours de langues étrangères, jeux qui ne cessent de se multiplier sur le marché.

Déjà, en 1994, le parc mondial des lecteurs de CD-ROM atteint les 10 millions d'unités, dont 80 % se retrouvent aux États-Unis. Tandis qu'au Canada il y en a 50 000, dont environ 15 % au Québec. Il est prévu qu'en 1998, il y ait 60 millions d'exemplaires de ces appareils à l'échelle mondiale. Certains observateurs vont jusqu'à dire qu'au tournant du millénaire, près de la moitié de l'édition sera constituée de produits électroniques. Mais tout cela bouge très vite et mène à des situations difficiles à analyser. Néanmoins, ces chiffres, à défaut d'être exhaustifs et récents, montrent bien la tendance lourde du développement de ce secteur qui représente un marché en pleine expansion.

D'ailleurs, la dynamique risque d'être transformée compte tenu de l'arrivée du nouveau disque laser DVD qui est présenté comme le prochain dénominateur de la technologie numérique.

8.8 Quand la radiophonie prend le virage audionumérique

La numérisation s'est installée, depuis quelques années, d'abord par le biais du micro-ordinateur, dans le domaine du texte et des graphiques, puis par l'entremise des lecteurs de divers DOC, dans le domaine de la musique, de la photographie et des images animées. Outre ces médias autonomes, elle se développe également dans le champ des technologies de distribution et de communication, un développement proportionnel aux progrès réalisés en matière d'algorithmes de compression de plus en plus performants.

Lorsqu'il est question de l'instauration de la radio ou de la télévision numérique, à chaque fois la numérisation de ces médias est censée garantir une émission d'une très grande qualité d'image et de son, sans interférence, distorsion ni brouillage. Ce qui a retardé jusqu'à présent la mise en œuvre et la mise en opération de ces technologies médiatiques, ce sont essentiellement les limites relatives aux largeurs de bande requises pour la transmission de leurs émissions et de leurs programmes.

La mise en œuvre de la radio numérique, prévue dans son ensemble pour l'an 2000, comporte toutefois un certain nombre de difficultés, notamment en ce qui concerne la très grande quantité d'informations numériques qu'elle produit. On ne peut donc l'utiliser directement, sans lui faire subir le traitement de la compression pour en réduire le débit. Autrement, elle occuperait un place excessive dans un espace hertzien déjà encombré. En effet, en théorie, s'il fallait transmettre un programme stéréophonique numérisé comme celui d'un disque compact, il faudrait émettre deux fois 768 000 bits par seconde pour chacun des 44 100 échantillons créés chaque seconde. Ce débit, réalisable sur le plan technique, conduirait cependant à occuper une trop large bande de fréquences dans le spectre hertzien. Pour réaliser une radio numérique, il faut réduire le flot d'information sans pour autant perdre la qualité haute fidélité du son.

« La largeur de bande est la plage de fréquences radioélectriques nécessaires à la transmission d'un signal donné. Différents types de signaux exigent différentes largeurs de bande. Par exemple, la transmission des signaux de télévision demande une largeur de bande de 6 MHz par canal; la radiodiffusion FM exige une largeur de bande de 0,25 MHz et la radiodiffusion AM, 0,01 MHz par canal [...]. L'arrivée d'une nouvelle technologie, connue sous le nom de compression numérique, a changé les données. Cette technologie permet de « comprimer » les signaux numériques, qui peuvent alors être transmis dans une largeur de bande beaucoup plus petite[24]. »

Deux innovations techniques majeures sont mises à contribution dans la réalisation la compression en radio numérique et la mise au point d'un codeur-décodeur adéquat. Il s'agit de MUSICAM (*Masking pattern-adapted Universal Subband Integrated Coding and Multiplexing*), une norme de compression du son numérique et de COFDM (*Coded Orthogonal Frequenced Data Multiplexed*), un nouveau mode de transmission des signaux.

Le MUSICAM a été élaboré en France par le Centre commun d'Études de Télédiffusion et Télécommunications (CETT), en Allemagne par l'IRT et en Hollande par Philips. Ce procédé de compression permet de travailler directement sur la source

---

24. Groupe de travail sur la mise en œuvre de la radiodiffusion audio-numérique, *La radio numérique, la voie du futur : Vision canadienne*, Ministère des Approvisionnements et Services Canada, 1993, p. 17.

sonore. Il s'agit d'un système de traitement du son, fondé sur des caractéristiques fonctionnelles de l'oreille humaine. En effet, sa conception repose sur l'étude de la perception psychophysiologique des sons complexes. Celle-ci a déjà mis en évidence l'existence de phénomènes de « masquage », c'est-à-dire que le cerveau ne perçoit que les fréquences qui lui sont utiles à la reconnaissance du son. Les autres composantes sont ignorées. En ne traitant que les informations utiles à la perception, le volume des informations du son est ainsi compressé dans un rapport d'environ 8 à 1. La compression permet ainsi de ramener le flot initial à un débit compatible avec celui de la radio, de l'ordre de 100 kilobits par seconde et par canal.

Cette technique utilise un procédé appelé PASC (*Precision Adaptive Subband Coding*) qui élimine toutes les fréquences situées en dehors du spectre sonore audible qui s'échelonne de 20 à 20 000 Hz. Le principe consiste à répartir le signal acoustique en 32 sous-bandes correspondant à autant de plages de fréquences bien définies. Puis chaque sous-bande est analysée afin d'éliminer tous les sons qui ne sont pas audibles par l'oreille humaine. Il devient ainsi possible de ne transmettre que 16 % environ des données initiales sans dégradation perceptible de la qualité sonore.

Mais la radio numérique ne s'appuie pas seulement sur la norme de compression MUSICAM, mais aussi sur le nouveau procédé de diffusion COFDM. Afin d'assurer une réception idéale dans toutes les situations, l'information doit être insensible aux variations des conditions de propagation. C'est la technique de codage du canal qui permet de réaliser cet objectif. Cette technique de radiodiffusion divise le signal numérique en plusieurs paquets de données redondantes, c'est-à-dire qu'on transmet la même information dans différents paquets. Puis ces paquets sont envoyés sur plusieurs sous-porteuses de la même fréquence. Le récepteur analyse ces données captées, élimine les caractères redondants et restitue parfaitement le signal, sans parasites, sans échos et sans réflexions.

Toutes ces innovations visant la compression numérique des signaux permettent de réduire la largeur de bande nécessaire à la radiodiffusion numérique. « Il faut prévoir une largeur de bande pouvant atteindre 1,5 MHz par service stéréophonique pour pouvoir transmettre les 1,5 million de bits par seconde nécessaires à la reproduction d'un son stéréophonique [...]. La compression numérique permet de réduire le nombre de bits/seconde nécessaires à la transmission d'un signal stéréo de

1,5 million à moins de 0,25 million, sans modification perceptible de la qualité sonore[25]. »

En février 1992, à la suite d'une proposition canadienne, la Conférence administrative mondiale des radiocommunications (CAMR), chargée de négocier l'attribution internationale des fréquences, attribue officiellement, à l'échelle mondiale, la bande L aux futurs services de radiodiffusion audionumérique[26]. Ainsi, avec l'installation de la radio numérique, tous les programmes et services actuellement dispensés sur les bandes AM et FM seraient donc transférés sur une nouvelle bande unique, qui offre des largeurs plus importantes, soit la bande L. Ce qui signifierait à plus ou moins long terme l'utilisation à d'autres fins des fréquences des bandes AM et FM.

Cette bande s'échellonne de 1 452 à 1 492 mégahertz (MHz) et permet de capter les signaux diffusés autant par les émetteurs terrestres que par les satellites. À titre de comparaison, les services actuels sont exploités dans deux bandes distinctes, soit la bande FM de 88 à 108 MHz et la bande AM comprise entre 0,525 et 1,705 MHz[27]. Mais compte tenu que ni l'une ni l'autre de ces bandes ne conviennent à la radiodiffusion par satellite, le nouveau standard numérique servira non seulement à donner une norme unique à l'ensemble des stations radiophoniques mais aussi à élargir les modes de diffusion. Cela devrait faire en sorte que les régions éloignées soient aussi bien desservies que les grands centres urbains.

Mais la bande L ne trouve pas l'assentiment de tous et plus particulièrement des États-Unis où cette gamme de fréquences n'est pas actuellement disponible, attribuée semble-t-il à la radiocommunication militaire. En fait, les radiodiffuseurs américains cherchent actuellement à mettre au point un type de radiodiffusion audionumérique qui pourrait être exploité dans les bandes actuellement attribuées à la radiodiffusion AM et FM. Ainsi, les radiodiffuseurs actuels pourraient développer un système de radiodiffusion audionumérique sans qu'il soit nécessaire d'utiliser la bande L et sans ainsi provoquer une nouvelle concurrence avec la création d'une troisième bande.

---

25. Groupe de travail sur la mise en œuvre de la radiodiffusion audionumérique, *loc. cit.*

26 Groupe de travail sur la mise en œuvre de la radiodiffusion audionumérique, *ibid.*, p. 13.

27. Groupe de travail sur la mise en œuvre de la radiodiffusion audionumérique, *ibid.*, p. 12.

Ce système, nommé IBOC (*in-band-on-channel* ou, en français, intrabande dans la voie), peut fonctionner sur les bandes AM et FM existantes, mais son plus gros désavantage réside dans le fait qu'il ne permet pas la transmission par satellite. De surcroît, il semble que le système IBOC n'offrira un rendement guère supérieur à celui des systèmes AM ou FM analogiques traditionnels[28].

Advenant un accord international, la radio numérique, diffusant un son de la qualité du disque compact, devrait apparaître graduellement à la fin de cette décennie. Les transmissions par satellite et les émetteurs hertziens passeraient dès lors par un nouveau système de diffusion, le DAB (*Digital Audio Broadcasting*), mis au point dans les années 1980 par le CCETT, l'institut allemand IRT, les industriels Philips, Thompson et Telefunken. Le DAB doit faire cependant l'objet d'une standardisation européenne.

C'est ce même système DAB qui, dès 1990, a fait d'ailleurs l'objet d'essais en matière de radio audionumérique dans diverses villes canadiennes, et ce, sous l'égide de la Société Radio-Canada (plus précisément de son service d'ingénierie), de l'Association canadienne des radiodiffuseurs (secteur privé) et du Centre de recherches sur les communications (CRC), le tout appuyé par les ministères des Communications du Canada et du Québec. À la suite de ces expériences, en 1993, la Société Radio-Canada et les radiodiffuseurs privés se sont réunis dans une compagnie sans but lucratif appuyée financièrement par le gouvernement fédéral. Ils ont mis sur pied le groupe de Recherche sur la radio numérique qui se consacre à la recherche et au développement. Depuis 1993, ce groupe poursuit des expériences concluantes de transmission numérique à Barri et Toronto (Ontario) et à Trois-Rivières (Québec) et travaille à mettre en œuvre les premières stations de radio numérique expérimentales permanentes en Amérique du Nord, installées à Montréal, Rigaud, Saint-Sauveur et à Toronto sur la tour du CN.

La radio numérique comporte essentiellement quatre grands avantages. D'abord, elle permet de diffuser un son parfait, de la qualité d'un disque compact. En effet, le récepteur audionumérique comporte un minuscule ordinateur capable de discerner et d'éliminer les bruits parasites afin de reproduire un signal uniforme. La réception des émissions FM est sujette au brouillage

---

28. Groupe de travail sur la mise en œuvre de la radiodiffusion audionumérique, *op. cit.*, p. 21.

des ondes causé par les réflexions parasites ou des échos produits par des immeubles ou des accidents géographiques. Au contraire, les émissions DAB bénéficient du phénomène d'échos, puisque le signal qui bute sur un obstacle est renvoyé, effaçant du même coup les zones d'ombre.

Elle favorise également des économies de fréquences en autorisant une seule fréquence par station de radio pour une zone géographique sans limites. Dans le système FM actuel, les émetteurs de même fréquence peuvent interférer mutuellement et le signal se détériore. Si un émetteur couvre une zone, il faut que tous les émetteurs couvrant les zones voisines soient réglés sur d'autres fréquences. Ainsi les stations FM disposent de plusieurs fréquences régionales. Le DAB permet au contraire de regrouper tous les émetteurs régionaux sur la même fréquence. La réception d'un même signal se fait par divers émetteurs ce qui techniquement est un gage de fiabilité, les risques de perdre un paquet d'information diminuent d'autant. Par exemple, l'auditeur automobiliste n'est plus captif d'une zone de fréquence et n'a plus à chercher sa station à chaque fois qu'il en sort. Une radio nationale n'a donc plus besoin d'une centaine de fréquences différentes. Par exemple, le récepteur est en mesure de syntoniser Radio-Canada, d'Halifax à Vancouver sans que l'auditeur n'ait à intervenir.

De plus, la radio numérique permet de réduire la puissance des émetteurs. Le DAB implique en effet l'utilisation d'émetteurs dont la puissance est 10 fois inférieure à celle des équipements de la bande FM actuelle. Elle permet de faire une économie du spectre en réduisant considérablement la largeur des bandes non utilisées séparant deux stations voisines. D'où la possibilité de multiplier le nombre de stations de radio, de réduire les encombrements actuels de la bande de fréquence radio et d'étendre la puissance de diffusion des radios existantes. Ce qui permettrait également de diffuser plusieurs programmes sur une même fréquence, soit six au maximum.

Enfin, une petite partie du canal numérique permettra de transmettre également des données de type télétexte. Une fois les récepteurs équipés de petits écrans afficheurs, à cristaux liquides, nom de la station, références du disque diffusé et différents autres types d'informations comme les cotations boursières, la météo, etc., des informations habituellement présentées entre autres sur les réseaux câblés, seront disponibles. Du reste, compte tenu que chaque récepteur sera pour ainsi dire adressable, comme cela est le cas dans la technologie numérique de la câblodistribution ou du satellite, il pourra être programmé pour recevoir des services du type « radio payante ».

Mais, autre preuve que les réseaux tendront, dans un proche avenir, à converger et à se ressembler de plus en plus, il est prévisible que, si la radio désormais achemine et affiche des données sur l'écran de visualisation du récepteur, à l'instar du satellite, la câblodistribution voudra offrir à son tour des programmations musicales spécialisées ou la diffusion de programmes radiophoniques existants.

8.9 La télévision numérique : une nouvelle guerre de standards?

Depuis les tous débuts de la télévision, chaque nouveau standard technique, chaque format ont redéfini à leur manière ce qu'on peut entendre par « haute définition ». La haute définition est en soi une expression relative. D'ailleurs, peut-elle se définir en dehors des critères de la nouveauté? Chaque étape de l'évolution de la télévision ne répondait-elle pas à une quête d'une meilleure qualité et par conséquent à une plus haute définition de l'image que la précédente?

Il suffit seulement de se rappeler que les essais de transmission de télévision ont débuté dans les années 1920 avec 25 lignes de résolution (définition) et que l'on criait pourtant au miracle. Et que dire des 405 lignes de la télévision monochrome des années 1950, et des 65 lignes du système de télévision européen développé vers la fin des années 1960? L'arrivée de la couleur, le perfectionnement d'écrans plus grands furent au nombre des tentatives de donner une meilleure résolution à l'image. C'est aujourd'hui dans ce sillage que ce situe la télévision haute définition (TVHD).

Par ailleurs, les différents standards de télévision, le NTSC américain, le PAL allemand et britannique et le SECAM français, on s'en souvient aussi, ont été élaborés autour de la mise au point de la télévision couleur et n'ont pas bougé depuis. Ils sont par ailleurs incompatibles entre eux, chacun exigeant une configuration appropriée des équipements. Il s'agit en quelque sorte d'une division du monde alors que NTSC est utilisé dans 32 pays, dont l'Amérique du Nord, une partie de l'Amérique du Sud et quelques pays d'Asie dont le Japon; le SECAM est la référence dans 42, la France bien entendu, l'Afrique francophone, quelques pays d'Amérique du Sud, du Moyen-Orient et d'Asie. Tandis qu'enfin le PAL recrute le reste du monde avec 63 pays en majorité européens. Toutefois, à moyen terme, la télévision numérique et plus largement tous les projets d'expérimentations d'une télévision haute définition vont remettre en question ces standards sur le plan technologique comme économique.

Techniquement, comme dans le domaine sonore, le système analogique de la télévision doit son nom à la modulation du signal. On sait que le principe technique fondamental de la télévision se retrouve dans la transduction d'une image dans une multitude de lignes et de points d'intensité lumineuse variable. La modulation vidéo est justement proportionnelle à la modulation des intensités lumineuses balayées par le faisceau analyseur. La télévision numérique repose, quant à elle, sur le principe, non pas de la variation continue de l'intensité lumineuse des points et des lignes, mais de la mesure de l'intensité de chaque point de l'image. Ainsi, la valeur du signal est découpée, échantillonnée en une succession d'impulsions exprimées en nombres binaires et qui restent identiques quelles que soient les variations intervenues dans le signal original. Le système numérique permet ainsi l'obtention d'un signal très stable, facilite le transcodage, offre de multiples possibilités de traitement et de composition, dont les images de synthèse.

Sur le plan économique, de tout temps, la normalisation des systèmes de télévision, tant en Europe qu'en Amérique du Nord, a fait l'objet d'une vive concurrence entre les divers groupes industriels de l'électronique engagés dans le domaine de la radiodiffusion. D'ailleurs, les tentatives de fixer une norme unique et universelle se sont butées à cette concurrence techno-économique et à l'intervention des États qui, par la voie de leurs agences en matière de normalisation et de réglementation, jouent un rôle important dans la cohérence des politiques industrielles et conséquemment dans le maintien d'une présence significative de leurs industries sur le marché.

Il faut dire que la télévision, c'est tout un marché, alors qu'il y a, en 1993, autour de 750 millions de téléviseurs dans le monde, principalement recensés dans les pays développés, dont 140 millions aux États-Unis, 275 millions en Europe de l'Ouest et dans l'ex-URSS et 61 millions au Japon. Au Canada, lors de la recension de mai 1994, 98 % des foyers avaient au moins un téléviseur couleur pour un total de 10 203 000 (58 % un seulement, 48 % deux et plus); pour ce qui est du téléviseur noir et blanc, il y a encore 1 761 000 foyers qui en possèdent au moins un. Ce taux de pénétration d'une moyenne dépassant les 95 % est passablement saturé dans l'ensemble de ces pays industrialisés.

La relance d'un nouveau marché avec la télévision numérique pourrait remettre les compteurs à zéro. Un marché qui se comptabilise au bas mot en dizaines et dizaines de milliards de dollars. Le premier groupe industriel qui saurait imposer une nouvelle norme se garantirait du même coup une position dominante. D'ailleurs, l'application d'un standard concerne la nécessaire compatibilité de tous les équipements entrant dans le processus de production, de diffusion et de réception des signaux de télévision. C'est tout dire de la valeur économique voire politique d'une telle normalisation.

La télévision haute définition (TVHD) est en quelque sorte une appellation générique à laquelle tendent toutes les recherches d'une technologie télévisuelle produisant des images équivalentes à celles du film 35 mm. Par conséquent, elle recoupe le développement de tous les équipements de production, post-production et diffusion de ces images.

L'histoire de la télévision haute définition est une autre histoire pleine de rebondissements, impliquant depuis un peu plus de 20 ans trois acteurs principaux, le Japon, l'Europe et les États-Unis, chacun travaillant sur son propre standard, avec pour objectif de le faire adopter par le plus de pays possible. L'enjeu actuel de la TVHD est autant technologique par une amélioration de la qualité des images et du son, qu'économique car, en fait, la nouvelle norme implique une relance du marché des récepteurs et surtout le renouvellement plus ou moins obligatoire du parc des matériels domestiques et professionnels[29].

C'est en 1970 que le réseau japonais NHK (Nippon Broadcasting Corporation) se lance dans l'aventure de la télévision haute définition. La NHK met donc au point, d'une part, une norme de production, High Vision (ou Hi-Vision), qui se révèle être totalement incompatible avec les standards actuels et, d'autre part, une norme de transmission baptisée MUSE (*Multiple Sub Nyquist Encoding*) qui permet de réduire la largeur de la bande de fréquence et rend possible la diffusion du nouveau signal TVHD via satellite. De concert avec Sony, la NHK va réussir à produire une image de télévision dont la qualité et la définition

29. Jacques Barrat, « La télévision haute définition : une géostratégie mondiale », dans *Géographie économique des médias : Médias et développement*, Paris, Éditions Litec, 1992, p. 481 à 507.

prétendent rivaliser avec celles des images projetées dans les salles de cinéma.

Au lieu des habituelles 525 lignes du NTSC, cette nouvelle norme fait passer la résolution verticale à 1 125 lignes (60 Hz) et le son à une qualité numérique de haute fidélité. Mais, par delà l'amélioration technologique, les visées des industriels japonais sont claires En imposant la norme TVHD au monde entier, cela oblige non seulement à renouveler le parc audiovisuel existant mais aussi à acheter « japonais ».

Mais, en 1986, le Japon échoue dans sa tentative d'imposer mondialement sa norme en matière de haute définition lors d'une réunion du Comité consultatif international des radiocommunications (CCIR), organisme relevant de l'Union internationale des télécommunications (UIT) et ayant pour mandat de produire des études techniques et des recommandations notamment quant à l'exploitation des communications hertziennes. Bien que la rencontre ait justement pour but de définir une norme internationale, elle vire en bataille rangée.

En effet, cette année-là, à peine quelques mois avant la réunion du CCIR, les Européens commencent à organiser une riposte contre l'offensive japonaise dans le domaine de la TVHD avec la création du projet Eureka composé d'une trentaine de firmes et laboratoires de l'électronique. Cette riposte est principalement orchestrée par les géants européens que sont Philips, Thomson et Bosch. Il en résulte le standard D2 Mac (Multiplexage analogique des composants), un système compatible avec les standards actuels. En effet, contrairement à MUSE, ce standard n'impose pas le changement immédiat et radical des équipements. En fait, techniquement, l'amélioration de l'image est incrémentielle, jouant sur le dédoublement du nombre de lignes, soit un total de 1 250 lignes en lieu et place des 625 des standards PAL et SECAM. Ce standard est dit évolutif en ce qu'il constitue la première étape d'un processus menant à l'institution du standard HD Mac consacrant ainsi la véritable TVHD. Mais, avant même d'avoir pu être mis en place et généralisé, le D2 Mac est délaissé en juin 1993. La norme de diffusion D2 Mac officiellement abandonnée, l'Europe décide de reporter tous ses efforts sur une norme cette fois entièrement et définitivement numérique, si possible mondiale.

De leur côté, certains industriels américains, dont CBS, vont pendant quelque temps se rallier à la norme japonaise High Vision. En fait, aux États-Unis, il n'existe presque plus de grands constructeurs de téléviseurs aptes à développer et imposer une norme propre. Mais un changement de cap majeur va s'opérer dès 1983, alors que le Joint Committee on Inter-Society Coordination (JCIC), ayant pour mission de coordonner les travaux effectués sur les normes, décide de créer l'Advanced Television Standard Committee (ATSC), un groupe de travail sur la TVHD. Des représentants de tous les secteurs technologiques (radiodiffusion, câble, satellite, cinéma) y sont présents pour orienter les recherches en ce domaine.

En effet, cette année-là, la FCC américaine décrète que les signaux de la télévision HD américaine doivent être compatibles avec les récepteurs existants et se retrouver dans les classiques bandes de fréquences hertziennes (VHF et UHF) de la télévision actuelle. Tout le contraire de la norme européenne qui développe la TVHD par l'entremise du câble et du satellite. Cette décision vient également porter le coup de grâce à la norme japonaise High Vision, en s'appuyant sur le fait que la TVHD représente un bon moyen de revitaliser l'industrie américaine de l'électronique grand public. En cela, elle constituait une réponse à l'éventuelle domination de cette technologie de pointe par les industriels japonais ou européens. Contrôlant déjà 70 % de la micro-informatique dans le monde, les États-Unis ne pouvaient pas être absents sur un marché dont on connaît la synergie avec l'industrie des composants électroniques[30].

Ainsi, trois programmes de recherches, initiés par trois grands consortiums, travaillent actuellement au développement des techniques de transmission de l'image numérique : d'abord, la General Instruments et le MIT (Massachussetts Institute of Technology), puis Zenith, dernier fabricant de téléviseurs américain et AT&T et enfin l'ATRC (Advanced Television Research Consortium) formé des entreprises NBC, Thompson, Philips et des laboratoires Sarnoff. Leur objectif est de définir un standard pour la TVHD. La tendance actuelle s'oriente vers un standard dont les États-Unis assureraient le leadership technologique. On est cependant loin d'une forme définitive pour la technologie de la TVHD.

Cet effort en matière de recherche a donc pour but de permettre aux États-Unis de reprendre sur le marché la place qu'ils ont perdue dans les années 1980, au profit des Japonais, notamment dans le domaine de la fabrication d'équipements électroniques grand public, du style téléviseur et magnétoscope. En fait,

---

30. Jacques Barrat, *op. cit.*, p. 493-494.

l'occasion est bonne pour que la puissante industrie informatique américaine, par définition spécialiste de la technologie du numérique, prenne une place importante sur le marché de la télévision[31].

Partis très en retard dans cette course à la TVHD, les Américains ont non seulement repris le terrain perdu, mais se retrouvent actuellement dans une position plutôt enviable, celle d'arbitre sur la scène mondiale. D'ailleurs, en 1990, en bloquant toute décision à ce propos lors de la réunion du CCIR à Atlanta, les États-Unis imposent définitivement l'idée d'une télévision haute définition tout numérique. Certainement que le financement de la recherche militaire sur les problèmes d'imagerie, notamment à l'occasion de la guerre du Golfe, ainsi qu'une présence de plus en plus marquée des géants américains de l'informatique dans ce dossier ont provoqué une progression rapide de ce domaine.

Aussi, en mai 1993, à la demande des institutions fédérales américaines, neuf firmes et centres de recherches évoqués plus haut, dont les filiales aux États-Unis de Thomson et de Philips, commencent à travailler de concert à la mise au point d'une norme de diffusion numérique. Il est plausible que cette norme puisse être également adoptée par l'Europe et par le Japon.

Effectivement, aucun standard européen ou japonais n'a réussi à s'imposer, laissant la place libre au projet américain de télévision haute définition, cette fois entièrement numérique. Il semble bien que le rapprochement des secteurs des télécommunications et de l'informatique y soit pour quelque chose, compte tenu que la proposition implique non seulement une amélioration des procédés techniques, mais aussi toute une nouvelle gamme de produits et services. Quoi qu'il en soit, le projet de la télévision entièrement numérique s'échelonne sur le long terme et passera entre-temps par diverses phases de compromis et d'ajustements techniques.

Dans tous les cas cependant, on parle maintenant davantage de télévision numérique que de télévision haute définition, la première impliquant en soi la seconde. Évidemment, la référence de ce nouveau standard, c'est le film couleur 35 mm qui peut reproduire plus de 3 millions de points ou pixels de définition par image, tandis que les standards actuels de télévision ne fournissent guère plus que 300 000 à 400 000 pixels. La norme

---

31. Frédéric Vasseur, *op. cit.*, p. 56.

numérique est donc caractérisée par une résolution nettement supérieure, se calculant en milliers de lignes ainsi que par un format d'écran, définitivement adopté en 1990, dont le rapport entre la largeur et la hauteur de l'écran est de 16 sur 9, proche de celui du cinémascope et beaucoup plus large que l'actuelle dimension 4 sur 3. De surcroît, le son stéréophonique est de qualité haute fidélité numérique.

Du point de vue technique, les avantages de la télévision numérique surpassent donc la télévision analogique et sont nettement comparables à la supériorité du disque optique compact sur le disque vinyle d'antan. Pareillement sur le plan économique, elle représente des retombées stratégiques importantes pour les industries de l'électronique et de l'informatique En définitive, la télévision haute définition numérique est un enjeu, exacerbant une nouvelle fois la bataille internationale pour la maîtrise technologique.

8.10 Repousser les limites traditionnelles des canaux de distribution

En radiodiffusion comme en télécommunication, ingénieurs et techniciens essaient depuis toujours d'augmenter la quantité de signaux transmis. La radiodiffusion a longtemps été limitée par la rareté des fréquences hertziennes disponibles pour transmettre le volumineux signal de la télévision. Une première réponse est venue sous la forme de la câblodistribution. Le câble coaxial dont elle se servait a encouragé la multiplication des canaux proposés aux téléspectateurs.

La téléphonie, de son côté, quoique transportant un signal (la voix) moins volumineux que la télévision, s'est heurtée aux débits limités des fils de cuivre utilisés pour relier les abonnés. Le multiplexage, qui mélange plusieurs signaux durant le transport, a fourni un premier type de réponse technique à cette question de débit.

Néanmoins, la course vers de plus hauts débits et vers de plus grandes artères de communication ne s'est pas arrêtée en chemin. Deux autres approches complémentaires ont été mises en place, bénéficiant des techniques de traitement numérique des données. Et ces deux approches vont servir aussi bien en câblodistribution qu'en télécommunication. La première approche consiste à trouver un support au débit encore plus élevé que les autres : c'est la fibre optique. La deuxième approche consiste à optimiser le traitement du signal, de façon à pouvoir réduire son encombrement en le comprimant lors du transport : ce sont les techniques de compression des données, dont une des variantes, la compression vidéo numérique, s'applique à la radiodiffusion, mais bénéficie aussi aux télécommunications.

La fibre optique marque une nouvelle étape dans la technologie du transport des données. D'une capacité infiniment supérieure aux supports antérieurs, elle fait appel aux techniques de l'opto-électronique. À la place du courant électrique, c'est un signal lumineux qu'elle propage, sur des distances plus longues et en nécessitant bien moins d'amplification que le signal électrique transmis sur fil de cuivre. En allumant ou non, sur des périodes très brèves, la lumière émise par des faisceaux lasers, on obtient la succession d'impulsions binaires traduite et interprétée par l'appareillage électronique aux deux bouts de la fibre. La fibre optique suscite beaucoup d'espoir.

Au début des années 1980, plusieurs pays européens y ont vu la clef d'un équipement moderne et intégré de nouveaux services de câble. Néanmoins, des coûts plus élevés que ceux prévus en ont ralenti l'implantation. Le Canada a relié ses principales artères de télécommunication, d'un océan à l'autre, en fibre optique. De leur côté, les câblodistributeurs mettent beaucoup d'espoir dans la modernisation de leur réseau et dans le passage du câble coaxial au câble en fibre optique. Outre l'économie réalisée par la diminution d'amplificateurs, de même que sa résistance aux parasites électromagnétiques, la fibre optique permettra d'augmenter considérablement l'offre de canaux.

Les solutions matérielles, comme l'usage de la fibre optique, font appel à la découverte de nouveaux composants, de nouveaux alliages ou cherchent à rendre plus performants les matériaux employés. Les solutions logicielles, de leur côté, tentent par des programmes informatiques sophistiqués d'optimiser le traitement des données. La compression vidéo numérique est une de ces solutions. La réduction du volume d'information diffusée libère de la place pour d'autres informations, augmentant le nombre de canaux disponibles sur un même support.

Dans cette optique, on comprend mieux pourquoi la firme américaine de télécommunications Bell Atlantic a déposé, en 1993, un brevet pour la compression des données dans le domaine de la transmission permettant d'envoyer des signaux de télévision et donc plusieurs centaines de canaux par le biais des câbles téléphoniques. L'utilisateur n'a plus qu'à composer un numéro sur son téléphone (relié au téléviseur) pour choisir son programme. Mais sur ce terrain où la téléphonie investit l'univers de la télévision, les Américains risquent de ne pas rester seuls très longtemps.

La compression vidéo numérique fait partie des plans d'équipement des câblodistributeurs canadiens afin d'offrir à leurs abonnés plus d'une centaine de canaux de programmes et de services. Actuellement, au Québec, l'univers de la câblodistribution est encore et toujours largement dominé par l'emploi du classique câble coaxial. Aussi, le principe de la télévision interactive repose sur le multiplexage, c'est-à-dire l'accès à plusieurs canaux différents sur une seule position du câblosélecteur. Par conséquent, le procédé donne l'impression d'interagir avec la programmation, alors qu'il s'agit tout simplement d'un changement de canal. C'est le terminal qui effectue ces changements de canaux. Avec le nombre de canaux que le câble peut acheminer, il est d'autant plus facile de créer l'illusion d'une interactivité à partir d'une sélectivité plus grande et plus sophistiquée. Afin de transmettre davantage de canaux, bien des câblodistributeurs, dont Vidéotron, vont utiliser la compression numérique. Les signaux numérisés pourront être transmis en plus grande quantité et permettre d'alimenter des centaines de canaux.

Mais malgré ces prévisions technologiques optimistes, il n'en reste pas moins que les quelque 150 entreprises de câblodistribution et plus particulièrement les câblodistributeurs majeurs sont très inquiets. La concurrence, qu'ils n'avaient jusqu'alors pas ou peu connue, s'instaure, liée en grande partie au développement dans d'autres médias de ces mêmes technologies numériques multiplicatrices de canaux. Notamment les projets de radiodiffusion par satellite qui, comme nous l'avons vu, comptent diffuser environ 150 programmes de télévision numérique à partir de deux satellites permettant la réception directe du domicile. Il s'agit, en fait, d'un produit semblable à celui des câblodistributeurs.

Les compagnies de télécommunications ne sont pas en reste. Par exemple aux États-Unis, dès 1993, des sociétés américaines comme Bell Atlantic étaient en mesure de transmettre un signal vidéo numérique par l'entremise de lignes téléphoniques, grâce à la technologie ADSL (*Asymetric Digital Subscriber Line*). Au Canada, il en est de même avec les recherches entreprises par Bell Northern Research (BNR) sur la vidéo à la demande. Ainsi,

Stentor, qui regroupe les entreprises de téléphonie canadienne, expérimenterait un service de vidéo sur demande donnant accès à une banque d'émissions et de films pouvant être choisis individuellement par les téléspectateurs[32].

La compression vidéo numérique est donc une technique indépendante du support utilisé : fibre optique, faisceau micro-onde, câble coaxial, fil téléphonique ou satellite. La numérisation des réseaux en généralisera l'usage. Les volumes gagnés par la compression vidéo numérique permettent d'envisager son utilisation sur les fils téléphoniques. Alors qu'auparavant, le transport d'images vidéo requérait une capacité largement supérieure aux débits permis par les fils téléphoniques, les techniques de compression ont repoussé cette limite. La transmission vidéo par téléphone est désormais possible. Les compagnies de télécommunications sont à même de proposer des applications de vidéoconférences à des coûts décroissants. Les réseaux de télécommunications comprenant de nombreuses artères à fort débit, d'autres applications de la vidéo sont envisageables. L'une d'entre elles, à laquelle les entreprises de télécommunications songent depuis de nombreuses années, est la vidéo à la demande, aussi appelée *pay-per-view*. Une application qui, si elle était autorisée, pourrait concurrencer sérieusement les services équivalents des câblodistributeurs ou encore le marché des clubs vidéo.

La technologie s'emploie à battre en brèche certaines des limites traditionnelles de la radiodiffusion et des télécommunications. Ce faisant, elle conduit aussi ces deux modèles médiatiques à se rapprocher. Rien ne distinguerait plus un signal vidéo numérisé d'une conversation téléphonique ou d'un échange interactif entre ordinateurs. Tandis que le support de transmission tend à devenir interchangeable, la radiodiffusion ne se limite plus à l'utilisation des ondes herziennes et les télécommunications ne se contentent plus de transmission par fil.

Dans le domaine spécifique de la télévision, la production numérique télévisuelle est une réalité depuis le début des années 1980. La transmission est également déjà numérisée (câbles, satellites). La numérisation des téléviseurs, déjà opérationnelle en matière de son, va se généraliser à n'en pas douter en matière d'images. « En revanche, le maillon de la

---

32. Jean Milette, « Télédistribution, à la croisée des chemins », dans *Qui fait quoi?*, 15 février au 15 mars 1994, p. 25.

réception est à ce jour le plus difficile à numériser, quel que soit le vecteur choisi pour la diffusion, le hertzien, le satellite ou le câble[33]. » D'où l'importance d'observer et de bien suivre l'évolution et la tendance que semble prendre l'industrie de la téléphonie à qui la fibre optique permet d'envisager de nouvelles avenues, de nouvelles fonctions et un nouveau rôle dans le domaine de la télévision.

Mais la numérisation sert également le domaine de la téléphonie à bien d'autres fins encore. Ainsi, le réseau numérique à intégration de services (RNIS) est une innovation qui s'inscrit dans le cadre de l'évolution naturelle du réseau téléphonique commuté (RTC). Il permet de rejoindre aux quatre coins de la planète – car il s'agit d'une norme internationale – n'importe quel abonné. Plus puissant, il est de 10 à 30 fois plus rapide que le réseau de téléphone classique. Il permet autant le transport de la voix que la transmission des fichiers et données informatiques, l'échange d'images fixes et de documents multimédias. Plusieurs entreprises l'utiliseraient déjà pour les transferts de fichiers informatiques, d'images ou de documents multimédias.

Le RNIS repose sur l'infrastructure des centraux téléphoniques actuels. En effet, dès les années 1970, tous les pays industrialisés ont commencé à remplacer leurs centraux téléphoniques analogiques par des commutateurs numériques, qui sont en fait de véritables ordinateurs. Une fois qu'ils ont numérisé et manipulé la voix comme un fichier informatique, ils la propulsent à grande vitesse à travers le réseau jusqu'au commutateur du correspondant[34].

Le développement du RNIS à bande large permettra de disposer d'un réseau numérique de très haut débit (100 à 200 Mbit/s). Il devrait être, selon certains observateurs, opérationnel aux alentours de 2005-2010. On peut penser que de tels réseaux, basés sur des fibres optiques, seraient en mesure de transporter plusieurs canaux de télévision haute définition.

33. Francis Balle, *Médias et société*, p. 150.
34. Frédéric Vasseur, *op. cit.*, p. 82.

8.11 Conclusion

Les modes traditionnels de reproduction de la réalité, depuis la photographie jusqu'à l'enregistrement sonore, fonctionnent par analogie. Aux vibrations sonores plus ou moins intenses des paroles ou de musique correspondaient les vibrations de l'aiguille qui gravait les galettes de cire des premiers phonographes. La connaissance des lois de l'électricité a permis de traduire ces vibrations acoustiques en variations de courants électriques : le chemin était tracé pour la radio et l'industrie du disque. Quant au téléphone, il diffusait la voix en se servant des mêmes principes de modulations électriques des vibrations sonores.

Puis une autre technologie, conçue pour traiter rapidement de grandes quantités d'informations, l'informatique, s'est progressivement intégrée aux domaines de l'image et du son. Délaissant le mode analogique, l'informatique fonctionne en s'adressant aux machines dans un langage simplifié, le langage binaire. Ce langage sert à traiter des informations élémentaires : au début, on se contentait d'effectuer des calculs. Les chiffres, traduits sous forme de zéro ou de un, correspondaient à l'ouverture ou à la fermeture d'un circuit électrique et pouvaient être exploités par ces nouvelles machines. On se rendit compte, ensuite, qu'on pouvait appliquer les principes du traitement informatique non seulement à des chiffres, mais à des mots, puis à des éléments plus complexes, comme les sons, et enfin les images.

La clé de ces opérations résidait dans la capacité de transformer ou de décomposer ces éléments complexes en des séries élémentaires de zéro et de un. C'est ainsi qu'un même langage, un même code s'est progressivement imposé : en échantillonnant le son et en le réduisant à une suite de nombres (de 0 et de 1), en codant les nuances de gris ou de couleurs d'une image sous forme numérique ou en transformant les caractères alphanumériques en chiffres compréhensibles par des ordinateurs, la numérisation modifie notre façon d'utiliser et de concevoir images, textes et sons.

Numérisés, textes, données, voix et images bénéficient alors de procédés de traitements similaires. Les disques réalisés en enregistrement numérique y gagnent une meilleure qualité sonore : les bruits de fonds sont éliminés, les sons éclaircis et même écoutée des milliers de fois, ils sont supérieurs aux disques en vinyle, enregistrés par les méthodes analogiques. La numérisation améliore aussi la qualité d'image en télévision car elle élimine les parasites provenant des amplifications succes-sives des signaux analogiques.

Transformés en données, sons, images et textes se laissent facilement manipuler et archiver. Les disques compacts audio permettent d'accéder rapidement à une plage musicale particu-lière et de la reproduire à volonté. Les CD-ROM sont des disques d'aspect identique sur lesquels sont inscrites des données informatiques : ils donnent accès à une mémoire fantastique : des encyclopédies de plusieurs volumes y sont stockées dans un espace de la taille d'un livre de poche. Dotés d'images et de sons, les CD-ROM sont les mémoires sur lesquelles s'appuient des jeux vidéo aux décors toujours plus fascinants et plus réalistes et aux effets sonores hollywoodiens. Ils doivent leur performance à la numérisation, car elle facilite l'accès rapide aux quantités croissantes d'informations disponibles sur les CD-ROM.

L'audiovisuel fait déjà largement appel aux technologies numé-riques de production, les synthétiseurs reproduisent les sons d'instruments traditionnels ou inventent ceux d'instruments nouveaux. Ils recréent la réalité et en inventent une nouvelle, avec des sons originaux, inconnus auparavant, permettant les mélanges les plus inusités.

Images fixes ou animées subissent l'influence du traitement numérique. Les dinosaures du *Parc Jurassique* ont été créés entièrement par ordinateur : ces images de synthèse ont acquis une vie dont le réalisme surpasse les observations des archéo-logues. Au cinéma, les effets spéciaux agissent par manipulation directe de l'image : d'où la naissance de ces nouveaux « clas-siques », ces personnages atomisés qui passent de l'état solide à l'état liquide, ces *Terminator* et autres images de synthèse produites par traitement numérique. Créer et modifier des décors virtuels pour des personnages réels ou placer des personnages virtuels dans des décors réels sont devenus des routines de la manipulation de l'image. Même l'information devient plus aisément manipulable, des photos pouvant être retouchées et recomposées sans laisser paraître les transformations subies. Plus qu'elles ne l'ont jamais été dans leur histoire, les machines à communiquer apparaissent sous leur vrai visage de machines à simulacres.

LA CONVERGENCE DES TECHNOLOGIES MÉDIATIQUES : DE L'INTÉGRATION VERTICALE AU BALISAGE DE L'INFOROUTE

9.1 **Introduction**

Convergence, un mot bien à la mode certes, mais qui se présente aussi comme un des principes clés des transformations que connaît le monde des communications à l'aube du troisième millénaire. Convergence technologique, économique ou politique? L'une après l'autre ou toutes à la fois? Ces dimensions jouent, sans conteste, un rôle important dans la définition de l'évolution prochaine des technologies médiatiques qui se dessine dans la métaphore de l'inforoute multimédia, et dans l'intégration progressive des réseaux et des services, techniquement permise en grande partie par l'avènement du paradigme numérique.

Mais il est capital de ne pas confondre la convergence essentiellement avec l'interconnexion des techniques, fussent-elles numériques, l'intégration des usages ou encore la multimodalisation des écrits et des formes. Parce qu'elle reposerait davantage sur un rapprochement stratégique des principaux acteurs industriels qui, à long terme, visent à tirer parti du processus de marchandisation et d'industrialisation de l'information et de la culture[1].

En effet, cette convergence ne peut être strictement reliée qu'au phénomène technique de la numérisation des signaux. Avec la concentration des entreprises, elle implique une dimension économique indéniable. Par ailleurs, sur le plan juridico-politique, une réduction des distinctions réglementaires entre transporteurs et fournisseurs de contenus s'inscrit dans le projet d'éliminer les contraintes à une libre concurrence et à l'ouverture de nouveaux marchés.

Aussi, on peut d'ores et déjà se demander si cette convergence débouchera vraiment sur un objectif commun, ralliant des acteurs industriels de diverses provenances, dans l'établissement d'une nouvelle collaboration. Ou si, au contraire, le terme convergence signifiera plutôt la redistribution des cartes de la concurrence, à l'heure du décloisonnement techno-industriel et de la globalisation des marchés. Une convergence qui, en finale, se traduirait par une nouvelle ère monopoliste sur la scène aussi bien locale et nationale qu'à l'échelle internationale. Comme en témoignent déjà, au fil des années 1990, les colossales fusions des empires multimédias comme celle de Time

---

1. Bernard Miège, « Le privilège des réseaux », in *De la télématique aux autoroutes électroniques, Le grand projet reconduit*, sous la direction de J.-G. Lacroix, B. Miège et G. Tremblay, Sillery-Grenoble, PUQ-PUG, 1994, p. 71.

Warner-Turner Communication et celle de Walt Disney-ABC. Du côté canadien et québécois, la même tendance s'exprime avec la réorganisation d'un marché qui, dans le domaine de la radiodiffusion, frôle lentement mais sûrement la concentration. Il suffit pour cela de rappeler la place prédominante prise par Rogers Communications dans la câblodistribution au Canada après son acquisition de l'empire Maclean-Hunter, et celle prise au Québec par le groupe Vidéotron et CFCF inc. dans les domaines respectifs de la câblodistribution et de la télévision.

L'industrie de l'audiovisuel et celle des télécommunications ont longtemps vécu des destins séparés. Leurs marchés arrivent à saturation. Dans leur recherche de nouveaux débouchés, elles pourraient bien avoir à se disputer les mêmes territoires. Ce rapprochement qui traduit une nouvelle phase de concurrence entre ces industries est souvent aussi désigné par le terme de convergence. Ce débat est en quelques sorte une répercussion de luttes anciennes. Au fil du temps, celles-ci ont revêtu des formes différentes, mais reconduit les rivalités techno-industrielles. La concurrence se conjugue aujourd'hui avec la mise en œuvre de nouveaux équipements et de nouveaux services.

Dans l'industrie de l'audiovisuel, une forme de convergence se retrace d'ores et déjà dans la dialectique des équipements et des programmes qui, dit-on, est devenue indispensable à la maîtrise de ce marché. Un nouvelle dynamique rapproche des secteurs qui, jusqu'à tout récemment, étaient encore techniquement et économiquement cloisonnés.

9.2 Une nouvelle dialectique entre contenants et contenus

La numérisation actuelle, on l'a souvent répété, n'implique pas seulement des prouesses technologiques, ce sont aussi des impératifs et des intérêts économiques énormes qui sont en jeu. Aussi bien les secteurs des programmes que des équipements audiovisuels en sont affectés, donnant lieu à une nouvelle dialectique, pour ainsi dire, entre les contenants (*hardware*) et les contenus (*software*).

Le *hardware* inclut tous les équipements, tous les appareils (lecteurs et enregistreurs, téléviseurs, ordinateurs, appareils photos, etc.) qui permettent de lire, d'écouter ou encore de recevoir divers supports audiovisuels. Le *software*, pour sa part, ne renvoie plus uniquement comme autrefois aux logiciels et programmes d'ordinateur, mais beaucoup plus largement à de nouveaux produits médiatiques pour la plupart axés sur le divertissement : jeux vidéo, émissions de télévision, films, etc.

Cette nouvelle dynamique repose sur une logique de filière qui va de l'électronique grand public (les contenants) aux disques ou aux films (les contenus). En particulier, les grandes manœuvres japonaises dans le secteur des médias obéissent à cette logique. En effet, dans les années 1980, de grands groupes du domaine de l'électronique mettent la main sur des *majors* américains du divertissement poursuivant ainsi une stratégie agressive d'intégration de ces deux secteurs de l'industrie audiovisuelle. Ils suivent, semble-t-il, l'exemple du groupe Philips qui, on l'a vu, contrôle Polygram Records depuis plusieurs années.

Sony fait l'acquisition, pour deux milliards de dollars, de CBS Records en 1988, rebaptisée depuis Sony Music, et obtient 49 % du capital de la Columbia Pictures Entertainment en octobre 1989, pour 3,4 milliards de dollars. C'est le studio de production qui détient le catalogue de films et de séries télévisées le plus important du monde. « Avec ses deux studios de production, ses 800 salles de cinéma et son prestigieux catalogue, avec 2 700 films et 23 000 feuilletons de télévision, la major américaine débaptisée, devenue aujourd'hui Sony Entertainment, détient la clef des marchés de demain, celui notamment de la TVHD[2]. » Il s'agit là de la plus grosse opération financière jamais réalisée par un groupe japonais aux États-Unis.

Une « synergie » peut dès lors s'établir entre la mise en marché des nouveaux matériels du constructeur nippon, les images des nouveaux films du studio et la commercialisation des bandes originales. Sans compter que Sony, ou plutôt sa filiale musicale, en signant des contrats exclusifs avec de grandes vedettes de la chanson, peut s'en servir pour promouvoir de nouveaux supports techniques. Une tactique commerciale qui ne date pas d'hier, si l'on se rappelle bien les premiers pas du gramophone et les stratégies d'Eldrige Johnson de la RCA Victor pour endisquer Caruso, l'un des grands chanteurs d'opéra de l'époque. Cette stratégie permet aux entreprises multinationales telles que Philips ou Sony de commercialiser de nouveaux équipements en les accompagnant dès le début d'une vaste gamme de titres puisés à même leurs catalogues.

---

2. Francis Balle, *Médias et Société*, p. 491.

Par ailleurs, en septembre 1990, dans une transaction s'élevant à près de 6,6 milliards de dollars, le groupe Matsushita rachète MCA qui possède Studio Universal et MCA Records. « Matsushita fabrique des téléviseurs, des magnétoscopes et des camescopes; MCA a produit *Les dents de la mer* et *E.T. Le* géant de l'électronique est aussi un géant, désormais de la production. Les disques, les films et les parcs d'attraction de MCA ouvrent des perspectives nouvelles aux appareils commercialisés par Matsushita sous les marques Panasonic, JVC, Technics et National[3] ». En 1995, dans une transaction inattendue, la compagnie canadienne Seagram a obtenu 80 % du géant hollywoodien MCA pour environ 6,5 milliards de dollars américains.

En septembre 1991, Toshiba, une autre importante firme japonaise, s'était également rapproché de Time-Warner, le géant américain, premier groupe multimédia mondial, né de la fusion du groupe d'édition Time et du studio de production cinématographique Warner, qui est aussi le deuxième câblo-opérateur des États-Unis.

L'industrie de l'informatique participe à ce mouvement d'appropriation des contenus. Le leader mondial du logiciel Microsoft prend des ententes avec des partenaires à différents niveaux de la filière contenant-contenu, comme le fabricant de microprocesseurs Intel, le producteur de jeux vidéo Sega, ou encore avec TCI, l'opérateur de câblodistribution. Par l'intermédiaire de sa compagnie Corbis, Microsoft tente de surcroît de se procurer, à travers le monde, d'importants fonds iconographiques (films, photographies, peintures, etc.) en achetant les droits de reproduction des musées et d'agences d'images. Enfin, tous les acteurs industriels d'importance tiennent exactement le même raisonnement. Considérant que la vente de programmes engendre des profits considérables, ils se préparent ainsi à devenir tôt ou tard des éditeurs ou des diffuseurs.

Non seulement la tendance est à l'internationalisation et à l'accroissement de la taille des groupes de communication, comme le démontrent les alliances entre les empires multimédias, mais à une diversification des groupes qui n'hésitent pas à s'endetter au nom d'une nécessaire présence sur tous les marchés de la communication afin de renouveler des secteurs aujourd'hui au seuil de la saturation ou proches d'une récession.

---

3.   Francis Balle, *loc. cit.*

Ceci explique en partie pourquoi tous les grands studios de production cinématographique et télévisuelle d'Hollywood sont passés graduellement aux mains des manufacturiers d'appareils électroniques et des opérateurs de la câblodistribution ou des télécommunications. En fait, le contrôle des catalogues de programmes audiovisuels et multimédias constitue une carte décisive dans la capacité des propriétaires d'infrastructures de distribution d'assurer la multiplication et la spécialisation des produits et des services offerts aux consommateurs. L'intégration des activités d'édition et de diffusion, soit par acquisition soit par alliance, est devenue l'une des règles incontournables du secteur médiatique.

Ainsi, les plus grands fabricants mondiaux d'appareils (Philips, Sony, Matsushita, Thomson, etc.) conjuguent leur recherche en matière d'équipements à la mise en marché de nouveaux produits et supports. Sur le plan des équipements, c'est à qui le premier imposera à l'échelle mondiale des normes, des standards – qu'il s'agisse de supports comme le CD ou encore d'algorithmes de compression de plus en plus performants. Cette conquête technologique se double de la recherche de nouveaux marchés pour des produits numériques qui provoqueront tôt ou tard le renouvellement ou le remplacement de près de 750 millions de téléviseurs couleur dans le monde. Sans oublier les 65 millions de nouveaux téléviseurs qui sont annuellement vendus, ces millions de postes de radio, de magnétophones, de magnétoscopes et ces milliards de cassettes audio et vidéo, etc.

De leur côté, les principaux acteurs de l'industrie photographique (Agfa, Canon, Fuji, Kodak, Polaroïd, Du Pont de Nemours) investissent massivement dans l'expérimentation et le développement de produits numériques depuis le début des années 1980. Il s'agit pour ces firmes de maîtriser les nouvelles technologies de production et de traitement des images. En fait, l'enjeu économique est gigantesque car il s'agit à terme de remplacer totalement la photographie chimique actuelle. Un marché qui représenterait au bas mot quelque 250 millions d'appareils[4].

On comprend donc, vu l'ampleur des enjeux économiques, toute l'âpreté de la bataille des standards et des technologies dans laquelle sont actuellement engagés les groupes industriels.

---

4. Philippe Benard, « La photo sans pellicule », dans « La révolution numérique », hors série, *Science et Avenir*, n° 95, décembre 1993-janvier 1994, p. 14.

« L'issue de ces batailles n'est connue qu'à l'instant où un standard devient une norme, au sens courant ou au sens juridique du terme. Tantôt, en effet, c'est une technologie qui triomphe, face à d'autres technologies. Tantôt la fin de la partie est décrétée par une autorité publique : son choix s'impose alors à tout le monde. Comme l'histoire récente de la communication s'analyse en termes de perfectionnement, d'alliances ou de convergences, les batailles entre les technologies aboutissent soit à des évictions, soit à des cohabitations, soit enfin à des fusions[5]. »

Ainsi, le VHS a évincé le Betamax; les trois normes mondiales de transmission de la télévision cohabitent (PAL, SECAM et NTSC) mais jusqu'à ce qu'un standard numérique surgisse; IBM et Apple travaillent conjointement à mettre au point le standard des micro-ordinateurs de demain, nouveaux supports du son et de l'image vidéo. D'autres encore, si l'on prend l'exemple de la mise en marché du CD-I, Philips et Sony collaborent pour mettre au point une norme qui, en définitive, ne leur sera pas exclusive.

D'ailleurs, la tentative d'imposer sur le marché une norme CDI est un bon exemple de cette stratégie de lier contenant et contenu. Tout comme pour le CD audio, Philips a cédé la licence du CD-I à des dizaines de fabricants de lecteurs et d'éditeurs de programmes à travers le monde tant pour ce qui est de la fabrication des lecteurs que de la production des programmes. Philips vend certes sa technologie à ses concurrents. Ils sont même potentiellement de redoutables compétiteurs, mais le concept du nouveau produit est néanmoins imposé et du coup les standards concurrents étouffés. Le CD-I (disque et lecteur) est de la sorte devenu un standard mondial. Sur les 200 sociétés qui en ont acquis la licence, beaucoup sont spécialisées en électronique, mais il faut également compter avec des sociétés d'édition et des sociétés de productions audiovisuelles.

Cependant, on ne peut pas soulever la question des appareils de lecture CD-I, sans soulever celle des programmes. Pour que le public achète des lecteurs CD-I, il faut qu'il trouve des programmes. Dans le cas du CD audio, les programmes reposaient sur toutes les musiques connues. Il suffisait alors de les transférer sur disque compact et parallèlement de construire des usines de pressage, ce qui d'ailleurs a été fait assez rapidement.

---

5. Francis Balle, *op. cit.*, p. 480-481.

Mais il n'en est pas de même avec le CD-I : tous les programmes doivent être créés. Dans le domaine des programmes, tout comme dans celui des lecteurs, Philips crée ses propres programmes et signe des accords de licences avec des éditeurs intéressés à se lancer dans la production de CD-I. D'une part, en produisant ses propres programmes, Philips cherche à initier le marché en provoquant l'achat de quelques centaines de milliers de lecteurs, afin que tout éditeur puisse compter sur une masse critique de clients.

Par exemple, Philips a signé en particulier un accord très important de coproduction de programmes avec la firme japonaise Nintendo, leader mondial du jeu vidéo (elle occupe 80 % du marché américain; un foyer sur trois dispose d'une console de jeux). En lui donnant le droit d'utiliser la technologie CD-I dans ses consoles Nintendo, Philips reçoit en retour le droit d'utiliser ses personnages (Super Mario, Princess Zelda, Link et Donkey Kong, etc.) dans les jeux sur CD-I produits par la multinationale néerlandaise[6].

Philips, comme plusieurs industriels du domaine de l'électronique, envisage de devenir à long terme un éditeur multimédia, s'appuyant sur le fait que, dans le domaine musical, elle empoche plus d'argent avec Polygram, sa filiale d'édition de disques, qu'avec la vente de lecteurs. Pourquoi n'en serait-il pas de même dans le domaine du multimédia?

Aujourd'hui donc, dans un contexte marqué par les multiples batailles pour la conquête des normes et par des développements technologiques incessants et de plus en plus performants dans les domaines de l'informatisation de la communication et des télécommunications, on assiste donc à l'arrivée de nouveaux médias. Ceux-ci ne pourront voir le jour, dit-on, qu'à partir du moment où s'effaceront les frontières non seulement entre les techniques mais aussi entre les secteurs industriels qui se sont constitués autour.

À Las Vegas, en mars 1994, lors de la 72e édition du NAB (National Association of Broadcasters), les grands de l'informatique – IBM, Apple, Silicon Graphics, Hewlett Packard – ont une présence de plus en plus marquée, alors que certaines entreprises se retrouvent carrément dans le secteur du multimédia. Un

---

6. Frédéric Vasseur, *Les médias du futur*, Paris, PUF, « Que sais-je? », 1992, 127 pages, p. 108-109.

exemple de plus que la frontière entre la diffusion en tant que telle et l'informatique est de plus en plus ténue[7].

Un effacement ou un chevauchement graduel de ces frontières devrait permettre un rapprochement d'activités communes à plusieurs médias. Les firmes mondiales qui œuvraient jusqu'à présent presque essentiellement dans la production et le commerce des équipements et des appareils (*hardware*) se révèlent actuellement de plus en plus présentes dans le domaine des contenus (*software*).

Ainsi donc, le domaine de l'audiovisuel prend une nouvelle configuration au fur et à mesure que des acteurs provenant de secteurs industriels traditionnellement distincts y font leur apparition. S'il existe une bataille fort évidente, à travers le monde, pour l'acquisition des droits de produits audiovisuels, par ailleurs, une lutte se concentre sur le terrain des infrastructures comme telles de diffusion et de ce qu'il est maintenant convenu d'appeler l'autoroute électronique, l'autoroute de l'information, ou encore, tout simplement, l'inforoute. Un terrain où les câblodistributeurs et les opérateurs de télécommunications prennent progressivement position. On assiste ainsi à une nouvelle dynamique, où l'idée de convergence refait surface.

9.3 Des traditions remises en question

L'industrie des télécommunications et celle de la radiodiffusion, nous l'avons vu au fil de cet ouvrage, ont des origines technologiques parentes. Toutefois, elles ont évolué sur des chemins parallèles pendant près d'un demi-siècle.

L'industrie des télécommunications, dans son volet le plus traditionnel, la téléphonie, est la descendante du télégraphe et de ses fils qui couraient le long des voies de chemin de fer. L'aventure du télégraphe et celle du téléphone, l'ont assimilée à un véhicule d'information. Cette industrie a grandi autour des notions de transport d'information et d'accès universel, tandis que l'industrie de la radiodiffusion, particulièrement au Canada, fut longtemps considérée sous l'angle de son apport culturel, toute l'attention étant centrée sur les contenus proposés ou distribués.

---

7. Sophie Bernard, « NAB 1994, la Mecque des diffuseurs », dans *Qui fait quoi?*, 15 mai au 15 juin 1994, p. 32-33.

Depuis une dizaine d'années, avec l'arrivée des technologies numériques de production et de distribution de signaux, il est souvent question de la convergence des réseaux de radiodiffusion et de ceux de télécommunications. Toutefois, fonctionnant chacun selon des philosophies et des traditions réglementaires différentes, ces deux types de réseau, tout en se servant de technologies proches, ont évolué séparément, offrant des services de nature différente à des publics différents. Arrivés à maturité, ces réseaux connaissent des évolutions technologiques qui leur permettent d'envisager d'offrir des services similaires. Cette convergence des réseaux peut s'exprimer à plusieurs niveaux, certains étant déjà partiellement intégrés, d'autres pouvant encore évoluer.

Au sein de l'industrie des communications prévalent différents modèles de fonctionnement, différentes cultures, diraient certains. Schématiquement, on distingue entre l'industrie de l'édition, celle de la radiodiffusion[8] et celle des télécommunications. Chacune traite les contenus d'une manière différente et opère selon sa propre logique.

Les différences qui caractérisent ces deux modèles s'expriment sur plusieurs niveaux qui peuvent être sommairement ramenés à trois aspects principaux : technologique, économique et juridico-politique. Les différences entre ces modèles ne résultent aucunement d'un mouvement « naturel » découlant des caractéristiques intrinsèques de la technologie, mais plutôt de compromis, d'arrangements ou de conflits qui ont façonné ces deux secteurs sur une période assez longue. Les écarts entre les deux modèles évoluent et s'estompent progressivement. Toutefois, pas plus maintenant qu'avant les seuls critères de la technologie ne doivent être tenus responsables de cette évolution.

Le système de radiodiffusion a jusqu'ici transporté des signaux audiovisuels, des images et des sons composant le plus souvent les programmes de télévision et de radio. Dans sa version traditionnelle, le système de radiodiffusion se caractérise par la diffusion de ses programmes par réseau hertzien : les ondes radio transportant le signal sont émises et relayées par une multitude d'émetteurs. C'est une communication qualifiée de

---

8. Dans ce qui suit, le modèle de la radiodiffusion sera appliqué à la télévision. La radio participe du même modèle, mais ne fait pas l'objet de cette discussion, qui vise essentiellement à examiner les rapports entre les réseaux de télécommunications et les différentes formes de distribution de télévision.

point à multiples points, car elle relie un émetteur (la station de télévision) à une multitude de récepteurs (les téléspectateurs). Elle est unidirectionnelle, car les téléspectateurs n'ont pas une possibilité de répondre directement, ils se contentent de recevoir les signaux de télévision.

Les réseaux de télécommunications transportent pour l'essentiel de la voix (les conversations téléphoniques) et des données (les échanges entre ordinateurs). Ces signaux circulent sur des fils de cuivre, depuis les simples fils téléphoniques jusqu'à des câbles de plus grande capacité, les câbles coaxiaux ou encore la fibre optique. Des centraux de commutation se chargent d'aiguiller ces signaux entre les différents interlocuteurs. La communication est ici symétrique et bidirectionnelle, chacun pouvant, à tour de rôle ou simultanément, répondre à son correspondant. Le signal, qualifié de point à point, relie un interlocuteur à un autre.

S'adressant à des publics différents, l'auditoire dans un cas, les individus dans l'autre, et employant des supports distincts, ces deux types de réseaux se sont organisés autour d'architectures spécifiques afin d'optimiser les contraintes économiques qui leur sont propres.

D'ailleurs, les caractéristiques économiques de ces deux systèmes les opposent à plusieurs points de vue. Le secteur de la radiodiffusion a longtemps favorisé l'intégration verticale. Une station ou une chaîne de télévision disposait de ressources internes pour créer ses propres contenus : studios, décors, costumes, scénaristes, producteurs, metteurs en onde et en scène, etc. Informations, variétés ou autres productions émanaient généralement de la chaîne ou de ses stations affiliées. L'art de la programmation consistait à répartir et à arranger ses émissions de façon à fidéliser l'intérêt et l'attention des téléspectateurs. Une fois conçues, produites et réalisées, les émissions étaient diffusées par le réseau hertzien de la chaîne.

Dans le cas des télécommunications, ce type d'intégration est absent. Les compagnies de télécommunications se contentent de transporter des informations créées par d'autres. Elles offrent théoriquement un accès équitable et universel à leur réseau de transport. Les contenus leur importent moins que la nécessité de disposer d'une capacité de transmission suffisante pour toutes les catégories de signaux. Les dispositifs doivent ainsi garantir la qualité de la transmission entre émetteurs et récepteurs.

Quant à la réglementation qui s'exprime d'un côté avec la Loi sur la radiodiffusion, de l'autre avec la Loi sur les télécommunications, elle vise à garantir l'existence d'une sorte de service public universellement accessible dans l'un et l'autre des secteurs.

La rareté des fréquences radio disponibles a conduit à leur répartition entre les stations et les chaînes. En échange d'une licence d'émission leur garantissant une diffusion sur un territoire bien défini, celles-ci devaient se soumettre à certaines obligations publiques. Portant sur les contenus, ces obligations visent à assurer à la population l'accès à une production culturelle nationale. La réglementation des contenus se base aussi sur l'idée que la radiodiffusion doit favoriser l'expression publique, en évitant une trop grande subordination aux lois du marché, dont les intérêts ne vont pas toujours dans le sens de la pluralité d'expression recherchée dans les processus démocratiques.

Longtemps, la réglementation des télécommunications s'est trouvée confrontée de fait à des entreprises détenant la plupart du temps un monopole territorial. Bell Canada, la plus importante compagnie de téléphone canadienne, a longtemps contrôlé un territoire couvrant l'Ontario et une grande partie du Québec. De même, chaque province canadienne comprend au moins une compagnie importante qui domine les télécommunications de la majeure partie du territoire. En contrepartie de leur situation monopolistique, les compagnies de télécommunications acceptaient de répondre à des objectifs d'intérêt public, plutôt que de subir un contrôle gouvernemental plus important. C'est ainsi qu'elles doivent favoriser l'universalité d'accès à leur réseau, d'une façon juste et raisonnable, et s'efforcer de maintenir leur service à des coûts acceptables. Ces entreprises sont considérées comme des transporteurs d'information.

Le principe de base des entreprises de télécommunications reste toujours la confidentialité de l'information transportée. Seul importe son transport. L'entreprise ne cherche pas à en connaître ou à en modifier aucunement le contenu. La réglementation des télécommunications porte alors sur la tarification des services et des bénéfices de ces entreprises. La réglementation des tarifs poursuit donc deux objectifs principaux : garantir un accès juste et raisonnable aux services de télécommunications et éviter qu'un prix trop élevé empêche le consommateur d'y accéder, le téléphone étant considéré comme un service de base dans la société canadienne.

Les caractéristiques de ces deux modèles aident à comprendre leur philosophie de fonctionnement : le modèle de la radiodiffusion gravite autour de la notion de contenu tandis que celui des télécommunications est dominé par les impératifs du transport. Ces éléments continuent de guider les pas de ces deux industries, jusque dans l'évolution récente de leurs caractéristiques. Mais la réalité s'est progressivement éloignée de ces modèles idéaux et distincts, en venant brouiller quelque peu les cartes.

Ce type de changements est particulièrement marqué dans la radiodiffusion. La câblodistribution, en s'intégrant au modèle de la radiodiffusion, met progressivement en place des ponts vers le monde des télécommunications. Le signal audiovisuel n'est plus transporté uniquement par ondes hertziennes : il utilise aussi les ressources du câble coaxial, même de la fibre optique, aux capacités infiniment plus importantes que les fils téléphoniques habituels. L'usage des satellites, pour chercher des signaux éloignés qui seront ensuite redistribués par câble aux abonnés, emprunte encore davantage aux techniques des télécommunications. Par ailleurs, la généralisation de la numérisation bouleverse la nature fondamentale des signaux de radiodiffusion et de télécommunications.

De surcroît, l'intégration verticale, qui caractérisait la télévision traditionnelle, est graduellement en train de disparaître. Subsistent encore les grands réseaux de diffusion des principales chaînes généralistes publiques et privées, mais de plus en plus, les chaînes spécialisées du câble sont les canaux par lesquels sont distribuées les nouvelles émissions plus ciblées. Cela favorise l'érosion des audiences de masse, qui se fragmentent en une multitude de publics spécialisés. Dans le même temps, la distribution de contenus acquiert une valeur stratégique : les contraintes économiques incitent les stations de télévision à délaisser la production interne et à recourir de plus en plus à la production indépendante, aidées en cela par les structures gouvernementales de financement de l'industrie audiovisuelle. L'identification des contenus appropriés, leur sélection et leur habillage sous forme de bouquets de programmes attirant des publics mieux ciblés sont les clés du nouveau savoir-faire de l'industrie.

Avec la câblodistribution sont également arrivés de nouveaux contenus, les services « hors-programmation », faisant appel aux ressources de l'informatique et de la vidéographie : petites annonces, informations spécialisées et jeux forment le menu des abonnés du câble. Ils représentent un élargissement de la palette de choix offerte par l'écran télévisé, et préparent la venue de services « interactifs », reposant sur les ressources techniques des télécommunications et de l'informatique. La diffusion de certains services, tels les messages télétextes, par ondes hertziennes ou par câble empiète étrangement sur les prérogatives nouvelles des télécommunications.

Des transformations mimétiques sont aussi visibles du côté des télécommunications. L'évolution des télécommunications les conduit aussi à dépasser les cadres de leur modèle traditionnel. Les informations transportées ne le sont pas uniquement par les modestes paires de fils de cuivre, mais elles empruntent aussi des voies de plus grandes capacités, des câbles de différente nature, des liaisons hertziennes dans certaines régions, le satellite sur de grandes distances. L'écart entre les supports de transmission utilisés par l'un et l'autre de ces secteurs tend à se réduire.

Par ailleurs, en matière de télécommunications, un verrou réglementaire important a sauté lorsque le CRTC a mis fin au monopole de télécommunications interurbaines des compagnies de téléphone. En ouvrant la porte à la concurrence, cette nouvelle réglementation a favorisé l'éclosion d'une multitude de nouvelles compagnies désireuses de conquérir ces nouveaux marchés.

Mais elle a surtout bousculé les règles de financement tarifaires qui étaient en vigueur jusqu'alors, les entreprises de télécommunications offrant l'accès au téléphone à faible coût. Auparavant, elles compensaient les pertes de revenus des communications locales offertes à faible prix par une facturation plus élevée des communications interurbaines. Or l'ouverture de la concurrence dans ce marché modifie progressivement ces mécanismes de tarifications et de création de revenus. Elle incite les compagnies de téléphone à trouver de nouveaux marchés, de nouveaux débouchés plus profitables.

Les rapprochements actuels entre les deux grands modèles de la radiodiffusion et des télécommunications laisseraient entrevoir leur possible convergence. Celle-ci se manifesterait de trois façons, qui ont été identifiées par des experts de l'OCDE[9]. La convergence des réseaux, celle des services et celle des entreprises.

9. OCDE, *Télécommunications et radiodiffusion : Convergence ou collision?*, n° 29, Paris, coll. Politique d'information, d'informatique et des communications, 1992.

9.4 La convergence des réseaux

La convergence des réseaux désigne l'idée selon laquelle un même réseau peut transporter simultanément voix, données ou images. Déjà, l'audiovisuel ne se contente plus d'emprunter les ondes hertziennes pour atteindre les téléspectateurs, tandis que les télécommunications font appel aussi bien aux transmissions par fil qu'aux faisceaux hertziens ou au satellite. Dans ce sens, l'écart entre les deux modèles tend à se réduire en matière de supports utilisés. D'ailleurs, on peut noter la tendance à l'échange entre les supports traditionnels de la radiodiffusion et des télécommunications. Ce qui était véhiculé auparavant par les ondes hertziennes tend à passer sur les liaisons par fil, tandis que ces dernières tendent à apprivoiser les supports hertziens. Il suffit de penser à la radiodiffusion dont les signaux sont de plus en plus transmis par les câblodistributeurs. La télévision n'est pas la seule concernée puisque des projets récents de canaux de radio proposent aussi de diffuser des programmations musicales spécialisées par l'entremise du câble.

Du côté des télécommunications, la tendance inverse est à souligner. Le succès des téléphones cellulaires et la venue prochaine de téléphones micro-cellulaires dénotent l'importance des fréquences hertziennes pour les télécommunications. En informatique, l'arrivée des micro-ordinateurs de poche, les PDA (Personal Digital Assistants), contribue aussi à renforcer les télécommunications par ondes radio. On envisage de plus en plus de compléter les fils des réseaux locaux informatiques avec des liaisons par micro-ondes ou faisceaux infrarouges. Un micro-ordinateur de poche peut émettre un message à l'appareil d'un collègue en bout de table lors d'une réunion, ou l'envoyer à un périphérique local qui l'imprimera ou le faxera chez le destinataire.

Résultat de cette évolution, au Canada, Cantel, une des deux compagnies de téléphonie cellulaire, appartient à Rogers Communications, le plus important câblodistributeur du pays. Rogers prévoit offrir la liaison téléphonique entre le réseau cellulaire et les communications téléphoniques terrestres plus traditionnelles, en se servant de son réseau de câble dans une grande agglomération comme Toronto.

Toutefois, la convergence des réseaux ne se limite pas à la substitution des supports de transmission. Une autre composante importante des réseaux doit être prise en compte : leur architecture. Outre sa fonction de transport, un réseau assume aussi une fonction de connexion entre les utilisateurs. Or l'architecture d'un réseau de radiodiffusion a été conçue pour une diffusion de masse, tandis que celle des réseaux de télécommunications est plus adaptée aux communications individuelles. Ces différences de fonctionnalités laissent de nombreux problèmes à résoudre avant de parvenir à la convergence intégrale des réseaux.

Les réseaux de câble et ceux de télécommunications ont été conçus selon une architecture destinée à optimiser leurs caractéristiques propres. Nous en avons déjà parlé, mais rappelons l'essentiel de cette différenciation. L'architecture d'un réseau de câblodistribution est généralement en arborescence. C'est la structure la plus économique pour diffuser des messages captés à un point, la tête de réseau, vers une multitude d'abonnés. Le réseau de transport, le tronc de l'arbre, part de la tête de réseau, où sont captés et reçus les programmes jusqu'à la première branche, qui concentre plusieurs liaisons dans un quartier, par exemple, à partir duquel des branches vont relier chacun des abonnés.

Un réseau structuré de cette façon est parfait pour la communication unidirectionnelle. En outre, l'ajout d'un nouvel abonné est très économique, puisqu'il suffit de tirer une ligne partant de la dernière branche en direction de son domicile. Mais il est nettement moins performant pour la communication bidirectionnelle, entre abonnés ou entre un abonné et la tête de réseau, celle dans laquelle interviennent les capacités d'adressabilité et d'interactivité, qui sont la clé de la personnalisation et de la distribution des nouveaux services.

Le réseau de télécommunications a été conçu pour répondre à une autre exigence, celle de l'universalité d'accès aux communications téléphoniques. C'est un réseau de commutation point à point, qui permet à chaque abonné de se relier avec n'importe quel autre du réseau. Il s'agit d'une structure centralisée en étoile, reliant les abonnés à des centraux téléphoniques locaux qui assurent la commutation entre chaque abonné. Ces centraux sont eux-mêmes reliés à des concentrateurs urbains ou régionaux, eux-mêmes reliés à des centraux nationaux. Une telle architecture est plus coûteuse à installer que celle des réseaux de câble. Si le fil de cuivre traditionnel qui relie les abonnés aux commutateurs locaux est doté d'une moins grande capacité de transmission que le câble coaxial utilisé dans les réseaux de câblodistribution, en revanche l'interactivité ne pose pas de problème dans le réseau téléphonique bidirectionnel.

Deux éléments principaux distinguent donc les réseaux de téléphone et de câblodistribution traditionnels : la capacité de transmission et la capacité d'interactivité. Le fil de cuivre des liaisons téléphoniques traditionnelles n'a pas encore la pleine capacité de transmission des câbles coaxiaux utilisés en câblodistribution. Néanmoins, celle-ci peut être multipliée par les techniques de multiplexage qui mélangent différents signaux transportés sur un même support. En outre, l'emploi de fibre optique pour les artères et tronçons importants augmente la capacité de distribution des signaux, laissant de l'espace pour le transport de vidéo.

La grande qualité du réseau téléphonique réside dans son interactivité. Conçu pour favoriser les liaisons point à point, le réseau téléphonique a évolué pour devenir un des plus grands réseaux commutés, distribués, capable de gérer des milliers d'appels, de les suivre et d'en établir une facturation détaillée.

Avec leurs câbles à grande capacité, les compagnies de câblodistribution sont par contre, pour le moment, mieux placées que celles de télécommunications pour offrir de nouveaux services améliorés, en plus de leur distribution de signaux vidéo. Toutefois, elles fonctionnent encore souvent sur des réseaux pour la plupart unidirectionnels, isolés, indépendants, employant chacun des méthodes différentes de distribution, d'adressage ou de décodage du signal[10].

En outre, leurs capacités d'interactivité restent encore à améliorer. Leurs réseaux ne disposent pas des capacités de commutation de la téléphonie. Toutefois, différentes solutions peuvent y remédier. Offrir de la vidéo à la demande peut se faire en étalant la distribution du programme dans le temps. Enfin, la commutation par paquet, une technique utilisée pour la transmission de données informatiques, pourrait être appliquée dans les réseaux de câble. En effet, beaucoup d'espoir repose sur la commutation ATM (Asynchronous Transfer Mode) ou mode de transfert asynchrone, qui découpe les informations en paquets de taille égale et les distribue à travers le réseau, en fonction du trafic. L'ATM pourrait gérer la largeur de bande en fonction de la demande et ainsi l'envoi de flots de données vidéo.

Par ailleurs, en télécommunication comme en câblodistribution, un lien à grande capacité comme la fibre optique est surtout

---

10. Andy Reinhardt, « Building the data highway », *Byte*, mars 1994, p. 48-49.

utilisé dans les grandes artères de transport. C'est là où son utilisation est la plus rentable, car elle permet de transporter simultanément des centaines, voire des milliers de communications. C'est sur ces grands tronçons que peuvent s'effectuer des économies d'échelle importantes pour les transporteurs de signaux.

La question du lien à l'abonné est cependant plus difficile à résoudre, car les coûts d'installation d'une liaison en fibre optique pour chaque abonné du téléphone ou du câble sont nettement plus élevés. Il n'est plus question d'économies d'échelle quand on doit établir un lien individuel entre un foyer et un commutateur local ou de quartier. Sur cette dernière partie du parcours, différentes configurations de réseaux sont encore à l'étude. Dans les projets d'avenir de distribution, cette question revient sous la forme de deux solutions techniques dont aucune n'est encore définitivement stabilisée. Certains préconisent ainsi d'installer de la fibre optique jusqu'au foyer de l'abonné[11], tandis que d'autres suggèrent de ne l'installer que jusqu'au commutateur ou distributeur local, de quartier, regroupant une centaine de foyers. La liaison entre le commutateur local et le foyer de l'abonné pourrait alors s'effectuer avec le câble coaxial des câblodistributeurs ou la paire de fils de cuivre des compagnies de télécommunications.

Les progrès récents des techniques de compression, notamment avec le système ADSL (Asymetrical Digital Subscriber Line) ou transmission numérique asymétrique sur ligne d'abonné, permettent d'entrevoir de distribuer sur une paire de fils de cuivre jusqu'à quatre canaux vidéo unidirectionnels à 1,5 Mb/s, de qualité VHS, couplés à un canal de réponse bidirectionnel et deux canaux de RNIS, notamment pour des données à haute vitesse, tout en laissant de la place pour le signal de téléphone analogique traditionnel[12]. Toutefois, une telle solution est encore modeste, comparée à la centaine de canaux vidéo que les câblodistributeurs se préparent à distribuer.

Mais l'architecture des réseaux de téléphonie et de câblodistribution s'adapte progressivement aux nouvelles exigences. Des

---

11. La littérature technique parle de FTH ou Fibre to the Home.
12. Le système ADSL (ligne numérique asymétrique d'abonné) est utilisé dans l'essai mené par la compagnie de téléphone Bell Atlantic en Virginie. Au Québec, Bell-Northern l'utilise dans ses expérimentations de vidéo à la demande. L'avantage de cette technologie de transmission, c'est qu'elle est déjà disponible.

structures hybrides se mettent en place et ne se limitent plus à l'arborescence ou à l'étoile. Les architectures en bus et en étoile sont déjà à l'étude chez les câblodistributeurs. Les configurations en anneaux, comme celle qu'expérimente Rogers Communications à Toronto, augmenteront la fiabilité des réseaux et faciliteront la distribution des services[13]. Une configuration en anneaux de fibre optique permet d'offrir sur le réseau une multitude de canaux vidéo ainsi que de l'ouvrir à divers autres réseaux, par exemple, de téléphonie interurbaine ou de téléphonie sans fil, etc. En Angleterre, le réseau mis en place par Vidéotron et Bell Canada utilise une configuration en double étoile, dans laquelle une tête de ligne relie des lignes principales se rendant vers plusieurs nœuds de distribution desservant un millier de foyers. La fibre optique est utilisée jusqu'au dernier nœud de distribution, où une distribution coaxiale arborescente dessert les foyers du secteur. Une architecture tout à fait originale par rapport aux installations canadiennes plus traditionnelles[14].

L'incertitude domine encore la question de l'architecture des réseaux, mais les tendances observées dans les années 1980 montrent que la numérisation des réseaux de commutation et de transmission va s'accroître, ainsi que l'utilisation de la technologie de la fibre optique. La compression vidéo numérique multiplie le nombre de canaux ou de services sur ces réseaux qui verront en outre une utilisation croissante des technologies sans fil, pour les télécommunications d'affaires et personnelles.

La question de la convergence des réseaux s'exprime aussi au niveau local à travers un débat qui remonte aux débuts de la câblodistribution. Faut-il encore départager les installations, alors que télévision comme téléphonie passent par des fils qui pourraient être communs? Ne serait-il pas plus économique, lorsqu'on doit câbler un quartier, ou une nouvelle localité, d'offrir simultanément téléphone et câble sur les mêmes installations, au lieu de se servir de deux installations séparées, d'installer deux fils sur les mêmes poteaux et se rendant dans les mêmes domiciles? Il est probable que le partage des installations s'avérera une solution intéressante pour réduire les coûts de câblage dans les zones rurales ou à faible densité de population. Dans les zones plus densément peuplées, la séparation des installations est plus aisée à envisager.

---

13. Voir le schéma 13, p. 207 du rapport « Convergence : Architecture du réseau de Rogers Cablesystems dans la région de Toronto ».

14. Rapport « Convergence », OCDE, p. 201.

Mais il est important de rappeler que l'autonomie actuelle des câblodistributeurs face aux entreprises de télécommunications est le résultat d'une lutte chèrement acquise dans les années 1970. Cet épisode, connu sous le nom de « guerre des poteaux », a été une des étapes de maturité de l'industrie du câble. À ses débuts, l'industrie du câble avait besoin d'utiliser les poteaux de Bell pour y faire passer ses lignes et ses amplificateurs. Or la compagnie de téléphone, qui louait aussi l'usage de ses poteaux à Hydro-Québec, voulait assurer un contrôle complet sur les composantes que les câblodistributeurs installaient sur ses équipements. Elle adopta une politique de location défavorable aux câblodistributeurs, lesquels s'y opposèrent. Devant leur refus de payer, la compagnie de téléphone alla jusqu'à couper certains poteaux pour empêcher les câblodistributeurs de distribuer leurs signaux de télévision. L'affaire se termina quand l'organisme de réglementation donna gain de cause aux câblodistributeurs et leur enjoignit d'être propriétaires des têtes de réseaux et des installations d'amplification dont ils se servaient. Les discussions actuelles sur le partage des installations ne peuvent faire abstraction de l'histoire qui a abouti aux structures actuelles.

9.5 **La convergence des services**

Le rapprochement technique des réseaux de télécommunications et de radiodiffusion les conduit à offrir des fonctionnalités similaires. Un des terrains les plus visibles est celui des nouveaux services. Certains d'entre eux sont des services hybrides, possédant des caractéristiques des deux modèles, par exemple, certains services télématiques, tandis que d'autres peuvent être des services existant diffusés sous une nouvelle forme, plus orientée vers la radiodiffusion.

Le développement de ces nouveaux services s'explique aisément. Les réseaux de radiodiffusion et de télécommunications sont arrivés à une certaine maturité. Ils font chacun face à une concurrence qui les pousse à sortir de leur terrain traditionnel pour en explorer de nouveaux, adjacents à leur « rival ». La numérisation et les traitements informatisés facilitent une nouvelle approche débordant de leurs champs respectifs. D'autant qu'il reste encore, pour une dizaine d'années, une gamme variée de nouveaux services, un « territoire inoccupé » se situant entre la téléphonie et la télédistribution, lesquels peuvent être proposés aux abonnés de résidence et d'affaires[15].

Le secteur de la radiodiffusion ne se contente plus de diffuser des programmes de télévision, mais exploite aussi toute une vaste zone grise : la réglementation canadienne la qualifie de services hors-programmation. Le développement de nouveaux services s'appuie sur les techniques de traitement de l'information. Il s'applique aux programmes traditionnels qu'il modifie en le recouvrant d'un vernis d'interactivité, et à la diffusion d'informations spécialisées sous forme d'images fixes ou de graphismes informatiques.

Ce type d'interactivité permet au téléspectateur de répondre et de communiquer, d'une façon simplifiée et précodifiée, avec le câblodistributeur. L'abonné ne se contente plus de recevoir passivement des programmes de télévision, mais il peut exercer un certain contrôle sur ce qu'il reçoit : il peut adopter une démarche plus active de consommation. Une forme d'interactivité liée à la programmation traditionnelle aboutit au *pay-per-view*, ou vidéo à la demande, dans laquelle le téléspectateur demande à visionner un programme particulier, un film, un concert, une captation d'événement, qui lui sera facturé à la pièce. Se servant de sa télécommande, du téléphone ou de tout autre périphérique, il communiquera son choix à la tête du réseau de câblodistribution. La présence d'une voie de retour permet de consulter le téléspectateur sur de nombreux sujets et même d'obtenir son profil de consommation, d'où la publicité interactive. Le téléspectateur peut même devenir un réalisateur de télévision, en définissant lui-même l'angle sous lequel il regardera une partie de hockey ou un concert.

L'interactivité s'exprime aussi sur des canaux plus spécialisés, comme ceux du télé-achat. Aux États-Unis, plusieurs canaux spécialisés proposent aux téléspectateurs d'acheter diverses gammes d'objets, des vêtements aux bijoux, en passant par les systèmes de son et les gadgets les plus variés. La forme traditionnelle consiste à montrer à l'écran l'objet vendu et à inciter le consommateur à appeler aux studios où des centaines de téléphonistes l'attendent pour traiter sa commande. D'autres formes ont été étudiées dans lesquelles le consommateur se sert de son clavier de télécommande comme outil d'accès à ces nouveaux produits. Sélectionnant des séquences enregistrées

---

15. Association canadienne de la télévision par câble (ACTC), « Une vision claire. Câble vision 2001 », Ottawa, 1993, p. 20.

sur un CD-ROM, il se promène dans un centre commercial en visitant les boutiques qui l'intéressent et en choisissant les démonstrations qu'il veut regarder. Le marché de la vente par correspondance ou par catalogue serait promis à un bel essor dont les canaux de télé-achat essaient de profiter. Ces services combinent, lorsqu'ils le peuvent, les avantages et le dynamisme de la vidéo avec les facilités de traitement de l'informatique.

D'autres services ne font pas appel à la vidéo, mais aux ressources du traitement de données et de la télématique : le téléchargement de logiciels dans le convertisseur du câble permet de s'adonner à ses jeux vidéo ou informatiques favoris. Le réseau de câble peut aussi servir à envoyer des messages électroniques aux autres abonnés. Il peut proposer des applications plus techniques, comme le relevé à distance des compteurs électriques, la surveillance du chauffage ou des appartements.

L'Association canadienne de la télévision par câble (ACTC) reconnaît bien cette transformation. Dans un document d'information[16] synthétisant sa vision de l'industrie pour les années 1990, elle note que la structure des revenus des câblodistributeurs va considérablement évoluer. En 1991, ces revenus proviennent, pour environ 90 %, des services de télédistribution de base, le reste provenant d'autres services. Dix ans plus tard, prévoit l'association, la structure de revenu devrait afficher une répartition très différente. Près de la moitié des revenus proviendrait encore des services de télédistribution de base, tandis que le reste se fragmenterait en quatre gammes de services : les nouveaux services vidéo, les services d'information, les services de télévision payante et, enfin, les télécommunications.

Ces services, qu'étudient les câblodistributeurs, pourraient aussi être offerts par les entreprises de télécommunications. La concurrence entre entreprises de télécommunications les amène à chercher de nouveaux terrains lucratifs. La création de nouveaux services en est un. Ces derniers peuvent prendre plusieurs formes conditionnées par l'évolution des réseaux de télécommunications. Incorporant ordinateurs et gestionnaires de bases de données, les réseaux de télécommunications deviennent des réseaux intelligents. La valeur de leur service ne réside plus dans le transport de l'information, mais dans son traitement. Les nouvelles capacités des réseaux se retrouvent dans les services de gestion des appels : appels en attente,

---

16. ACTC, *op. cit.*, p. 27.

affichage du numéro de l'appelant, messageries vocales, etc. Ce type de service découle directement de la vocation de base des télécommunications.

Mais, comme en radiodiffusion, une nouvelle gamme de services hybrides se met en place. Les applications télématiques grand public, conjuguant informatique et télécommunications, sont une première avenue. Messageries, courrier électronique, accès au réseau Internet, banques de données, transactions électroniques dont le télépaiement, les guichets automatiques et les cartes de débit en sont quelques manifestations, combinent les fonctionnalités de l'informatique et l'usage des réseaux de télécommunications.

Ces nouvelles applications entraînent les télécommunications dans le domaine des contenus. Habitués à gérer des débits d'information, à contrôler le réseau pour garantir un flot quasi ininterrompu de communication, capable de gérer la facturation individuelle des communications, les entreprises de télécommunications ont cependant encore à apprendre du côté de la gestion, de la mise en valeur et de la promotion des contenus.

Les entreprises de télécommunications ont mené d'importantes recherches sur la compression vidéo numérique. Elles sont maintenant capables de distribuer de la vidéo sur leurs réseaux. C'est pourquoi elles proposent d'offrir ce qu'elles appellent de la vidéo à la demande. Ce service, assimilable au *pay-per-view* des câblodistributeurs, suscite encore de nombreuses réserves. Il suppose que les entreprises de télécommunications soient capables de gérer des catalogues de titres vidéo et puissent répondre à la demande de distraction des consommateurs.

Ce qui ne correspond pas à la mission traditionnelle des compagnies de télécommunications et encore moins à la culture qu'elles ont développé, au fil des années, à remplir un mandat exclusif de transporteur. Aux États-Unis, les entreprises revendiquent depuis dix ans le droit d'offrir de la vidéo à la demande. Les récents changements dans la réglementation du câble et dans celle des télécommunications pourraient les y autoriser. Au Canada, les compagnies de téléphone procèdent encore prudemment. Elles entrevoient d'abord de diffuser de la vidéo dans les marchés institutionnels, éducatifs ou d'entreprise. Les conférences vidéo pourraient être les premières applications de la transmission de la vidéo. Le marché de la distribution vidéo résidentielle serait évidemment visé dans une seconde étape. Ce nouveau service ne représente qu'une parcelle de la gamme que préparent les compagnies de télécommunications, mais les câblodistributeurs y voient quand même une menace sérieuse.

À l'heure actuelle, on ne peut que constater un étoffement de la gamme de services offerts sans prédire vraiment qui, de la radiodiffusion ou des télécommunications, l'emportera. Nul doute qu'avec une gamme assez large, la compétition pourra s'exercer pendant quelque temps, avant que l'offre ne se stabilise d'une façon plus formelle.

9.6 La convergence des entreprises

En dehors des cercles spécialisés, la convergence des entreprises est celle qui frappe le plus souvent l'opinion publique. Les médias ne manquent pas de souligner les nombreuses fusions, alliances et diversifications des dernières années, en faisant miroiter l'univers fantastique des nouvelles applications qui vont en découler. Ce dernier type de convergence répond plus à des phénomènes économiques qu'à des pressions techniques bien qu'il puisse déboucher sur des solutions relevant de la convergence des réseaux ou des services.

Cette forme de convergence peut désigner « la possession croisée d'installation de télécommunications et de radiodiffusion par une même entreprise, ou la fourniture croisée de services, par la même entreprise (*publication multimedia*). Les économistes qualifient ce type de convergence de « diversification de produit[17] ».

Comme nous l'avons déjà observé, c'est surtout aux États-Unis que cette convergence a eu le plus d'incidences. Les entreprises, en attendant une évolution favorable de la réglementation, ont esquissé, avec des succès variables, des alliances propres à les placer en première ligne. Les plus importantes entreprises de câblodistribution ont ainsi annoncé des alliances avec d'importantes compagnies régionales de téléphone, en vue de mettre en place des réseaux plus performants, aptes à offrir les services du câble comme du téléphone. Notons aussi les alliances récentes entre câblo-opérateurs et compagnies de jeux vidéo (Sega, Nintendo), débouchant aux États-Unis sur la création de canaux de jeux vidéo ou faisant leur promotion.

---

17. Jan Van Cuilenburg et Paul Slaa, « From media policy towards a national communication policy : broadening the scope », *European Journal of Communication*, Londres, Sage, vol. 8, 1993, p. 158.

La convergence des entreprises se manifeste d'une certaine façon au Canada, lorsqu'on examine le cas de deux des plus importants câblodistributeurs. Rogers Communications, le plus important câblodistributeur canadien, qui a récemment racheté la maison d'édition McLean Hunter (journaux, magazines et câblodistributeurs), possède une partie des intérêts d'Unitel, cette compagnie de télécommunications issue des anciennes entreprises du télégraphe, qui essaie de se tailler une part du marché des communications interurbaines. Rogers est aussi le propriétaire de Cantel, le deuxième réseau de téléphonie cellulaire canadien. Cette propriété croisée lui permet d'envisager d'offrir une gamme complète de services de télécommunications aux entreprises, à Toronto notamment, en passant de l'anneau de fibre optique qui relie les foyers torontois et les entreprises à ses deux réseaux de télécommunications, cellulaires ou longue distance.

Vidéotron, le principal câblodistributeur québécois, suit, quoique à une moindre échelle, ce genre de pratique : il possède une ligne en fibre optique qui lui permet de joindre Montréal à Québec, pour ses propres communications internes. Mais il en vend la capacité de télécommunications excédentaire aux entreprises intéressées. Gageons que sa prochaine liaison en fibre optique, qui reliera Québec à Chicoutimi dans le cadre de son projet de réseau UBI dans la région du Saguenay, fournira au câblodistributeur l'occasion de revendre d'autres excédents de capacités de télécommunications[18]. Par ailleurs, son projet d'acquisition des actifs dans la câblodistribution de CFCF inc. est à l'enseigne de cette consolidation.

Ce type de convergence correspondrait ainsi à ce que les économistes qualifient de « diversification de produits » comme celle de Time-Warner aux États-Unis ou de Rogers-MacLean au Canada. Les pressions vers la convergence viennent surtout des fabricants d'équipements à la structure intégrée, notamment les Japonais, mais aussi en Europe, des producteurs d'électronique grand public ou, aux États-Unis, des fabricants de matériel militaire soutenus par le gouvernement.

La convergence des entreprises désigne aussi les restructurations liées au phénomène de « mondialisation » qui aboutissent à des investissements transfrontières dans les médias : comme News Corp., de l'Australien Rupert Murdoch, qui s'étend dans

---

18. Jan Ravensbergen, « Vidéotron begins work on electronic highway in Saguenay », *The Gazette*, Montréal, jeudi 11 août 1994, p. D7.

ce pays, au Royaume-Uni, aux États-Unis et à Hong-Kong, et qui touche aussi bien la télévision américaine qu'européenne. Ou d'autres investissements de ce type dans les télécommunications, comme ceux de AT&T ou les activités des Baby Bell en dehors des États-Unis, leurs investissements dans la télévision par câble au Royaume-Uni, ou inversement, les avoirs de British Telecom en Amérique du Nord. Ce sont aussi les alliances, plus ou moins réussies, entre câblodistributeurs et compagnies de télécommunications, hors de leur territoire principal, comme ce fut le cas des entreprises Bell et Vidéotron en Grande-Bretagne. Pour compléter le tableau de cette convergence des entreprises, il suffit de se rappeler tous les exemples précédemment évoqués et témoignant de la dynamique de rapprochement entre des secteurs autrefois distincts.

9.7 Une transformation en profondeur du paysage télévisuel

L'évolution vers la convergence des réseaux est aussi la manifestation d'une évolution de la télévision vers un nouveau modèle de fonctionnement, celui du réseau, dans lequel le contrôle quitte les programmateurs pour passer entre les mains des détenteurs de droits et des consommateurs. Cette évolution se traduit par trois phases : la télévision, d'abord considérée comme un service public, est devenue un produit commercial de masse, avant de se transformer en offre libre service.

Dans un premier temps, le rôle central appartient à l'État : c'est l'époque de la rareté des ressources et du faible nombre de chaînes. L'État, par le biais de la redevance ou des impôts, contrôle le financement d'une télévision comme service public visant le téléspectateur-citoyen.

Puis, interviennent les radiodiffuseurs et les annonceurs. Dans cette deuxième période, les canaux se multiplient; public et privé coexistent, se concurrencent. Le financement est à la fois publicitaire et fiscal. Le téléspectateur y devient un consommateur. La télévision est définitivement un produit. L'intégration publicité et programme préfigure de l'intégration globale des services produits par les techniques numériques. L'État se désengage progressivement de ce secteur, qu'il essaie toutefois de réglementer.

Enfin, on assiste à la présence décisive des distributeurs. Cela se manifeste déjà par la mise en place des réseaux spécialisés (câble, distribution par satellite). Ils s'accompagnent de nouvelles formes de perception des revenus : abonnement, paiement à l'usage, paiement au service. Actuellement, cela correspond encore à ce que Tremblay et Lacroix appellent l'économie du club privé : un droit d'entrée donne l'accès vers une multitude de services destinés aux privilégiés qui ont les moyens de s'y abonner. L'étape suivante sera « l'économie des compteurs ». La télévision y devient un grand distributeur de programmes et de services. Les programmes audiovisuels ne sont qu'une des composantes de l'offre. La fonction de programmation est effectuée par l'abonné au réseau. Le financement bénéficie aux détenteurs des droits et aux gestionnaires des réseaux. C'est ce que nous avons évoqué plus tôt avec la nouvelle dialectique contenant-contenu.

Dans cette dernière phase, la mutation n'est pas seulement économique, mais culturelle et sociale. C'est le réseau dans lequel le programmateur est le téléspectateur-client. Le réseau devient un marché électronique international. De la télévision de service public, on est passé à une télévision du prime time, pour aboutir maintenant à une télévision de libre-service.

Si, avec la radiodiffusion classique, les usagers étaient collectivement branchés, aujourd'hui avec la câblodistribution et bientôt avec les services de télécommunications, le branchement est de plus en plus individualisé et à la carte. Dans cette perspective, plusieurs signes avant-coureurs démontrent une possible convergence des industries de la radiodiffusion et des télécommunications qui se concrétiserait dans l'établissement d'une ou de plusieurs inforoutes multimédias.

Ces signes sont repérables dans les transformations que la radiodiffusion, en particulier, a connu au cours des dernières décennies et qui sont venus déstabiliser l'industrie à plusieurs égards. En premier lieu, il y a ce glissement progressif de la notion du *broadcasting* vers celle du *narrowcasting*, c'est-à-dire la télévision généraliste en regard du déploiement des canaux thématiques et spécialisés. Bien que les généralistes se taillent encore la plus grande part de l'audience, la part des services spécialisés et de télévision payante de langue anglaise est passée de 1,7 % en 1984-1985 à 18,5 % en 1993-1994. Au Québec, si la part est moins élevée, soit de 11,4 %, elle n'en représente pas moins le signe d'une évolution significative[19].

---

19. *Source.*– CBC Research et A. C. Nielsen.

Il y a également une transition de la télévision gratuite à la télévision transactionnelle, alors que pratiquement quatre Canadiens sur cinq payent pour voir des programmes de télévision, étant abonnés au câble. Bien que de nombreux signaux soient gratuits, de plus en plus sont distribués sous une forme payante comme les services spécialisés ou les services plus coûteux de paiement au visionnement. Cette multiplication des choix, autrefois limités à quelques réseaux, passe par conséquent par une multiplication des canaux. Selon David Ellis, on recherchera les services ou on les distribuera comme on cherche les livres dans une librairie ou les numéros dans un annuaire téléphonique. C'est le service qui sera l'élément important[20].

De cette façon, le contrôle de la programmation quitte les radiodiffuseurs et passe aux mains des téléspectateurs. La stratégie de programmation des radiodiffuseurs est en train d'être reconfigurée en faveur des processus permettant de gérer son temps (*time shifting*). Ce qui était, on s'en souvient, l'argument de vente des premiers magnétoscopes, est devenu un élément prépondérant des nouveaux services spécialisés.

Plusieurs caractéristiques de la télévision traditionnelle des grands réseaux généralistes sont progressivement remises en question : la relation réseaux-stations affiliées, la programmation attirant les annonceurs, l'identité et les fonctions de marque qui étaient liées à des allocations de canaux spécifiques, enfin les stratégies de programmation visant à susciter des « rendez-vous » spécifiques avec les téléspectateurs.

Ces changements ont des répercussions qui ont été soulevées, en 1993, lors des audiences du CRTC par les radiodiffuseurs. Leurs conséquences négatives sont nombreuses : d'abord fragmentation de l'audience des radiodiffuseurs et diminution des revenus publicitaires, puis difficulté de maintenir une relation avec l'identité d'un canal. Par ailleurs, pour les câblodistributeurs, cela engendre une concurrence accrue pour la distribution vidéo. Cette concurrence provient à la fois d'autres technologies (satellites de diffusion directe, réseaux micro-ondes, et bientôt entreprises de télécommunications) et de fournisseurs étrangers. Elle complique la commercialisation de bouquets de programmations destinés à intéresser les consommateurs.

---

20. David Ellis, *Split-screen : home entertainment and new technologies*, Toronto, Friends of canadian broadcasting technologies, 1992, 262 p.

La réponse à ces difficultés prend différentes formes. De leur côté, les radiodiffuseurs essaient de participer aux services spécialisés. C'est le cas de Radio-Canada, avec Newsworld et RDI, les chaînes d'information continues. Les câblodistributeurs, eux, choisissent une stratégie qui consiste à dépasser la distribution des signaux télévisés traditionnels pour explorer le « territoire non encore réclamé » des nouveaux services hybrides entre télécommunication et radiodiffusion. Ces nouveaux services seront possibles quand leurs réseaux auront été améliorés, pour disposer d'une plus grande capacité de transport et assurer la commutation que leur architecture actuelle empêche encore de réaliser.

Une nouvelle dynamique s'impose et se traduit d'une part par un passage du mode analogique au mode numérique, et, d'autre part, par l'implantation de nouveaux services qui ne sont pas basés sur les services vidéo, c'est-à-dire une incursion dans des zones non traditionnelles comme la messagerie, les transmissions de données, etc. Cette approche conduit les services et les technologies de radiodiffusion et de câblodistribution à se rapprocher de ceux des télécommunications. Comme tous les signaux vont prendre une forme numérique, la distinction entre ceux de télécommunications ou de radiodiffusion s'affaiblit avec le temps.

De leur côté, les télécommunications subissent la crise de la concurrence. Elles ont assisté au déclin de leurs revenus, avec l'introduction en 1992 de la concurrence dans les services interurbains, suivie de celle dans les « boucles locales », qui relient les abonnés au système téléphonique. La concurrence dans les télécommunications se manifeste à la fois sur la fourniture de réseaux, d'équipements et de services. Par conséquent, elle aboutira sûrement un jour ou l'autre sur le terrain des distributeurs d'images. Aussi, la concurrence se traduit par des tentatives de réalignement des entreprises. Par exemple, notons la fusion Rogers Communication-Maclean Hunter, l'annonce du projet Sirius par les compagnies de télécommunications, la participation de radiodiffuseurs conventionnels, spécialisés ou câblodistributeurs aux nouveaux services spécialisés, la création d'un nouveau consortium de télévision directe par satellite, etc.

Les difficultés économiques, la réglementation actuelle, jugée inadaptée par les entreprises qui souhaitent évoluer dans un climat de plus grande liberté, conduisent les différents intervenants à proposer chacun des stratégies différentes. L'association des radiodiffuseurs essaie d'obtenir une trêve réglementaire pour reconstruire ses marges bénéficiaires et cherche à faire payer aux câblodistributeurs la retransmission de leurs signaux, tout en négociant des accès préférentiels aux services spécialisés, tandis que les entreprises de télécommunications annoncent qu'elles sont prêtes à envahir le terrain de la vidéo à la demande, dès que les barrières réglementaires seront éliminées. Les câblodistributeurs, quant à eux, visent les terres inconnues des nouveaux services hybrides non encore investis par les télécommunications. Leurs revenus ainsi trouveront de nouvelles sources de croissance en dehors du terrain traditionnel du divertissement télévisuel.

Le CRTC de son côté essaie de composer avec le rythme du changement et la pression à la déréglementation qu'il subit des deux côtés des industries qu'il encadre. Mais, selon les ajustements réglementaires consentis, il est clair que le régime est en faveur de la concurrence et de la multiplication des réseaux de transports (câble, télécommunications, satellite, etc.). C'est dans ce contexte que se profile l'idée d'une autoroute de l'information, sorte de réseau de réseaux qui réaliserait l'interconnexion universelle et transparente pour l'utilisateur entre ces différents services, anciens comme nouveaux.

Probablement qu'il ne s'agira pas d'un réseau unique, mais plutôt d'interconnexions techniques et fonctionnelles entre de multiples réseaux. En effet, cette convergence que d'aucuns considèrent trop facilement pour acquise n'est pas encore réalisée. Elle touche en effet deux secteurs industriels qui ont été isolés et ont poursuivi un développement autonome et séparé pendant plusieurs années. L'évolution de la concurrence en matière de nouveaux services conduit à des rapprochements, mais les solutions technologiques ne sont pas définitivement fixées.

9.8 L'évolution technologique, au service de la convergence ou de la concurrence?

Les types de convergence envisagés jusqu'à maintenant ont des influences réciproques et combinatoires. Mais on peut se demander ici, car c'est au cœur de notre propos, comment le développement technologique peut servir à la convergence ou du moins à la polyvalence de ces secteurs? D'ailleurs, on peut fréquemment le constater dans les discours des promoteurs, une des façons traditionnelles de définir la convergence consiste à essentiellement parler de l'intégration des différentes technologies médiatiques. Dans cette version, la technologie est le moteur des transformations. Il est vrai que les progrès de la numérisation du signal en ont fait un code universel, au service de l'informatique tout d'abord, puis gagnant progressivement le secteur des télécommunications et celui de l'audiovisuel. Les manipulations que permet la numérisation du signal repoussent deux barrières traditionnelles des technologies de communication : celle de la vitesse et celle de la quantité d'information transportée.

Ces deux éléments sont liés : plus la quantité d'information transportée est importante, plus rapide doit être son traitement. L'exemple le plus manifeste est celui des réseaux informatiques où l'échange de fichiers est d'autant plus rapide que la liaison se fait en utilisant des supports à large bande supportant un débit élevé d'information. Comme une autoroute sur laquelle les véhicules circulent d'autant plus rapidement que la voie est large. La numérisation a permis d'augmenter dans de très fortes proportions la quantité d'information transportée par une multiplication accrue des canaux. Cette augmentation du débit s'est exprimée de deux façons : par la création de nouveaux canaux de transport et par les techniques de compression numérique du signal.

La création de nouveaux canaux en elle-même empiète sur les terrains qu'on réserve traditionnellement aux industries des télécommunications et de la radiodiffusion. Aux premières, on associe traditionnellement l'idée d'un transport terrestre, par la voie du fil téléphonique. Aux secondes, on associe plus fréquemment l'idée d'un transport aérien, par la voie des ondes. La réalité est infiniment plus complexe. Les supports de transmission apparus successivement au cours des années se sont partagé la diffusion terrestre ou aérienne et ont été utilisés aussi bien par une industrie que par l'autre.

Du côté des supports terrestres, de nouveaux supports se sont progressivement imposé, augmentant à chaque fois la capacité, le débit d'information circulant. Support électrique, le câble coaxial a permis le déploiement de l'industrie de la câblodistribution. Pour éliminer les zones d'ombre de la couverture hertzienne dans un premier temps, puis pour augmenter l'offre de canaux de télévision ou de services spécialisés. D'une capacité surclassant la paire de fils de cuivre téléphonique traditionnelle, le câble coaxial peut véhiculer la grande quantité d'information des signaux vidéo.

Reposant sur une technologie dans laquelle les signaux électriques sont transformés en signaux lumineux, la fibre optique dispose d'une largeur de bande supérieure à celle du câble coaxial et elle permet d'envisager une multiplication des canaux de télévision. Les câblodistributeurs s'en serviront essentiellement pour raffiner et multiplier leur offre de services. En télécommunications, la fibre optique est utilisée dans les liaisons entre grands centres urbains, comme artère de transport où elle regroupe du trafic qui repart ensuite vers des commutateurs et des circuits de trafic moins dense. La nature du signal transporté lui étant indifférente, elle peut aussi bien acheminer des conversations téléphoniques, des données informatiques que de la vidéo sous toutes ses formes. Voilà déjà ce qui permettrait aux télécommunications de faire une incursion dans un des champs de la câblodistribution.

Du côté des supports aériens, on observe depuis quelques années une remise en cause de la répartition traditionnelle des modes de distribution. Le partage des ressources est la règle depuis de nombreuses années. Mais le déblocage de fréquences hertziennes moins utilisées commence à s'avérer problématique par suite de l'encombrement des ondes. Les faisceaux hertziens sont depuis longtemps utilisés pour transporter les signaux des stations de radiodiffusion (radio et télévision) sur des distances plus ou moins longues. En télécommunications, ces faisceaux hertziens sont aussi des artères qui transportent sur de longues distances les communications vocales ou informatiques.

Dans les années 1960 est apparu un nouveau support : le satellite. Conçu tout d'abord comme un outil de télécommunications permettant de diffuser l'information sur une longue distance, il est aussi envisagé comme un instrument d'unité nationale; dans un grand pays, comme le Canada, il permet de diffuser des informations dans toutes les zones du pays, y compris celles, plus éloignées, difficiles à rejoindre par les moyens terrestres conventionnels. Les compagnies canadiennes de téléphone y ont vu une menace dans leur monopole des communications sur de longues distances : le satellite, se moquant des distances, risquait de remettre en cause leur structure de tarification. Mais elles ont réussi à la circonvenir en annexant le satellite à leurs propriétés. Les progrès technologiques ont réduit progressivement la taille des satellites et de leurs stations de réception, tout en augmentant leur puissance d'émission.

Les nouvelles générations de satellites sont maintenant qualifiées de satellites de diffusion directe. Au lieu de diffuser vers une station de réception qui retransmet ensuite leurs messages vers les abonnés, ils émettent directement vers des particuliers ou des entreprises. De la sorte, le satellite devient une menace pour le monopole des câblodistributeurs. Il peut proposer plus de signaux, provenant de zones éloignées, et desservir à moindre coût des régions difficiles d'accès pour les câblodistributeurs. De nouveaux canaux peuvent même être conçus pour diffuser directement vers des publics spécifiques. En Amérique du Nord, les entreprises, les organisations en tous genres peuvent s'abonner à des services d'information spécialisés qui diffusent par satellite des programmes taillés sur mesure.

Les satellites de génération intermédiaire offrent déjà ce genre de service, et ont créé un marché particulier, celui de la télévision d'affaires (Business TV), dans laquelle des réseaux spécifiques sont créés pour la formation et l'information des constructeurs automobiles, des établissements hospitaliers, voire pour les réseaux internes d'une compagnie aux établissements dispersés sur un ou plusieurs continents. Les services de satellite menacent donc le monopole de distribution des radiodiffuseurs déjà bien installés.

Du côté de la téléphonie, un autre support menace le monopole du transport traditionnel de la voix. L'usage général du téléphone s'est stabilisé pendant de longues années autour d'une distribution terrestre, par le « fil téléphonique ». Les téléphones étaient fixes et leur numéro correspondait à celui de la résidence ou du poste de travail de la personne contactée, à l'endroit où se faisait le branchement à la ligne téléphonique. Or, depuis une dizaine d'années, la suprématie du transport terrestre et fixe est remise en cause par la venue des réseaux de téléphonie « aérienne » et nomade. Le premier d'entre eux est celui du téléphone cellulaire. Il permet progressivement de s'affranchir de la contrainte du téléphone sédentaire et de communiquer avec des personnes en déplacement.

Certes, dès le début des techniques de diffusion hertziennes, on a développé des systèmes de radiotéléphonie. Mais la miniaturisation des composants électroniques a modifié les données et permis de multiplier le nombre de téléphones mobiles, d'une taille de plus en plus réduite. Des réseaux de téléphones cellulaires se construisent, parallèlement aux réseaux filaires traditionnels. Ils ne sont pas nécessairement exploités par les compagnies de télécommunications. Le cellulaire est une première version de ces nouveaux systèmes de communication qui s'acheminent vers des degrés de personnalisation de plus en plus élevés.

Des prototypes de téléphones micro-cellulaires, de téléphones personnels sont à l'essai et de nouveaux réseaux se mettent en place. Différents projets sont à l'étude, dont un réseau de satellites d'orbite basse qui pourrait relayer les signaux de ces téléphones d'un bout à l'autre de la planète[21]. Ultimement, en combinant ce mode de diffusion avec les capacités de traitement de l'information des nouveaux réseaux intelligents, le numéro de téléphone finira par désigner l'individu (comme le ferait son numéro d'assurance sociale) plutôt que son domicile ou son poste de travail. En composant le numéro d'un individu, l'appel sera acheminé par une multitude d'ordinateurs qui sauront rejoindre le correspondant où qu'il se trouve.

Le développement de la téléphonie hertzienne remet en cause la répartition traditionnelle des bandes de fréquences des services de radiodiffusion ou de satellites. Quoiqu'on apprenne à se servir de bandes de fréquences qui étaient encore inutilisées auparavant, les pays s'acheminent vers une saturation des ondes hertziennes et des fréquences disponibles. Des déplacements sont à prévoir, qui pourraient influencer aussi bien les réseaux de radiodiffusion que ceux de télécommunications. Tandis que les satellites de diffusion directe menacent les réseaux de radiodiffusion, les progrès de la « téléphonie personnelle » menacent les réseaux de télécommunications. Assisterons-nous ainsi à plus ou moins brève échéance à une véritable guerre des ondes?

---

21. Le plus abouti de ces projets est Iridium, conçu par la firme américaine Motorola qui envisage de proposer à partir de 1996 un réseau de téléphone sans fil à couverture planétaire, reposant sur 65 satellites en orbite basse (700 km d'altitude). De son côté, le projet Globalstar, de la Loral Corporation, devrait proposer en 1998 un réseau de téléphone mobile à couverture mondiale, avec 48 satellites aptes à transmettre téléphones, télécopies et données informatiques, et à effectuer des localisations de mobiles. Récemment, Microsoft et McCaw Cellular Communications (téléphonie mobile) ont annoncé pour 2001 l'ouverture du réseau Telesic, réseau mondial de communication constitué de 840 satellites en orbite basse, à couverture planétaire, permettant d'acheminer à grande vitesse des données et services multimédias, à partir de terminaux portables. Le calendrier de réalisation de ces projets demeure toutefois fort changeant.

9.9 Deux cultures technologiques à l'heure de l'inforoute

Dans la prose médiatique une métaphore chasse l'autre. C'est ainsi que la notion de convergence s'est estompée sous l'expression imagée d'« autoroute électronique ». Le Canada a emboîté le pas à la suite des annonces du vice-président américain Al Gore en novembre 1993, au sujet de la mise en place d'une infrastructure nationale d'information (National Information Highway). Les États-Unis avaient déjà, en 1991, passé une loi sur l'informatique de haute performance puis une loi sur l'infrastructure de l'information. Ces projets désignent généralement une extension à de plus grands débits des réseaux de communication informatique qui sont utilisés par les chercheurs, les militaires et les éducateurs, et diverses administrations publiques. Le prototype de cette inforoute est Internet, un réseau de réseaux qui permet la communication entre une multitude d'ordinateurs et l'échange d'informations, sous la forme de textes, de programmes, d'images ou de sons.

Le Canada dispose déjà de son propre réseau de communication informatique qui relie les chercheurs d'un bout à l'autre du pays. Le réseau CANET relie les réseaux régionaux de chaque province en un immense réseau national relié au reste du monde. Un projet, nommé CANARIE, pour Réseau canadien pour l'avancement de la recherche, l'industrie et l'éducation, a été mis de l'avant afin d'augmenter les capacités du réseau actuel et de faciliter les échanges à hauts débits de textes, de sons et d'images.

Les réseaux de câblodistribution et ceux de télécommunications sont arrivés à maturité. Ils essaient d'évoluer vers des réseaux plus performants, dotés de plus grands débits, de capacités d'interaction soutenues et offrant de nouveaux services. Ces nouveaux réseaux vont nécessiter d'importants investissements, dont la facture sera ultimement refilée aux utilisateurs. Pour mobiliser la population en faveur de ces projets d'infrastructure technologique complexe, le thème de l'« autoroute électronique » est devenu une métaphore riche de sens. Elle est employée aussi bien par les politiciens, puisqu'elle figure au programme des gouvernements provincial comme fédéral, que par les promoteurs, journalistes et plusieurs autres observateurs, sans qu'on ne s'entende réellement sur son sens propre.

Cette métaphore est également récupérée par le secteur de la radiodiffusion et celui des télécommunications. C'est ainsi qu'au début de 1994, deux projets d'autoroutes électroniques sont annoncés par des acteurs du secteur privé : d'une part, le câblodistributeur québécois Vidéotron, d'autre part, le réseau des compagnies de télécommunications canadiennes Stentor. Ces projets exploitent les récents développements technologiques de leurs secteurs et favorisent la convergence des réseaux et des services. En effet, chacun propose de mettre en place un réseau interactif de très grande capacité dans lequel circulerait voix, données et images. Pourtant, ils restent chacun tributaires des caractéristiques des deux grands modèles qui les inspirent, et qui contribuent à les distinguer encore.

En janvier 1994, Vidéotron annonçait la mise en place du projet UBI (universalité – bidirectionnalité – interactivité) dans la région du Saguenay. Surnommé « l'autoroute électronique au foyer », ce projet prévoit installer dans la région du Saguenay des terminaux vidéoway qui donneraient accès à une multitude de nouveaux services à domicile, vidéos, multimédias ou transactionnels. En 1995, 34 000 foyers devaient être dotés de terminaux, soit 80 % du marché Chicoutimi/Jonquière. Le consortium UBI est formé du Groupe Vidéotron, de Vidéoway Communications, de la Banque nationale du Canada, d'Hydro-Québec, Loto Québec, la Société canadienne des postes et Hearst Corporation.

Le projet consiste à établir, dans la région du Saguenay, un réseau en fibre optique qui offrirait, outre les programmes traditionnels du câble, toute une gamme de nouveaux services à domicile qui pourront être accessibles à partir du foyer en utilisant son téléviseur, relié à un lecteur de carte qui autorisera les débits d'argent en direct, pendant qu'on se servira de sa télécommande comme outil de sélection. Au Québec, comme dans le reste du Canada, la population peut très facilement avoir accès au câble, dans une proportion plus importante qu'aux États-Unis. Toutefois, pour rentabiliser ses investissements et la mise en place de ses nouveaux services, le câblodistributeur vise l'universalité. Les services seront d'autant plus rentables pour les fournisseurs et leur prix d'autant plus bas pour le consommateur, que la quasi-totalité de la population y aura accès. Pour faciliter cet accès, le projet prévoit que son financement se fera par les fournisseurs de services. Ils y trouveront en effet d'autres façons de rejoindre ou d'agrandir leur clientèle et pourront développer de nouvelles formes de commercialisation de leurs produits. Mais, pour de multiples raisons, le projet a pris du retard et, après avoir été reporté au moins trois fois, du côté de Vidéotron, on se garde bien de prédire une nouvelle date d'entrée en fonction.

Peu de temps après, Stentor, le consortium qui regroupe les principales entreprises de télécommunications du Canada, annonçait qu'il se préparait à investir huit milliards de dollars dans un projet « d'autoroute électronique » basé sur un réseau en fibre optique. L'infrastructure qui va se mettre en place devrait permettre d'offrir aux foyers aussi bien des services de téléphonie traditionnelle que de communication télématique ou de transmission de vidéo à la demande.

Le projet Sirius constitue un projet à la grandeur du Canada, et vise à créer, d'ici dix ans, un réseau de télécommunications à très grand débit, utilisant les ressources de la fibre optique et du câble coaxial, pour offrir la transmission vidéo aussi bien que des données ou de la voix. Il consiste essentiellement à améliorer les capacités des réseaux de télécommunications actuels, en s'appuyant sur l'infrastructure existante de deux artères en fibre optique qui traversent le Canada, et en favorisant l'interconnexion avec une multitude de réseaux régionaux, nationaux ou internationaux de toute nature (de télécommunication aussi bien que de câblodistribution). À la différence du projet UBI, le projet Sirius se veut un projet de réseau ouvert, dont les normes garantiront un accès équitable et universel. Les revenus provenant des nouveaux services aideront à financer les investissements. L'utilisation des services à grande capacité sera facturée à partir d'un tarif de base majoré. Enfin, les compagnies de télécommunications ont créé une filiale chargée de produire, organiser et gérer l'exploitation des contenus qui seront offerts sur ce futur réseau. Elle pourra conclure des alliances avec des partenaires de l'industrie audiovisuelle, le cas échéant.

Le lancement du projet Sirius correspond aux investissements que feront les compagnies de téléphone transcanadiennes pour augmenter la capacité et le débit de leur réseau et se doter des outils de transport et distribution des signaux vidéo, notamment par le biais de commutateurs ATM, la technologie qui permet une commutation de forts débits d'information. De son côté, UBI est la tentative de tester, dans un marché spécifique, le Saguenay-Lac-St-Jean, un ensemble de nouveaux services de programmation comme de services plus télématiques et interactifs : télé-achat, transactions bancaires, contrôle à distance des équipements d'énergie domestique, etc.

Le projet Sirius vise à créer une sorte de réseau universel par lequel transiteraient la plupart des communications canadiennes. Les compagnies de téléphone sont prêtes à accepter les compagnies de câblodistribution dans leur réseau, mais il est fort probable qu'elles souhaitent conserver un contrôle sur ce qui sera distribué. Or ce contrôle n'est certainement pas du goût de l'industrie de la câblodistribution, encore méfiante envers ce partenaire potentiel.

Il est difficile de comparer l'activité d'une compagnie régionale de câblodistribution avec celle d'un ensemble de compagnies desservant la totalité d'un pays. Il est encore plus difficile de comparer deux industries dont la taille est inégale, les compagnies de téléphone disposant généralement de revenus de l'ordre de huit à dix fois supérieurs à ceux des compagnies de câblodistribution.

Ces deux projets, apparemment éloignés, possèdent au moins deux caractéristiques similaires : ils se réclament tous deux de l'expression « autoroute électronique » afin de bénéficier de son effet de mode auprès des politiciens et du public. Ils participent de la convergence des services et, en partie de celle des réseaux, se basant chacun sur la capacité de la fibre optique pour proposer des services interactifs à très large bande. Fait également à noter, ces deux projets se démarquent aussi essentiellement par des approches caractéristiques de leurs modèles respectifs d'origine, et dont quelques-unes sont rappelées dans le tableau qui suit.

TABLEAU 9.1 **Les projets UBI et SIRIUS**

Modèle de la radiodiffusion et le projet UBI	*Modèle des télécommunications et le projet SIRIUS*
Accent mis sur les contenus	Accent mis sur l'interconnexion, sur les capacités de transport
Réseau à accès contrôlé	Réseau à architecture ouverte
Financement par la publicité et les fournisseurs de services	Financement par les usagers
Réglementation des contenus	Réglementation des infrastructures

Le modèle de la radiodiffusion s'articule autour de la diffusion de contenus. Bien qu'il évolue dans le sens d'une plus grande *sélectivité*, il reste toujours tributaire de la qualité des contenus qu'il propose. Les contenus sont d'autant plus importants que le contrôle de ce secteur s'est déplacé de la radiodiffusion (stations ou canaux traditionnels) et de la production-diffusion intégrée par une même entreprise vers la câblodistribution, qui sélectionne les contenus et les assemble sous forme de bouquets adaptés à des publics de plus en plus ciblés.

Le projet UBI traduit bien l'importance des contenus pour le système de la radiodiffusion. Tout en jouant sur la promotion d'applications séduisantes offertes aux futurs abonnés de ce système, il s'accompagnait aussi de promesses plus concrètes. En développant son modèle, Vidéotron a d'abord cherché à associer un certain nombre de fournisseurs de contenus et de services. En présentant ceux-ci dès le début, il visait d'une part à montrer concrètement ce qui circulerait sur son réseau, et d'autre part à inciter d'autres fournisseurs de contenus à investir dans cette aventure. La mise en marché de services télématiques antérieurs et leurs déboires ont contribué à montrer l'importance des contenus, leur qualité, leur soutien, pour réussir à attirer et surtout à conserver de nouveaux abonnés.

La phase expérimentale d'UBI dans la région du Saguenay met en place une sorte de sous-réseau indépendant, doté de capacités et de fonctionnalités plus importantes que les réseaux câblés traditionnels. Or un réseau de câblodistribution est souvent une entité indépendante installée sur un territoire donné, peu liée avec d'autres réseaux de câblodistribution. Cette rareté des interconnexions le distingue encore des réseaux de télécommunications, pour lesquels la circulation de l'information est une exigence primordiale. L'interconnexion entre réseaux de câble n'est pas encore une réalité pour la plupart d'entre eux. Des réseaux, comme Intervision, se mettent graduellement en place pour partager des ressources produites en commun, entre différentes localités câblées. Mais une grande disparité existe encore entre les réseaux de câbles. Ceux-ci sont encore souvent des réseaux fermés, indépendants les uns des autres, distants géographiquement.

Cette fermeture du réseau, une caractéristique fortement critiquée par les observateurs, est une résultante du modèle traditionnel de la radiodiffusion. Dans ce modèle, la formation du contenu, son contrôle, son accès sont plus importants que sa circulation, qui est la valeur phare du modèle des télécommunications.

L'information et les contenus proposés par la radiodiffusion sont encore souvent, malgré quelques tentatives originales, diffusés à sens unique. Que le public soit un public de masse ou un public plus spécialisé, c'est sous la forme d'un produit bien emballé sur lequel il n'a que peu de contrôle que sont offertes les réalisations du modèle de la radiodiffusion. Quand des émissions interactives se mettent en place, elles consistent souvent à choisir parmi des séquences prédéfinies, celles que le programmateur préférera afficher, en d'autres mots, préprogrammées.

La liberté de choix, selon les câblodistributeurs, se mesure au nombre d'options proposées. En réalité, l'alternative est souvent entre plusieurs variantes de quelques choix restreints. Les canaux de télé-achat peuvent utiliser diverses technologies qui facilitent l'interaction entre le consommateur et le distributeur. Les canaux de télévision payante ou de pay-per-view permettent au téléspectateur de ne voir que les programmes qui l'intéressent plutôt qu'une programmation complète dont seuls quelques éléments l'intéressent. On reste toujours dans un modèle de consommation d'un produit pré-emballé, conditionné pour plaire aux goûts du consommateur. Mais la créativité de l'usager se limite à choisir dans une offre toujours plus abondante de produits de même nature.

Ce type de choix est conditionné par l'architecture des réseaux de câblodistribution qui ne permet que d'utiliser une voix de retour de capacité limitée, en l'absence des coûteux commutateurs qui émaillent les installations de télécommunications. Le projet UBI fonctionne en quelque sorte en circuit fermé, pouvant être difficilement relié à d'autres réseaux, à travers le pays, le continent ou même la planète, puisqu'il n'est pas totalement bidirectionnel.

À l'opposé, le projet Sirius des compagnies de télécommunications mise sur l'ouverture et l'intégration de différents réseaux. Pour les télécommunicateurs, une architecture ouverte est la clé vers de futures hypothèses de produits et services. Elle permet d'intégrer des services de radiodiffusion comme des services de télécommunications ou des services hybrides. En outre, cette flexibilité architecturale garantit une plus grande capacité de déploiement du réseau vers de nouvelles applications, ou leur acheminement plus aisé sur ce réseau dont elles contrôleront le passage.

Le projet UBI insiste sur un mode de financement des nouveaux services par leurs fournisseurs. Pour eux, se servir du réseau des câblodistributeurs constituera une nouvelle façon de communiquer avec leurs clients, de tenter de les fidéliser. De nouvelles techniques de marketing peuvent émerger de cette collaboration. Il semble donc juste que les fournisseurs assument les frais de ce qui leur permettra d'accroître encore leurs revenus.

Ce type de financement correspond au mode traditionnel de fonctionnement de la radiodiffusion : la publicité. Dans le modèle traditionnel, le radiodiffuseur livre des audiences aux annonceurs qui financent en retour l'achat et la diffusion de programmes. La publicité, en s'adressant à la masse des téléspectateurs, les incite à consommer les produits annoncés. Le réseau UBI sera la version démassifiée de ce modèle, en adaptant les contenus offerts à des publics mieux définis. Ainsi, tel service d'information sur la nutrition pourrait être subventionné par une chaîne de pharmacies ou par des chaînes d'alimentation. La participation à des quiz ou à des jeux interactifs pourrait être sanctionnée par divers cadeaux envoyés directement par le fournisseur chez l'abonné. L'équipement de l'abonné comprend une petite imprimante. Le fournisseur pourra y diffuser des coupons de réduction de certains produits, incitant le consommateur à les essayer, tout en récompensant sa participation à son service interactif. Le réseau UBI pourrait explorer de nouveaux modes de commercialisation par ce biais.

Le projet Sirius propose de financer le développement du réseau par les revenus provenant des usagers. On suit ici le modèle des télécommunications, dans lequel un abonnement au service s'accompagne d'un paiement à l'usage, pour les communications interurbaines. De plus, c'est le mode de financement qui est déjà en usage avec les nouveaux services de gestion des appels, servant à financer le développement des réseaux.

Dans ce modèle, la croissance des nouveaux services est financée par les revenus des services actuels. Il rencontre toutefois certaines limites quand il s'agit de proposer des services d'intérêt public nécessitant des investissements soutenus à long terme. Quand les actionnaires des compagnies de télécommunications ont tendance à privilégier les résultats à court terme, la réglementation ou l'apport gouvernemental doit entrer en jeu pour stimuler la création de ces nouveaux services aux revenus encore incertains.

Par ailleurs, la création de ces futures autoroutes électroniques se heurte à au moins deux ordres de problèmes juridiques : le premier est constitué par la barrière réglementaire qui limite encore les possibilités de concurrence entre câblodistributeurs et compagnies de télécommunications. Le deuxième est lié aux questions de confidentialité et de protection de la vie privée.

Devant la convergence des services, le modèle traditionnel de réglementation commence à être remis en cause. Le Canada a l'avantage sur d'autres pays industrialisés de disposer d'un même organisme réglementaire chargé d'appliquer les lois sur la radiodiffusion et celles sur les télécommunications. Cela lui facilitera, dit-on, les éventuelles réformes à mettre en œuvre. En effet, la réforme récente des lois sur la radiodiffusion et sur les télécommunications « donne au gouvernement les leviers nécessaires pour aller de l'avant[22] ». Le gouvernement pourra, le cas échéant, adopter des politiques favorisant le développement de nouveaux services en encourageant la concurrence ou en adoptant une surveillance réglementaire plus serrée, selon le fonctionnement du marché.

La réglementation actuelle, basée sur les deux modèles de réglementation des contenus et des tarifs commence à subir les critiques de certains acteurs, notamment celles des compagnies de télécommunications. La convergence des services devrait conduire à une plus grande distinction dans les fonctions exploitées par les compagnies de câble et de télécommunications. En séparant ces fonctions, on pourrait les assujettir aux portions correspondantes de la réglementation. Ainsi, plutôt que de réglementer une industrie dans son intégralité, on réglementerait le type de service offert.

Le CRTC débat encore la question de savoir si les propositions de services vidéo à la demande des compagnies de télécommunications relèvent de la radiodiffusion ou encore du secteur des télécommunications. Mais il a déjà « établi un précédent lorsqu'il a déterminé en 1992 que Rogers Networks Services (qui fournit des lignes de haute capacité en location aux clients commerciaux) devait être soumis à la réglementation sur les télécommunications alors que les autres services de Rogers sont régis par la Loi sur la radiodiffusion[23] ».

Par ailleurs, le respect de la vie privée est une des principales questions qui va se poser aux exploitants de ces futurs réseaux : les opérateurs de télécommunications vont se trouver propriétaires d'une masse importante d'informations sur leurs abonnés. Ils avaient déjà de nombreuses informations de base, exploitées dans les divers annuaires et ils ont, à l'occasion, mis

22. Elisabeth Angus et Duncan McKie, *L'autoroute canadienne de l'information*, Ottawa, Industrie Canada, mai 1994, p. 8.
23. Elisabeth Angus et Duncan McKie, *ibid.*, p. 25.

en place certaines barrières, comme l'interdiction d'affichage de certains numéros de téléphone, ou encore les listes rouges dans lesquelles les abonnés du téléphone qui désirent protéger leur vie privée font effacer leur nom des annuaires imprimés et des versions informatiques utilisées par les services de renseignements téléphoniques.

Les projets des câblodistributeurs, alliés aux annonceurs, risquent de susciter quelques questions en matière de protection de la vie privée. Y aura-t-il vente des listes d'abonnés? Celles-ci seront-elles confidentielles? Les câblodistributeurs ont annoncé la mise au point de leur propre code d'éthique, suivant en cela une démarche entreprise depuis peu par le secteur de la radiodiffusion, en ce qui a trait aux émissions violentes. Quels contenus seront véhiculés : y aura-t-il des normes d'éthique pour réglementer leur diffusion : verra-t-on apparaître des services uniquement pour adultes? La violence qui commence à être interdite à la télévision sera-t-elle présente dans les nouveaux services, les jeux vidéo, etc.? Autant de questions qui finalement relèvent davantage des choix de société que simplement de la convergence technologique.

9.10 Conclusion

L'évolution technologique est le prétexte habituel des discours sur l'inéluctabilité de la convergence. Or, nous l'avons constaté tout au long de cet ouvrage, la technique n'est pas neutre et n'agit pas par elle-même. Elle est au cœur d'un jeu d'acteurs ayant leurs stratégies et leurs visions propres de l'appropriation des médias. Limiter la convergence à un phénomène essentiellement technique revient de fait à adopter une vision technocentrique.

Le débat autour de la notion de convergence des industries de l'audiovisuel et des télécommunications oblige à se rappeler que pendant plus d'un demi-siècle, ces deux secteurs ont été séparés : par la réglementation, par la technique utilisée, par la culture que ces entreprises ont développée et par la nature des activités qu'elles s'étaient octroyées. Le public lui-même s'est habitué à cette séparation, qui distingue classiquement les transporteurs d'information (les entreprises de télécommunications) de ceux pour qui le contenu, plus que son transport est l'élément primordial (les industries de programmes, l'audiovisuel, la télévision, la câblodistribution).

La vaste tentative de redéploiement des industries de l'audio-visuel et des télécommunications doit savoir composer avec des alliés de taille et de vitesse de déplacement inégales : les applications technologiques semblent évoluer plus rapidement que certaines réformes réglementaires, bien que certains pays aient longtemps favorisé des expériences interdites chez d'autres. L'évolution technologique va de pair avec l'évolution des mentalités ou l'éducation des usagers de ces technologies. Quelquefois, la demande dépasse ou bouleverse les plans et les stratégies les mieux calculées, rendant caduques certaines visions de la convergence technologique, pour en imposer d'autres, moins stables et moins précises, mais plus probables. L'expression a donc eu au fil du temps et des développements technologiques des acceptions diverses mais surtout recoupé des réalités différentes et défini des relations particulières entres les deux secteurs industriels.

À son stade actuel, la notion de convergence s'applique mainte-nant aux « autoroutes électroniques ». L'autoroute électronique désigne ces réseaux de très haut débit sur lesquels circuleront aussi bien des images que du son, ou des données de toute nature. Le modèle inspirant la création de ces super-réseaux est celui d'Internet, ce réseau de réseaux, reliant originellement laboratoires de recherches, agences gouvernementales et institutions éducatives. Son ouverture au commerce suscite un engouement croissant tant de la part des compagnies de télécommunications que des câblodistributeurs.

Quoique le modèle Internet se transforme et grandisse rapide-ment, il est encore bien difficile de savoir quelles applications passeront sur les futures autoroutes électroniques. Au Canada, cette expression sert à désigner le projet des compagnies de télécommunications les plus importantes du pays de créer un super-réseau qui fédérerait tous les autres, incluant aussi bien les réseaux téléphoniques ou informatiques existant que les réseaux audiovisuels et ceux des câblodistributeurs. Ces derniers, de leur côté, procèdent aux interconnexions leur permettant de dépasser leur isolement. Leur projet d'autoroute électronique promet essentiellement au consommateur un avenir de jeux et de centres commerciaux interactifs, combinés à l'offre de programmes de télévision plus ou moins traditionnels et à divers services de contrôle et de gestion à distance d'équipements domestiques (chauffage, électricité).

Un élément commun toutefois domine les visions les plus ré-centes des projets de convergence. Tandis qu'entreprises de télécommunications et de câblodistribution se battent pour conquérir de nouveaux territoires, un troisième acteur vient se joindre à la partie, concourant aux interventions des deux autres : l'informatique. Son appui sera décisif dans la mise au point de décodeurs, serveurs vidéo et outils de navigation des futures inforoutes.

Ainsi, le thème de la convergence n'a pas cessé de désigner des réalités différentes. Depuis peu, sa perspective semble s'élargir et autant définir tantôt l'hybridation technologique, tantôt la concentration économique, tantôt encore, l'ajustement réglementaire. Ainsi, les discours sur la convergence sont difficiles à saisir. Tout d'abord, parce qu'il s'agit d'une multitude de discours (technique, social, économique, culturel, politique) qui se construisent, s'enchevêtrent et se transforment au fil des ans. Cette multiplicité des discours correspond certainement à la multiplicité et à la diversité des acteurs qui interviennent dans la mise en place et l'orientation de ce que seront les futurs réseaux de communication.

CONCLUSION GÉNÉRALE

À l'orée du XXIᵉ siècle, l'idée de la convergence technologique est séduisante tant elle est escortée par la modernité électronique et la somme de discours promotionnels qui en découlent. Pourtant, on l'a vu, il y a toujours eu dans l'histoire du développement des technologies médiatiques, progrès, échange, articulation, transfert, emprunt, hybridation, ressemblance voire convergence des techniques.

Même si, jusqu'ici, le terme convergence n'avait pas été tellement utilisé, la réalité qu'il recoupe était par contre bel et bien existante. L'imbrication des premières technologies de l'enregistrement du son et de l'image telles que la photographie, le gramophone, le cinématographe et, plus tard, l'arrimage de celles-ci avec les technologies de transmission à distance comme la radio ou la télévision en sont de bons indices.

Au moment d'une convergence plus radicale, en ce qu'elle vient bousculer à la fois les mouvements techno-industriels, les limites réglementaires et les enjeux et acteurs qui sont touchés par elle, il faut puiser dans l'histoire passée et récente la compréhension de ce phénomène qui apparaît à première vue percutant mais dont on constate un degré de récurrence lorsqu'il est observé sur une ligne de temps plus étendue.

En fait, c'est reconnaître que l'objet technique n'est pas figé et se transforme constamment. Ces modifications sont repérables autant dans les principes techniques de base, la finalité technique, l'usage social que dans la forme marchande que prennent les dispositifs médiatiques.

Aujourd'hui, l'ensemble des technologies mises à notre disposition pour recevoir, diffuser, communiquer des messages sont tenues pour acquises. Pourtant, chacune de ces technologies est le résultat de recherches et d'expériences à caractère scientifique. Elles nous semblent maintenant tout à fait usuelles, pensons par exemple à l'utilisation de l'énergie électrique ou des ondes électromagnétiques. Pour les habitants des pays industrialisés, il est désormais inimaginable de vivre sans électricité et sans les moyens de communication qui nous entourent. En effet, sans énergie électrique point de télévision, de radio, d'ordinateur. C'est cependant une réalité que vivent plusieurs pays du monde, où l'absence ou le coût des ressources électriques font non seulement obstacle au déploiement des technologies médiatiques, mais au développement tout court.

Même si le développement médiatique actuel se présente comme une imbrication historique des technologies, des plus anciennes aux plus contemporaines, on ne peut pas observer ce phénomène qu'à partir d'une perspective uniquement technocentrique. D'ailleurs, force est de constater que s'il est impossible de retracer l'évolution des médias sans faire certains liens avec celle des sciences et du développement technique, il n'est pas non plus envisageable de dissocier cette évolution des aspects socio-économiques, politiques et culturels. En effet, les diverses technologies médiatiques ont servi à développer autant de secteurs d'activités industrielles et culturelles qui auront de tout temps des répercussions significatives sur la société. Qu'il s'agisse des technologies d'enregistrement du son et de l'image comme des nouveaux réseaux, produits de la convergence technique.

Historiquement, trois grands vecteurs, voire paradigmes techno-logiques, ont été mis à contribution dans la fabrication de supports et la constitution des réseaux de communication modernes : l'électricité, l'électronique (puis la micro-électronique des circuits intégrés et des microprocesseurs) et l'informatique balisent le développement des machines à communiquer. D'un point de vue strictement technique, l'invention des machines à communiquer donne naissance à une série de réseaux de transmission d'information à distance caractérisés par les divers types de données véhiculées. D'un point de vue sociologique, il faut également associer le développement technologique à la mise en circulation massive des produits médiatiques qui caractérisent le domaine des mass médias et leurs différentes structures de diffusion.

L'invention du télégraphe électrique en 1837 marque le coup d'envoi de cette nouvelle ère de la communication à distance. Puis, le téléphone, la radio et la télévision profiteront de l'essor que prend dès 1906 le domaine de l'électronique et de la transmission par voie hertzienne. Au tournant des années 1950, s'amorce le passage de l'électronique à la micro-électronique, en particulier grâce aux circuits intégrés (transistor), puis aux microprocesseurs.

Déjà, on peut dire que la progression et la multiplication des médias autonomes sont liées à une pratique des loisirs audio-visuels qui change constamment tout en oscillant entre lieu public et espace privé : à ses débuts presque exclusivement de type collectif (cinéma), puis familial (gramophone, radio, etc.), elle a rapidement évolué vers une consommation fractionnée, individuelle (magnétoscope, baladeur, etc.), de produits diffusés sur des supports et des réseaux diversifiés.

À la radiodiffusion classique, se sont ajoutées au fil du temps, la technologie de la câblodistribution et plus récemment, la technologie du satellite de diffusion directe. L'une et l'autre relèvent du domaine de la diffusion ou de la distribution, cependant le raccordement à ces réseaux nécessite cette fois un abonnement. Par ailleurs, ces technologies donnent lieu à toute une série de combinaisons possibles d'interconnexion et d'utilisation simultanée. La multiplication et la spécialisation des canaux permises par ces technologies renforcent la fragmen-tation des audiences et la mise en œuvre d'une télévision à la carte.

Si, en grande partie, certains systèmes de câblodistribution appartiennent encore à la catégorie des médias de la télédiffusion ou de la télédistribution conventionnelle, certains autres adoptent de plus en plus les caractéristiques des médias dits de communication. Il est en effet possible d'offrir, si l'architecture du réseau le permet, une voie de retour en direction du télédistributeur afin d'accéder à différents programmes ou services spécifiques, comme ceux de la télévision à péage par exemple. Ce type de système implique une certaine interactivité technique en ce qu'il permet une extension de la *sélectivité* des produits, mais il demeure dans bien des cas asymétrique, c'est-à-dire qu'il ne permet pas un échange complet et bilatéral.

Les « médias de communication » sont quant à eux des dispositifs bidirectionnels, multidirectionnels et de nature interactive qui permettent une relation à distance. Les télécommunications sont l'exemple type de cette classe de technologies de médiatisa-tion infrastructurelle. Par définition, les réseaux de télécom-munications sont « interactifs », c'est-à-dire qu'ils permettent une circulation à double sens et symétrique de l'information et ainsi des actions réciproques en mode dialogué.

Le téléphone est, on l'a constaté, l'ancêtre technologique de même que le dispositif typique d'une interactivité de type conversationnel en ce qu'elle est immédiate et directe, rendant possible une *réciprocité* des échanges, et donc une inter-changeabilité des rôles entre les partenaires impliqués. En fait, avec ses 750 millions d'abonnés à travers le monde qui peuvent être interconnectés, la téléphonie constitue le réseau le plus étendu et le plus universel.

Cette capacité d'échange réciproque a toujours été au cœur de la modélisation des réseaux commutés de télécommunications, rendant possible une foule de liens et de connexions entre chaque utilisateur du système. C'est ainsi que, lorsqu'on pense communication, et conséquemment communication à distance, on pense aussitôt aux « machines à télécommuniquer » qui sont autant de terminaux de raccordement à des réseaux de com-munication et autant d'instruments d'échanges : le combiné téléphonique, le télécopieur, l'ordinateur multimédia n'en sont que quelques exemples. Par ailleurs, les réseaux de *télécommu-nications* seront tôt ou tard, suivant les ajustements réglemen-taires, au nombre des transporteurs de produits audiovisuels tels que l'ont été jusqu'à maintenant les radiodiffuseurs ou les télédistributeurs.

À partir de la fin des années 1980, alors que l'informatique envahit le domaine des médias avec son codage numérique, un langage unique sert à uniformiser des messages aux formes diverses. Ainsi transformés, ils peuvent être transportés de la même façon et par les mêmes canaux : toutes les informations sont réduites à des suites de chiffres codés d'une manière utilisable par les ordinateurs. L'unification du codage des informations textuelles, photographiques, audiovisuelles, illus-tratives et sonores a pour conséquence la convergence de médias originellement différents. Ils se rapprochent jusqu'à se fondre progressivement, comme en témoigne l'essor du secteur du multimédia.

Du reste, en généralisant la numérisation des systèmes, les frontières technologiques classiques et les cloisonnements industriels s'estompent de façon accélérée entre l'audiovisuel, les télécommunications et l'informatique. Certaines technologies tendent à converger ou du moins à se ressembler, ce qui est le cas par exemple des projets des industries de la câblodistribution et de la téléphonie à propos de la mise en chantier des autoroutes électroniques. On assiste ainsi à une certaine hybridation des systèmes qui donne naissance à un média carrefour qu'on nomme inforoute multimédia. Sans parler des modèles de simulation trois dimensions qui ouvrent la voie à l'univers de la navigation dans des espaces virtuels.

Ainsi, la convergence, en raison de l'implantation généralisée des technologies numériques, accompagnée par l'effacement progressif des distinctions entre technologies, médias et entreprises médiatiques, se traduirait donc par la constitution d'un réseau large bande commuté sur lequel circuleraient tous les types de produits et de services.

Mais la mise en place de ces nouveaux dispositifs médiatiques ne va pas sans une certaine tension dynamique entre les intérêts des différents acteurs industriels, politiques et sociaux à l'œuvre dans ce domaine. En fait, cette nouvelle génération de technologies médiatiques se présente comme un nouvel enjeu de société, sur le plan national et planétaire. Elles ne seront pas implantées sans provoquer des mutations profondes et quelques contradictions à propos de leur appropriation sociale. Car des « révolutions technologiques », il y en a eu et il y en aura encore, et elles auront toujours en commun d'être tantôt le fruit d'alliances tantôt la source de conflits, à l'image des rapports sociaux qui les traversent.

Ce fut le cas de technologies que l'on dit aujourd'hui anciennes et qui ont eu des impacts similaires à leur époque. En effet, fusions, concurrence, coopération, convergence ne sont pas seulement les maîtres mots de l'actualité techno-économique de cette fin de siècle, ce sont des réalités qui, d'hier à aujourd'hui, ont balisé l'évolution et l'orientation des technologies médiatiques. Aussi est-il important, comme nous l'avons appris tout au long de cet ouvrage, de dépasser le stade de la nouveauté pour mieux saisir la portée de ces technologies médiatiques qui ont, tôt ou tard, des répercussions sur les individus et les sociétés du monde entier.

À l'heure de la globalisation, l'étude du phénomène technique et de son articulation avec la société prend ainsi une importance toute stratégique dans la discussion de l'appropriation sociale des technologies médiatiques. Or, dans un contexte de mutation technologique qui ne cessera de se poursuivre au cours des prochaines années, ce type de questionnement sera décisif dans le maintien de cet équilibre fragile entre les intérêts du marché, les impératifs politiques et enfin les préoccupations sociales et culturelles qui travaillent l'espace médiatique.

RÉFÉRENCES BIBLIOGRAPHIQUES

ABRAMSON, Albert, *The History of Television : 1880 to 1941*, Jefferson N.C., MacFarland, 1987, 354 p.

ALBERT, Pierre, TUDESQ, André-Jean, *Histoire de la radio-télévision*, Paris, Presses universitaires de France, coll. Que sais-je?, n° 1904, 1981, 127 p.

ALBRECHT, Michael G., « Satellites », dans August E. Grant (édit.), *Communication Technology Update*, Newton Mass., Butterworth-Heinemann, 1994, p. 273-282.

ANGELO, Mario d', *La renaissance du disque*, Paris, La documentation française, Notes et études documentaires, n° 4890, 1989, 104 p.

ANGUS, Elisabeth et McKIE, Duncan, *L'autoroute canadienne de l'information*, Ottawa, Industrie Canada, mai 1994, 228 p.

ASSOCIATION CANADIENNE DE LA TÉLÉVISION PAR CÂBLE (ACTC), *Une vision claire : câble vision 2001*, Ottawa, ACTC, juin 1992.

BABE, Robert E., *Telecommunications in Canada : Technology, Industry, and Government*, Toronto, University of Toronto Press, 1990, 363 p.

BABOULIN, Jean-Claude, GAUDIN, Jean-Pierre, MALLEIN, Philippe, *Le magnétoscope au quotidien*, Paris, Aubier Montaigne/INA, 1983, 176 p.

BAKIS, Henry, « Les enjeux de la télévision de haute définition », *Le Monde diplomatique*, n° 449, août 1991, p. 12-13.

BALLE, Francis, *Introduction aux médias*, Paris, Presses universitaires de France (PUF), 1994, 263 p.

BALLE, Francis, *Médias et Société*, Presse, Audiovisuel, Télécommunication, Paris, 6e édition, Montchrétien, 1992, 735 p.

BALLE, Francis, EYMERY, Gérard, *Les nouveaux médias*, Paris, Presses universitaires de France, coll. Que sais-je?, n° 2142, 1984, 127 p.

BARRAT, Jacques, « La télévision haute définition : une géostratégie mondiale », *Géographie économique des médias : médias et développement*, Paris, Éditions Litec, 1992, p. 481-507.

BELIS, Marianne, *Communication : des premiers signes à la télématique : essai*, Paris, Fréquences, 1988, 90 p.

BENARD, Philippe, « La photo sans pellicule », dans « La révolution numérique », hors série, *Science et Avenir*, n° 95, décembre 1993-janvier 1994, p. 14-19.

BERNARD, Sophie, « NAB 1994, la Mecque des diffuseurs », *Qui fait quoi?*, n° 122, 15 mai au 15 juin 1994, p. 32-33.

BOUILLOT, René, « La mémoire des écrans », *Vidéo caméra*, n° 42, septembre 1991, p. 83-84.

BRAUDEL, Fernand, *Civilisation matérielle, économie et capitalisme XVe-XVIIIe siècles*, Paris, Colin, tome I, 1979, 606 p.

BRET, Jean-Marie, « La course à la TVHD numérique », dans « Dossier : la troisième vague du numérique », *Science et Vie High Tech*, n° 3, septembre 1992, p. 80-82.

BRETON, Philippe, PROULX, Serge, *L'explosion de la communication : la naissance d'une nouvelle idéologie*, Paris, La Découverte et Montréal, Boréal Express, 1989, 285 p.

BRUNEL, Louis, *Télécommunications : des machines et des hommes*, Les Dossiers de Québec-Science, Sillery, Québec-Science, 1978, 175 p.

BRUNET, Patrick J., *Les outils de l'image : du cinématographe au caméscope*, Montréal, Presses de l'Université de Montréal, 1992, 176 p.

CARRÉ, Dominique, *Info-révolution : usages des technologies de l'information*, Paris, Autrement, 1990, 348 p.

CARRÉ, Patrice, *Du tam-tam au satellite*, La Villette, Cité des sciences et de l'industrie, Presses pocket, 1991, 127 p.

CHARON, Jean-Marie, SAUVAGEAU, Florian, (sous la direction de), *L'État des médias*, Montréal, Éditions du Boréal et Paris, La Découverte, 1991, 461 p.

CHESNAIS, R., *Les racines de l'audiovisuel*, Paris, Anthropos, 1990, 285 p.

CLOUTIER, Richard, *Statistiques sur l'industrie du film, Édition 1994*, Les Publications du Québec.

COMITÉ SUR LA CONVERGENCE DES RÉSEAUX LOCAUX, *Convergence, concurrence et coopération*, Rapport des coprésidents, Politiques et réglementation concernant les réseaux locaux du téléphone et de la câblodistribution, Ottawa, Approvisionnements et Services Canada, 1992, 311 p.

CORNELLIER, Manon, « Quarante-huit projets devant le CRTC : entre six et douze nouveaux canaux », Montréal, *La Presse*, 15 février 1994, p. B5.

COTTE, Dominique, « Le disque interactif est arrivé », dans « Dossier : la troisième vague du numérique », *Science et Vie High Tech*, n° 3, septembre 1992, p. 26-29.

DOBROW, J.R., (sous la direction de), *Social and Cultural Aspects of VCR Use*, Hillsdale N.J., Lawrence Erlbaum Associates, 1990, 219 p.

Dossiers de l'audiovisuel, « Satellites, numérique, bouquets et paraboles », Paris, INA-Documentation française, 1993.

DU CASTEL, François, *Communiquer*, Paris, Éditions Messidor/La Farandole, 1991, 119 p.

DU CASTEL, François, BALLINI, Denis, MUSSO, Pierre, *Communiquer*, Paris, Messidor/La Farandole, 1991, 113 p.

DUPRÉ, Lionel, « L'ordinateur intégral », dans « La révolution numérique », hors série, *Science et Avenir*, n° 95, décembre 1993-janvier 1994, p. 54-57.

ELLIS, David, *Split-screen : home entertainment and new technologies*, Toronto, Friends of Canadian broadcasting technologies, 1992, 262 p.

FLICHY, Patrice, *Les industries de l'imaginaire : pour une analyse économique des médias*, Grenoble, Presses universitaires de Grenoble, 1980, 2ᵉ édition, 1991, 275 p.

FLICHY, Patrice, *Une histoire de la communication moderne*, Paris, La Découverte, 1991, 284 p.

FRÈCHES, José, *La télévision par câble*, Paris, Presses universitaires de France, coll. Que sais-je?, n° 2234, 1990, 127 p.

FREUND, Gisèle, *Photographie et société*, Paris, Éditions du Seuil, 1974, 224 p.

GOUT, Didier, « Le numérique gagne la bataille de la télévision du futur », *Médias pouvoirs*, n° 30, avril-mai-juin 1993, p. 82-88.

GRISET, Pascal, *Les révolutions de la communication : XIXᵉ-XXᵉ siècle*, Paris, Hachette, 1991, 255 p.

GROUPE DE TRAVAIL SUR LA MISE EN ŒUVRE DE LA RADIODIFFUSION AUDIONU-
MÉRIQUE, *La radio numérique, la voie du futur : vision canadienne*,
Ottawa, Ministère des Approvisionnements et Services Canada,
1993, 31 p.

HOBSBAWN, Eric, *L'ère des empires (1875-1914)*, Paris, Fayard, 1990.

INGLIS, Andrew F., *Behind the Tube : A History of Broadcasting
Technology and Business*, Boston, Focal Press, Butterworth
Publishers, 1990, 527 p.

INOSE, H., PIERCE, J.R., *Information Technology and Civilization*, New
York, W.H. Freeman and Company, 1984.

JEANNE, René, FORD, Charles, *Histoire illustrée du cinéma 1 : le
cinéma muet*, Paris, Marabout université, Éditions Robert
Laffont, 1947, Verviers, Éditions Gérard et Cie, 1966, 317 p.

KIRK, Barrie C., *Satellite Communications in Canada*, Gloucester
Ont., Satellite Information Services, 1991, 323 p.

KLOPFENSTEIN, Bruce C., « The diffusion of the VCR in the United
States », dans Mark R. Levy (édit.), *The VCR Age : Home Video
and Mass Communication*, Newbury Park, Sage Publications,
1989, p. 21-39.

LACASSE, Germain, *Histoire des scopes : le cinéma muet au Québec*,
Montréal, La Cinémathèque québécoise, 1988, 108 p.

LACROIX, Jean-Guy, PILON, Robert, *Câblodistribution et télématique
grand-public*, Montréal, UQAM, GRICIS, 1983, 110 p.

LACROIX, Jean-Guy, TREMBLAY, Gaëtan, en collaboration avec Marc
Ménard et Marie-José Régnier, *Télévision, deuxième dynastie*,
Sillery, Presses de l'Université du Québec, 1991, 163 p.

LARDNER, J., *Fast Forward : Hollywood, the Japanese and the
VCR Wars*, New York, W.W. Norton & Company, 1987.

LAFRANCE, Jean-Paul, *Le câble : ou l'univers médiatique en mutation*,
Montréal, Québec/Amérique, 1989, 336 p.

LAFRANCE, Jean-Paul, « Les quatre âges de la câblodistribution »,
Communication et langages, n° 66, 4e trimestre 1985, p. 108-
120.

LAFRANCE, Jean-Paul, « L'État des médias », dans J.M. Charon et
F. Sauvageau (sous la direction de), *L'État des médias*, Montréal, Éditions du Boréal et Paris, La Découverte, 1991, p. 61-
62.

Lévy, Marcel, « La révolution du CD-ROM », dans « La révolution numérique », hors série, *Science et Avenir*, n° 95, décembre 1993-janvier 1994, p. 58-63.

Lévy, Mark R., « Some problems of VCR research », *American Behavior Scientist*, vol. 30, n° 5, mai-juin 1987, p. 461-470.

Lévy, Mark R. (édit.), *The VCR Age : Home Video and Mass Communication*, Newbury Park Calif., Sage Publications, 1989, 274 p.

Lortie, Marie-Claude, « Des câblos prudents : pas trop de chaînes pour l'instant », Montréal, *La Presse*, 5 mars 1994, p. A6.

Lubar, Steven D., *InfoCulture*, Boston, New York, Houghton Mifflin Company, 1993, 408 p.

Lunven, Ronan, Vedel, Thierry, *La télévision de demain*, Paris, Armand Colin (éditeur), coll. Communication, 1993, 234 p.

Lussato, Bruno, France-Lanord, Bruno, Delpuech, Corinne, Bouhot, Gérard, Lahalle, Véronique, *La vidéomatique : de Gutenberg aux nouvelles technologies de la communication*, Paris, Éditions d'Organisation, 1990, 189 p.

Maclean's, « King of the road. Ted Rogers : the new media czar », 21 mars 1994, p. 40.

Marlow, Eugene, Secunda, Eugene, *Shifting Time and Space : The Story of Videotape*, New York, Praeger Publishers, 1991, 174 p.

Martin, Michèle, *Hello Central? : Gender, Technology and Culture in the Formation of Telephone Systems*, Montréal et Kingston, McGill-Queen's University Press, 1991, 219 p.

Massey, K.K., Baran, S.J., « VCRs and people's control of their leisure time », dans J.R. Dobrow (édit.), *Social and Cultural Aspects of VCR Use*, Hillsdale N.J., Lawrence Erlbaum Associates, 1990, p. 93-123.

Mattelart, Armand, *L'invention de la communication*, Paris, La Découverte, 1994, 380 p.

Mattelart, Armand, *La communication-monde*, Paris, La Découverte, 1992, 357 p.

Méry, François-Xavier, « Vers la télévision numérique », dans « La révolution numérique », hors série, *Science et Avenir*, n° 95, décembre 1993-janvier 1994, p. 38-42.

Miège, Bernard, « Le privilège des réseaux », dans J.-G. Lacroix, B. Miège et G. Tremblay (sous la direction de), *De la télématique aux autoroutes électroniques : le grand projet reconduit*, Sillery, Presses de l'Université du Québec et Grenoble, Presses universitaires de Grenoble, 1994, 265 p.

MILETTE, Jean, « Télédistribution, à la croisée des chemins », *Qui fait quoi?*, 15 février au 15 mars 1994, p. 25.

MINISTÈRE DES COMMUNICATIONS DU CANADA, *Home Video in Canada*, *Ottawa*, Approvisionnement et services Canada, 1989.

MONCEAU, Roger, « La révolution du mini-disc », dans « Dossier : la troisième vague du numérique », *Science et Vie High-Tech*, n° 3, septembre 1992, p. 34-36.

MORITA, Akio, *Made in Japan*, New York, E.P. Dutton, 1986.

Newsbytes, « Spaceway satellite network before FCC », 10 décembre 1993.

Newsbytes, « DirecTV satellite launched », 21 décembre 1993.

NYAK, R.P., KETTERINGHAM, J.M., *Breakthroughs*, New York, Rawson Associates, 1986.

OCDE, *Télécommunications et radiodiffusion : Convergence ou collision?*, n° 29, Paris, OCDE, coll. Politique d'information, d'informatique et des communications, 1992.

PARROCHIA, Daniel, *Philosophie des réseaux*, Paris, Presses universitaires de France, 1993, 300 p.

PENEL, Henri-Pierre, « La cassette compacte convertie au numérique », dans « Dossier : la troisième vague du numérique », *Science et Vie High Tech*, n° 3, septembre 1992, p. 38-42.

PERRIAULT, Jacques, *La logique de l'usage : essai sur les machines à communiquer*, Paris, Flammarion, 1989, 253 p.

PERRIAULT, Jacques, *Mémoires de l'ombre et du son : une archéologie de l'audio-visuel*, Paris, Flammarion, 1981, 282 p.

QUIGLEY, Jacqueline, « Videocassette recorders », dans Dana Ulloth (édit.), *Communication Technology : A Survey*, Lanham Md., University Press of America, 1992, p. 161-166.

RABOY, Marc, ROY, André, *Les médias québécois : presse, radio, télévision, câblodistribution*, Boucherville, Gaëtan Morin, 1992, 280 p.

RAVENSBERGEN, Jan, « Vidéotron begins work on electronic highway in Saguenay », *The Gazette*, Montréal, 11 août 1994, p. D7.

REINHARDT, Andy, « Building the data highway », *Byte*, mars 1994, p. 48-49.

RENS, Jean-Guy, *L'empire invisible : histoire des télécommunications au Canada : de 1846 à 1956*, Sainte-Foy, Presses de l'Université du Québec, tome 1, 1993, 572 p.

Rens, Jean-Guy, *L'empire invisible : histoire des télécommunications au Canada : de 1956 à nos jours*, Sainte-Foy, Presses de l'Université du Québec, tome 2, 1993, 570 p.

Ricciardi-Rigault, Claude (sous la direction de), *Téléinformatique et applications télématiques* (INF 5004), cours offert par la Télé-université, Sainte-Foy, Télé-université, 1991.

Rival, Michel, *Les grandes inventions*, Paris, Larousse, coll. La mémoire de l'humanité, 1991, 320 p.

Saillant, Jean-Michel, *Passeport pour les médias de demain*, Lille, Presses universitaires de Lille, 1994, 257 p.

Secunda, Eugene, « VCRs and viewer control over programming : An historical perspective », dans Julia R. Dobrow (édit.), *Social and Cultural Aspects of VCR Uses*, Hillsdale N.J., Lawrence Erlbaum Associates, 1990, p. 9-24.

Statistique Canada, *L'équipement ménager*, mai 1994, catalogue 64-202 annuel.

Tremblay, Gaëtan, Lacroix, Jean-Guy, *Télévision : deuxième dynastie*, Sillery, Presses de l'Université du Québec, 1991, 163 p.

Van Cuilenburg, Jan et Slaa, Paul, « From media policy towards a national communication policy : Broadening the scope », *European Journal of Communication*, vol. 8, 1993, p. 149-176.

Vasseur, Frédéric, *Les médias du futur*, Paris, Presses universitaires de France, coll. Que sais-je?, n° 2685, 1992, 127 p.

Video World, *The Role of Satellites in the Canadian Broadcasting System*, Video World, 1986, 121 p.

Wallstein, René, *Les vidéocommunications*, Paris, Presses universitaires de France, coll. Que sais-je?, n° 2475, 1989, 127 p.

Willett, Gilles, *De la communication à la télécommunication*, Québec, Presses de l'Université Laval, 1989, 330 p.

Wyver, John, *The Moving Image : An International History of Film, Television and Video*, Oxford and New York, Basil Blackwell, 1989, 321 p.

Achevé d'imprimer en novembre 2003
sur les presses de l'imprimerie
AGMV Marquis inc.
à Cap-Saint-Ignace